高等学校数学教材系列丛书
西安电子科技大学立项教材

最优控制理论与数值算法

李俊民　李金沙　编著

U0379060

西安电子科技大学出版社

内 容 简 介

本书讲述了最优控制的基本理论和统一的数值算法，具体包括变分原理、极大值原理、仿射非线性控制系统的最短时间控制、动态规划、线性二次型最优控制和一种最优控制的统一数值算法等内容。本书既注重最优控制基本理论的严谨性，又突出理论算法的可实现性，书中给出的非线性系统最优控制的统一数值算法是编者的研究成果。

本书可作为高等学校理工科高年级本科生和研究生的教材或参考书，也可作为相关专业科技工作者的参考书。

图书在版编目(CIP)数据

最优控制理论与数值算法/李俊民，李金沙编著.
—西安：西安电子科技大学出版社，2016.5
高等学校数学教材系列丛书
ISBN 978-7-5606-4068-6

Ⅰ.① 最… Ⅱ.① 李… ② 李… Ⅲ.① 最佳控制—数值理论 ②数值计算 Ⅳ.① O232 ②O241

中国版本图书馆 CIP 数据核字(2016)第 099245 号

策划编辑 李惠萍
责任编辑 李惠萍
出版发行 西安电子科技大学出版社(西安市太白南路 2 号)
电　　话 (029)88242885 88201467 邮　　编 710071
网　　址 www.xduph.com 电子邮箱 xdupfxb001@163.com
经　　销 新华书店
印刷单位 陕西天意印务有限责任公司
版　　次 2016 年 5 月第 1 版 2016 年 5 月第 1 次印刷
开　　本 787 毫米×960 毫米 1/16 印张 12
字　　数 221 千字
印　　数 1～3000 册
定　　价 22.00 元
ISBN 978-7-5606-4068-6/O

XDUP 4360001-1

**** 如有印装问题可调换 ****

前　言

按照数学的观点，广义地讲，认识世界是数学建模问题，改造世界是控制问题，而“多快好省”地改造世界则是最优控制问题。因此，控制和最优控制问题几乎是无处不在。

通常，在用数学方式描述的最优控制问题中，受控对象往往是一个动态方程，这一方程可以是离散时间的差分方程、常微分方程或者是积分方程，也可以是随机微分方程或偏微分方程，甚至可以是上述一些方程的耦合组。受控动态方程常称作控制系统或状态方程，而它的解常称为系统的状态。控制作用全体常常是某个函数空间。另外，还有一个评价控制作用优劣的性能指标，控制的目的就是最小化或最大化这个性能指标。此外，还可能存在若干状态和控制的约束条件。所有这些加在一起形成了一个最优控制问题的数学描述。当状态方程是常微分方程时，状态空间是有限维的，当状态方程是随机微分方程或偏微分方程时，状态空间是无限维的。

最优控制理论是从 20 世纪 50 年代末 60 年代初发展起来的现代控制理论的一个重要分支。它最初研究的对象是从导弹、航天、航空、航海中的制导、导航和控制中所总结出来的一类按某个性能指标取最优（性能指标达到极小或极大）的控制问题。其核心问题是如何为被控制系统选择一个控制策略，使得被控制系统本身获得优良的技术品质和满意的经济效益。随着最优控制理论的发展，它不但在航空和空间飞行器的控制设计方面得到了卓有成效的应用，而且在民用工业中的汽车、造纸、化工等部门亦有广泛的应用。特别值得指出的是，最优控制理论发展到今天，早已突破了产生它的军事控制工程领域，已经渗透到生态环境、社会经济和管理等多个领域，可以预期，在自然科学和社会科学交叉处生长出来的边缘学科中，最优控制理论也将会大有用武之地。

本书所说的最优控制理论，仅涉及由常微分方程所描述的控制系统。严格地讲，应称其为集中参数控制系统的最优控制理论(相对于由偏微分方程组所描述的分布参数控制系统而言)。本书具体内容包括变分法、极大值原理、仿射非线性控制系统的最短时间控制、动态规划、线性二次型最优控制和作者提出的最优控制数值算法等内容。

限于作者的知识面以及作者个人对最优控制理论的理解，书中必有许多表达不够确切，或者叙述不够严谨之处，敬请读者不吝赐教。

(作者邮箱：jmli@mail. xidian. edu. cn)

编著者

2016 年 1 月 30 日

目　　录

第一章　绪　论

1.1　最优控制问题产生的背景及发展简史

从数学角度广义地讲，认识世界是数学建模问题，改造世界是控制问题，而“多快好省”地改造世界则是最优控制问题。在许多实际系统中，如航天、航空、航海、石油、化工、机械工业和群体智能系统中存在大量最优控制问题，例如最短时间问题、最少燃料问题、最小能耗问题、一般的最优调节问题和最优跟踪问题以及多智能体系统的最优一致性问题等。

许多先进的控制理论和技术均利用了最优控制理论的结果或与最优控制有密切关系，如自适应控制、鲁棒控制、预测控制、博弈与协同控制和智能控制等。

最优控制问题属于泛函极值的范畴，早在十七世纪 Euler 和 Lagrange 通过对最速降线问题和等周问题等的研究，分别得到了泛函极值的 Euler 方程和 Lagrange方程条件，这些条件都是必要条件，但非充分条件，这些条件是对弱极值问题给出的；Weierstrass 和 Mcshane 将 Euler 方程和 Lagrange 方程条件推进到强极值的情形，给出了 Weierstrass 条件。

二次世界大战以后，由于航天事业的发展，人们提出了一类不能用经典变分法求解的极值控制问题，这类问题的特点是控制集或决策集为闭集。极大值原理和动态规划就是为解决这类问题而创立的。动态规划是美国数学家 Bellman 于 1953 年在研究决策过程最优化理论与方法时提出的，起初的结果给出决策过程最优性原理，随后将最优性原理推广到连续时间动态系统的最优控制问题中，给出了最优性的充分条件，那就是非常著名的 Hamilton-Jacobi-Bellman 方程，简称为 HJB 方程。1957 年苏联数学家庞特里雅金(Pontryagin)提出并证明了极大值原理，成为处理闭集性约束变分问题的强有力工具。Kalman 在 20 世纪 50 年代后期和 1965 年分别提出了线性二次型理论(LQ 理论)和最优滤波理论，利用随机系统的输出估计出状态变量，解决了最优状态反馈系统中状态难以知道的困难。B. D. Anderson发展了线性二次型理论，使其成为最优控制理论中理论最完善、方法最有效的一部分成果，在实际应用中已经发挥了重要的作用，同时也成为最优控制理论与其它理论相结合的主要途径和方法。

二次世界大战之后的二十年是最优控制理论与方法发展的二十年，其基本特征在理论上表现为凸分析的发现与采用，解决了约束集为闭集的种种极值问题，在方法上表现为基于迭代原理的各种数值方法(包括梯度法、拟线性化法和极值变分法等)的建立，解决了一些最优化理论到实际的应用问题，Bryson 和 Ho YC 的专著《Applied Optimal Control》系统总结了各种计算方法，强调了摄动法的有效性。二十世纪六十年代到七十年代初期，最优控制理论向纵深发展，建立了有限维空间中的约束极值和无限维空间中的约束极值的统一理论，七十年代初波兰学者 Mesarovic 提出了递阶优化控制理论，利用分解-协调的概念形成了两种递阶优化控制算法，即关联预测法(IPM)和关联平衡法(IBM)；八十年代出现了最优控制算法向并行化方向发展的热潮，提出了各种同步和异步并行算法。由于神经网络的第二次研究高潮的兴起，出现了利用 Hopfield 网络求解最优控制问题的新途径，这种方法以模拟电路假想实现为基本特征，使最优控制问题的求解更快速和更容易实现。H_∞ 控制是研究干扰在输出上影响达到最小的控制问题，首先由加拿大控制学家 G. Zames 在 1981 年提出，随后由 J. C. Doyle 等四人将 H_∞ 控制问题的求解归结为求解两个 Riccati 方程，沟通了线性二次型理论与 H_∞ 控制的联系，同时 H_∞ 最优控制可以解决许多鲁棒控制问题，说明鲁棒控制与 H_∞ 控制之间有某种联系。最优控制理论与稳定性理论之间有着密切的联系，最优控制的逆问题就是研究二者之间关系的重要问题，对于线性二次型问题的逆问题已经有了许多结果，而且这些结果在实际中得到了成功的应用。在二十世纪末，微分几何理论在非线性系统控制问题中的成功应用，为非线性系统提供了一种构造性的控制理论与方法，其中 Backstepping 方法是具有代表性的方法之一。这一时期利用构造性非线性控制理论研究最优控制问题的反问题也取得了重要进展，给出了非线性最优控制问题的构造方法。

二十世纪九十年代以前所有最优控制理论与算法都是建立在精确数学模型基础之上的，当精确模型难于知道(这恰好符合实际情况)时，现有的理论与算法都会失效。英国学者 P. D. Roberts 提出了动态系统优化与参数估计集成方法，试图解决这一问题，该方法在考虑模型与实际问题存在差异的情况下，通过构造一系列简单的最优控制问题，逐步逼近实际问题的最优解。这是一种迭代算法，同时该方法为最优控制问题的迭代算法提出了一种统一的迭代格式，几乎所有的迭代算法都是它的特例。

1.2 最优控制的几个实际问题

1. 升降机的最快升降问题

如图 1.1 所示，将升降机简化为一个内部带控制的物体 M，其质量为 1。控制器可提供一个作用于 M 质心上的使其垂直上升或下降的加速度 $u(t)$，由于 $u(t)$ 由动力设备产生，不妨设 $|u(t)|\leqslant k$，k 为常数。设 t_0 时刻 M 的质心距离地面的垂直距离为 $x(t_0)=x_1^0$，垂直运动速度为 $\dot{x}(t_0)=x_2^0$，问题是如何选取 $u(t)$，使 M 从初始时刻 t_0 的初态 (x_1^0, x_2^0) 最快速地到达终端时刻 t_f 的末态 $x(t_f)=0$（到达地面），$\dot{x}(t_f)=0$（到达地面时速度为零）。

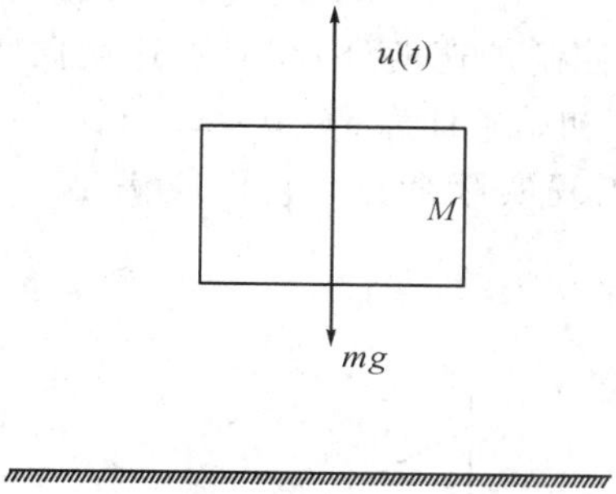

图 1.1 升降机示意图

设 $x(t)$ 为 M 的质心距离地面的高度，地面上为正，地面下为负，加速度 $u(t)$ 向上为正，向下为负。由牛顿第二定律得：

$$\ddot{x}(t) = u(t) - g$$

即

$$\begin{cases}\dot{x}_1 = x_2 \\ \dot{x}_2 = u - g\end{cases}$$

其中 $x_1=x$。而初始条件为

$$\begin{cases}x_1(t_0) = x_1^0 \\ x_2(t_0) = x_2^0\end{cases}$$

终端条件为

$$\begin{cases}x_1(t_f) = 0 \\ x_2(t_f) = 0\end{cases}$$

于是升降机的最快升降问题可描述为：寻找满足 $|u|\leqslant k$ 的控制函数 $u(t)$，使得它把 M 从初态 $(x_1(t_0), x_2(t_0))$ 转移到末态 $(0, 0)$ 且使过度时间最短，即使得

$$J[u(\cdot)] = \int_{t_0}^{t_f} \mathrm{d}t = t_f - t_0$$

为最小。

2. 航天拦截问题

设在某一惯性坐标系内，$\boldsymbol{x}_L$ 和$\dot{\boldsymbol{x}}_L$ 为拦截器质心的位置和速度向量，而 $\boldsymbol{x}_M$ 和 $\dot{\boldsymbol{x}}_M$ 为目标质心的位置和速度向量，如图 1.2 所示。取 $\boldsymbol{x}=\boldsymbol{x}_L-\boldsymbol{x}_M$，$\boldsymbol{v}=\dot{\boldsymbol{x}}_L-\dot{\boldsymbol{x}}_M$ 分别为相对位置和速度向量。显然 $\boldsymbol{x}\in\mathbf{R}^3$，$\boldsymbol{v}\in\mathbf{R}^3$。若记 $m(t)$为拦截器 t 时刻的质量，$F(t)$为拦截器 t 时刻的推力大小，$\boldsymbol{u}(t)\in\mathbf{R}^3$ 为拦截器 t 时刻的推力方向向量，$C\in\mathbf{R}^1$ 为发动机的有效喷气速度常数，则拦截器与目标的相对运动方程为

$$\dot{\boldsymbol{x}} = \boldsymbol{v},\ \dot{\boldsymbol{v}} = \boldsymbol{a}(t) + \frac{F(t)}{m(t)}\boldsymbol{u}(t),\ \dot{m}(t) = -\frac{F(t)}{C} \tag{1.1}$$

其中 $\boldsymbol{a}(t)\in\mathbf{R}^3$ 是固有(除控制加速度外)相对加速度向量，它是已知 t 的向量函数。系统状态为 $\boldsymbol{x}$、$\boldsymbol{v}$、m，初始条件为 $\boldsymbol{x}(t_0)=\boldsymbol{x}_0$、$\boldsymbol{v}(t_0)=\boldsymbol{v}_0$、$m(t_0)=m_0$，控制量为 $F(t)$、$\boldsymbol{u}(t)$。显然从工程实际考虑，它们应满足 $0\leqslant F(t)\leqslant \max F(t)=F$，$\boldsymbol{u}(t)^{\mathrm{T}}\boldsymbol{u}(t)=1$。

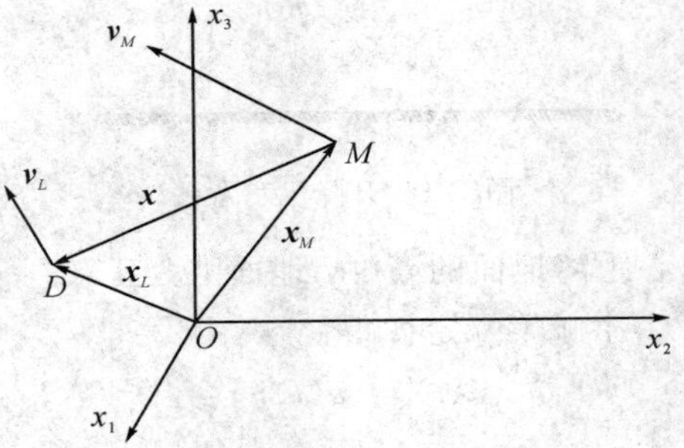

图 1.2 航天拦截系统

由于拦截器的质量永不能小于所有燃料消耗尽后的剩余质量 m_e，它包含仪器、壳体、武器等的质量，从而知终端时刻 t_f 的质量 $m(t_f)$应满足

$$m(t_f) \geqslant m_e \tag{1.2}$$

所谓航天拦截问题，就是要求在终端时刻 t_f 时，拦截器和目标的相对距离为零，而相对速度为任意，即

$$x(t_f) = 0,\ v(t_f)\ \text{任意} \tag{1.3}$$

若要求整个拦截过程的时间尽量短，又要求燃料消耗尽量省，则可取如下性能指标为最小，其中 C_1 为加权常数：

$$J[u(\cdot), F(\cdot)] = \int_{t_0}^{t_f} [C_1 + F(t)]\mathrm{d}t$$
$$= C_1(t_f - t_0) + C \cdot [m_0 - m(t_f)] \tag{1.4}$$

拦截问题就是选择满足约束的控制 $F(t)$、$u(t)$、$t\in[t_0, t_f]$，驱使状态方程(1.1)从初态出发的解在某终端时刻 $t_f > t_0$ 时满足式(1.2)和式(1.3)且使性能指标式(1.4)达到最小。

3. 生产库存控制问题

一种产品的生产与其库存有密切关系，采取什么样的策略可以使得库存适当且市场又不会脱销，是一个值得讨论的策略问题。

设 $x_1(t)$是 t 时刻的库存量，$u(t)$是 t 时刻产品的生产率，$x_2(t)$是 t 时刻的销售率。生产库存系统的状态方程为

$$\dot{x}_1 = u - x_2, \ \dot{x}_2 = -\lambda x_1, \ \lambda > 0$$

控制应满足：$u_0 \leqslant u \leqslant u_1$，$0 \leqslant u_0 < u_1$，$u_0$、$u_1$ 分别表示最小与最大生产率。

设 C 表示生产率为 $u(t)$时单位时间内的生产成本，h 表示库存为 $x_1(t)$时单位时间内的库存成本，C、h 皆为常数，对于给定的终端时刻 t_f，要求整个时间内总成本最小，即

$$\min_{u(\cdot)} J[u(\cdot)] = \int_{t_0}^{t_f} [Cu(t) + hx_1(t)]\mathrm{d}t$$

其中 x_1、x_2 和 u 满足状态方程。

1.3 最优控制问题的基本概念、分类及问题提法

1. 基本概念

定义 1.1 对于一个动态系统

$$\dot{\boldsymbol{x}}(t) = f(\boldsymbol{x}(t), \boldsymbol{u}(t), t), \ \boldsymbol{x}(t_0) = \boldsymbol{x}_0, \ t_0 \leqslant t \leqslant t_f \tag{1.5}$$

受到下面等式和不等式约束：

$$g(\boldsymbol{x}(t), \boldsymbol{u}(t), t) = 0, \ h(\boldsymbol{x}(t), \boldsymbol{u}(t), t) \leqslant 0, \ t_0 \leqslant t \leqslant t_f \tag{1.6}$$

称 $\boldsymbol{x}(t) \in \mathbf{R}^n$ 为状态向量，$\boldsymbol{u}(t) \in \mathbf{R}^m$ 为控制向量。

若 g、h 仅与 $\boldsymbol{x}(t)$有关，称约束(1.6)为状态约束；若 g、h 仅与 $\boldsymbol{u}(t)$有关，称约束式(1.6)为控制约束。称满足所有状态约束的状态轨线 $\boldsymbol{x}(t)$为容许轨线；称满足所有控制约束的控制向量 $\boldsymbol{u}(t)$为容许控制。

若容许控制 $\boldsymbol{u}(t)$带入状态方程(1.5)所得到的解 $\boldsymbol{x}(t)$为容许状态轨线，则称 $\boldsymbol{x}(t)$、$\boldsymbol{u}(t)$为一个容许对。满足末端状态约束的状态集合

$$M = \{\boldsymbol{x}(t_f): g(\boldsymbol{x}(t), \boldsymbol{u}(t), t) = 0, \ h(\boldsymbol{x}(t), \boldsymbol{u}(t), t) \leqslant 0\} \tag{1.7}$$

称为目标集。

定义 1.2 对于系统(1.5)的容许对集合中的每对函数 $\boldsymbol{x}(t)$、$\boldsymbol{u}(t)$都有一个确定的数 J 与之相对应，则称 J 为 $\boldsymbol{x}(t)$、$\boldsymbol{u}(t)$的泛函，记作 $J=J(\boldsymbol{x}(t), \boldsymbol{u}(t), t)$。把这样的泛函称为系统(1.5)的性能指标。

性能指标的常见形式有：

Mayer 型，也称末值型：

$$J=\theta(\boldsymbol{x}(t_f), t_f)$$

Lagrange 型，也称积分型：

$$J=\int_{t_0}^{t_f}\phi(\boldsymbol{x}, \boldsymbol{u}, t)\mathrm{d}t$$

Bolza 型，也称混合型：

$$J=\theta(\boldsymbol{x}(t_f), t_f)+\int_{t_0}^{t_f}\phi(\boldsymbol{x}, \boldsymbol{u}, t)\mathrm{d}t$$

2. 最优控制问题的分类

最优控制问题的分类有多种方法，我们给出以下几种常见的分类法。

· 根据性能指标的不同，可以分为 Mayer 型(或末值型)、Lagrange 型(或积分型)和 Bolza 型(或混合型)最优控制问题；

· 根据控制目标的不同，可以分为最优调节问题和最优跟踪问题；

· 根据被控对象的不同，可以分为线性系统最优控制问题和非线性系统最优控制问题，也可以分为定常系统最优控制问题和时变最优控制问题，亦可以分为确定性最优控制问题和随机最优控制问题，等等。

3. 最优控制问题的提法

对于(1.5)式所述的系统，在给定的容许控制集合 U 中选择一个容许控制 $\boldsymbol{u}(t)$，使对应满足系统方程的解 $\boldsymbol{x}(t)$是满足所有状态约束(1.6)和(1.7)的容许轨线，并使得与容许对 $\boldsymbol{x}(t)$、$\boldsymbol{u}(t)$相对应的性能指标 $J(\boldsymbol{u}(\cdot))$达到最优。

第二章　数学预备知识

本章将简要复习和回顾矩阵微分的主要内容和函数极值的相关知识，这些数学预备知识是后面学习最优控制理论的基础。

2.1　向量、矩阵变量的导数

定义 2.1　设 $f(\boldsymbol{x})=[f_1(\boldsymbol{x})\quad\cdots\quad f_m(\boldsymbol{x})]^{\mathrm{T}}$ 是 $\boldsymbol{x}\in\mathbf{R}^n$ 的函数向量，则 $f(\boldsymbol{x})$ 对 $\boldsymbol{x}$ 的导数为

$$\frac{\partial f(\boldsymbol{x})}{\partial \boldsymbol{x}}=\frac{\partial f(\boldsymbol{x})}{\partial \boldsymbol{x}^{\mathrm{T}}}=\begin{bmatrix}\dfrac{\partial f_1}{\partial x_1} & \cdots & \dfrac{\partial f_1}{\partial x_n}\\ \vdots & & \vdots\\ \dfrac{\partial f_m}{\partial x_1} & \cdots & \dfrac{\partial f_m}{\partial x_n}\end{bmatrix}=\left[\frac{\partial f_i}{\partial x_j}\right]_{m\times n}$$

称它为 $f(\boldsymbol{x})$ 的 Jacobi 矩阵。

类似地可以定义：

$$\frac{\partial f^{\mathrm{T}}(\boldsymbol{x})}{\partial \boldsymbol{x}}=\begin{bmatrix}\dfrac{\partial f_1}{\partial x_1} & \cdots & \dfrac{\partial f_m}{\partial x_1}\\ \vdots & & \vdots\\ \dfrac{\partial f_1}{\partial x_n} & \cdots & \dfrac{\partial f_m}{\partial x_n}\end{bmatrix}_{m\times n}=\left[\frac{\partial f_j}{\partial x_i}\right]_{n\times m}$$

由以上定义易得如下结果：

- $\dfrac{\partial f^{\mathrm{T}}(\boldsymbol{x})}{\partial \boldsymbol{x}}=\left(\dfrac{\partial f(\boldsymbol{x})}{\partial \boldsymbol{x}^{\mathrm{T}}}\right)^{\mathrm{T}}$，$\dfrac{\partial \boldsymbol{x}^{\mathrm{T}}}{\partial \boldsymbol{x}}=\boldsymbol{I}=\dfrac{\partial \boldsymbol{x}}{\partial \boldsymbol{x}^{\mathrm{T}}}$。
- 常用$\dfrac{\partial f(\boldsymbol{x})}{\partial \boldsymbol{x}}$表示$\dfrac{\partial f(\boldsymbol{x})}{\partial \boldsymbol{x}^{\mathrm{T}}}$。
- 标量 $f(\boldsymbol{x})$对向量 $\boldsymbol{x}$ 的导数$\dfrac{\partial f}{\partial \boldsymbol{x}}=\begin{bmatrix}\dfrac{\partial f}{\partial x_1}\\ \vdots\\ \dfrac{\partial f}{\partial x_n}\end{bmatrix}=\mathrm{grad} f=\nabla f$，称为 $f(\boldsymbol{x})$的梯度

向量。

性质 2.1 设 $\boldsymbol{a}$、$\boldsymbol{b}$ 均是 n 维向量 $\boldsymbol{x}$ 的 m 维函数向量，即 $\boldsymbol{a}(\boldsymbol{x})=[a_1(\boldsymbol{x}) \quad \cdots \quad a_m(\boldsymbol{x})]^{\mathrm{T}}$，$\boldsymbol{b}(\boldsymbol{x})=[b_1(\boldsymbol{x}) \quad \cdots \quad b_m(\boldsymbol{x})]^{\mathrm{T}}$，则有

$$\frac{\partial(\boldsymbol{a}^{\mathrm{T}}(\boldsymbol{x})\boldsymbol{b}(\boldsymbol{x}))}{\partial \boldsymbol{x}}=\frac{\partial \boldsymbol{a}^{\mathrm{T}}(\boldsymbol{x})}{\partial \boldsymbol{x}}\boldsymbol{b}(\boldsymbol{x})+\frac{\partial \boldsymbol{b}^{\mathrm{T}}(\boldsymbol{x})}{\partial \boldsymbol{x}}\boldsymbol{a}(\boldsymbol{x})$$

证明

$$\begin{aligned}
\frac{\partial(\boldsymbol{a}^{\mathrm{T}}(\boldsymbol{x})\boldsymbol{b}(\boldsymbol{x}))}{\partial \boldsymbol{x}} &= \begin{bmatrix} \dfrac{\partial(\boldsymbol{a}^{\mathrm{T}}(\boldsymbol{x})\boldsymbol{b}(\boldsymbol{x}))}{\partial x_1} \\ \vdots \\ \dfrac{\partial(\boldsymbol{a}^{\mathrm{T}}(\boldsymbol{x})\boldsymbol{b}(\boldsymbol{x}))}{\partial x_n} \end{bmatrix} \\
&= \begin{bmatrix} \dfrac{\partial \boldsymbol{a}^{\mathrm{T}}(\boldsymbol{x})}{\partial x_1}\boldsymbol{b}(\boldsymbol{x})+\boldsymbol{a}^{\mathrm{T}}(\boldsymbol{x})\dfrac{\partial \boldsymbol{b}(\boldsymbol{x})}{\partial x_1} \\ \vdots \\ \dfrac{\partial \boldsymbol{a}^{\mathrm{T}}(\boldsymbol{x})}{\partial x_n}\boldsymbol{b}(\boldsymbol{x})+\boldsymbol{a}^{\mathrm{T}}(\boldsymbol{x})\dfrac{\partial \boldsymbol{b}(\boldsymbol{x})}{\partial x_n} \end{bmatrix} \\
&= \frac{\partial \boldsymbol{a}^{\mathrm{T}}(\boldsymbol{x})}{\partial \boldsymbol{x}}\boldsymbol{b}(\boldsymbol{x})+\frac{\partial \boldsymbol{b}^{\mathrm{T}}(\boldsymbol{x})}{\partial \boldsymbol{x}}\boldsymbol{a}(\boldsymbol{x})
\end{aligned}$$

由此性质可得，若 $\boldsymbol{\lambda}$ 是 m 维常向量，$\boldsymbol{a}$ 为 m 维函数向量，则

$$\frac{\partial(\boldsymbol{\lambda}^{\mathrm{T}}\boldsymbol{a})}{\partial \boldsymbol{x}}=\frac{\partial \boldsymbol{a}^{\mathrm{T}}}{\partial \boldsymbol{x}}\boldsymbol{\lambda}$$

例 2.1 已知 $\boldsymbol{x}$ 为 n 维列向量，$\boldsymbol{A}$ 为 $n\times m$ 常数矩阵，试求$\dfrac{\partial \boldsymbol{x}^{\mathrm{T}}\boldsymbol{A}}{\partial \boldsymbol{x}}$。

解

$$\boldsymbol{A}=[a_1 \quad \cdots \quad a_m]$$

则

$$\boldsymbol{x}^{\mathrm{T}}\boldsymbol{A}=[\boldsymbol{x}^{\mathrm{T}}a_1 \quad \cdots \quad \boldsymbol{x}^{\mathrm{T}}a_m]$$

又

$$\frac{\partial \boldsymbol{x}^{\mathrm{T}}a_i}{\partial \boldsymbol{x}}=\frac{\partial \boldsymbol{x}^{\mathrm{T}}}{\partial \boldsymbol{x}}a_i+\frac{\partial a_i^{\mathrm{T}}\boldsymbol{x}}{\partial \boldsymbol{x}}=a_i$$

所以

$$\frac{\partial \boldsymbol{x}^{\mathrm{T}}\boldsymbol{A}}{\partial \boldsymbol{x}}=\boldsymbol{A}$$

利用$\dfrac{\partial \boldsymbol{x}^{\mathrm{T}}\boldsymbol{A}}{\partial \boldsymbol{x}}=\boldsymbol{A}$，若 $\boldsymbol{B}$ 为 $m\times n$ 常数矩阵，可得

$$\frac{\partial(\boldsymbol{B}\boldsymbol{x})}{\partial \boldsymbol{x}^{\mathrm{T}}}=\left(\frac{\partial(\boldsymbol{B}\boldsymbol{x})^{\mathrm{T}}}{\partial \boldsymbol{x}}\right)^{\mathrm{T}}=(\boldsymbol{B}^{\mathrm{T}})^{\mathrm{T}}=\boldsymbol{B}$$

定义 2.2 设 $F(\boldsymbol{x})$是 n 维变量 $\boldsymbol{x}$ 的 $m\times l$ 维函数阵，则

$$\frac{\partial F(\boldsymbol{x})}{\partial \boldsymbol{x}}=\begin{bmatrix}\frac{\partial F}{\partial x_1}\\ \vdots\\ \frac{\partial F}{\partial x_n}\end{bmatrix}_{nm\times l},\quad \frac{\partial F(\boldsymbol{x})}{\partial \boldsymbol{x}^{\mathrm{T}}}=\begin{bmatrix}\frac{\partial F}{\partial x_1} & \cdots & \frac{\partial F}{\partial x_n}\end{bmatrix}_{m\times nl}$$

注意：向量的乘法性质 2.1 对矩阵一般不成立。

定义 2.3　设 $f(\boldsymbol{X})$是矩阵变量 $\boldsymbol{X}$ 的数量函数，$\boldsymbol{X}=(x_{ij})_{n\times m}$为 $n\times m$ 阵，则

$$\frac{\partial f}{\partial \boldsymbol{X}}=\begin{bmatrix}\frac{\partial f}{\partial x_{11}} & \cdots & \frac{\partial f}{\partial x_{1m}}\\ \cdots & \cdots & \cdots\\ \frac{\partial f}{\partial x_{n1}} & \cdots & \frac{\partial f}{\partial x_{nm}}\end{bmatrix}=\begin{bmatrix}\frac{\partial f}{\partial x_{ij}}\end{bmatrix}_{n\times m}$$

定义 2.4　设 $z(\boldsymbol{X})$是矩阵变量 $\boldsymbol{X}$ 的 l 维函数向量，而 $\boldsymbol{X}$ 是 $n\times m$ 阵，则

$$\frac{\partial z(\boldsymbol{X})}{\partial \boldsymbol{X}}=\begin{bmatrix}\frac{\partial z}{\partial x_{11}} & \cdots & \frac{\partial z}{\partial x_{1m}}\\ \cdots & \cdots & \cdots\\ \frac{\partial z}{\partial x_{n1}} & \cdots & \frac{\partial z}{\partial x_{nm}}\end{bmatrix}=\begin{bmatrix}\frac{\partial z}{\partial x_{ij}}\end{bmatrix}_{nl\times m}$$

其中$\frac{\partial z}{\partial x_{ij}}=\begin{bmatrix}\frac{\partial z_1}{\partial x_{ij}} & \cdots & \frac{\partial z_l}{\partial x_{ij}}\end{bmatrix}^{\mathrm{T}}$。

定义 2.5　设 $F(\boldsymbol{X})$是 $l\times p$ 矩阵变量 $\boldsymbol{X}$ 的 $n\times m$ 函数矩阵，则

$$\frac{\partial F(\boldsymbol{X})}{\partial \boldsymbol{X}}=\begin{bmatrix}\frac{\partial F(\boldsymbol{X})}{\partial x_{11}} & \cdots & \frac{\partial F(\boldsymbol{X})}{\partial x_{1m}}\\ \cdots & \cdots & \cdots\\ \frac{\partial F(\boldsymbol{X})}{\partial x_{n1}} & \cdots & \frac{\partial F(\boldsymbol{X})}{\partial x_{nm}}\end{bmatrix}_{nl\times pm}$$

其中$\frac{\partial F}{\partial x_{ij}}=\begin{bmatrix}\frac{\partial f_{11}}{\partial x_{ij}} & \cdots & \frac{\partial f_{1p}}{\partial x_{ij}}\\ \cdots & \cdots & \cdots\\ \frac{\partial f_{l1}}{\partial x_{ij}} & \cdots & \frac{\partial f_{lp}}{\partial x_{ij}}\end{bmatrix}_{l\times p}$。

记$\nabla_{\boldsymbol{X}}=\begin{bmatrix}\frac{\partial}{\partial x_{ij}}\end{bmatrix}_{n\times m}$，则

$$\frac{\partial F}{\partial \boldsymbol{X}}=\nabla_{\boldsymbol{X}}\otimes F(\boldsymbol{X})$$

这里⊗表示 Kronecker 乘积，若 $\boldsymbol{A}\in\mathbf{R}^{m\times n}$，$\boldsymbol{B}\in\mathbf{R}^{l\times p}$，则

$$\boldsymbol{A}\otimes\boldsymbol{B}=\begin{bmatrix} a_{11}\boldsymbol{B} & \cdots & a_{1n}\boldsymbol{B} \\ \vdots & & \vdots \\ a_{m1}\boldsymbol{B} & \cdots & a_{mn}\boldsymbol{B}\end{bmatrix}_{ml\times np}$$

矩阵积的求导法则如下：

性质 2.2 设 $\boldsymbol{A}$ 是 $l\times p$ 矩阵，$\boldsymbol{C}$ 为 $l\times r$ 矩阵，$\boldsymbol{D}$ 为 $r\times p$ 矩阵，$\boldsymbol{A}=\boldsymbol{CD}$ 且 $\boldsymbol{C}$、$\boldsymbol{D}$ 均对矩阵变量 $\boldsymbol{X}$ 可微，$\boldsymbol{X}$ 为 $n\times m$ 矩阵变量，则

$$\frac{\partial\boldsymbol{A}}{\partial\boldsymbol{X}}=\frac{\partial(\boldsymbol{CD})}{\partial\boldsymbol{X}}=\frac{\partial\boldsymbol{C}}{\partial\boldsymbol{X}}(\boldsymbol{I}_m\otimes\boldsymbol{D})+(\boldsymbol{I}_n\otimes\boldsymbol{C})\frac{\partial\boldsymbol{D}}{\partial\boldsymbol{X}}$$

证明 因为

$$\begin{aligned}\frac{\partial(\boldsymbol{CD})}{\partial\boldsymbol{X}}&=\left[\frac{\partial(\boldsymbol{CD})}{\partial x_{ij}}\right]_{n\times m}\\&=\begin{bmatrix}\frac{\partial\boldsymbol{C}}{\partial x_{11}}\boldsymbol{D} & \cdots & \frac{\partial\boldsymbol{C}}{\partial x_{1m}}\boldsymbol{D}\\ \cdots & \cdots & \cdots \\ \frac{\partial\boldsymbol{C}}{\partial x_{n1}}\boldsymbol{D} & \cdots & \frac{\partial\boldsymbol{C}}{\partial x_{nm}}\boldsymbol{D}\end{bmatrix}+\begin{bmatrix}\boldsymbol{C}\frac{\partial\boldsymbol{D}}{\partial x_{11}} & \cdots & \boldsymbol{C}\frac{\partial\boldsymbol{D}}{\partial x_{1m}}\\ \cdots & \cdots & \cdots \\ \boldsymbol{C}\frac{\partial\boldsymbol{D}}{\partial x_{n1}} & \cdots & \boldsymbol{C}\frac{\partial\boldsymbol{D}}{\partial x_{nm}}\end{bmatrix}\\&=\begin{bmatrix}\frac{\partial\boldsymbol{C}}{\partial x_{11}} & \cdots & \frac{\partial\boldsymbol{C}}{\partial x_{1m}}\\ \cdots & \cdots & \cdots \\ \frac{\partial\boldsymbol{C}}{\partial x_{n1}} & \cdots & \frac{\partial\boldsymbol{C}}{\partial x_{nm}}\end{bmatrix}\begin{pmatrix}\boldsymbol{D} & & \\ & \ddots & \\ & & \boldsymbol{D}\end{pmatrix}+\begin{pmatrix}\boldsymbol{C} & & \\ & \ddots & \\ & & \boldsymbol{C}\end{pmatrix}\begin{bmatrix}\frac{\partial\boldsymbol{D}}{\partial x_{11}} & \cdots & \frac{\partial\boldsymbol{D}}{\partial x_{1m}}\\ \cdots & \cdots & \cdots \\ \frac{\partial\boldsymbol{D}}{\partial x_{n1}} & \cdots & \frac{\partial\boldsymbol{D}}{\partial x_{nm}}\end{bmatrix}\end{aligned}$$

所以

$$\frac{\partial\boldsymbol{A}}{\partial\boldsymbol{X}}=\frac{\partial(\boldsymbol{CD})}{\partial\boldsymbol{X}}=\frac{\partial\boldsymbol{C}}{\partial\boldsymbol{X}}(\boldsymbol{I}_m\otimes\boldsymbol{D})+(\boldsymbol{I}_n\otimes\boldsymbol{C})\frac{\partial\boldsymbol{D}}{\partial\boldsymbol{X}}$$

例 2.2 设 $\boldsymbol{x}\in\mathbf{R}^n$，$\boldsymbol{y}\in\mathbf{R}^m$，$\boldsymbol{A}$ 是 $n\times m$ 阵，求导数 $\frac{\partial\boldsymbol{x}^{\mathrm{T}}\boldsymbol{A}\boldsymbol{y}}{\partial\boldsymbol{A}}$。

解 因为

$$\boldsymbol{x}^{\mathrm{T}}\boldsymbol{A}\boldsymbol{y}=\sum_{i=1}^{n}\sum_{j=1}^{m}a_{ij}x_iy_j$$

所以

$$\frac{\partial\boldsymbol{x}^{\mathrm{T}}\boldsymbol{A}\boldsymbol{y}}{\partial a_{ij}}=x_iy_j$$

所以

$$\frac{\partial\boldsymbol{x}^{\mathrm{T}}\boldsymbol{A}\boldsymbol{y}}{\partial\boldsymbol{A}}=\left[\frac{\partial\boldsymbol{x}^{\mathrm{T}}\boldsymbol{A}\boldsymbol{y}}{\partial a_{ij}}\right]_{n\times m}=[x_iy_j]_{n\times m}=\boldsymbol{x}\boldsymbol{y}^{\mathrm{T}}$$

例 2.3 求证 $\frac{\partial}{\partial\boldsymbol{X}}\det\boldsymbol{X}=(\boldsymbol{X}^{-1})^{\mathrm{T}}\det\boldsymbol{X}$。

证明　$$\frac{\mathrm{d}}{\mathrm{d}\boldsymbol{X}}\det\boldsymbol{X}=\left[\frac{\partial\det\boldsymbol{X}}{\partial x_{ij}}\right]_{n\times m}$$

将 $\det\boldsymbol{X}$ 按第 i 行展开：

$$\det\boldsymbol{X}=\sum_{k=1}^{n}x_{ik}\boldsymbol{X}_{ik}=x_{ij}\boldsymbol{X}_{ij}+\sum_{\substack{k=1\\j\neq k}}^{n}x_{ik}\boldsymbol{X}_{ik}$$

其中 $\boldsymbol{X}_{ik}$ 为 x_{ik} 的代数余子式，所以

$$\frac{\partial\det\boldsymbol{X}}{\partial x_{ij}}=\boldsymbol{X}_{ij}$$

且

$$\frac{\mathrm{d}}{\mathrm{d}\boldsymbol{X}}\det\boldsymbol{X}=[\boldsymbol{X}_{ij}]_{n\times m}=(\mathrm{adj}\boldsymbol{X})^{\mathrm{T}}=(\boldsymbol{X}^{-1})^{\mathrm{T}}\det\boldsymbol{X}$$

类似地，易得如下结果：

$$\frac{\mathrm{d}\mathrm{Tr}\boldsymbol{X}}{\mathrm{d}\boldsymbol{X}}=\boldsymbol{I},\ \frac{\partial\mathrm{Tr}(\boldsymbol{AX})}{\partial\boldsymbol{X}}=\boldsymbol{A}^{\mathrm{T}},\ \frac{\partial\mathrm{Tr}(\boldsymbol{XA})}{\partial\boldsymbol{X}}=\boldsymbol{A}^{\mathrm{T}}$$

以上三式读者可自行证明。

2.2　复合函数的导数

1. 数量函数的复合导数

设 $f=f(\boldsymbol{x})$，$\boldsymbol{x}=\boldsymbol{x}(t)$，其中 f，$t\in\mathbf{R}$，$\boldsymbol{x}\in\mathbf{R}^n$，则

$$\frac{\mathrm{d}f}{\mathrm{d}t}=\frac{\partial f}{\partial\boldsymbol{x}^{\mathrm{T}}}\frac{\mathrm{d}\boldsymbol{x}}{\mathrm{d}t}$$

设 $f=f(\boldsymbol{y})$，$\boldsymbol{y}=\boldsymbol{y}(\boldsymbol{x})$，$\boldsymbol{x}\in\mathbf{R}^n$，$\boldsymbol{y}\in\mathbf{R}^m$，$f\in\mathbf{R}$，则

$$\frac{\partial f}{\partial\boldsymbol{x}}=\frac{\partial\boldsymbol{y}^{\mathrm{T}}}{\partial\boldsymbol{x}}\frac{\partial f}{\partial\boldsymbol{y}}\quad\text{或者}\quad\frac{\partial f}{\partial\boldsymbol{x}^{\mathrm{T}}}=\frac{\partial f}{\partial\boldsymbol{y}^{\mathrm{T}}}\frac{\partial\boldsymbol{y}}{\partial\boldsymbol{x}^{\mathrm{T}}}$$

证明　因为

$$\mathrm{d}f=\frac{\partial f}{\partial\boldsymbol{y}^{\mathrm{T}}}\mathrm{d}\boldsymbol{y},\ \mathrm{d}\boldsymbol{y}=\frac{\partial\boldsymbol{y}}{\partial\boldsymbol{x}^{\mathrm{T}}}\mathrm{d}\boldsymbol{x}$$

所以

$$\mathrm{d}f=\frac{\partial f}{\partial\boldsymbol{y}^{\mathrm{T}}}\frac{\partial\boldsymbol{y}}{\partial\boldsymbol{x}^{\mathrm{T}}}\mathrm{d}\boldsymbol{x}$$

所以

$$\frac{\partial f}{\partial\boldsymbol{x}^{\mathrm{T}}}=\frac{\partial f}{\partial\boldsymbol{y}^{\mathrm{T}}}\frac{\partial\boldsymbol{y}}{\partial\boldsymbol{x}^{\mathrm{T}}}\frac{\partial\boldsymbol{x}}{\partial\boldsymbol{x}^{\mathrm{T}}}=\frac{\partial f}{\partial\boldsymbol{y}^{\mathrm{T}}}\frac{\partial\boldsymbol{y}}{\partial\boldsymbol{x}^{\mathrm{T}}}$$

$$\frac{\partial f}{\partial\boldsymbol{x}}=\left(\frac{\partial f}{\partial\boldsymbol{x}^{\mathrm{T}}}\right)^{\mathrm{T}}=\frac{\partial\boldsymbol{y}^{\mathrm{T}}}{\partial\boldsymbol{x}}\frac{\partial f}{\partial\boldsymbol{y}}$$

设 $f=f(\boldsymbol{x},\boldsymbol{y})$，$\boldsymbol{y}=\boldsymbol{y}(\boldsymbol{x})$，$\boldsymbol{x}\in\mathbf{R}^n$，$\boldsymbol{y}\in\mathbf{R}^m$，$f\in\mathbf{R}$，则有

$$\frac{\partial f}{\partial \boldsymbol{x}}=\frac{\partial f}{\partial \boldsymbol{x}}+\frac{\partial \boldsymbol{y}^{\mathrm{T}}}{\partial \boldsymbol{x}}\frac{\partial f}{\partial \boldsymbol{y}}\quad \text{或者}\quad \frac{\partial f}{\partial \boldsymbol{x}^{\mathrm{T}}}=\frac{\partial f}{\partial \boldsymbol{x}^{\mathrm{T}}}+\frac{\partial f}{\partial \boldsymbol{y}^{\mathrm{T}}}\frac{\partial \boldsymbol{y}}{\partial \boldsymbol{x}^{\mathrm{T}}}$$

上式读者可自行证明。

2. 函数向量的导数

设 $\boldsymbol{z}=\boldsymbol{z}(\boldsymbol{y})$，$\boldsymbol{y}=\boldsymbol{y}(t)$，$\boldsymbol{z}\in\mathbf{R}^n$，$\boldsymbol{y}\in\mathbf{R}^m$，则

$$\frac{\mathrm{d}\boldsymbol{z}}{\mathrm{d}t}=\frac{\partial \boldsymbol{z}}{\partial \boldsymbol{y}^{\mathrm{T}}}\frac{\mathrm{d}\boldsymbol{y}}{\mathrm{d}t}$$

设 $\boldsymbol{z}=\boldsymbol{z}(\boldsymbol{y})$，$\boldsymbol{y}=\boldsymbol{y}(\boldsymbol{x})$，$\boldsymbol{z}\in\mathbf{R}^n$，$\boldsymbol{y}\in\mathbf{R}^m$，$\boldsymbol{x}\in\mathbf{R}^l$，则

$$\frac{\partial \boldsymbol{z}}{\partial \boldsymbol{x}^{\mathrm{T}}}=\frac{\partial \boldsymbol{z}}{\partial \boldsymbol{y}^{\mathrm{T}}}\frac{\partial \boldsymbol{y}}{\partial \boldsymbol{x}^{\mathrm{T}}}\quad \text{或者}\quad \frac{\partial \boldsymbol{z}^{\mathrm{T}}}{\partial \boldsymbol{x}}=\frac{\partial \boldsymbol{y}^{\mathrm{T}}}{\partial \boldsymbol{x}}\frac{\partial \boldsymbol{z}^{\mathrm{T}}}{\partial \boldsymbol{y}}$$

设 $\boldsymbol{z}=\boldsymbol{z}(\boldsymbol{y},\boldsymbol{x})$，$\boldsymbol{y}=\boldsymbol{y}(\boldsymbol{x})$，则

$$\frac{\partial \boldsymbol{z}}{\partial \boldsymbol{x}^{\mathrm{T}}}=\frac{\partial \boldsymbol{z}}{\partial \boldsymbol{x}^{\mathrm{T}}}+\frac{\partial \boldsymbol{z}}{\partial \boldsymbol{y}^{\mathrm{T}}}\frac{\partial \boldsymbol{y}}{\partial \boldsymbol{x}^{\mathrm{T}}}\quad \text{或者}\quad \frac{\partial \boldsymbol{z}^{\mathrm{T}}}{\partial \boldsymbol{x}}=\frac{\partial \boldsymbol{z}^{\mathrm{T}}}{\partial \boldsymbol{x}}+\frac{\partial \boldsymbol{y}^{\mathrm{T}}}{\partial \boldsymbol{x}}$$

例 2.4 求 $f=(\boldsymbol{A}\boldsymbol{x}-\boldsymbol{b})^{\mathrm{T}}\boldsymbol{R}(\boldsymbol{A}\boldsymbol{x}-\boldsymbol{b})$ 对 $\boldsymbol{x}$ 的导数。

解 令 $\boldsymbol{y}=\boldsymbol{A}\boldsymbol{x}-\boldsymbol{b}$，$f(\boldsymbol{y})=\boldsymbol{y}^{\mathrm{T}}\boldsymbol{R}\boldsymbol{y}$，则

$$\frac{\partial f}{\partial \boldsymbol{x}}=\frac{\partial \boldsymbol{y}^{\mathrm{T}}}{\partial \boldsymbol{x}}\frac{\partial f}{\partial \boldsymbol{y}},\ \frac{\partial f}{\partial \boldsymbol{y}}=(\boldsymbol{R}+\boldsymbol{R}^{\mathrm{T}})\boldsymbol{y}$$

$$\frac{\partial \boldsymbol{y}^{\mathrm{T}}}{\partial \boldsymbol{x}}=\frac{\mathrm{d}(\boldsymbol{x}^{\mathrm{T}}\boldsymbol{A}^{\mathrm{T}}-\boldsymbol{b}^{\mathrm{T}})}{\mathrm{d}\boldsymbol{x}}=\boldsymbol{A}^{\mathrm{T}}$$

所以

$$\frac{\partial f}{\partial \boldsymbol{x}}=\boldsymbol{A}^{\mathrm{T}}(\boldsymbol{R}+\boldsymbol{R}^{\mathrm{T}})\boldsymbol{y}=\boldsymbol{A}^{\mathrm{T}}(\boldsymbol{R}+\boldsymbol{R}^{\mathrm{T}})(\boldsymbol{A}\boldsymbol{x}-\boldsymbol{b})$$

2.3 函数的无条件极值

设 $f(\boldsymbol{x})$ 是向量 $\boldsymbol{x}$ 的二阶连续可微的标量函数，则

$$\begin{aligned}f(\boldsymbol{x})&=f(\boldsymbol{x}^*)+\left(\frac{\partial f}{\partial \boldsymbol{x}}\right)_{\boldsymbol{x}^*}^{\mathrm{T}}\delta\boldsymbol{x}+o(\|\delta\boldsymbol{x}\|)\\&=f(\boldsymbol{x}^*)+\left(\frac{\partial f}{\partial \boldsymbol{x}}\right)_{\boldsymbol{x}^*}^{\mathrm{T}}\delta\boldsymbol{x}+\frac{1}{2}\delta\boldsymbol{x}^{\mathrm{T}}\left(\frac{\partial^2 f}{\partial \boldsymbol{x}^2}\right)_{\boldsymbol{x}^*}^{\mathrm{T}}\delta\boldsymbol{x}+o(\|\delta\boldsymbol{x}\|^2)\end{aligned}\tag{2.1}$$

其中，$\boldsymbol{x}^*\in\mathbf{R}^n$，$\dfrac{\partial^2 f}{\partial \boldsymbol{x}^2}=\begin{bmatrix}\dfrac{\partial^2 f}{\partial x_1^2} & \cdots & \dfrac{\partial^2 f}{\partial x_1\partial x_n}\\ \vdots & & \vdots\\ \dfrac{\partial^2 f}{\partial x_n\partial x_1} & \cdots & \dfrac{\partial^2 f}{\partial x_n^2}\end{bmatrix}$。

若 $f(\boldsymbol{x})$在 $\boldsymbol{x}^*$ 处达到极小，则在 $\boldsymbol{x}^*$ 的邻域应有

$$f(\boldsymbol{x}^* + \delta\boldsymbol{x}) \geqslant f(\boldsymbol{x}^*) \tag{2.2}$$

对于充分小的 $\delta\boldsymbol{x}$，$\delta\boldsymbol{x}$ 的高阶项可以忽略，则由式(2.1)和式(2.2)即得

$$\left(\frac{\partial f}{\partial \boldsymbol{x}}\right)_{\boldsymbol{x}^*}^{\mathrm{T}} \delta\boldsymbol{x} \geqslant 0$$

取 $\delta\boldsymbol{x} = -\delta\boldsymbol{x}$，则有 $-\left(\frac{\partial f}{\partial \boldsymbol{x}}\right)_{\boldsymbol{x}^*}^{\mathrm{T}} \delta\boldsymbol{x} \geqslant 0$，由 $\delta\boldsymbol{x}$ 的任意性得

$$\left(\frac{\partial f}{\partial \boldsymbol{x}}\right)_{\boldsymbol{x}^*} = 0 \tag{2.3}$$

即为 $f(\boldsymbol{x})$在 $\boldsymbol{x}^*$ 点处达到极小的一个必要条件。

考虑二阶条件，设 $f(\boldsymbol{x})$在 $\boldsymbol{x}^*$ 点处达到极小值，则由式(2.2)和式(2.3)得，对于充分小的 $\delta\boldsymbol{x}$ 有

$$(\delta\boldsymbol{x})^{\mathrm{T}}\left(\frac{\partial^2 f}{\partial \boldsymbol{x}^2}\right)\delta\boldsymbol{x} \geqslant 0 \tag{2.4}$$

定理 2.1 (a) $f(\boldsymbol{x})$在 $\boldsymbol{x}^*$ 点处达到极小值的一阶必要条件为

$$\left(\frac{\partial f}{\partial \boldsymbol{x}}\right)\bigg|_{\boldsymbol{x}^*} = 0$$

(b) $f(\boldsymbol{x})$在 $\boldsymbol{x}^*$ 点处达到极小值的二阶必要条件为

$$\left(\frac{\partial f}{\partial \boldsymbol{x}}\right)\bigg|_{\boldsymbol{x}^*} = 0, \quad \left(\frac{\partial^2 f}{\partial \boldsymbol{x}^2}\right)\bigg|_{\boldsymbol{x}^*} \geqslant 0 \tag{2.5}$$

定理 2.2 $f(\boldsymbol{x})$在 $\boldsymbol{x}^*$ 点处达到极小的充分条件为

$$\begin{cases} \left(\dfrac{\partial f}{\partial \boldsymbol{x}}\right)_{\boldsymbol{x}^*} = 0 \\ \left(\dfrac{\partial^2 f}{\partial \boldsymbol{x}^2}\right)_{\boldsymbol{x}^*} > 0 \quad \text{或} \quad \delta\boldsymbol{x}^{\mathrm{T}}\left(\dfrac{\partial^2 f}{\partial \boldsymbol{x}^2}\right)\delta\boldsymbol{x} > 0 \quad \forall\, \delta\boldsymbol{x} \neq 0 \end{cases} \tag{2.6}$$

例 2.5 对于给定的二次函数 $f(\boldsymbol{x}) = \frac{1}{2}\boldsymbol{x}^{\mathrm{T}}\boldsymbol{A}\boldsymbol{x} + \boldsymbol{b}^{\mathrm{T}}\boldsymbol{x} + C$，其中 $\boldsymbol{A} = \boldsymbol{A}^{\mathrm{T}}$ 是对称常数阵，求 $f(\boldsymbol{x})$的极小值及应该满足的条件。

解 因为

$$\frac{\partial f}{\partial \boldsymbol{x}} = \boldsymbol{A}\boldsymbol{x} + \boldsymbol{b}$$

若 $\boldsymbol{A}$ 可逆，则

$$\boldsymbol{x}^* = -\boldsymbol{A}^{-1}\boldsymbol{b}$$

即 $\boldsymbol{x}^* = -\boldsymbol{A}^{-1}b$ 为该函数的一个驻点。若 $\boldsymbol{A}$ 正定，因为

$$\frac{\partial^2 f}{\partial \boldsymbol{x}^2} = \boldsymbol{A} > 0$$

所以 $\boldsymbol{x}^* = -\boldsymbol{A}^{-1}\boldsymbol{b}$ 为极小值点。

2.4 Lagrange 乘子法

考虑如下约束极值问题

$$\min f(\boldsymbol{x}), \quad \text{s.t.} \quad g(\boldsymbol{x})=0 \tag{2.7}$$

其中 $\boldsymbol{x}\in\mathbf{R}^n$，$g(\boldsymbol{x})=[g_1(\boldsymbol{x}) \quad \cdots \quad g_p(\boldsymbol{x})]^{\mathrm{T}}$，$p<n$，设 $f(\boldsymbol{x})$、$g(\boldsymbol{x})$是连续可微函数，且

$$\frac{\partial g(\boldsymbol{x})}{\partial \boldsymbol{x}}=\begin{bmatrix} \dfrac{\partial g_1}{\partial x_1} & \cdots & \dfrac{\partial g_1}{\partial x_n} \\ \vdots & & \vdots \\ \dfrac{\partial g_p}{\partial x_1} & \cdots & \dfrac{\partial g_p}{\partial x_n} \end{bmatrix}_{p\times n}$$

为满秩矩阵，也就是说该矩阵行向量组是线性无关的。根据 $f(\boldsymbol{x})$、$g(\boldsymbol{x})$的连续可微性的假设，$f(\boldsymbol{x})$、$g(\boldsymbol{x})$在点 $\boldsymbol{x}^*$ 邻域的值可以写为

$$\begin{cases} f(\boldsymbol{x}^*+\delta\boldsymbol{x})=f(\boldsymbol{x}^*)+\left.\dfrac{\partial f}{\partial \boldsymbol{x}^{\mathrm{T}}}\right|_{x=x^*}\delta\boldsymbol{x}+o(\delta\boldsymbol{x}) \\ g(\boldsymbol{x}^*+\delta\boldsymbol{x})=g(\boldsymbol{x}^*)+\left.\dfrac{\partial g}{\partial \boldsymbol{x}^{\mathrm{T}}}\right|_{x=x^*}\delta\boldsymbol{x}+o(\delta\boldsymbol{x}) \end{cases} \tag{2.8}$$

这里 $\delta\boldsymbol{x}$ 是 $\boldsymbol{x}^*$ 的增量。考虑到所考察的任何点 $\boldsymbol{x}$ 都应满足等式约束条件，即 $g(\boldsymbol{x}^*)=0$，$g(\boldsymbol{x}^*+\delta\boldsymbol{x})=0$，并忽略式(2.8)中 $\delta\boldsymbol{x}$ 的高阶项，就有

$$\left.\frac{\partial g}{\partial \boldsymbol{x}^{\mathrm{T}}}\right|_{x=x^*}\delta\boldsymbol{x}=0 \quad 或 \quad \left.\frac{\partial g_i}{\partial \boldsymbol{x}^{\mathrm{T}}}\right|_{x=x^*}\delta\boldsymbol{x}=0,\ i=1,2,\cdots,p \tag{2.9}$$

如果 $f(\boldsymbol{x})$在 $\boldsymbol{x}=\boldsymbol{x}^*$ 达到极小值，则对任意满足条件(2.9)的充分小 $\delta\boldsymbol{x}$，下式应成立

$$f(\boldsymbol{x}^*)\leqslant f(\boldsymbol{x}^*+\delta\boldsymbol{x})$$

由此，忽略掉式(2.8)中 $\delta\boldsymbol{x}$ 的高阶项，可以得到

$$\left.\frac{\partial f}{\partial \boldsymbol{x}^{\mathrm{T}}}\right|_{x=x^*}\delta\boldsymbol{x}\geqslant 0 \tag{2.10}$$

也就是说，如果 $\boldsymbol{x}=\boldsymbol{x}^*$ 是问题(2.7)的极小解，对于满足式(2.9)的任意 $\delta\boldsymbol{x}$，不等式(2.10)式都应成立。为进一步推证问题的必要条件，先证明下述引理。

引理 2.1 设向量组 $\boldsymbol{\alpha}_1,\cdots,\boldsymbol{\alpha}_p$ 线性独立。若对满足等式：$\boldsymbol{\alpha}_i^{\mathrm{T}}\boldsymbol{h}=0$，$i=1,2,\cdots,p$ 的任意 $\boldsymbol{h}\in\mathbf{R}^n$，都有 $\boldsymbol{b}^{\mathrm{T}}\boldsymbol{h}\geqslant 0$。则向量组 $\boldsymbol{b},\boldsymbol{\alpha}_1,\cdots,\boldsymbol{\alpha}_p$ 线性相关，因而有不同时为零的数 $\lambda_1,\cdots,\lambda_p$ 使得 $\boldsymbol{b}+\sum\limits_{i=1}^{p}\lambda_i\boldsymbol{\alpha}_i=0$。

证明 用反证法来证。反设向量组 $\boldsymbol{b},\boldsymbol{\alpha}_1,\cdots,\boldsymbol{\alpha}_p$ 线性无关，必存在一个向量

$\boldsymbol{h}_0$ 满足：

$$\boldsymbol{b}^{\mathrm{T}}\boldsymbol{h}_0 = 1 > 0, \quad -\boldsymbol{\alpha}_i^{\mathrm{T}}\boldsymbol{h}_0 = 0, i = 1, 2, \cdots, p$$

取 $\boldsymbol{h}_1 = -\boldsymbol{h}_0$，则有

$$\boldsymbol{b}^{\mathrm{T}}\boldsymbol{h}_1 = -\boldsymbol{b}^{\mathrm{T}}\boldsymbol{h}_0 = -1 < 0, \quad \boldsymbol{\alpha}_i^{\mathrm{T}}\boldsymbol{h}_1 = -\boldsymbol{\alpha}_i^{\mathrm{T}}\boldsymbol{h}_0 = 0, i = 1, 2, \cdots, p$$

这与假设矛盾，所以反设错误，由反证法可知 $\boldsymbol{b}$，$\boldsymbol{\alpha}_1$，…，$\boldsymbol{\alpha}_p$ 线性相关。

因为 $\boldsymbol{b}$，$\boldsymbol{\alpha}_1$，…，$\boldsymbol{\alpha}_p$ 线性相关，必存在 $p+1$ 个不同时为零的数 c_1，c_2，…，c_p，c_{p+1}，使得

$$\sum_{i=1}^{p} c_i\boldsymbol{\alpha}_i + c_{p+1}\boldsymbol{b} = \boldsymbol{0}$$

由于向量组 $\boldsymbol{\alpha}_1$，…，$\boldsymbol{\alpha}_p$ 线性独立，因此 $c_{p+1} \neq 0$，令 $\lambda_i = \frac{c_i}{c_{p+1}}$，得

$$\boldsymbol{b} + \sum_{i=1}^{p} \lambda_i\boldsymbol{\alpha}_i = 0$$

应用该引理易得如下定理。

定理 2.3　$\boldsymbol{x}^*$ 是等式约束条件下 $f(\boldsymbol{x})$ 极小解(2.7)的必要条件是存在不同时为零的数 $\lambda_1 \cdots \lambda_p$，使得 $\boldsymbol{x}^*$ 满足如下方程：

$$\begin{cases} \dfrac{\partial f(\boldsymbol{x}^*)}{\partial \boldsymbol{x}} + \sum\limits_{i=1}^{p} \lambda_i \dfrac{\partial g_i(\boldsymbol{x}^*)}{\partial \boldsymbol{x}} = 0 \\ g(\boldsymbol{x}^*) = 0 \end{cases} \tag{2.11}$$

如果记 $\boldsymbol{\lambda} = [\lambda_1, \lambda_2, \cdots, \lambda_p]^{\mathrm{T}}$，$L(\boldsymbol{x}, \boldsymbol{\lambda}) = f(\boldsymbol{x}) + \boldsymbol{\lambda}^{\mathrm{T}} g(\boldsymbol{x})$，则定理 2.2 的条件(2.11)，也就是问题(2.7)的极值必要条件可以表示为

$$\begin{cases} \dfrac{\partial L(\boldsymbol{x}^*, \boldsymbol{\lambda})}{\partial \boldsymbol{x}} = 0 \\ g(\boldsymbol{x}^*) = 0 \end{cases} \tag{2.12}$$

函数 $L(\boldsymbol{x}, \boldsymbol{\lambda})$ 称为 Lagrange 函数，$\boldsymbol{\lambda}$ 称为 Lagrange 乘子。

必要条件(2.12)式是 $n+p$ 个标量方程，由此可解出 $\boldsymbol{x}^*$ 和 $\boldsymbol{\lambda}$ 共 $n+p$ 个未知变量，这种方法称为 Lagrange 乘子法。该方法将等式约束下的函数极值问题(2.7)，通过引入乘子向量 $\boldsymbol{\lambda}$，化为等价的 Lagrange 函数 $L(\boldsymbol{x}, \boldsymbol{\lambda})$ 的无约束极值问题，该极值问题的必要条件为

$$\begin{cases} \dfrac{\partial L(\boldsymbol{x}^*, \boldsymbol{\lambda})}{\partial \boldsymbol{x}} = 0 \\ \dfrac{\partial L(\boldsymbol{x}^*, \boldsymbol{\lambda})}{\partial \boldsymbol{\lambda}} = g(\boldsymbol{x}^*) = 0 \end{cases} \tag{2.13}$$

显然，式(2.12)和式(2.13)是等价的。

例 2.6　求函数 $f = x^2 + 4y^2$ 在满足约束条件 $\frac{1}{3}x + y = 1$ 下的极小值。

解 令 $L=f+\lambda\left(\frac{1}{3}x+y-1\right)$，由极值的一阶必要条件式(2.13)得

$$\begin{cases} L_x = 2x + \frac{1}{3}\lambda = 0 \\ L_y = 8y + \lambda = 0 \\ L_\lambda = y + \frac{1}{3}x - 1 = 0 \end{cases}$$

由此解得 $x=\frac{12}{13}$，$y=\frac{9}{13}$，$\lambda=-\frac{72}{13}$。

为了检验此驻点是否为极小值点，先求出 $L_{xx}=2$，$L_{xy}=L_{yx}=0$，$L_{yy}=8$，显然

$$\begin{bmatrix} L_{xx} & L_{xy} \\ L_{yx} & L_{yy} \end{bmatrix} = \begin{bmatrix} 2 & 0 \\ 0 & 8 \end{bmatrix} > 0$$

为对称正定矩阵，因而该驻点是一个极小值点。

2.5 Kuhn-Tucker 条件

这一节我们讨论不等式约束的极值问题。先考虑以下具有不等式约束的极值问题

$$\min f(\boldsymbol{x}), \quad \text{s. t.} \quad g(\boldsymbol{x}) \leqslant 0 \tag{2.14}$$

其中 $\boldsymbol{x}\in \mathbf{R}^n$，$g(\boldsymbol{x})=[g_1(\boldsymbol{x}) \quad \cdots \quad g_q(\boldsymbol{x})]^{\mathrm{T}}$，$f(\boldsymbol{x})$、$g(\boldsymbol{x})$均是连续可微的。

假设 $\boldsymbol{x}^*$ 是问题(2.14)的极小值点，根据 $g(\boldsymbol{x})$的连续可微性，由 Tayler 展开得到

$$g_i(\boldsymbol{x}^*) + \frac{\partial g_i}{\partial \boldsymbol{x}^{\mathrm{T}}}\bigg|_{\boldsymbol{x}=\boldsymbol{x}^*} \delta\boldsymbol{x} + o(\delta\boldsymbol{x}) \leqslant 0, \quad i = 1, 2, \cdots, q \tag{2.15}$$

如果对于某个 i 满足 $g_i(\boldsymbol{x}^*)<0$，则对于任意给定的 $\delta\boldsymbol{x}$，只要 $\delta\boldsymbol{x}$ 足够小，不等式(2.15)总是成立的，因此，约束 $g_i(\boldsymbol{x}^*)\leqslant 0$ 对 $\delta\boldsymbol{x}$ 并未构成限制，所以该约束自然成立。如果对于某个 i 满足 $g_i(\boldsymbol{x}^*)=0$，要使式(2.15)成立，必须满足

$$\frac{\partial g_i}{\partial \boldsymbol{x}^{\mathrm{T}}}\bigg|_{\boldsymbol{x}=\boldsymbol{x}^*} \delta\boldsymbol{x} \leqslant 0$$

该约束对 $\delta\boldsymbol{x}$ 是起作用的约束。由以上分析可知，等式约束总是起作用的约束，而不等式约束则区分起作用和不起作用两种情况。如果在 $\boldsymbol{x}^*$ 点，式(2.15)中有 q_1 个是起作用约束，$q-q_1$ 个是不起作用约束，不妨设 $g_1(\boldsymbol{x}^*)=g_2(\boldsymbol{x}^*)=\cdots=g_{q_1}(\boldsymbol{x}^*)=0$，而 $g_{q_1+1}(\boldsymbol{x}^*)<0$，…，$g_q(\boldsymbol{x}^*)<0$。假设起作用约束在点 $\boldsymbol{x}^*$ 的梯度 $\frac{\partial g_1(\boldsymbol{x}^*)}{\partial \boldsymbol{x}}$，$\frac{\partial g_2(\boldsymbol{x}^*)}{\partial \boldsymbol{x}}$，…，$\frac{\partial g_{q_1}(\boldsymbol{x}^*)}{\partial \boldsymbol{x}}$线性无关，由式(2.15)得

$$\left.\frac{\partial g_i}{\partial \boldsymbol{x}^{\mathrm{T}}}\right|_{x=x^*}\delta \boldsymbol{x} \leqslant 0,\quad i=1,2,\cdots,q_1 \tag{2.16}$$

因为已设 $\boldsymbol{x}^*$ 是极小值点，所以，对于满足条件(2.16)的任意 $\delta\boldsymbol{x}$，下式应成立

$$\left.\frac{\partial f}{\partial \boldsymbol{x}^{\mathrm{T}}}\right|_{x=x^*}\delta \boldsymbol{x} \geqslant 0 \tag{2.17}$$

为了进一步导出极值的必要条件，我们先给出如下引理。

引理 2.2　设向量组 $\boldsymbol{\alpha}_1$，…，$\boldsymbol{\alpha}_q$ 线性独立。若对满足不等式：

$$\boldsymbol{\alpha}_i^{\mathrm{T}}\boldsymbol{h} \leqslant 0,\quad i=1,2,\cdots,q \tag{2.18}$$

的任意 $\boldsymbol{h}\in\mathbf{R}^n$，都有 $\boldsymbol{b}^{\mathrm{T}}\boldsymbol{h}\geqslant 0$，则必存在不同时为零的非负数 $\lambda_1\geqslant 0$，…，$\lambda_q\geqslant 0$，使得

$$\boldsymbol{b}+\sum_{i=1}^{q}\lambda_i\boldsymbol{\alpha}_i=0$$

证明　假设式(2.18)中有 q_1 个等式成立，其余的是严格不等式成立，由引理2.1可知，存在不同时为零的数 $\lambda_1,\cdots,\lambda_{q_1}$ 使得 $\boldsymbol{b}+\sum\limits_{i=1}^{q_1}\lambda_i\boldsymbol{\alpha}_i=0$。取 $\lambda_{q_1+1}=\cdots=\lambda_q=0$，则有

$$\boldsymbol{b}+\sum_{i=1}^{q}\lambda_i\boldsymbol{\alpha}_i=0$$

以下证明 $\lambda_1\geqslant 0$，…，$\lambda_q\geqslant 0$。

由于 $\boldsymbol{\alpha}_1$，…，$\boldsymbol{\alpha}_q$ 线性独立，故存在 q 个向量 $\boldsymbol{h}_j$，$j=1,2,\cdots,q$，满足

$$\boldsymbol{\alpha}_i^{\mathrm{T}}\boldsymbol{h}_j=-\delta_{ij}$$

其中

$$\delta_{ij}=\begin{cases}1, & i=j\\ 0, & i\neq j\end{cases}$$

而

$$\boldsymbol{b}^{\mathrm{T}}\boldsymbol{h}_j=-\sum_{i=1}^{q}\lambda_i\boldsymbol{\alpha}_i^{\mathrm{T}}\boldsymbol{h}_j=\lambda_j$$

由引理2.2的假设条件，必有 $\lambda_j\geqslant 0$，$j=1,2,\cdots,q$。

根据$\dfrac{\partial g_1(\boldsymbol{x}^*)}{\partial \boldsymbol{x}}$，$\dfrac{\partial g_2(\boldsymbol{x}^*)}{\partial \boldsymbol{x}}$，…，$\dfrac{\partial g_{q_1}(\boldsymbol{x}^*)}{\partial \boldsymbol{x}}$线性无关的假设，应用引理2.2，由式(2.16)和式(2.17)可知，必存在 q_1 个不同时为零的非负数 λ_1，…，λ_{q_1}，使得下式成立

$$\frac{\partial f(\boldsymbol{x}^*)}{\partial \boldsymbol{x}}+\sum_{i=1}^{q_1}\lambda_i\frac{\partial g_i(\boldsymbol{x}^*)}{\partial \boldsymbol{x}}=0 \tag{2.19}$$

但是，直接应用上述结论去求极小解是困难的，因为事前并不知道哪几个不等式

是起作用的，然而，这个困难可用增加的 $q-q_1$ 个数并给予一定的限制的方法来克服。现取 q 个数 $\lambda_1\geqslant 0, \cdots, \lambda_q\geqslant 0$，使它们满足

$$\lambda_i g_i(\boldsymbol{x}^*)=0, \quad i=1, 2, \cdots, q$$

这时，如果 $g_i(\boldsymbol{x}^*)\neq 0$，对应的 $\lambda_i=0$；否则，对应的 $\lambda_i\geqslant 0$。将式(2.19)扩充为

$$\frac{\partial f(\boldsymbol{x}^*)}{\partial \boldsymbol{x}}+\sum_{i=1}^{q}\lambda_i\frac{\partial g_i(\boldsymbol{x}^*)}{\partial \boldsymbol{x}}=0 \tag{2.20}$$

综上所述，可将不等式约束条件下函数极小值的必要条件归纳成如下定理。

定理 2.4 (Kuhn-Tucker 条件)对于不等式约束下的函数极值问题(2.14)，如果 $f(\boldsymbol{x})$、$g_1(\boldsymbol{x})$、$g_2(\boldsymbol{x})$、…、$g_q(\boldsymbol{x})$是连续可微的，如果 $\boldsymbol{x}^*$ 是该问题的极小值点，对应的梯度向量线性无关，那么必存在不同时为零的数 $\lambda_1, \cdots, \lambda_q$，满足

(1) $\lambda_i=0$，当 $g_i(\boldsymbol{x}^*)<0$； (2.21)

(2) $\lambda_i g_i(\boldsymbol{x}^*)=0,\ i=1, 2, \cdots, q$； (2.22)

(3) $\dfrac{\partial f(\boldsymbol{x}^*)}{\partial \boldsymbol{x}}+\sum\limits_{i=1}^{q}\lambda_i\dfrac{\partial g_i(\boldsymbol{x}^*)}{\partial \boldsymbol{x}}=0$。 (2.23)

如果记 $\boldsymbol{\lambda}=[\lambda_1, \lambda_2, \cdots, \lambda_p]^{\mathrm{T}}$，$L(\boldsymbol{x}, \boldsymbol{\lambda})=f(\boldsymbol{x})+\boldsymbol{\lambda}^{\mathrm{T}}g(\boldsymbol{x})$，则定理 2.4 的条件式(2.21)～式(2.23)，也就是问题(2.14)取得极值的必要条件可以表示为

(1) $\boldsymbol{\lambda}\geqslant 0$，$g(\boldsymbol{x}^*)\leqslant 0$；

(2) $\boldsymbol{\lambda}^{\mathrm{T}}g(\boldsymbol{x}^*)=0$；

(3) $\dfrac{\partial L(\boldsymbol{x}^*, \boldsymbol{\lambda})}{\partial \boldsymbol{x}}=0$。

例 2.7 求满足不等式约束

$$x^2+2y\leqslant 1, \quad y-x\leqslant\frac{1}{2}$$

时函数 $f(x, y)=x^2+6xy-4x-2y$ 的极小值。

解 该问题的 Lagrange 函数为

$$L(x, y, \lambda_1, \lambda_2)=x^2+6xy-4x-2y+\lambda_1(x^2+2y-1)+\lambda_2\left(y-x-\frac{1}{2}\right)$$

由 Kuhn-Tuker 条件(定理 2.4)，极小值的必要条件为

$$2x+6y-4+2\lambda_1 x-\lambda_2=0$$

$$6x-2+2\lambda_1+\lambda_2=0$$

$$\lambda_1(x^2+2y-1)=0$$

$$\lambda_2\left(y-x-\frac{1}{2}\right)=0$$

$$\lambda_1\geqslant 0, \lambda_2\geqslant 0$$

$$x^2+2y-1\leqslant 0, \quad y-x-\frac{1}{2}\leqslant 0$$

现在依次考虑下述四种情况：

（ⅰ）在两个约束的边界之内求解。

这时，$\lambda_1=0$，$\lambda_2=0$，由上述方程求得 $x=\frac{1}{3}$，$y=\frac{5}{9}$，因为 $x^2+2y=\frac{11}{9}$，说明解在 $x^2+2y\leqslant 1$ 之外，因此不是最小解。

（ⅱ）在两个约束的边界之上求解。

由 $x^2+2y=1$，$y-x=\frac{1}{2}$ 得两个解为 $\left(0, \frac{1}{2}\right)$，$\left(-2, -\frac{3}{2}\right)$，相应的 (λ_1, λ_2) 两个解为 $\left(\frac{3}{2}, -1\right)$，$\left(-\frac{31}{2}, 45\right)$，它们不满足 $\lambda\geqslant 0$，因此不是最小解。

（ⅲ）在第一个约束的边界之内，第二个约束的边界之上求解。

这时，应满足 $\lambda_1=0$，$\lambda_2\geqslant 0$，由方程组 $2x+6y-4-\lambda_2=0$，$6x-2+\lambda_2=0$，$y-x-\frac{1}{2}=0$ 解得 $x=\frac{3}{14}$，$y=\frac{10}{14}$，$\lambda_2=\frac{10}{14}$，检验 $x^2+2y=\frac{289}{14^2}>1$，说明解在第一个约束边界之外，因此不是最小解。

（ⅳ）在第一个约束的边界之上，第二个约束的边界之内求解。

这时应满足 $\lambda_1\geqslant 0$，$\lambda_2=0$，由方程组

$$2x+6y-4+2\lambda_1 x=0，6x-2+2\lambda_1=0，x^2+2y-1=0$$

解得 $x=y=-1\pm\sqrt{2}$，$\lambda_1=4\mp 3\sqrt{2}$，由于 $\lambda_1=4-3\sqrt{2}<0$，所以 $x=y=-1+\sqrt{2}$ 不能取为解。而 $\lambda_1=4+3\sqrt{2}$，相应的 $x=y=-1-\sqrt{2}$，又使得 $y-x=0<\frac{1}{2}$，所得的解在第二个约束的边界之内，因此 $x=y=-1-\sqrt{2}$ 是满足 Kuhn-Tucker 条件（定理 2.4）的唯一解。

第三章　变分原理

变分法是研究泛函极值的一种典型方法，从17世纪末开始逐步发展成为一门独立的数学分支，它在力学、光学、电磁学、控制论和图像处理等方面有着广泛的应用。在本章变分问题中，总假设未知函数是连续可微的或分段连续可微的，即设容许函数类为连续可微的或分段连续可微的函数集合。在经典变分学中，常常把求泛函极值问题称为变分问题，把求泛函极值的方法称为变分法。

本章首先给出变分法的基本概念和泛函的部分定理，利用统一的方法给出三种典型情形下泛函极值的必要条件，并把这些条件进一步推广，以解决某些最优控制问题。

3.1　变分法的基本概念

定义 3.1　在满足约束条件 $g(x(t), \dot{x}(t), t)=0$ 和边界条件 $m(x(t_0), t_0)=0$，$n(x(t_f), t_f)=0$ 的容许函数类中选择一个最优函数 $x(t)$，使泛函 $J(x)=\int_{t_0}^{t_f}\phi(x(t), \dot{x}(t), t)\mathrm{d}t$ 取极小值的问题称古典变分问题。

定义 3.2　称满足边界条件的函数 $x(t)$ 为容许函数，设 $x^*(t)$ 是一个容许函数，则称满足不等式

$$|x^*(t)-x(t)|<\varepsilon, \varepsilon>0 \quad (t_0\leqslant t\leqslant t_f) \tag{3.1}$$

的一切容许函数的集合为 $x^*(t)$ 的 ε-邻域，也把它称为零阶 ε-邻域。

定义 3.3　设 $x(t)$ 是 $x^*(t)$ 的 ε-邻域内的函数，则称 $x(t)-x^*(t)$ 为函数 $x^*(t)$ 的容许变分，简称为变分，记为 $\delta x(t)=x(t)-x^*(t)$，其中 $|x^*-x|_\infty=\sup\limits_{t\in[t_0, t_f]}|x^*-x|$。定义

$$\frac{\mathrm{d}\delta x(t)}{\mathrm{d}t}=\dot{x}(t)-\dot{x}^*(t)\triangleq\delta\dot{x}$$

称其为变分 δx 的导数。

定义 3.4　对于 $x^*(t)$ 的变分 δx，相应的泛函 $J(x)$ 的增量为 $\Delta J=J(x^*+\delta x)-J(x^*)$，若

$$\Delta J=L(x^*, \delta x)+R(x^*, \delta x) \tag{3.2}$$

其中 $L(x^*, \delta x)$ 为 δx 的线性泛函，即对任意实数 k_1、k_2 和任意两个容许变分 δx_1、δx_2，均有

$$L(x^*, k_1\delta x_1 + k_2\delta x_2) = k_1 L(x^*, \delta x_1) + k_2 L(x^*, \delta x_2)$$

而 $R(x^*, \delta x)$ 是 δx 的高阶无穷小，即

$$\lim_{\varepsilon\to 0}\frac{|R(x^*, \delta x)|_\infty}{\varepsilon} = 0,\ \varepsilon = \max_{t_0\leqslant t\leqslant t_f}|\delta x(t)| \triangleq |\delta x(t)|_\infty$$

则称 $L(x^*, \delta x)$ 为 ΔJ 的线性主部，也称它为泛函 $J(x)$ 在 x^* 关于 δx 的变分，记为 δJ。若泛函增量可表示为式(3.2)，则称泛函是可微的，即 $\delta J = L(x^*, \delta x)$。

定义 3.5　若泛函 $J(x)$ 对 x^* 的某邻域内的一切 x 均有不等式

$$J(x^*) \underset{(\geqslant)}{\leqslant} J(x) \tag{3.3}$$

成立，则称 $J(x)$ 在 x^* 处达到极小(大)值，x^* 称为极小(大)值曲线，把极大值曲线和极小值曲线统称为极值曲线。

注：当 $x^*(t)$ 的 ε-邻域定义为满足 $|x^*(t)-x(t)|<\varepsilon$ 且 $|\dot{x}^*(t)-\dot{x}(t)|<\varepsilon$ 的一切容许函数的集合时，称它为一阶 ε-邻域，此时把满足式(3.3)的极值称为弱极值；而在定义 3.5 中定义的极值称为强极值。

定义 3.6　在不同邻域意义下，定义泛函 $J(x)$ 的零阶连续和一阶连续。

引理 3.1(泛函变分的计算方法)　可微泛函 $J(x)$ 在 x 处关于 δx 的变分可以表示为

$$\delta J = \frac{\partial}{\partial\alpha}J[x+\alpha\,\delta x]\Big|_{\alpha=0} \tag{3.4}$$

证明　由于 $J(x)$ 是可微泛函，所以泛函增量可以表示为

$$\Delta J = J(x+\alpha\,\delta x) - J(x) = L(x, \alpha\,\delta x) + R(x, \alpha\,\delta x)$$

其中 $\alpha\in R$，$L(x, \alpha\,\delta x)$ 是 $\alpha\,\delta x$ 的线性连续泛函，$R(x, \alpha\,\delta x)$ 是 $\alpha\,\delta x$ 的高阶无穷小，则有

$$L(x, \alpha\,\delta x) = \alpha L(x, \delta x)$$

$$\lim_{\alpha\to 0}\frac{R(x, \alpha\,\delta x)}{\alpha} = \lim_{\alpha\to 0}\frac{R(x, \alpha\,\delta x)}{\alpha\,\delta x}\delta x = 0$$

于是有

$$\lim_{\alpha\to 0}\frac{\Delta J}{\alpha} = L(x, \delta x)$$

即

$$\frac{\partial}{\partial\alpha}J[x+\alpha\,\delta x]\Big|_{\alpha=0} = \lim_{\alpha\to 0}\frac{\Delta J}{\alpha} = L(x, \delta x) = \delta J$$

证毕。

例 3.1 已知 $J=\int_0^1 x^2\mathrm{d}t$，求 δJ。

解 在 x 处，对于给定的容许变分 δx，由引理 3.1 得泛函一阶变分为

$$\begin{aligned}\delta J&=\left.\frac{\partial J(x+\alpha\,\delta x)}{\partial\alpha}\right|_{\alpha=0}=\frac{\partial}{\partial\alpha}\int_0^1(x+\alpha\,\delta x)^2\mathrm{d}t\,|_{\alpha=0}\\&=\int_0^1\frac{\partial}{\partial\alpha}(x+\alpha\,\delta x)^2\mathrm{d}t\,|_{\alpha=0}\\&=\int_0^1 2x(t)\cdot\delta x(t)\mathrm{d}t\end{aligned}$$

例 3.2 令 $J=\int_{t_0}^{t_1}F(t,\ x,\ \dot{x})\mathrm{d}t$，设 $F(t,\ x,\ \dot{x})$关于其所有自变量均是连续可微的，求 δJ。

解 由引理 3.1 得

$$\begin{aligned}\delta J&=\left.\frac{\partial J(x+\alpha\,\delta x)}{\partial\alpha}\right|_{\alpha=0}=\int_{t_0}^{t_1}\frac{\partial}{\partial\alpha}F(t,\ x+\alpha\,\delta x,\ \dot{x}+\alpha\,\delta\dot{x})\,|_{\alpha=0}\mathrm{d}t\\&=\int_{t_0}^{t_1}\left(\frac{\partial F(t,\ x,\ \dot{x})}{\partial x}\delta x+\frac{\partial F(t,\ x,\ \dot{x})}{\partial\dot{x}}\delta\dot{x}\right)\mathrm{d}t\end{aligned}$$

定理 3.1(泛函部分定理) 若可微泛函 $J(x)$在 x^* 处到达极大(小)值，则在 x^* 处有 $\delta J=0$。

证明 对于任意给定的 δx，$J(x^*+\alpha\,\delta x)$是标量 α 的函数，由已知条件可知 $J(x^*+\alpha\,\delta x)$在 $\alpha=0$ 处取得极值。所以 $J(x^*+\alpha\,\delta x)$对 α 的导数在$\alpha=0$ 处应该为 0，即

$$\left.\frac{\partial J(x^*+\alpha\,\delta x)}{\partial\alpha}\right|_{\alpha=0}=0$$

由引理 3.1 知，$\delta J=0$。

上述条件对于强极值和弱极值均成立。

3.2 无约束条件下的变分问题

以下分三种典型情况给出变分问题的必要条件。

1. 两端固定条件下的极值

设两端固定条件的变分问题如下：

$$\begin{cases}\min J=\min\int_{t_0}^{t_f}F(t,\ x,\ \dot{x})\mathrm{d}t\\ \text{s. t.}\quad x(t_0)=x_0,\ x(t_f)=x_f\end{cases}\tag{3.5}$$

其中 $x\in R$，$F(t,\ x,\ \dot{x})$为其所有变量的连续可微的标量函数。如图 3.1 所示。

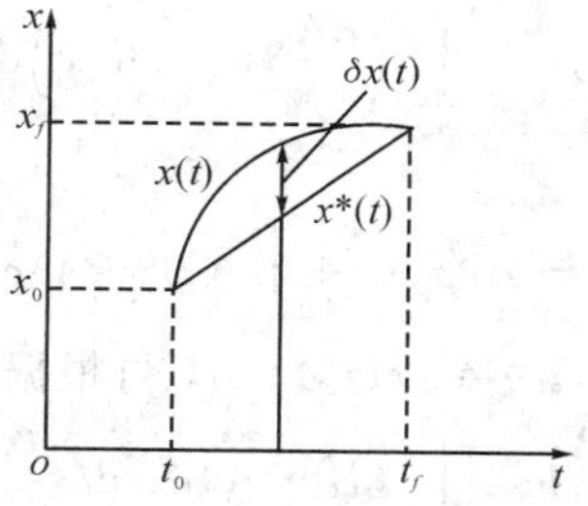

图 3.1　两端固定问题示意图

假设 $x(t)$是满足固定端点条件的二次可微的函数，$F(t, x, \dot{x})$是 t、x、$\dot{x}$的连续函数，且对 x、$\dot{x}$的二阶偏导存在且连续。

引理 3.2　设 $g(t)$在$[t_0, t_f]$上连续，对任何的 $\eta(t)$在$[t_0, t_f]$上分段连续，且 $\int_{t_0}^{t_f}\eta(t)\mathrm{d}t=0$，总使得 $\int_{t_0}^{t_f}g(t)\eta(t)\mathrm{d}t=0$，则 $g(t)=C$，$\forall t\in[t_0, t_f]$，其中 C 为常数。

证明　设 $\eta(t)$满足引理 3.2 中的条件，则对任意常数 C_1，

$$\int_{t_0}^{t_f}(g(t)-C_1)\eta(t)\mathrm{d}t=\int_{t_0}^{t_f}g(t)\eta(t)\mathrm{d}t-C_1\int_{t_0}^{t_f}\eta(t)\mathrm{d}t=0$$

由积分中值定理得，存在一常数 C，使得

$$\int_{t_0}^{t_f}g(t)\mathrm{d}t=C(t_f-t_0)$$

即

$$\int_{t_0}^{t_f}(g(t)-C)\mathrm{d}t=0$$

取 $\eta(t)=g(t)-C$，则有

$$\int_{t_0}^{t_f}(g(t)-C)^2\mathrm{d}t=\int_{t_0}^{t_f}g(t)\eta(t)\mathrm{d}t-C\int_{t_0}^{t_f}\eta(t)\mathrm{d}t=0$$

所以 $g(t)\equiv C$。

设问题(3.5)在 x^* 上取得极小值，$x^*(t)$的容许变分为 δx，则 J 的一阶变分为

$$\delta J=\left.\frac{\partial\int_{t_0}^{t_f}F(t, x^*+\alpha\delta x, \dot{x}^*+\alpha\delta\dot{x})\mathrm{d}t}{\partial\alpha}\right|_{\alpha=0}$$

$$=\int_{t_0}^{t_f}\left[\frac{\partial F(t, x^*, \dot{x}^*)}{\partial x}\delta x+\frac{\partial F(t, x^*, \dot{x}^*)}{\partial\dot{x}}\delta\dot{x}\right]\mathrm{d}t$$

记 $A=\int_{t_0}^{t}\frac{\partial F(t, x^*, \dot{x}^*)}{\partial x}\mathrm{d}t$，$B=\frac{\partial F(t, x^*, \dot{x}^*)}{\partial\dot{x}}$，则有

$$\delta J = \int_{t_0}^{t_f} \left(\frac{\mathrm{d}A}{\mathrm{d}t} \delta x + B \delta \dot{x} \right) \mathrm{d}t$$

由分步积分法得

$$\delta J = A \delta x \Big|_{t_0}^{t_f} + \int_{t_0}^{t_f} (B - A) \delta \dot{x} \mathrm{d}t$$

由问题(3.5)的条件可知 $\delta x(t_0) = \delta x(t_f) = 0$，再根据泛函部分定理，有

$$\delta J = \int_{t_0}^{t_f} (B - A) \delta \dot{x} \mathrm{d}t = 0$$

由引理 3.2 可得，存在常数 C，使得下面等式成立：

$$(B - A) = C$$

即

$$\frac{\partial F}{\partial \dot{x}} - \int_{t_0}^{t} \frac{\partial F}{\partial x} \mathrm{d}t = C \tag{3.6}$$

将式(3.6)两端同时对 t 求导，得

$$F_x = \frac{\mathrm{d}}{\mathrm{d}t} F_{\dot{x}} = 0 \tag{3.7}$$

其中，$F_{x^*} = \dfrac{\partial F(t, x^*, \dot{x}^*)}{\partial x}$，$F_{\dot{x}^*} = \dfrac{\partial F(t, x^*, \dot{x}^*)}{\partial \dot{x}}$。

式(3.6)称为 Euler 方程的积分形式，式(3.7)称为 Euler 方程。式(3.7)还可进一步写为

$$\begin{aligned} & F_{\dot{x}\dot{x}} \dot{x} + F_{\dot{x}x} \ddot{x} + F_{\dot{x}t} - F_x = 0 \\ & \text{s.t.} \quad x(t_0) = x_0, \quad x(t_f) = x_f \end{aligned} \tag{3.8}$$

其中，$F_{\dot{x}x} = \dfrac{\partial^2 F(t, x^*, \dot{x}^*)}{\partial \dot{x} \partial x}$，$F_{\dot{x}\dot{x}} = \dfrac{\partial^2 F(t, x^*, \dot{x}^*)}{\partial \dot{x}^2}$，$F_{\dot{x}t} = \dfrac{\partial^2 F(t, x^*, \dot{x}^*)}{\partial \dot{x} \partial t}$。

条件(3.8)即为两端固定问题取得极值的必要条件。

注 当 F 不显含 t，即 $F = F(x, \dot{x})$ 时，由式(3.7)有

$$\begin{aligned} \frac{\mathrm{d}x}{\mathrm{d}t} \left[F_x - \frac{\mathrm{d}}{\mathrm{d}t} F_{\dot{x}} \right] &= F_x \cdot \frac{\mathrm{d}x}{\mathrm{d}t} + F_{\dot{x}} \ddot{x} - F_{\dot{x}} \ddot{x} - \frac{\mathrm{d}x}{\mathrm{d}t} \cdot \frac{\mathrm{d}}{\mathrm{d}t} F_{\dot{x}} \\ &= \frac{\mathrm{d}F}{\mathrm{d}t} - \frac{\mathrm{d}}{\mathrm{d}t} \left[\frac{\mathrm{d}x}{\mathrm{d}t} F_{\dot{x}} \right] = \frac{\mathrm{d}}{\mathrm{d}t} \left[F - \frac{\mathrm{d}x}{\mathrm{d}t} F_{\dot{x}} \right] = 0 \end{aligned}$$

故有任意常数 c，使得

$$F - \left[\frac{\mathrm{d}x}{\mathrm{d}t} F_{\dot{x}} \right] = c \tag{3.9}$$

例 3.3 求泛函 $J(x) = \int_0^{\pi/2} (\dot{x}^2 - x^2) \mathrm{d}t$ 的满足 $x(0) = 0$，$x\left(\dfrac{\pi}{2}\right) = 1$ 的极值曲线。

解 由 Euler 方程式(3.8)知极值必要条件为

$$-2x-2\ddot{x}=0$$

即

$$\begin{cases}\ddot{x}+x=0\\ x(0)=0,\ x\left(\dfrac{\pi}{2}\right)=1\end{cases}$$

解得极值曲线为 $x=\sin(t)$。

例 3.4　考虑一个垂直平面，在其上建立直角坐标系，纵轴 y 轴指向下方，给定两点(0，0)及(a,b)，使得 $a>0$，$b>0$，令 $y(x)$为连接这两点的一条连续可微曲线，即 $y(0)=0$，$y(a)=b$。一个粒子受重力作用以初速度为零沿 $y(x)$曲线从(0，0)点滑向(a,b)，如何选择 $y(x)$可使得该粒子从(0，0)点滑向(a,b)的时间最短。

解　假设粒子具有质量 m，用 $s(t)$表示该粒子从点(0，0)出发后在时间段$[0,t]$内(沿曲线)走过的位移，于是$\dot{s}(t)=v$ 就是粒子的线速度。由能量守恒定律有：

$$\frac{1}{2}mv^2=mgy$$

其中 y 是粒子离开初始位置的垂直位移，这样 $v=\sqrt{2gy}$，从而

$$\mathrm{d}t=\frac{\mathrm{d}s}{\sqrt{2gy}}=\frac{\sqrt{1+(\dot{y})^2}\,\mathrm{d}x}{\sqrt{2gy}}$$

因此，粒子移到(a,b)所需时间为

$$t=\int_0^a\frac{\sqrt{1+y'^2}}{\sqrt{2gy}}\mathrm{d}x=J(y)$$

于是，原始问题化为在边界条件 $y(0)=0$、$y(a)=b$ 下，最小化泛函 $J(y)$的变分问题。

上式泛函不显含 x，故由式(3.9)得

$$F-\dot{y}F_{\dot{y}}=c$$

即

$$\frac{\sqrt{1+\dot{y}^2}}{\sqrt{2gy}}-\frac{\dot{y}^2}{\sqrt{2gy(1+\dot{y}^2)}}=c$$

化简整理得

$$y=\frac{c_1}{1+\dot{y}^2}$$

其中，$c_1=\dfrac{1}{2gc^2}$。

利用参数法求解该方程，令 $\dot{y}=\arctan\phi$，则有

$$y=\frac{c_1}{1+(\arctan\phi)^2}=c_1\sin^2\phi=c_1\ \frac{1-\cos2\phi}{2}$$

由 $\mathrm{d}x=\dfrac{\mathrm{d}y}{\dot{y}}=2c_1\sin^2\phi\mathrm{d}\phi=c_1(1-\cos2\phi)\mathrm{d}\phi$，积分得

$$x=c_1\left(\phi-\frac{\sin2\phi}{2}\right)+c_2$$

故所求曲线的参数方程为

$$\begin{cases}x-c_2=\dfrac{c_1}{2}(2\phi-\sin2\phi)\\ y=\dfrac{c_1}{2}(1-\cos2\phi)\end{cases}$$

由边界条件得 $c_2=0$，令 $\theta=2\phi$，则参数方程为

$$\begin{cases}x=\dfrac{c_1}{2}(\theta-\sin\theta)\\ y=\dfrac{c_1}{2}(1-\cos\theta)\end{cases}$$

这是圆滚线的参数方程，θ 称为滚动角，$c_1/2$ 为滚动圆半径。

所以最速降线是一条圆滚线(摆线或旋轮线)。所谓圆滚线，是指一圆沿定直线滚动时，圆周上一定点所描述的轨迹。

2. 自由端点的变分问题

自由端点的变分问题可以描述为：给定时间段$[t_0, t_f]$，在其上求 $x(t)$使得

$$\min J=\min\int_{t_0}^{t_f}F(t, x, \dot{x})\mathrm{d}t$$

取极小值。如图 3.2 所示。

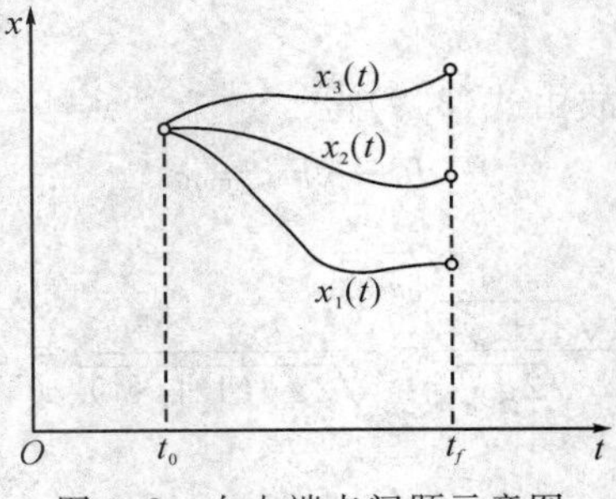

图 3.2　自由端点问题示意图

显然，若 $x^*(t)$是上述自由端点变分问题的极小解，则必满足 $x^*(t_0)=x_0^*$，$x^*(t_f)=x_f^*$，所以 $x^*(t)$也是以 x_0^*、x_f^* 为固定初始条件和终止边界问题的解，所以由上一小节的结论可知 $x^*(t)$也在时间段$[t_0, t_f]$上满足如下 Euler 方程：

$$\frac{\partial F}{\partial x^*} - \frac{\mathrm{d}}{\mathrm{d}t} F_{\dot{x}^*} = 0$$

由泛函部分定理 3.1 及分步积分法可知

$$\delta J = \int_{t_0}^{t_f} \left(F_{x^*}\, \delta x - \frac{\mathrm{d}}{\mathrm{d}t}(F_{\dot{x}^*})\delta x \right) \mathrm{d}t + F_{\dot{x}^*}\, \delta x \Big|_{t_0}^{t_f} = 0$$

将 Euler 方程条件代入上式得

$$F_{\dot{x}^*}\, \delta x \Big|_{t_0}^{t_f} = 0$$

即

$$F_{\dot{x}^*}\, \delta x(t_f) - F_{\dot{x}^*}\, \delta x(t_0) = 0$$

由于 $\delta x(t_0)$、$\delta x(t_f)$相互独立并且是任意的，则有

$$F_{\dot{x}^*}\, \delta x = 0，当 t = t_0、t_f$$

此条件称为正交条件，因为 $\delta x(t_0)$、$\delta x(t_f)$是任意的。所以

$$F_{\dot{x}^*} = 0，当 t = t_0、t_f$$

此条件称为自由边界条件。

自由端点变分问题极值的必要条件就是在时间段$[t_0, t_f]$上满足 Euler 方程，在端点处满足自由边界条件。

注：当 $t=t_0$，$x(t_0)=x_0$ 给定时，如图 3.2 所述，上述的自由边界条件变为 $x(t_0)=x_0$ 和 $t=t_f$ 时，$F_{\dot{x}^*}=0$；当 $t=t_f$，$x(t_f)=x_f$ 给定时，上述的自由边界条件变为 $t=t_0$ 时，$F_{\dot{x}^*}=0$ 和 $x(t_f)=x_f$。

3. 变动端点的变分问题

设变动端点的变分问题为：在给定初始端点$(t_0, x_0)$$(x(t_0)=x_0)$，末端满足流形 $n(x(t_f), t_f)=0$，求 $x(t)$使 $J(x, t_f) = \int_{t_0}^{t_f} F(t, x, \dot{x})\mathrm{d}t$ 达到极小值。如图 3.3 所示。

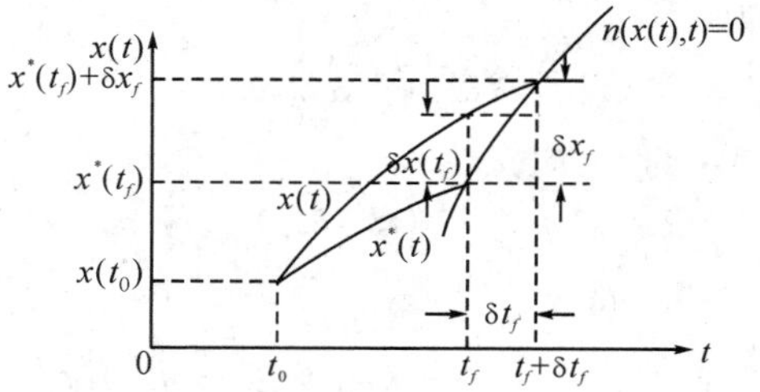

图 3.3　变动端点问题示意图

设 $x^*(t)$及 t_f^* 是上述变动端点的变分问题的极小值解，则 $x^*(t)$必是终端固定为 $x^*(t_f^*)$的固定端点问题的极值曲线，所以必有 Euler 方程满足

$$F_{x^*}-\frac{\mathrm{d}}{\mathrm{d}t}F_{\dot{x}^*}=0,\quad t_0<t<t_f^* \tag{3.10}$$

引入 Lagrange 乘子，将末端约束流形归入性能指标，将原问题转化为如下无约束变分问题：

$$\widetilde{J}(x^*,t_f^*,\lambda^*)=\min_{x,t_f,\lambda}\left\{\int_{t_0}^{t_f}F(t,x,\dot{x})\mathrm{d}t+\lambda(t_f)n(x(t_f),t_f)\right\} \tag{3.11}$$

其中，$x^*(t)$、$\lambda^*(t)$及t_f^* 为式(3.11)无约束变分问题的极小解。在$x^*(t)$、$\lambda^*(t)$及t_f^* 的邻域中任取一个容许变分为$x(t)=x^*(t)+\alpha\delta x$，$\lambda(t_f)=\lambda^*(t_f)+\alpha\delta\lambda$，$t_f=t_f^*+\alpha\delta t_f$，则有对应的性能指标泛函为

$$\begin{aligned}&\widetilde{J}(x^*+\alpha\delta x,t_f^*+\alpha\delta t_f,\lambda^*+\alpha\delta\lambda)\\&=\int_{t_0}^{t_f^*+\mathrm{d}\delta t_f}F(t,x^*+\alpha\delta x,\dot{x}^*+\alpha\delta\dot{x})\mathrm{d}t\\&\quad+(\lambda^*+\alpha\delta\lambda)n(x^*(t_f^*+\alpha\delta t_f)+\alpha\delta x(t_f^*+\alpha\delta t_f),t_f^*+\alpha\delta t_f)\end{aligned}$$

由泛函部分定理可知，它的一阶变分为

$$\begin{aligned}\delta\widetilde{J}=&\int_{t_0}^{t_f^*}\left(F_{x^*}-\frac{\mathrm{d}}{\mathrm{d}t}F_{\dot{x}}\right)\delta x\mathrm{d}t+F_{\dot{x}}\delta x\big|_{t_f^*}+\lambda^*[n_x(\delta x(t_f^*)+\dot{x}^*\delta t_f)+n_t\delta t_f]\\&+F(t,x^*,\dot{x}^*)\delta t_f+n(x^*(t_f^*),t_f^*)\delta\lambda=0\end{aligned} \tag{3.12}$$

其中，$n_x=\dfrac{\partial n(x^*(t_f^*),t_f^*)}{\partial x}$，$n_t=\dfrac{\partial n(x^*(t_f^*),t_f^*)}{\partial t}$。

将式(3.10)代入式(3.12)得

$$\begin{aligned}\delta\widetilde{J}&=F_{\dot{x}}\delta x(t_f^*)+\lambda^*n_x\delta x(t_f^*)+\lambda^*n_x\dot{x}^*\delta t_f+\lambda^*n_t\delta t_f\\&\quad+F(t_f^*,x^*,\dot{x}^*)\delta t_f+n(x^*(t_f^*),t_f^*)\delta\lambda\\&=F_{\dot{x}}\delta x(t_f^*)+\lambda^*(n_x\delta x(t_f^*)+n_x\dot{x}^*\delta t_f+n_t\delta t_f)+F(t_f^*,t_f^*,\dot{x}^*)\delta t_f\\&\quad+n(x^*(t_f^*),t_f^*)\delta\lambda\end{aligned} \tag{3.13}$$

由终端流形条件得

$$n(x(t_f),t_f)=n(x^*(t_f^*+\alpha\delta t_f)+\alpha\delta x(t_f^*+\alpha\delta t_f),t_f^*+\alpha\delta t_f)=0$$

两端对α求导，令$\alpha=0$，得

$$n_x(x^*(t_f^*),t_f^*)(\delta x(t_f^*)+\dot{x}^*(t_f^*)\delta t_f)+n_t(x^*(t_f^*),t_f^*)\delta t_f=0$$

所以

$$\delta x(t_f^*)=-\frac{1}{n_{x^*}}(n_{x^*}\ \dot{x}^*+n_{t^*})\delta t_f \tag{3.14}$$

将式(3.14)代入式(3.13)，得

$$\begin{aligned}\delta\widetilde{J}&=F_{\dot{x}}\left(-\frac{1}{n_x}(n_x\dot{x}+n_t)\delta t_f\right)+F(t_f^*,x^*,\dot{x}^*)\delta t_f+n(x^*(t_f^*),t_f^*)\delta\lambda\\&=0\end{aligned}$$

根据 δt_f、$\delta\lambda$ 的任意性，可得

$$\left[F_{\dot{x}^*}\left(-\dot{x}^*-\frac{n_{t^*}}{n_{x^*}}\right)+F(t,\ x^*(t),\ \dot{x}^*(t))\right]_{t=t_f^*}=0 \tag{3.15}$$

$$n(x^*(t_f^*),\ t_f^*)=0 \tag{3.16}$$

条件(3.15)称为横截条件。于是，变动端点变分问题极值的必要条件为：Euler 方程(3.10)及初始条件和横截条件(3.15)与终端流形(3.16)。

例 3.5　求始点为 $A(0,\ 1)$，终点在直线 $2-t=x(t)$上的最短弧长曲线。

解　由题意可知在终点满足 $n(x(t_f),\ t_f)=x(t_f)+t_f-2=0$，由弧长公式得

$$J=\int_0^{t_f}\sqrt{1+\dot{x}^2}\,\mathrm{d}t$$

Euler 方程为$\frac{\mathrm{d}}{\mathrm{d}t}F_{\dot{x}}=0$，即

$$\frac{\mathrm{d}}{\mathrm{d}t}\frac{\dot{x}}{\sqrt{1+\dot{x}^2}}=0$$

所以

$$\frac{\dot{x}}{\sqrt{1+\dot{x}^2}}=c_1$$

解该方程得 $x(t)=c_0t+c_2$，将此代入初始条件 $x(0)=1$ 得 $c_2=1$，所以

$$x(t)=c_0t+1$$

由横截条件(3.15)得

$$\sqrt{1+\dot{x}^2}-\frac{c_0}{\sqrt{1+c_0^2}}(c_0+1)=0$$

所以 $c_0=1$，因而有 $x(t)=t+1$。

由终点条件 $x(t_f)+t_f-2=0$ 及 $x(t)=t+1$，得

$$t_f+1+t_f-2=0$$

所以 $t_f=\frac{1}{2}$。故所求曲线为 $x(t)=t+1$，终点时刻为 $t_f=\frac{1}{2}$，并且终点落在流形 $x(t_f)+t_f-2=0$ 上。

4. 多元无约束条件的变分原理

问题：设 $\boldsymbol{x}(t)$是 n 维向量函数，在起点固定，终点变动条件下求 $\min J=\min\int_{t_0}^{t_f}F(t,\ \boldsymbol{x},\ \dot{\boldsymbol{x}})\mathrm{d}t$。

设 $\boldsymbol{x}^*(t)$是极值曲线，$\boldsymbol{x}(t)$是 $\boldsymbol{x}^*(t)$邻域内任一向量函数，利用变分原理得此问题取得极值的必要条件为 Euler 方程：

$$F_{x^*} - \frac{d}{dt}F_{\dot{x}^*} = 0$$

满足初始条件 $\delta \boldsymbol{x}(t_0)=0$ 即 $\boldsymbol{x}(t_0)=\boldsymbol{x}_0$，以及横截条件

$$\delta t_f(F - \dot{\boldsymbol{x}}^{*\mathrm{T}}F_{\dot{x}^*})\big|_{t=t_f^*} + \delta \boldsymbol{x}(t)^{\mathrm{T}}F_{\dot{x}^*}\big|_{t=t_f^*} = 0$$

3.3 有等式约束的变分问题

有等式约束的变分问题可以叙述为：求连续可微轨线 $\boldsymbol{x}(t)$，使泛函 $J=\min\int_{t_0}^{t_f}F(t, \boldsymbol{x}, \dot{\boldsymbol{x}})\mathrm{d}t$ 为在等式约束 $\boldsymbol{\Psi}(t, \boldsymbol{x}, \dot{\boldsymbol{x}})=0$，$t\in[t_0, t_f]$条件下的极小值。设 $\boldsymbol{\Psi}(t, \boldsymbol{x}, \dot{\boldsymbol{x}})$是其所有变量的连续可微函数。

引入 Lagrange 乘子 $\boldsymbol{\lambda}(t)$，做辅助函数

$\widetilde{F}(t, \boldsymbol{x}, \dot{\boldsymbol{x}}, \boldsymbol{\lambda}(t)) = F(t, \boldsymbol{x}, \dot{\boldsymbol{x}}) + \boldsymbol{\lambda}(t)^{\mathrm{T}}\boldsymbol{\Psi}(t, \boldsymbol{x}, \dot{\boldsymbol{x}})$—— 称为 Hamilton 函数

原问题化为无约束条件下下列泛函的极值问题

$$\widetilde{J}(t, \boldsymbol{x}, \dot{\boldsymbol{x}}, \boldsymbol{\lambda}(t)) = \min_{\boldsymbol{x}, \boldsymbol{\lambda}}\int_{t_0}^{t_f}[F(t, \boldsymbol{x}, \dot{\boldsymbol{x}}) + \boldsymbol{\lambda}(t)^{\mathrm{T}}\boldsymbol{\Psi}(t, \boldsymbol{x}, \dot{\boldsymbol{x}})]\mathrm{d}t$$

利用前一节变分原理得必要条件为

$$\widetilde{F}_{x^*} - \frac{d}{dt}\widetilde{F}_{\dot{x}^*} = 0 \quad (\text{对 } \boldsymbol{x} \text{ 的 Euler 方程}) \tag{3.17}$$

$$\boldsymbol{\Psi}(t, \boldsymbol{x}^*, \dot{\boldsymbol{x}}^*) = 0 \quad (\text{对 } \boldsymbol{\lambda} \text{ 的 Euler 方程}) \tag{3.18}$$

其中($\boldsymbol{x}^*$，$\boldsymbol{\lambda}$)为上述有等式约束的变分问题的极小解。

3.4 用变分原理求解最优控制问题

最优控制问题尽管也是泛函极值问题，它要寻找的最优控制也是一个函数，但是它的性能指标并不是直接依赖于控制函数本身，而是通过另一个称为状态变量的函数与控制函数一起来确定指标的值。状态变量和控制变量之间通过一个状态动态方程联系起来。

在这一节考察如下最优控制问题。

寻找一容许控制 $\boldsymbol{u}(t)$($\boldsymbol{u}(t)$是连续可微或分段连续可微函数空间中的元素)，使受控系统 $\dot{\boldsymbol{x}}=f(\boldsymbol{x}, \boldsymbol{u}, t)$由初始状态 $\boldsymbol{x}(t_0)=\boldsymbol{x}_0$ 转移到目标集

$$g_1(\boldsymbol{x}(t_f), t_f) = 0, \quad g_2(\boldsymbol{x}(t_f), t_f) \leqslant 0$$

且使性能指标泛函

$$J(\boldsymbol{u}) = \phi(\boldsymbol{x}(t_f), t_f) + \int_{t_0}^{t_f}L(\boldsymbol{x}, \boldsymbol{u}, t)\mathrm{d}t$$

取极小值。

设初始端点固定为 $\boldsymbol{x}(t_0)=\boldsymbol{x}_0$，分以下三种情况推导最优性的必要条件。

1. 终端状态自由(终端时间固定)

问题 3.1：考虑如下最优控制问题

$$\begin{cases}\min J(\boldsymbol{u}) = \phi(\boldsymbol{x}(t_f), t_f) + \int_{t_0}^{t_f} L(\boldsymbol{x}, \boldsymbol{u}, t)\mathrm{d}t \\ \text{s. t.} \quad \dot{\boldsymbol{x}} = f(\boldsymbol{x}, \boldsymbol{u}, t), \boldsymbol{x}(t_0) = \boldsymbol{x}_0\end{cases} \tag{3.19}$$

首先将原问题(3.19)化为无约束变分问题

$$\min_{\boldsymbol{x},\boldsymbol{u},\boldsymbol{\lambda}} J_1 = \phi(\boldsymbol{x}(t_f), t_f) + \int_{t_0}^{t_f} [L(\boldsymbol{x}, \boldsymbol{u}, t) + \boldsymbol{\lambda}^{\mathrm{T}} f(\boldsymbol{x}, \boldsymbol{u}, t) - \boldsymbol{\lambda}^{\mathrm{T}} \dot{\boldsymbol{x}}]\mathrm{d}t \tag{3.20}$$

引入 Hamilton 函数 $H(t, \boldsymbol{x}, \boldsymbol{u}, \boldsymbol{\lambda}) = L(\boldsymbol{x}, \boldsymbol{u}, t) + \boldsymbol{\lambda}^{\mathrm{T}} f(\boldsymbol{x}, \boldsymbol{u}, t)$，利用分步积分法，则式(3.20)可表示为

$$\min_{\boldsymbol{x},\boldsymbol{u},\boldsymbol{\lambda}} J_1(\boldsymbol{x}, \boldsymbol{u}, \boldsymbol{\lambda}) = \phi(\boldsymbol{x}(t_f), t_f) - \boldsymbol{\lambda}(t)^{\mathrm{T}} \boldsymbol{x}(t)\Big|_{t_0}^{t_f} + \int_{t_0}^{t_f} (H + \dot{\boldsymbol{\lambda}}^{\mathrm{T}} \boldsymbol{x})\mathrm{d}t \tag{3.21}$$

式(3.21)中引起泛函 J_1 的变分的量 $\boldsymbol{u}(t)$、$\boldsymbol{x}(t)$ 和 $\boldsymbol{\lambda}(t)$ 的变分为 $\delta\boldsymbol{u}$、$\delta\boldsymbol{x}$、$\delta\boldsymbol{\lambda}$，则

$$\begin{aligned}&J_1(\boldsymbol{x} + \alpha\delta\boldsymbol{x}, \boldsymbol{u} + \alpha\delta\boldsymbol{u}, \boldsymbol{\lambda} + \alpha\delta\boldsymbol{\lambda}) \\ &= \phi(\boldsymbol{x}(t_f) + \alpha\delta\boldsymbol{x}(t_f), t_f) - (\boldsymbol{\lambda}(t_f) + \alpha\delta\boldsymbol{\lambda}(t_f))^{\mathrm{T}}(\boldsymbol{x}(t_f) + \alpha\delta\boldsymbol{x}(t_f)) \\ &\quad + (\boldsymbol{\lambda}(t_0) + \alpha\delta\boldsymbol{\lambda}(t_0))^{\mathrm{T}}(\boldsymbol{x}_0 + \alpha\delta\boldsymbol{x}(t_0)) + \int_{t_0}^{t_f} [L(\boldsymbol{x} + \alpha\delta\boldsymbol{x}, \boldsymbol{u} + \alpha\delta\boldsymbol{u}, t) \\ &\quad + (\boldsymbol{\lambda} + \alpha\delta\boldsymbol{\lambda})^{\mathrm{T}} f(\boldsymbol{x} + \alpha\delta\boldsymbol{x}, \boldsymbol{u} + \alpha\delta\boldsymbol{u}, t) + (\dot{\boldsymbol{\lambda}} + \alpha\delta\dot{\boldsymbol{\lambda}})^{\mathrm{T}}(\boldsymbol{x} + \alpha\delta\boldsymbol{x})]\mathrm{d}t\end{aligned}$$

泛函 J_1 对应于 $\delta\boldsymbol{u}$、$\delta\boldsymbol{x}$、$\delta\boldsymbol{\lambda}$ 的一阶变分为

$$\begin{aligned}\delta J_1 &= \left(\frac{\partial\phi}{\partial\boldsymbol{x}}\right)^{\mathrm{T}} \delta\boldsymbol{x}(t_f) + \int_{t_0}^{t_f} \left[\left(\frac{\partial L}{\partial\boldsymbol{x}}\right)^{\mathrm{T}} \delta\boldsymbol{x} + \left(\frac{\partial L}{\partial\boldsymbol{u}}\right)^{\mathrm{T}} \delta\boldsymbol{u} + (\delta\boldsymbol{\lambda})^{\mathrm{T}} f + \left(\frac{\partial f}{\partial\boldsymbol{x}}\delta\boldsymbol{x}\right)^{\mathrm{T}} \boldsymbol{\lambda}\right. \\ &\quad \left. + \left(\frac{\partial f}{\partial\boldsymbol{u}}\delta\boldsymbol{u}\right)^{\mathrm{T}} \boldsymbol{\lambda} - (\delta\boldsymbol{\lambda})^{\mathrm{T}} \dot{\boldsymbol{x}} + (\delta\boldsymbol{x})^{\mathrm{T}} \dot{\boldsymbol{\lambda}}\right]\mathrm{d}t - \boldsymbol{\lambda}^{\mathrm{T}}(t_f)\delta\boldsymbol{x}(t_f) \\ &= (\delta\boldsymbol{x})^{\mathrm{T}} \left(\frac{\partial\phi}{\partial\boldsymbol{x}} - \boldsymbol{\lambda}\right)\Big|_{t_f} + \int_{t_0}^{t_f} \left[(\delta\boldsymbol{x})^{\mathrm{T}} \left(\frac{\partial L}{\partial\boldsymbol{x}} + \left(\frac{\partial f}{\partial\boldsymbol{x}}\right)^{\mathrm{T}} \boldsymbol{\lambda} + \dot{\boldsymbol{\lambda}}\right)\right. \\ &\quad \left. + (\delta\boldsymbol{u})^{\mathrm{T}} \left(\frac{\partial L}{\partial\boldsymbol{u}} + \left(\frac{\partial f}{\partial\boldsymbol{u}}\right)^{\mathrm{T}} \boldsymbol{\lambda}\right) + (\delta\boldsymbol{\lambda})^{\mathrm{T}}(f - \dot{\boldsymbol{x}})\right]\mathrm{d}t\end{aligned}$$

由泛函部分定理得

$$\begin{aligned}\delta J_1 &= (\delta\boldsymbol{x})^{\mathrm{T}} \left(\frac{\partial\phi}{\partial\boldsymbol{x}} - \boldsymbol{\lambda}\right)\Big|_{t_f} + \int_{t_0}^{t_f} \left[(\delta\boldsymbol{x})^{\mathrm{T}} \left(\frac{\partial L}{\partial\boldsymbol{x}} + \left(\frac{\partial f}{\partial\boldsymbol{x}}\right)^{\mathrm{T}} \boldsymbol{\lambda} + \dot{\boldsymbol{\lambda}}\right)\right. \\ &\quad \left. + (\delta\boldsymbol{u})^{\mathrm{T}} \left(\frac{\partial L}{\partial\boldsymbol{u}} + \left(\frac{\partial f}{\partial\boldsymbol{u}}\right)^{\mathrm{T}} \boldsymbol{\lambda}\right) + (\delta\boldsymbol{\lambda})^{\mathrm{T}}(f - \dot{\boldsymbol{x}})\right]\mathrm{d}t \\ &= 0\end{aligned}$$

由 $\delta\boldsymbol{u}$、$\delta\boldsymbol{x}$、$\delta\boldsymbol{\lambda}$ 相互独立且任意可得问题(3.19)的最优性必要条件为

$$
\begin{cases}
\dot{\boldsymbol{x}} = f(\boldsymbol{x},\ \boldsymbol{u},\ t) = \dfrac{\partial H}{\partial \boldsymbol{\lambda}},\ \boldsymbol{x}(t_0) = \boldsymbol{x}_0 \\
\dot{\boldsymbol{\lambda}} = -\dfrac{\partial L}{\partial \boldsymbol{x}} - \dfrac{\partial f^{\mathrm{T}}}{\partial \boldsymbol{x}}\boldsymbol{\lambda} = -\dfrac{\partial H}{\partial \boldsymbol{x}} \\
\boldsymbol{\lambda}(t_f) = \dfrac{\partial \phi}{\partial \boldsymbol{x}(t_f)} \\
\dfrac{\partial H}{\partial \boldsymbol{u}} = 0 = \dfrac{\partial L}{\partial \boldsymbol{u}} + \dfrac{\partial f^{\mathrm{T}}}{\partial \boldsymbol{u}}\boldsymbol{\lambda}
\end{cases} \tag{3.22}
$$

沿着最优解，Hamilton 函数满足如下性质

$$
\frac{\mathrm{d}H}{\mathrm{d}t} = \frac{\partial H}{\partial \boldsymbol{x}^{\mathrm{T}}}\dot{\boldsymbol{x}} + \frac{\partial H}{\partial \boldsymbol{\lambda}^{\mathrm{T}}}\dot{\boldsymbol{\lambda}} + \frac{\partial H}{\partial \boldsymbol{u}^{\mathrm{T}}}\dot{\boldsymbol{u}} + \frac{\partial H}{\partial \boldsymbol{t}} \tag{3.23}
$$

由式(3.22)和式(3.23)得

$$
\frac{\mathrm{d}H}{\mathrm{d}t} = \frac{\partial H}{\partial t}
$$

若 $\boldsymbol{x}^*$、$\boldsymbol{\lambda}^*$、$\boldsymbol{u}^*$ 是原问题(3.19)的最优解，则 Hamilton 函数对 t 的全导数等于 H 对 t 的偏导。若 H 不是 t 的显函数，则有

$$
\frac{\mathrm{d}H}{\mathrm{d}t} = \frac{\partial H}{\partial t} = 0
$$

即此时 Hamilton 函数沿最优解满足 $H(t,\ \boldsymbol{x}^*,\ \boldsymbol{u}^*,\ \boldsymbol{\lambda}^*)=C$，这里 C 为任意常数。

注意：终端时间和终端状态同时固定的控制问题，其能控性的研究是一个复杂问题，即使它是能控的，其控制策略往往也是唯一的，所以我们没有考虑这一最优控制问题。

例 3.6 已知受控系统 $\dot{x}=u$，$x(t_0)=x_0$，求最优控制 $\min J = \dfrac{1}{2}Cx^2(t_f) + \dfrac{1}{2}\displaystyle\int_{t_0}^{t_f} u^2\,\mathrm{d}t$。

解 引入 Hamilton 函数

$$
H(t,\ x,\ u,\ \lambda) = \frac{1}{2}u^2(t) + \lambda(t)u(t)
$$

由最优性必要条件(3.22)得

$$
\begin{cases}
\dot{x} = u \\
\dot{\lambda} = 0 \\
\lambda(t_f) = Cx(t_f),\ x(t_0) = x_0 \\
u + \lambda = 0
\end{cases}
$$

易得

$$
\lambda(t) = \lambda(t_f) = Cx(t_f)
$$

所以有
$$x(t)=x_0-Cx(t_f)(t-t_0)$$
则有
$$x(t_f)=\frac{x_0}{1+C(t_f-t_0)}$$
所以最优控制为
$$u(t)=-Cx(t_f)=-\frac{Cx_0}{1+C(t_f-t_0)}$$

2. 终端时刻固定而终端状态受等式约束的情况

在系统完全能控的条件下，保证存在容许控制，使得系统状态在终端时刻满足等式约束。当这样的控制有多个时，存在如下最优控制问题：

问题 3.2

$$\begin{cases}\min J=\phi(\boldsymbol{x}(t_f),\ t_f)+\int_{t_0}^{t_f}L(\boldsymbol{x},\ \boldsymbol{u},\ t)\mathrm{d}t \\ \text{s.t.}\quad \dot{\boldsymbol{x}}=f(\boldsymbol{x},\ \boldsymbol{u},\ t),\ \boldsymbol{x}(t_0)=\boldsymbol{x}_0 \\ \qquad\ g(\boldsymbol{x}(t_f),\ t_f)=0\end{cases}\tag{3.24}$$

化原问题(3.24)为如下无约束问题
$$\begin{aligned}\min_{\boldsymbol{x},\boldsymbol{u},\boldsymbol{\lambda},\boldsymbol{v}} J_2 &= \phi(\boldsymbol{x}(t_f),\ t_f)+\boldsymbol{v}^{\mathrm{T}}g(\boldsymbol{x}(t_f),\ t_f)-[\boldsymbol{\lambda}^{\mathrm{T}}\boldsymbol{x}]\Big|_{t_0}^{t_f} \\ &\quad+\int_{t_0}^{t_f}[H(\boldsymbol{x},\ \boldsymbol{u},\ \boldsymbol{\lambda},\ t)+\dot{\boldsymbol{\lambda}}^{\mathrm{T}}\boldsymbol{x}]\mathrm{d}t\end{aligned}$$

上式中引起泛函 J_2 的变分的量 $\boldsymbol{u}(t)$、$\boldsymbol{x}(t)$、$\boldsymbol{\lambda}(t)$和 $\boldsymbol{v}(t)$的变分为 $\delta\boldsymbol{u}$、$\delta\boldsymbol{x}$、$\delta\boldsymbol{\lambda}$ 和 $\delta\boldsymbol{v}$，则
$$\begin{aligned}&J_2(\boldsymbol{x}+\alpha\delta\boldsymbol{x},\ \boldsymbol{u}+\alpha\delta\boldsymbol{u},\ \boldsymbol{\lambda}+\alpha\delta\boldsymbol{\lambda},\ \boldsymbol{v}+\alpha\delta\boldsymbol{v}) \\ &=\phi(\boldsymbol{x}(t_f)+\alpha\delta\boldsymbol{x}(t_f))-(\boldsymbol{\lambda}(t_f)+\alpha\delta\boldsymbol{\lambda}(t_f))^{\mathrm{T}}(\boldsymbol{x}(t_f)+\alpha\delta\boldsymbol{x}(t_f))+(\boldsymbol{\lambda}(t_0) \\ &\quad+\alpha\delta\boldsymbol{\lambda}(t_0))^{\mathrm{T}}(\boldsymbol{x}_0+\alpha\delta\boldsymbol{x}(t_0))+(\boldsymbol{v}+\alpha\delta\boldsymbol{v})^{\mathrm{T}}g(\boldsymbol{x}(t_f)+\alpha\delta\boldsymbol{x}(t_f),\ t_f) \\ &\quad+\int_{t_0}^{t_f}[L(\boldsymbol{x}+\alpha\delta\boldsymbol{x},\ \boldsymbol{u}+\alpha\delta\boldsymbol{u},\ t)+(\boldsymbol{\lambda}+\alpha\delta\boldsymbol{\lambda})^{\mathrm{T}}f(\boldsymbol{x}+\alpha\delta\boldsymbol{x},\ \boldsymbol{u}+\alpha\delta\boldsymbol{u},\ t) \\ &\quad+(\dot{\boldsymbol{\lambda}}+\alpha\delta\dot{\boldsymbol{\lambda}})^{\mathrm{T}}(\boldsymbol{x}+\alpha\delta\boldsymbol{x})]\mathrm{d}t\end{aligned}$$

泛函 J_2 对应于 $\delta\boldsymbol{u}$、$\delta\boldsymbol{x}$、$\delta\boldsymbol{\lambda}$、$\delta\boldsymbol{v}$ 的一阶变分为
$$\begin{aligned}\delta J_2 &= \left\{\left(\frac{\partial\phi}{\partial\boldsymbol{x}}\right)^{\mathrm{T}}+\boldsymbol{v}^{\mathrm{T}}\frac{\partial g}{\partial\boldsymbol{x}}\right\}\delta\boldsymbol{x}(t_f)+g^{\mathrm{T}}\delta\boldsymbol{v}+\int_{t_0}^{t_f}\left[\left(\frac{\partial L}{\partial\boldsymbol{x}}\right)^{\mathrm{T}}\delta\boldsymbol{x}+\left(\frac{\partial L}{\partial\boldsymbol{u}}\right)^{\mathrm{T}}\delta\boldsymbol{u}+(\delta\boldsymbol{\lambda})^{\mathrm{T}}f\right. \\ &\quad\left.+\left(\frac{\partial f}{\partial\boldsymbol{x}}\delta\boldsymbol{x}\right)^{\mathrm{T}}\boldsymbol{\lambda}+\left(\frac{\partial f}{\partial\boldsymbol{u}}\delta\boldsymbol{u}\right)^{\mathrm{T}}\boldsymbol{\lambda}-(\delta\boldsymbol{\lambda})^{\mathrm{T}}\dot{\boldsymbol{x}}+(\delta\boldsymbol{x})^{\mathrm{T}}\dot{\boldsymbol{\lambda}}\right]\mathrm{d}t-\boldsymbol{\lambda}^{\mathrm{T}}(t_f)\delta\boldsymbol{x}(t_f) \\ &=(\delta\boldsymbol{x})^{\mathrm{T}}\left(\frac{\partial\phi}{\partial\boldsymbol{x}}+\frac{\partial g^{\mathrm{T}}}{\partial\boldsymbol{x}}\boldsymbol{v}-\boldsymbol{\lambda}\right)\Big|_{t_f}+g^{\mathrm{T}}\delta\boldsymbol{v}+\int_{t_0}^{t_f}\left[(\delta\boldsymbol{x})^{\mathrm{T}}\left(\frac{\partial L}{\partial\boldsymbol{x}}+\left(\frac{\partial f}{\partial\boldsymbol{x}}\right)^{\mathrm{T}}\boldsymbol{\lambda}+\dot{\boldsymbol{\lambda}}\right)\right. \\ &\quad\left.+(\delta\boldsymbol{u})^{\mathrm{T}}\left(\frac{\partial L}{\partial\boldsymbol{u}}+\left(\frac{\partial f}{\partial\boldsymbol{u}}\right)^{\mathrm{T}}\boldsymbol{\lambda}\right)+(\delta\boldsymbol{\lambda})^{\mathrm{T}}(f-\dot{\boldsymbol{x}})\right]\mathrm{d}t\end{aligned}$$

由泛函部分定理得

$$\delta J_2 = (\delta \boldsymbol{x})^{\mathrm{T}}\left(\frac{\partial \phi}{\partial \boldsymbol{x}}+\frac{\partial g}{\partial \boldsymbol{x}^{\mathrm{T}}}-\boldsymbol{\lambda}\right)\Big|_{t_f}+\delta \boldsymbol{v}^{\mathrm{T}} g(\boldsymbol{x}(t_f),\ t_f)$$
$$+\int_{t_0}^{t_f}\Big[(\delta \boldsymbol{x})^{\mathrm{T}}\left(\frac{\partial L}{\partial \boldsymbol{x}}+\left(\frac{\partial f}{\partial \boldsymbol{x}}\right)^{\mathrm{T}}\boldsymbol{\lambda}+\dot{\boldsymbol{\lambda}}\right)+(\delta \boldsymbol{u})^{\mathrm{T}}\left(\frac{\partial L}{\partial \boldsymbol{u}}+\left(\frac{\partial f}{\partial \boldsymbol{u}}\right)^{\mathrm{T}}\boldsymbol{\lambda}\right)$$
$$+(\delta \boldsymbol{\lambda})^{\mathrm{T}}(f-\dot{\boldsymbol{x}})\Big]\mathrm{d}t = 0$$

由 $\delta \boldsymbol{u}$、$\delta \boldsymbol{x}$、$\delta \boldsymbol{\lambda}$、$\delta \boldsymbol{v}$ 相互独立且任意可得问题(3.24)的最优性必要条件为

$$\begin{cases}\dot{\boldsymbol{x}} = f(\boldsymbol{x},\ \boldsymbol{u},\ t) = \dfrac{\partial H}{\partial \boldsymbol{\lambda}},\ \boldsymbol{x}(t_0) = \boldsymbol{x}_0 \\ \dot{\boldsymbol{\lambda}} = -\dfrac{\partial L}{\partial \boldsymbol{x}}-\dfrac{\partial f^{\mathrm{T}}}{\partial \boldsymbol{x}}\boldsymbol{\lambda} = -\dfrac{\partial H}{\partial \boldsymbol{x}} \\ \boldsymbol{\lambda}(t_f) = \dfrac{\partial \phi}{\partial \boldsymbol{x}(t_f)}+\dfrac{\partial g^{\mathrm{T}}}{\partial \boldsymbol{x}(t_f)}\boldsymbol{v} \\ g(\boldsymbol{x}(t_f),\ t_f) = 0 \\ \dfrac{\partial H}{\partial \boldsymbol{u}} = 0 = \dfrac{\partial L}{\partial \boldsymbol{u}}+\dfrac{\partial f^{\mathrm{T}}}{\partial \boldsymbol{u}}\lambda \end{cases} \tag{3.25}$$

沿着最优解，Hamilton 函数满足如下的性质

$$\frac{\mathrm{d}H}{\mathrm{d}t} = \frac{\partial H}{\partial \boldsymbol{x}^{\mathrm{T}}}\dot{\boldsymbol{x}}+\frac{\partial H}{\partial \boldsymbol{\lambda}^{\mathrm{T}}}\dot{\boldsymbol{\lambda}}+\frac{\partial H}{\partial \boldsymbol{u}^{\mathrm{T}}}\dot{\boldsymbol{u}}+\frac{\partial H}{\partial t} \tag{3.26}$$

由式(3.25)和式(3.26)得

$$\frac{\mathrm{d}H}{\mathrm{d}t} = \frac{\partial H}{\partial t}$$

若 $\boldsymbol{x}^*$、$\boldsymbol{\lambda}^*$、$\boldsymbol{u}^*$ 是原问题(3.24)的最优解，则 Hamilton 函数对 t 的全导数等于 H 对 t 的偏导。若 H 不是 t 的显函数，则有

$$\frac{\mathrm{d}H}{\mathrm{d}t} = \frac{\partial H}{\partial t} = 0$$

即此时 Hamilton 函数的最优解满足 $H(\boldsymbol{x}^*,\ \boldsymbol{u}^*,\ \boldsymbol{\lambda}^*)=C$，这里 C 为任意常数。

例 3.7 设最优控制问题如下：

$$\begin{cases}\dot{x}_1 = u \\ \dot{x}_2 = x_1^2+\dfrac{1}{2}u^2\end{cases},\ t\in[0,\ 1],\ \boldsymbol{x}(0) = \begin{bmatrix}x_{10}\\ x_{20}\end{bmatrix},\ u\in \mathbf{R}^1,\ J[u(\cdot)] = x_2(1)$$

求最优解。

解 将原问题化为无约束问题后为

$$J_1 = x_2(1)+\int_0^1\left[\lambda_1 u+\lambda_2\left(x_1^2+\frac{1}{2}u^2\right)\right]\mathrm{d}t$$

定义 Hamilton 函数为

$$H=\lambda_1 u+\lambda_2\left(x_1^2+\frac{1}{2}u^2\right)$$

由最优性必要条件得

$$\begin{cases}\dot{\boldsymbol{x}}=\begin{bmatrix}u\\x_1^2+\dfrac{1}{2}u^2\end{bmatrix},\ \boldsymbol{x}(0)=\begin{bmatrix}x_{10}\\x_{20}\end{bmatrix}\\ \dot{\boldsymbol{\lambda}}=-\begin{bmatrix}2x_1\lambda_2\\0\end{bmatrix},\ \boldsymbol{\lambda}(1)=\begin{bmatrix}0\\1\end{bmatrix}\\ \lambda_1+\lambda_2 u=0,\ u=-\dfrac{\lambda_1}{\lambda_2}\end{cases}$$

由协状态方程得

$$\lambda_2(t)=1,\ \dot{\lambda}_1=-2x_1\lambda_2=-2x_1$$

则有

$$\begin{cases}\dot{x}_1=-\lambda_1\\ \dot{x}_2=x_1^2+\dfrac{1}{2}\lambda_1^2(t)\\ \dot{\lambda}_1=-2x_1,\ x_1(0)=x_{10},\ \lambda_1(0)=\lambda_{10}\end{cases}$$

由第一个和第三个方程得

$$\begin{pmatrix}\dot{x}_1\\ \dot{\lambda}_1\end{pmatrix}=\begin{pmatrix}0&-1\\-2&0\end{pmatrix}\begin{pmatrix}x_1\\ \lambda_1\end{pmatrix}$$

它的解为

$$\begin{pmatrix}x_1(t)\\ \lambda_1(t)\end{pmatrix}=\mathrm{e}^{\begin{pmatrix}0&-1\\-2&0\end{pmatrix}t}\begin{pmatrix}x_{10}\\ \lambda_{10}\end{pmatrix}$$

其中 $\mathrm{e}^{\boldsymbol{A}t}=\alpha_0\boldsymbol{I}+\alpha_1\boldsymbol{A}t$，且

$$\begin{pmatrix}\alpha_0\\ \alpha_1\end{pmatrix}=\begin{pmatrix}1&\sqrt{2}\\1&-\sqrt{2}\end{pmatrix}^{-1}\begin{pmatrix}\mathrm{e}^{\sqrt{2}t}\\ \mathrm{e}^{-\sqrt{2}t}\end{pmatrix}=\begin{pmatrix}\dfrac{\mathrm{e}^{\sqrt{2}t}+\mathrm{e}^{-\sqrt{2}t}}{2}\\ \dfrac{\mathrm{e}^{\sqrt{2}t}-\mathrm{e}^{-\sqrt{2}t}}{2\sqrt{2}}\end{pmatrix}$$

$$\begin{pmatrix}x_1(t)\\ \lambda_1(t)\end{pmatrix}=\begin{pmatrix}\dfrac{\mathrm{e}^{\sqrt{2}t}+\mathrm{e}^{-\sqrt{2}t}}{2}&\dfrac{t(\mathrm{e}^{-\sqrt{2}t}-\mathrm{e}^{\sqrt{2}t})}{2\sqrt{2}}\\ \dfrac{t(\mathrm{e}^{-\sqrt{2}t}-\mathrm{e}^{\sqrt{2}t})}{\sqrt{2}}&\dfrac{\mathrm{e}^{\sqrt{2}t}+\mathrm{e}^{-\sqrt{2}t}}{2}\end{pmatrix}\begin{pmatrix}x_{10}\\ \lambda_{10}\end{pmatrix}$$

最优控制为

$$u(t)=-\lambda_1(t)=-\frac{t(\mathrm{e}^{-\sqrt{2}t}-\mathrm{e}^{\sqrt{2}t})}{\sqrt{2}}x_{10}-\frac{\mathrm{e}^{\sqrt{2}t}-\mathrm{e}^{-\sqrt{2}t}}{2}\lambda_{10}$$

这里 $\lambda_{10}=\sqrt{2}\dfrac{\mathrm{e}^{2\sqrt{2}}-1}{\mathrm{e}^{2\sqrt{2}}+1}x_{10}$。

3. 终端时间未定的情况

假设初始端固定、终端时间未定，最优控制问题如下：

问题 3.3：

$$\begin{cases}\min\limits_{\boldsymbol{u},\,t_f} J=\phi(\boldsymbol{x}(t_f),\,t_f)+\displaystyle\int_{t_0}^{t_f}L(\boldsymbol{x},\,\boldsymbol{u},\,t)\mathrm{d}t \\ \text{s. t.}\quad \dot{\boldsymbol{x}}=f(\boldsymbol{x},\,\boldsymbol{u},\,t),\ \boldsymbol{x}(t_0)=\boldsymbol{x}_0 \\ \qquad\quad g(\boldsymbol{x}(t_f),\,t_f)=0\end{cases} \tag{3.27}$$

通过引入 Lagrange 乘子，将问题(3.27)转换为如下无约束问题：

$$\min_{\boldsymbol{u},\,\boldsymbol{x},\,\boldsymbol{\lambda},\,t_f,\,\boldsymbol{v}} J_3=\phi(\boldsymbol{x}(t_f),\,t_f)+\boldsymbol{v}^{\mathrm{T}}g(\boldsymbol{x}(t_f),\,t_f)+\int_{t_0}^{t_f}(H-\boldsymbol{\lambda}^{\mathrm{T}}\dot{\boldsymbol{x}})\mathrm{d}t \tag{3.28}$$

其中，Hamilton 函数为 $H=L(\boldsymbol{x},\,\boldsymbol{u},\,t)+\boldsymbol{\lambda}^{\mathrm{T}}f(\boldsymbol{x},\,\boldsymbol{u},\,t)$。

设 J_3 在 $\boldsymbol{x}^*$、$\boldsymbol{u}^*$、$\boldsymbol{\lambda}^*$、$\boldsymbol{v}^*$、t_f^* 处达到极小值，$\boldsymbol{u}^*(t)$、$\boldsymbol{x}^*(t)$和 $\boldsymbol{\lambda}^*(t)$、$t_f^*$、$\boldsymbol{v}^*(t)$的容许变分为

$$\boldsymbol{x}(t)=\boldsymbol{x}^*(t)+\alpha\,\delta\boldsymbol{x}(t),\ \boldsymbol{u}(t)=\boldsymbol{u}^*(t)+\alpha\,\delta\boldsymbol{u}(t)$$

$$\boldsymbol{\lambda}(t)=\boldsymbol{\lambda}^*(t)+\alpha\boldsymbol{\lambda}(t),\ t_f=t_f^*+\alpha\,\delta t_f$$

$$\boldsymbol{v}(t)=\boldsymbol{v}^*(t)+\alpha\boldsymbol{v}(t)$$

则

$$\begin{aligned}J_3(\alpha)=&\,\phi(\boldsymbol{x}^*(t_f^*+\alpha\,\delta t_f)+\alpha\,\delta\boldsymbol{x}(t_f^*+\alpha\,\delta t_f),\,t_f^*+\alpha\,\delta t_f)\\&+(\boldsymbol{v}^*+\alpha\,\delta\boldsymbol{v})^{\mathrm{T}}g(\boldsymbol{x}^*(t_f^*+\alpha\,\delta t_f)+\alpha\,\delta\boldsymbol{x}(t_f^*+\alpha\,\delta t_f),\,t_f^*+\alpha\,\delta t_f)\\&+\int_{t_0}^{t_f^*+\alpha\delta t_f}(H-(\boldsymbol{\lambda}^*+\alpha\,\delta\boldsymbol{\lambda})^{\mathrm{T}}(\dot{\boldsymbol{x}}^*+\alpha\,\delta\,\dot{\boldsymbol{x}}))\mathrm{d}t\end{aligned}$$

求 J_3 的一阶变分为

$$\begin{aligned}\delta J_3=&\,\frac{\partial J_3(\alpha)}{\partial\alpha}\Big|_{\alpha=0}=\left[\frac{\partial\phi}{\partial\boldsymbol{x}}+\frac{\partial g^{\mathrm{T}}}{\partial\boldsymbol{x}}\boldsymbol{v}-\boldsymbol{\lambda}\right]^{\mathrm{T}}\Big|_{\boldsymbol{x}^*,\,\boldsymbol{\lambda}^*,\,t_f^*,\,\boldsymbol{v}^*}\delta\boldsymbol{x}(t_f^*)\\&+\left[\frac{\partial\phi}{\partial t}+\frac{\partial g^{\mathrm{T}}}{\partial t}\boldsymbol{v}\right]\Big|_{t_f^*,\,\boldsymbol{v}^*}\delta t_f+[H(\boldsymbol{x}^*(t_f^*),\,\boldsymbol{u}^*(t_f^*),\,\boldsymbol{\lambda}(t_f^*),\,t_f^*)]\delta t_f\\&+g^{\mathrm{T}}(\boldsymbol{x}^*(t_f^*),\,t_f^*)\delta\boldsymbol{v}+\int_{t_0}^{t_f}\left[\left(\frac{\partial H}{\partial\boldsymbol{x}}+\dot{\boldsymbol{\lambda}}\right)^{\mathrm{T}}\delta\boldsymbol{x}+\left(\frac{\partial H}{\partial\boldsymbol{\lambda}}-\dot{\boldsymbol{x}}\right)^{\mathrm{T}}\delta\boldsymbol{\lambda}+\left(\frac{\partial H}{\partial\boldsymbol{u}}\right)^{\mathrm{T}}\delta\boldsymbol{u}\right]\mathrm{d}t\\=&\,0\end{aligned}$$

注意上式用了一次分步积分公式

$$\int_{t_0}^{t_f^*+\alpha\delta t_f}\boldsymbol{\lambda}^{*\mathrm{T}}(t)\,\dot{\boldsymbol{x}}^*(t)\mathrm{d}t=\boldsymbol{\lambda}^{*\mathrm{T}}(t)\boldsymbol{x}^*(t)\Big|_{t_0}^{t_f^*+\alpha\delta t_f}-\int_{t_0}^{t_f^*+\alpha\delta t_f}\dot{\boldsymbol{\lambda}}^{*\mathrm{T}}(t)\boldsymbol{x}^*(t)\mathrm{d}t$$

由 $\delta\boldsymbol{u}$、$\delta\boldsymbol{x}$、$\delta\boldsymbol{\lambda}$、$\delta\boldsymbol{v}$、$\delta t_f$ 相互独立且任意，可得问题(3.27)的最优性必要条件为

$$\begin{cases}\dot{\boldsymbol{x}}=\dfrac{\partial H}{\partial \boldsymbol{\lambda}}=f(\boldsymbol{x},\boldsymbol{u},t),\ x(t_0)=x_0\\ \dot{\boldsymbol{\lambda}}=-\dfrac{\partial H}{\partial \boldsymbol{x}}=-\dfrac{\partial L}{\partial \boldsymbol{x}}-\dfrac{\partial f^{\mathrm{T}}}{\partial \boldsymbol{x}}\boldsymbol{\lambda}\\ \boldsymbol{\lambda}^*(t_f^*)=\left[\dfrac{\partial \phi}{\partial \boldsymbol{x}^{\mathrm{T}}}+\dfrac{\partial g}{\partial \boldsymbol{x}^{\mathrm{T}}}\boldsymbol{v}\right]_{\boldsymbol{x}^*,t_f^*,\boldsymbol{v}^*}\\ g(\boldsymbol{x}^*(t_f^*),t_f^*)=0\\ H(t_f^*)+\dfrac{\partial \phi(\boldsymbol{x}^*(t_f^*),t_f^*)}{\partial t_f}+\left(\dfrac{\partial g(\boldsymbol{x}^*(t_f^*),t_f^*)}{\partial t_f}\right)^{\mathrm{T}}\boldsymbol{v}^*=0\\ \dfrac{\partial H}{\partial \boldsymbol{u}}=\dfrac{\partial L}{\partial \boldsymbol{u}}+\dfrac{\partial f^{\mathrm{T}}}{\partial \boldsymbol{u}}\boldsymbol{\lambda}=0\end{cases}\tag{3.29}$$

注意上述条件中倒数第二个式子用到了式(3.29)的第三个式子($\boldsymbol{\lambda}^*$)。

综上所述，终端时间未定最优控制问题的最优性必要条件为式(3.29)。

3.5 角点条件

若容许曲线 $\boldsymbol{x}(t)$ 在有限个点上连续而不可微，把连续而不可微的点称为角点，本节研究角点应满足的条件。

1. Weierstrass-Erdmann 条件

设分段光滑曲线 $\boldsymbol{x}^*(t)$ 是使泛函 $J[\boldsymbol{x}(\cdot)]=\int_{t_0}^{t_f}F(\boldsymbol{x}(t),\dot{\boldsymbol{x}}(t),t)\mathrm{d}t$ 取最小值的最优轨线，求其角点条件。

假设 $\boldsymbol{x}^*(t)$ 只有一个角点 t_1，则在 $t\in[t_0,t_1]$ 和 $t\in(t_1,t_f]$ 区间上 $\boldsymbol{x}^*(t)$ 必满足 Euler 方程：

$$\frac{\partial F}{\partial \boldsymbol{x}}-\frac{\mathrm{d}}{\mathrm{d}t}F_{\dot{\boldsymbol{x}}}=0$$

将性能指标泛函分解为如下两项

$$J=\int_{t_0}^{t_1^-}F(\boldsymbol{x},\dot{\boldsymbol{x}},t)\mathrm{d}t+\int_{t_1^+}^{t_f}F(\boldsymbol{x},\dot{\boldsymbol{x}},t)\mathrm{d}t=J_1+J_2$$

设 t_0、t_f 为给定的，t_1 是未知的，所以泛函 J_1 具有未定末端时刻，而 J_2 有未定初始时刻。则

$$\delta J_1=F(\boldsymbol{x}^*,\dot{\boldsymbol{x}}^*,t)\Big|_{t_1^-}\delta t_1+\left(\frac{\partial F}{\partial \dot{\boldsymbol{x}}}\right)^{\mathrm{T}}\delta\boldsymbol{x}(t)\Big|_{t_1^-}+\int_{t_0}^{t_1^-}\left(\frac{\partial F}{\partial \boldsymbol{x}}-\frac{\mathrm{d}}{\mathrm{d}t}F_{\dot{\boldsymbol{x}}}\right)^{\mathrm{T}}\delta\boldsymbol{x}\mathrm{d}t$$

$x(t)$ 在 t_1^- 处的全微分为

$$\mathrm{d}\boldsymbol{x}(t_1^-)=\delta\boldsymbol{x}(t_1^-)+\dot{\boldsymbol{x}}^*(t_1^-)\delta t_1$$

所以

$$\delta J_1 = \left[F(\boldsymbol{x}^*, \dot{\boldsymbol{x}}^*, t) - \left(\frac{\partial F}{\partial \dot{\boldsymbol{x}}}\right)^{\mathrm{T}} \dot{\boldsymbol{x}}^* \right]\Big|_{t_1^-} \delta t_1 + \left(\frac{\partial F}{\partial \dot{\boldsymbol{x}}}\right)^{\mathrm{T}} \mathrm{d}\boldsymbol{x}(t)\Big|_{t_1^-}$$

类似的有：

$$\delta J_2 = -\left[F(\boldsymbol{x}^*, \dot{\boldsymbol{x}}^*, t) - \left(\frac{\partial F}{\partial \dot{\boldsymbol{x}}}\right)^{\mathrm{T}} \dot{\boldsymbol{x}}^* \right]\Big|_{t_1^+} \delta t_1 + \left(\frac{\partial F}{\partial \dot{\boldsymbol{x}}}\right)^{\mathrm{T}} \mathrm{d}\boldsymbol{x}(t)\Big|_{t_1^+}$$

由 $\delta J_1 + \delta J_2 = 0$，以及 $\boldsymbol{x}(t)$是连续函数得：

$$\mathrm{d}\boldsymbol{x}(t_1^-) = \mathrm{d}\boldsymbol{x}(t_1^+) = \mathrm{d}\boldsymbol{x}(t_1)$$

和

$$\begin{cases} \dfrac{\partial F}{\partial \dot{\boldsymbol{x}}}\Big|_{t_1^-} = \dfrac{\partial F}{\partial \dot{\boldsymbol{x}}}\Big|_{t_1^+} \\ \left[F(\boldsymbol{x}^*, \dot{\boldsymbol{x}}^*, t) - \left(\dfrac{\partial F}{\partial \dot{\boldsymbol{x}}}\right)^{\mathrm{T}} \dot{\boldsymbol{x}}^* \right]\Big|_{t_1^-} = \left[F(\boldsymbol{x}^*, \dot{\boldsymbol{x}}^*, t) - \left(\dfrac{\partial F}{\partial \dot{\boldsymbol{x}}}\right)^{\mathrm{T}} \dot{\boldsymbol{x}}^* \right]\Big|_{t_1^+} \end{cases} \tag{3.30}$$

式(3.30)即为角点应满足的条件。

2. 内点约束

如果状态轨线的中间点满足约束条件，则称中间点为内点。以下考虑内点约束的处理方法，为不失一般性，考虑只有一个内点的最优控制问题如下：

$$\begin{cases} \min J = \phi(\boldsymbol{x}(t_f), t_f) + \displaystyle\int_{t_0}^{t_f} L(\boldsymbol{x}, \boldsymbol{u}, t)\mathrm{d}t \\ \text{s.t.} \quad \dot{\boldsymbol{x}} = f(\boldsymbol{x}, \boldsymbol{u}, t), \ \boldsymbol{x}(t_0) = \boldsymbol{x}_0, \ N(\boldsymbol{x}(t_1), t_1) = 0 \end{cases} \tag{3.31}$$

其中 $N(\boldsymbol{x}(t_1), t_1)$为 q 维向量函数。

由于存在内点约束条件，在 t_1 点上未必能保证 $\boldsymbol{x}(t)$是可微的。利用 W-E 条件将 J 分为两部分：

$$J = \phi(\boldsymbol{x}(t_f), t_f) + \int_{t_0}^{t_1^-} L(\boldsymbol{x}, \boldsymbol{u}, t)\mathrm{d}t + \int_{t_1^+}^{t_f} L(\boldsymbol{x}, \boldsymbol{u}, t)\mathrm{d}t$$

这里 t_1^-、t_1^+ 是可变的。问题(3.31)等价为如下无约束问题：

$$\min J_1 = \phi(\boldsymbol{x}(t_f), t_f) + \int_{t_0}^{t_1^-} (H - \boldsymbol{\lambda}^{\mathrm{T}} \dot{\boldsymbol{x}})\mathrm{d}t + \int_{t_1^+}^{t_f} (H - \boldsymbol{\lambda}^{\mathrm{T}} \dot{\boldsymbol{x}})\mathrm{d}t + \boldsymbol{\pi}^{\mathrm{T}} N(\boldsymbol{x}(t_1), t_1)$$

类似于上一节的方法，得到 J_1 的一阶变分为

$$\begin{aligned} \delta J_1 = & \left(\frac{\partial \phi}{\partial \boldsymbol{x}}\right)^{\mathrm{T}} \delta \boldsymbol{x}\Big|_{t_f} - (H - \boldsymbol{\lambda}^{\mathrm{T}} \dot{\boldsymbol{x}})\Big|_{t_1^+} \delta t_1 - (\boldsymbol{\lambda}^{\mathrm{T}} \delta \boldsymbol{x})\Big|_{t_1^+}^{t_f} + \int_{t_1^+}^{t_f} \Big[\left(\frac{\partial H}{\partial \boldsymbol{x}} + \dot{\boldsymbol{\lambda}}\right)^{\mathrm{T}} \delta \boldsymbol{x} \\ & + \left(\frac{\partial H}{\partial \boldsymbol{u}}\right)^{\mathrm{T}} \delta \boldsymbol{u} \Big] \mathrm{d}t + \frac{\partial \boldsymbol{\pi}^{\mathrm{T}} N}{\partial \boldsymbol{x}} \mathrm{d}\boldsymbol{x}(t)\Big|_{t_1} + \frac{\partial \boldsymbol{\pi}^{\mathrm{T}} N}{\partial t_1} \delta t_1 + (H - \boldsymbol{\lambda}^{\mathrm{T}} \dot{\boldsymbol{x}})\Big|_{t_1^-} \delta t_1 \\ & - (\boldsymbol{\lambda}^{\mathrm{T}} \delta \boldsymbol{x})\Big|_{t_0}^{t_1^-} + \int_{t_0}^{t_1^-} \Big[\left(\frac{\partial H}{\partial \boldsymbol{x}} + \dot{\boldsymbol{\lambda}}\right)^{\mathrm{T}} \delta \boldsymbol{x} + \left(\frac{\partial H}{\partial \boldsymbol{u}}\right)^{\mathrm{T}} \delta \boldsymbol{u} \Big] \mathrm{d}t \end{aligned}$$

由泛函部分定理得

$$\delta J_1=\left(\frac{\partial\phi}{\partial\boldsymbol{x}}-\boldsymbol{\lambda}\right)^{\mathrm{T}}\delta\boldsymbol{x}\Big|_{t_f}+\int_{t_0}^{t_f}\left[\left(\frac{\partial H}{\partial\boldsymbol{x}}+\dot{\boldsymbol{\lambda}}\right)^{\mathrm{T}}\delta\boldsymbol{x}+\left(\frac{\partial H}{\partial\boldsymbol{u}}\right)^{\mathrm{T}}\delta\boldsymbol{u}\right]\mathrm{d}t+\left[\boldsymbol{\lambda}(t_1^+)-\boldsymbol{\lambda}(t_1^-)\right.$$
$$\left.+\boldsymbol{\pi}^{\mathrm{T}}\frac{\partial N}{\partial\boldsymbol{x}(t_1)}\right]^{\mathrm{T}}\mathrm{d}\boldsymbol{x}(t_1)+\left[H(t_1^-)-H(t_1^+)+\boldsymbol{\pi}^{\mathrm{T}}\frac{\partial N}{\partial t_1}\right]\delta t_1=0$$

又因为 $\mathrm{d}\boldsymbol{x}(t_1)=\delta\boldsymbol{x}(t_1^-)+\dot{\boldsymbol{x}}(t_1^-)\delta t_1=\delta\boldsymbol{x}(t_1^+)+\dot{\boldsymbol{x}}(t_1^+)\delta t_1$

由 $\mathrm{d}x(t_1)$、δt_1 的相互独立以及任意性得

$$\begin{cases}\boldsymbol{\lambda}(t_1^-)=\boldsymbol{\lambda}(t_1^+)+\boldsymbol{\pi}^{\mathrm{T}}\dfrac{\partial N}{\partial\boldsymbol{x}(t_1)}\\[2ex] H(t_1^-)=H(t_1^+)-\boldsymbol{\pi}^{\mathrm{T}}\dfrac{\partial N}{\partial t_1}\end{cases}\tag{3.32}$$

式(3.32)即为内点条件。

3.6　三种性能指标间的相互转换

最优控制问题根据性能指标泛函的不同，通常分为末值型、积分型和混合型三种类型，显然，末值型、积分型均是混合型的特例。实际上，在一定的条件下，这三类问题是等价的。本节推证这三类问题的等价性。首先，给出典型的这三类问题，如下：

(1) 末值型问题：

$$\begin{aligned}&\min J_1[u(\cdot)]=S(\boldsymbol{x}(t_f),t_f)\\&\text{s.t.}\begin{cases}\dot{\boldsymbol{x}}=f(\boldsymbol{x},\boldsymbol{u},t)\\\boldsymbol{x}(t_0)=\boldsymbol{x}_0\end{cases}\end{aligned}\tag{3.33}$$

(2) 积分型问题：

$$\begin{cases}\min J_2=\displaystyle\int_{t_0}^{t_f}L(\boldsymbol{x},\boldsymbol{u},t)\mathrm{d}t\\[2ex]\text{s.t.}\begin{cases}\dot{\boldsymbol{x}}=f(\boldsymbol{x},\boldsymbol{u},t)\\\boldsymbol{x}(t_0)=\boldsymbol{x}_0\end{cases}\end{cases}\tag{3.34}$$

(3) 混合型问题：

$$\begin{aligned}&\min J_3=S(\boldsymbol{x}(t_f),t_f)+\int_{t_0}^{t_f}L(\boldsymbol{x},u,t)\mathrm{d}t\\&\text{s.t.}\begin{cases}\dot{\boldsymbol{x}}=f(\boldsymbol{x},\boldsymbol{u},t)\\\boldsymbol{x}(t_0)=\boldsymbol{x}_0\end{cases}\end{aligned}\tag{3.35}$$

下面先证明由式(3.35)推出式(3.34)。

设 $S(\boldsymbol{x},t)$关于变元是连续可微的，则式(3.35)可以表示为

$$
\begin{aligned}
J_3[\boldsymbol{u}(\cdot)] &= \int_{t_0}^{t_f} \mathrm{d}S(\boldsymbol{x}(t), t) + \int_{t_0}^{t_f} L(\boldsymbol{x}, \boldsymbol{u}, t)\mathrm{d}t + S(\boldsymbol{x}_0, t_0) \\
&= \int_{t_0}^{t_f} \left[\frac{\partial S}{\partial \boldsymbol{x}^{\mathrm{T}}} f(\boldsymbol{x}, \boldsymbol{u}, t) + \frac{\partial S}{\partial t} + L(\boldsymbol{x}, \boldsymbol{u}, t)\right]\mathrm{d}t \\
&\quad + S(\boldsymbol{x}_0, t_0)
\end{aligned}
$$

该性能指标泛函等价于积分型性能指标，所以式(3.35)可以等价为式(3.34)。

再证明由式(3.35)推出式(3.33)。取

$$
\begin{cases}
\dot{x}_{n+1} = \dfrac{\partial S}{\partial \boldsymbol{x}^{\mathrm{T}}} f(\boldsymbol{x}, \boldsymbol{u}, t) + \dfrac{\partial S}{\partial t} + L(\boldsymbol{x}, \boldsymbol{u}, t) \\
x_{n+1}(t_0) = S(\boldsymbol{x}_0, t_0)
\end{cases}
$$

则式(3.35)可以表示为

$$
\begin{aligned}
&\min J_3[\boldsymbol{u}(\cdot)] = x_{n+1}(t_f) \\
&\text{s. t.} \begin{cases}
\dot{\boldsymbol{x}} = f(\boldsymbol{x}, \boldsymbol{u}, t) \\
\boldsymbol{x}(t_0) = \boldsymbol{x}_0
\end{cases}
\end{aligned}
\tag{3.36}
$$

即问题(3.35)等价于如下问题：

$$
\begin{aligned}
&\min x_{n+1}(t_f) \\
&\text{s. t.} \begin{cases}
\dot{\boldsymbol{x}} = f(\boldsymbol{x}, \boldsymbol{u}, t),\ \boldsymbol{x}(t_0) = \boldsymbol{x}_0 \\
\dot{x}_{n+1} = \dfrac{\partial S}{\partial \boldsymbol{x}^{\mathrm{T}}} f(\boldsymbol{x}, \boldsymbol{u}, t) + \dfrac{\partial S}{\partial t} + L(\boldsymbol{x}, \boldsymbol{u}, t) \\
x_{n+1}(t_0) = S(\boldsymbol{x}_0, t_0)
\end{cases}
\end{aligned}
\tag{3.37}
$$

综上所述，问题(3.33)等价于问题(3.35)，问题(3.34)等价于问题(3.35)，所以问题(3.33)等价于问题(3.34)。因此，三种指标泛函的最优控制问题在一定条件下是可以相互转化的。

习　题

3-1　试求给定椭球内长方体的最大体积，即在约束

$$
\frac{x^2}{a^2} + \frac{y^2}{b^2} + \frac{z^2}{c^2} = 1
$$

条件下，求 $V=8xyz$ 的最大值。

3-2　求泛函

$$
J = \int_1^2 (\dot{x} + \dot{x}t^2)\mathrm{d}t
$$

满足边界条件 $x(1)=1$、$x(2)=2$ 的极值曲线 $x^*(t)$。

3-3　求泛函 $J=\int_0^1\left(\frac{1}{2}\dot{x}^2+x\dot{x}+\dot{x}+x\right)\mathrm{d}t$ 的极值轨迹，已知边界条件为 $x(0)=\frac{1}{2}$，$x(1)$ 自由。

3-4　试利用公式

$$\delta J=\frac{\partial}{\partial\alpha}J[x+\alpha\,\delta x]\Big|_{\alpha=0}$$

求泛函 $J=\int_{t_0}^{t_f}L(x,\dot{x},\ddot{x})\mathrm{d}t$ 的变分，并写出在此情况下的欧拉方程。

3-5　利用上题结论，求泛函 $J=\int_{-1}^{1}(\ddot{x}^2+8x)\mathrm{d}t$ 在边界条件 $x(-1)=\dot{x}(-1)=x(1)=\dot{x}(1)=0$ 下的极值曲线。

3-6　一阶系统 $\dot{x}(t)=ax(t)+u(t)$，$x(0)=x_0$，其中 $u(t)$ 是控制函数，且设 $u(t)=y(t)x(t)$，试确定 $u(t)$，使泛函

$$J=\frac{1}{2}\int_0^{t_1}(x^2+bu^2)\mathrm{d}t$$

取极值时，$y(t)$ 所应满足的方程。

3-7　泛函 $J(x)=\int_{t_0}^{t_f}L(\dot{x})\mathrm{d}t$ 有什么样的极值曲线？试求泛函

$$J(x)=\int_{t_0}^{t_1}\frac{\sqrt{1+\dot{x}^2}}{V(\dot{x})}\mathrm{d}t$$

在 $x(t_0)=0$、$x(t_1)=2$ 条件下的极值曲线。

3-8　系统状态方程和初始状态为

$$\dot{\boldsymbol{x}}=\begin{pmatrix}0&1\\0&0\end{pmatrix}\boldsymbol{x}+\begin{pmatrix}0\\1\end{pmatrix}u,\quad\begin{bmatrix}x_1(0)\\x_2(0)\end{bmatrix}=\begin{pmatrix}0\\0\end{pmatrix}$$

求使系统从初态转移到目标集 $x_1(1)+x_2(1)=1$，且使性能指标泛函

$$J=\frac{1}{2}\int_0^1u^2\mathrm{d}t$$

为最小的最优控制 $u^*(t)$ 和最优轨迹 $x_1^*(t)$、$x_2^*(t)$。

3-9　求 $J(x_1,x_2)=\int_0^5\sqrt{1+\dot{x}_1^2+x_2^2}\,\mathrm{d}t$，满足边界条件 $x_1(0)=-5$、$x_1(5)=0$、$x_2(0)=0$、$x_2(5)=\pi$ 和约束条件 $x_1^2+t^2=25$ 的极值曲线。

3-10　一质点沿曲线 $y=f(x)$ 从点 $(0,8)$ 运动到点 $(4,0)$，设质点运动速度为 x，问曲线取什么样的形状，质点运动的时间最短？

3-11　设有一阶系统 $\dot{x}=-x+u$，$x(0)=3$，试确定控制函数 $u(t)$，在 $t=2$ 时，把系统转移到零状态，并使泛函

$$J = \int_0^2 (1 + u^2)\mathrm{d}t$$

取极小值，如果把系统转移到零状态的时间不固定，那该如何求解？

3-12　已知线性系统的状态方程 $\dot{\boldsymbol{x}} = \boldsymbol{A}\boldsymbol{x} + \boldsymbol{B}\boldsymbol{u}$，其中

$$\boldsymbol{A} = \begin{pmatrix} 0 & 1 \\ 0 & 0 \end{pmatrix},\ \boldsymbol{B} = \begin{pmatrix} 1 & 0 \\ 0 & 1 \end{pmatrix},\ \boldsymbol{x} = \begin{bmatrix} x_1 \\ x_2 \end{bmatrix},\ \boldsymbol{u} = \begin{bmatrix} u_1 \\ u_2 \end{bmatrix}$$

给定 $\boldsymbol{x}^{\mathrm{T}}(0) = (1\quad 1)$，$\boldsymbol{x}_1(2) = 0$，求 $\boldsymbol{u}(t)$，使泛函

$$J = \frac{1}{2}\int_0^2 (u_1^2 + u_2^2)\mathrm{d}t$$

为最小。

3-13　已知受控系统 $\dot{x} = u$，$x(0) = 1$，试求 $u(t)$ 和 t_f，使系统在 t_f 时刻转移到原点 $x(t_f) = 0$，且使 $J = t_f^2 + \int_0^{t_f} u^2 \mathrm{d}t$ 为最小。

3-14　给定二阶系统

$$\dot{\boldsymbol{x}} = \begin{pmatrix} 0 & 1 \\ -1 & 0 \end{pmatrix}\boldsymbol{x} + \begin{pmatrix} 0 \\ 1 \end{pmatrix}u,\ \boldsymbol{x}(0) = \begin{pmatrix} 0 \\ 1 \end{pmatrix}$$

试确定控制 $u(t)$，将系统在 $t=2$ 时转移到原点，并使泛函 $J = \frac{1}{2}\int_0^2 u^2 \mathrm{d}t$ 取极小。

3-15　设给定的性能指标泛函为

$$J = \int_0^R \sqrt{1 + \dot{x}_1^2 + \dot{x}_2^2}\,\mathrm{d}t$$

求此泛函在约束条件

$$t^2 + x_1^2 = R^2$$

和边界条件

$$x_1(0) = -R,\ x_2(0) = 0$$

下的极值曲线。

第四章　极大值原理

变分原理只适用于控制量取值范围不受任何限制或为开集且各个泛函或函数对其自变量有充分的可微性的泛函极值问题，这些条件大大限制了变分原理的使用范围。当控制函数受到闭集约束或不等式约束时，古典变分原理无法解决此类最优控制问题。而在许多实际变分问题中，往往控制函数取值在一个闭集内，或者性能指标泛函不满足可微的假设，这就要求人们去探索新理论和新方法来解决这类问题。Pontryagin 提出了极大值原理、Bellman 提出了动态规划，他们成功地解决了这类难题，分别给出了这类变分问题最优性的必要条件和充分条件。这两个理论已经成为解决最优控制问题的有效方法。

本章介绍 Pontryagin 极大值原理及其证明，推导出各种类型最优控制问题的极大值原理，给出几种典型约束问题的处理方法。最后，简要给出离散变分问题的变分原理和离散系统最优控制的极大值原理。在本章容许控制集合为 $U_{[t_0, t_f]}=\{\boldsymbol{u}(t)\,|\,\boldsymbol{u}(t)\in U\subset\mathbf{R}^r$，$\boldsymbol{u}(t)$的分量为分段连续函数且 U 为有界闭集$\}$。

4.1　自由末端末值型定常系统的极大值原理

本节介绍末端时刻未定的定常系统的末值型最优控制问题应满足的必要条件，即极大值原理，并给出严格的数学证明。其它类型最优控制问题均可以通过转化成本问题，利用本节的结果推出其相应的极大值原理。

考虑如下末端时刻未定的定常系统的末值型最优控制问题：

设 $U\subset\mathbf{R}^n$ 为有界闭集，$\boldsymbol{u}(t)\in U$ 是一个容许控制，指定末值型性能指标泛函为

$$J[\boldsymbol{u}(\cdot)]=S(\boldsymbol{x}(t_f)) \tag{4.1}$$

其中 $\boldsymbol{x}(t)\in\mathbf{R}^n$ 是定常系统，且

$$\dot{\boldsymbol{x}}(t)=\boldsymbol{f}(\boldsymbol{x},\boldsymbol{u}),\ \boldsymbol{x}(t_0)=\boldsymbol{x}_0,\ t\in[t_0,t_f] \tag{4.2}$$

对应于 $\boldsymbol{u}(t)$的状态轨线，t_f 为未知的末端时刻。

最优控制问题就是选择一个容许控制 $\boldsymbol{u}(t)\in U$ 和一个末端时刻 t_f，它由条件(4.2)确定的状态轨线 $\boldsymbol{x}(t)$使得性能指标泛函(4.1)达到最小。

设最优控制问题(4.1)和(4.2)满足如下条件：

假设① $f(\boldsymbol{x}, \boldsymbol{u})$和$S(\boldsymbol{x})$都是其自变量的连续函数；

假设② 函数$f(\boldsymbol{x}, \boldsymbol{u})$和$S(\boldsymbol{x})$对于$\boldsymbol{x}$是连续可微的，即$\frac{\partial f}{\partial \boldsymbol{x}}$、$\frac{\partial S}{\partial \boldsymbol{x}}$存在且连续；

假设③ $f(\boldsymbol{x}, \boldsymbol{u})$在任意有界集上对自变量$\boldsymbol{x}$满足如下 Lipschitz 条件：

当$\boldsymbol{X} \subset \mathbf{R}^n$，$U_1 \subset U$为有界集时，存在一个常数$\alpha > 0$，使得只要$\boldsymbol{x}^1, \boldsymbol{x}^2 \in \boldsymbol{X}$，对于任意$\boldsymbol{u} \in U_1$，有

$$\| f(\boldsymbol{x}^1, \boldsymbol{u}) - f(\boldsymbol{x}^2, \boldsymbol{u}) \| \leqslant \alpha \| \boldsymbol{x}^1 - \boldsymbol{x}^2 \|$$

定理 4.1 设最优控制问题(4.1)和(4.2)满足假设①～③，$\boldsymbol{u}^*(t)$和t_f^*是由问题(4.1)和(4.2)确定的最优控制问题的最优解，$\boldsymbol{x}^*(t)$是相应的最优轨线，则必存在一个不为零的n维向量函数$\boldsymbol{\lambda}(t)$，使得

(ⅰ) $\boldsymbol{\lambda}(t)$是方程

$$\dot{\boldsymbol{\lambda}}(t) = -\frac{\partial H(\boldsymbol{x}, \boldsymbol{\lambda}, \boldsymbol{u})}{\partial \boldsymbol{x}} \tag{4.3}$$

满足边界条件：

$$\boldsymbol{\lambda}(t_f) = \frac{\partial S(\boldsymbol{x}^*(t_f^*))}{\partial \boldsymbol{x}(t_f)} \tag{4.4}$$

的解，其中$\boldsymbol{\lambda}(t)$称为协状态向量，$H(\boldsymbol{x}, \boldsymbol{\lambda}, \boldsymbol{u}) = \boldsymbol{\lambda}^{\mathrm{T}}(t) f(\boldsymbol{x}, \boldsymbol{u})$为该问题的 Hamilton 函数。

(ⅱ) $\dot{\boldsymbol{x}}(t) = f(\boldsymbol{x}, \boldsymbol{u})$，$\boldsymbol{x}(t_0) = \boldsymbol{x}_0$，$t \in [t_0, t_f]$。

(ⅲ) 最优控制$\boldsymbol{u}^*(t)$由如下全局最优化问题确定：

$$H(\boldsymbol{x}^*(t), \boldsymbol{\lambda}(t), \boldsymbol{u}^*(t)) = \min_{\bar{\boldsymbol{u}} \in U} H(\boldsymbol{x}^*(t), \boldsymbol{\lambda}(t), \bar{\boldsymbol{u}}) \tag{4.5}$$

(ⅳ) 当t_f自由时，Hamilton 函数沿最优解满足如下等式

$$\begin{aligned} H(\boldsymbol{x}^*(t), \boldsymbol{\lambda}(t), \boldsymbol{u}^*(t)) &= H(\boldsymbol{x}^*(t_f^*), \boldsymbol{\lambda}(t_f^*), \boldsymbol{u}^*(t_f^*)) \\ &= 0 \end{aligned} \tag{4.6}$$

最优末端时刻t_f^*由上式右边等式确定；而当t_f固定时，Hamilton 函数沿最优解满足如下等式(其中C是某个常数)：

$$\begin{aligned} H(\boldsymbol{x}^*(t), \boldsymbol{\lambda}(t), \boldsymbol{u}^*(t)) &= H(\boldsymbol{x}^*(t_f^*), \boldsymbol{\lambda}(t_f^*), \boldsymbol{u}^*(t_f^*)) \\ &= C \end{aligned}$$

在证明该定理之前给出两个引理。

引理 4.1 设$\Delta \boldsymbol{x}(t) = [\Delta x_1(t), \cdots, \Delta x_n(t)]^{\mathrm{T}}$，则对于任意给定的$t$，有

$$\frac{\mathrm{d}}{\mathrm{d}t} \| \Delta \boldsymbol{x}(t) \|_2 \leqslant \left\| \frac{\mathrm{d}}{\mathrm{d}t} \Delta \boldsymbol{x}(t) \right\|_2$$

证明 由二范数定义和导数公式得

$$\frac{\mathrm{d}}{\mathrm{d}t}\sqrt{\sum_{i=1}^{n}\Delta x_i^2} = \frac{1}{\sqrt{\sum \Delta x_i^2}}\sum_{i=1}^{n}(\Delta x_i \Delta \dot{x}_i)$$

由 Schwitz 不等式得

$$\frac{1}{\sqrt{\sum \Delta x_i^2}}\sum_{i=1}^{n}(\Delta x_i \Delta \dot{x}_i) \leqslant \frac{1}{\sqrt{\sum \Delta x_i^2}}\sqrt{\sum_{i=1}^{n}(\Delta x_i)^2 \sum_{i=1}^{n}(\Delta \dot{x}_i)^2} = \sqrt{\sum_{i=1}^{n}(\Delta \dot{x}_i)^2}$$

引理 4.2（比较原理）　考虑标量微分方程

$$\dot{u} = f(t, u), u(t_0) = u_0$$

对于所有 $t \geqslant 0$ 和所有 $u \in R$，$f(t, u)$ 对于 t 连续可微，且关于 u 是局部利普希兹的，设 $[t_0, t_f)$（t_f 可以是无穷大）是解 $u(t)$ 存在的最大区间，并且假定对于所有 $t \in [t_0, t_f)$，有 $u(t) \in R$。设 $v(t)$ 是连续可微函数满足微分不等式

$$\dot{v}(t) \leqslant f(t, v(t)), v(t_0) \leqslant u_0$$

则对于所有 $t \in [t_0, t_f)$，有 $v(t) \leqslant u(t)$。

证明（定理 4.1）　首先假定末态时刻 t_f 已知，分以下 5 步来证明。

(1) 泛函 J 的增量：

$$\begin{aligned}\Delta J &= J(\boldsymbol{u}^*(\cdot) + \Delta \boldsymbol{u}(\cdot)) - J(\boldsymbol{u}^*(\cdot)) \\ &= S(\boldsymbol{x}^*(t_f) + \Delta \boldsymbol{x}(t_f)) - S(\boldsymbol{x}^*(t_f)) \\ &= \frac{\partial S(\boldsymbol{x}^*(t_f))}{\partial \boldsymbol{x}^*(t_f)}\Delta \boldsymbol{x}(t_f) + o(|\Delta \boldsymbol{x}(t_f)|)\end{aligned} \tag{4.7}$$

(2) $\Delta \boldsymbol{x}(t)$ 的表达式：

$$\begin{aligned}\Delta \boldsymbol{x}(t) &= f(\boldsymbol{x}^* + \Delta \boldsymbol{x}, \boldsymbol{u}^* + \Delta \boldsymbol{u}) - f(\boldsymbol{x}^*, \boldsymbol{u}^*) \\ &= f(\boldsymbol{x}^* + \Delta \boldsymbol{x}, \boldsymbol{u}^* + \Delta \boldsymbol{u}) - f(\boldsymbol{x}^*, \boldsymbol{u}^* + \Delta \boldsymbol{u}) \\ &\quad + f(\boldsymbol{x}^*, \boldsymbol{u}^* + \Delta \boldsymbol{u}) - f(\boldsymbol{x}^*, \boldsymbol{u}^*) \\ &= \frac{\partial f(\boldsymbol{x}^*, \boldsymbol{u}^* + \Delta \boldsymbol{u})}{\partial \boldsymbol{x}^{\mathrm{T}}}\Delta \boldsymbol{x}(t) + o(|\Delta \boldsymbol{x}(t)|) \\ &\quad + f(\boldsymbol{x}^*, \boldsymbol{u}^* + \Delta \boldsymbol{u}) - f(\boldsymbol{x}^*, \boldsymbol{u}^*) \\ &= \frac{\partial f(\boldsymbol{x}^*, \boldsymbol{u}^*)}{\partial \boldsymbol{x}^{\mathrm{T}}}\Delta \boldsymbol{x}(t) + f(\boldsymbol{x}^*, \boldsymbol{u}^* + \Delta \boldsymbol{u}) - f(\boldsymbol{x}^*, \boldsymbol{u}^*) \\ &\quad + \left[\frac{\partial f(\boldsymbol{x}^*, \boldsymbol{u}^* + \Delta \boldsymbol{u})}{\partial \boldsymbol{x}^{\mathrm{T}}} - \frac{\partial f(\boldsymbol{x}^*, \boldsymbol{u}^*)}{\partial \boldsymbol{x}^{\mathrm{T}}}\right]\Delta \boldsymbol{x}(t) + o(|\Delta \boldsymbol{x}|)\end{aligned} \tag{4.8}$$

记 $\Delta \boldsymbol{x}(t) = \frac{\partial f(\boldsymbol{x}^*, \boldsymbol{u}^*)}{\partial \boldsymbol{x}^{\mathrm{T}}}\Delta \boldsymbol{x}$ 的状态转移矩阵为 $\Phi(t, s)$，即

$$\frac{\partial \Phi(t, s)}{\partial t} = \frac{\partial f(\boldsymbol{x}, \boldsymbol{u})}{\partial \boldsymbol{x}^{\mathrm{T}}}\Phi(t, s), \Phi(s, s) = I$$

考虑到 $\Delta \boldsymbol{x}(t_0)=0$，则由式(4.8)得

$$\Delta \boldsymbol{x}(t)=\int_{t_0}^{t}\Phi(t,s)[f(\boldsymbol{x}^*(s),\boldsymbol{u}^*(s)+\Delta \boldsymbol{u}(s))-f(\boldsymbol{x}^*(s),\boldsymbol{u}^*(s))]\mathrm{d}s$$
$$+\int_{t_0}^{t}\Phi(t,s)\left[\frac{\partial f(\boldsymbol{x}^*(s),\boldsymbol{u}^*(s)+\Delta \boldsymbol{u}(s))}{\partial \boldsymbol{x}^{\mathrm{T}}}-\frac{\partial f(\boldsymbol{x}^*(s),\boldsymbol{u}^*(s))}{\partial \boldsymbol{x}^{\mathrm{T}}}\right]\Delta \boldsymbol{x}(s)\mathrm{d}s$$
$$+\int_{t_0}^{t}\Phi(t,s)o(|\Delta \boldsymbol{x}(s)|)\mathrm{d}s,\quad t\in[t_0,t_f] \tag{4.9}$$

将式(4.9)中 $t=t_f$ 时得到的表达式代入式(4.7)，得

$$\Delta J=\frac{\partial S(\boldsymbol{x}^*(t_f))}{\partial \boldsymbol{x}^{\mathrm{T}}(t_f)}\int_{t_0}^{t_f}\Phi(t_f,s)[f(\boldsymbol{x}^*(s),\boldsymbol{u}^*(s)+\Delta \boldsymbol{u}(s))$$
$$-f(\boldsymbol{x}^*(s),\boldsymbol{u}^*(s))]\mathrm{d}s$$
$$+\frac{\partial S(\boldsymbol{x}^*(t_f))}{\partial \boldsymbol{x}^{\mathrm{T}}(t_f)}\int_{t_0}^{t_f}\Phi(t_f,s)\left[\frac{\partial f(\boldsymbol{x}^*(s),\boldsymbol{u}^*(s)+\Delta \boldsymbol{u}(s))}{\partial \boldsymbol{x}^{\mathrm{T}}}\right.$$
$$\left.-\frac{\partial f(\boldsymbol{x}^*(s),\boldsymbol{u}^*(s))}{\partial \boldsymbol{x}^{\mathrm{T}}}\right]\Delta \boldsymbol{x}(s)\mathrm{d}s$$
$$+\frac{\partial S(\boldsymbol{x}^*(t_f))}{\partial \boldsymbol{x}^{\mathrm{T}}}\int_{t_0}^{t_f}\Phi(t,s)o(|\Delta \boldsymbol{x}(s)|)\mathrm{d}s+o(|\Delta \boldsymbol{x}(t_f)|) \tag{4.10}$$

(3) 对 $\Delta \boldsymbol{x}(t)$的估计：设 $\Delta \boldsymbol{u}(t)$是控制 $\boldsymbol{u}(t)$的任意变分，则

$$\Delta \dot{\boldsymbol{x}}(t)=f(\boldsymbol{x}^*(t)+\Delta \boldsymbol{x}(t),\boldsymbol{u}^*(t)+\Delta \boldsymbol{u}(t))-f(\boldsymbol{x}^*(t),\boldsymbol{u}^*(t)),\ \Delta \boldsymbol{x}(t_0)=0$$

由假设①及③得

$$|\Delta \dot{\boldsymbol{x}}|\leqslant|f(\boldsymbol{x}^*+\Delta \boldsymbol{x},\boldsymbol{u}^*+\Delta \boldsymbol{u})-f(\boldsymbol{x}^*,\boldsymbol{u}^*+\Delta \boldsymbol{u})|$$
$$+|f(\boldsymbol{x}^*,\boldsymbol{u}^*+\Delta \boldsymbol{u})-f(\boldsymbol{x}^*,\boldsymbol{u}^*)|$$
$$\leqslant\alpha|\Delta \boldsymbol{x}|+b(t) \tag{4.11}$$

其中 $b(t)=\begin{cases}0, & \Delta \boldsymbol{u}(t)=0\\ b(\text{constant}), & \Delta \boldsymbol{u}(t)\neq 0\end{cases}$，而 b 是$|f(\boldsymbol{x},\boldsymbol{u}+\Delta \boldsymbol{u})-f(\boldsymbol{x},\boldsymbol{u})|$的上界。

由引理 4.1 和式(4.11)可得

$$\frac{\mathrm{d}}{\mathrm{d}t}|\Delta \boldsymbol{x}|\leqslant|\Delta \dot{\boldsymbol{x}}|\leqslant\alpha|\Delta \boldsymbol{x}|+b(t) \tag{4.12}$$

由引理 4.2 和式(4.12)可得

$$|\Delta \boldsymbol{x}|\leqslant\int_{t_0}^{t}\mathrm{e}^{\alpha(t-s)}b(s)\mathrm{d}s,\ t\in[t_0,t_f] \tag{4.13}$$

(利用针状变分)令 σ 为最优控制 $\boldsymbol{u}^*(t)$的任意一个连续点，$l>0$ 是某一确定的数，$\varepsilon>0$ 是一个充分小的数，将控制变分 $\Delta \boldsymbol{u}(t)$取成一个依赖于 σ、ε 的图 4.1 所示的针状变分，记为 $\Delta_{\sigma\varepsilon}\boldsymbol{u}(t)$，有

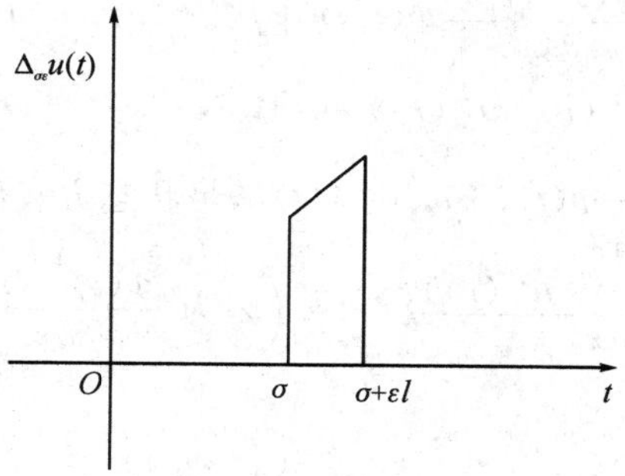

图 4.1　针状变分

$$\Delta_{\sigma\varepsilon}\boldsymbol{u}(t)=\begin{cases}0, & t_0\leqslant t<\sigma,\ \sigma+\varepsilon l<t\leqslant t_f\\ \bar{\boldsymbol{u}}-\boldsymbol{u}^*(t), & \sigma\leqslant t\leqslant\sigma+\varepsilon l\end{cases}\tag{4.14}$$

$\bar{\boldsymbol{u}}$ 表示任意容许控制，$\bar{\boldsymbol{u}}\in U$，即在充分小的时间区间$[\sigma,\ \sigma+\varepsilon l]$内，$\bar{\boldsymbol{u}}$ 可以取 U 内的任何点。显然

$$b(t)=\begin{cases}0, & t_0\leqslant t<\sigma,\ \sigma+\varepsilon l<t\leqslant t_f\\ b(\text{constant}), & \sigma\leqslant t\leqslant\sigma+\varepsilon l\end{cases}$$

所以由式(4.13)和式(4.14)得

$$|\Delta\boldsymbol{x}(t)|\leqslant\int_{t_0}^{t_f}\mathrm{e}^{\alpha(t-s)}b(s)\mathrm{d}s\leqslant\int_{t_0}^{t_f}\mathrm{e}^{\alpha(t_f-s)}b(s)\mathrm{d}s\leqslant\mathrm{e}^{\alpha t_f}bl\varepsilon\tag{4.15}$$

这表明$|\Delta\boldsymbol{x}(t)|$和 ε 是同阶无穷小量。

控制取针状变分 $\Delta_{\sigma\varepsilon}\boldsymbol{u}(t)$时，泛函增量为

$$\begin{aligned}\Delta_{\sigma\varepsilon}J=&\int_{\sigma}^{\sigma+\varepsilon l}\frac{\partial S(\boldsymbol{x}^*(t_f))}{\partial\boldsymbol{x}^{\mathrm{T}}(t_f)}\boldsymbol{\Phi}(t_f,\ s)[f(\boldsymbol{x}^*(s),\ \boldsymbol{u}^*(s)+\Delta\boldsymbol{u}_{\sigma\varepsilon}(s))\\&-f(\boldsymbol{x}^*(s),\ \boldsymbol{u}^*(s))]\mathrm{d}s\\&+\frac{\partial S(\boldsymbol{x}^*(t_f))}{\partial\boldsymbol{x}^{\mathrm{T}}(t_f)}\int_{\sigma}^{\sigma+\varepsilon l}\boldsymbol{\Phi}(t_f,\ s)\Big[\frac{\partial f(\boldsymbol{x}^*(s),\ \boldsymbol{u}^*(s)+\Delta\boldsymbol{u}_{\sigma\delta}(s))}{\partial\boldsymbol{x}^{\mathrm{T}}}\\&-\frac{\partial f(\boldsymbol{x}^*,\ \boldsymbol{u}^*)}{\partial\boldsymbol{x}^{\mathrm{T}}}\Big]\Delta\boldsymbol{x}(s)\mathrm{d}s\\&+\frac{\partial S(\boldsymbol{x}^*(t_f))}{\partial\boldsymbol{x}^{\mathrm{T}}(t_f)}\int_{\sigma}^{\sigma+\varepsilon l}o(|\Delta\boldsymbol{x}(s)|)\mathrm{d}s+o(|\Delta\boldsymbol{x}(t_f)|)\end{aligned}\tag{4.16}$$

由式(4.15)可知，式(4.16)的右边第二项、第三项和第四项均是 ε 的高阶无穷小量，则式(4.16)可写为

$$\Delta_{\sigma\varepsilon} J = \int_{\sigma}^{\sigma+\varepsilon l} \frac{\partial S(\boldsymbol{x}^*(t_f))}{\partial \boldsymbol{x}^{\mathrm{T}}} \Phi(t_f, r)[f(\boldsymbol{x}^*(r), \boldsymbol{u}^*(r) + \Delta \boldsymbol{u}_{\sigma\varepsilon}(r)) - f(\boldsymbol{x}^*(r), \boldsymbol{u}^*(r))]\mathrm{d}r + o(\varepsilon) \tag{4.17}$$

若令 $\boldsymbol{\lambda}^{\mathrm{T}}(r) = \dfrac{\partial S(\boldsymbol{x}^*(t_f))}{\partial \boldsymbol{x}^{\mathrm{T}}(f_f)} \Phi(t_f, r)$，则 $\boldsymbol{\lambda}(t)$满足状态方程的共轭方程

$$\dot{\boldsymbol{\lambda}}(r) = -\frac{\partial f^{\mathrm{T}}(\boldsymbol{x}^*(r), \boldsymbol{u}^*(r))}{\partial \boldsymbol{x}} \boldsymbol{\lambda}(r) \quad \left(因为\frac{\partial \Phi(t_f, s)}{\partial s} = -\frac{\partial f}{\partial \boldsymbol{x}^{\mathrm{T}}} \Phi(t_f, s)\right)$$

及边界条件

$$\boldsymbol{\lambda}(t_f) = \frac{\partial S(\boldsymbol{x}^*(t_f))}{\partial \boldsymbol{x}(t_f)}$$

记 $H(\boldsymbol{x}, \boldsymbol{\lambda}, \boldsymbol{u}) = \boldsymbol{\lambda}^{\mathrm{T}} f(\boldsymbol{x}, \boldsymbol{u})$，则

$$\dot{\boldsymbol{\lambda}}(t) = -\frac{\partial H(\boldsymbol{x}^*, \boldsymbol{\lambda}, \boldsymbol{u}^*)}{\partial \boldsymbol{x}}$$

所以，式(4.17)可以写为如下形式

$$\Delta_{\sigma\varepsilon} J = \int_{\sigma}^{\sigma+\varepsilon l} [H(\boldsymbol{x}^*(s), \boldsymbol{\lambda}(s), \boldsymbol{u}^*(s) + \Delta_{\sigma\varepsilon} \boldsymbol{u}(s)) - H(\boldsymbol{x}^*(s), \boldsymbol{\lambda}(s), \boldsymbol{u}^*(s))]\mathrm{d}s + o(\varepsilon) \tag{4.18}$$

(4) 极值条件的推证：设 $\boldsymbol{u}^*(t)$是使 J 取最小值的最优控制，$\boldsymbol{x}^*(t)$为最优轨线，而 $\boldsymbol{\lambda}(t)$为相应的共轭方程(协状态方程)状态，则由式(4.18)得

$$\begin{aligned}\Delta_{\sigma\varepsilon} J &= \int_{\sigma}^{\sigma+\varepsilon l} [H(\boldsymbol{x}^*(s), \boldsymbol{\lambda}(s), \boldsymbol{u}^*(s) + \Delta_{\sigma\varepsilon} \boldsymbol{u}(s)) - H(\boldsymbol{x}^*(s), \boldsymbol{\lambda}(s), \boldsymbol{u}^*(s))]\mathrm{d}s + o(\varepsilon) \\ &\geqslant 0\end{aligned}$$

因为 $\boldsymbol{x}^*(t)$、$\boldsymbol{\lambda}(t)$在 $t \in [t_0, t_f]$上均连续，而 $\boldsymbol{u}^*(t)$及 $\bar{\boldsymbol{u}}(t)$在$[\sigma, \sigma+\varepsilon l]$上也连续，所以

$$\begin{aligned}&\int_{\sigma}^{\sigma+\varepsilon l} [H(\boldsymbol{x}^*(s), \boldsymbol{\lambda}(s), \boldsymbol{u}^*(s) + \Delta_{\sigma\varepsilon} \boldsymbol{u}(s)) - H(\boldsymbol{x}^*(s), \boldsymbol{\lambda}(s), \boldsymbol{u}^*(s))]\mathrm{d}s + o(\varepsilon) \\ &= [H(\boldsymbol{x}^*(s), \boldsymbol{\lambda}(s), \boldsymbol{u}^*(s) + \Delta_{\sigma\varepsilon} \boldsymbol{u}(s)) - H(\boldsymbol{x}^*(s), \boldsymbol{\lambda}(s), \boldsymbol{u}^*(s))]\varepsilon l + o(\varepsilon)\end{aligned} \tag{4.19}$$

其中 $\sigma \leqslant s \leqslant \sigma + \varepsilon l$。

由式(4.18)和式(4.19)得

$$\begin{aligned}\Delta_{\sigma\varepsilon} J &= \varepsilon l [H(\boldsymbol{x}^*(s), \boldsymbol{\lambda}(s), \boldsymbol{u}^*(s) + \Delta_{\sigma\varepsilon} \boldsymbol{u}(s)) - H(\boldsymbol{x}^*(s), \boldsymbol{\lambda}(s), \boldsymbol{u}^*(s))] + o(\varepsilon) \\ &\geqslant 0\end{aligned}$$

两边同除 ε 并取 $\varepsilon \to 0$ 得

$$H(\boldsymbol{x}^*(\sigma), \boldsymbol{\lambda}(\sigma), \boldsymbol{u}^*(\sigma)+\Delta_{\sigma\varepsilon}\boldsymbol{u}(\sigma)) - H(\boldsymbol{x}^*(\sigma), \boldsymbol{\lambda}(\sigma), \boldsymbol{u}^*(\sigma)) \geqslant 0$$

即

$$H(\boldsymbol{x}^*(\sigma), \boldsymbol{\lambda}(\sigma), \boldsymbol{u}^*(\sigma)) \leqslant H(\boldsymbol{x}^*(\sigma), \boldsymbol{\lambda}(\sigma), \bar{\boldsymbol{u}})$$

由于 $\bar{\boldsymbol{u}}$ 可以取 U 中任意点，所以有

$$H(\boldsymbol{x}^*(\sigma), \boldsymbol{\lambda}(\sigma), \boldsymbol{u}^*(\sigma)) = \min_{\bar{\boldsymbol{u}}\in U} H(\boldsymbol{x}^*(\sigma), \boldsymbol{\lambda}(\sigma), \bar{\boldsymbol{u}}) \tag{4.20}$$

对于 $\boldsymbol{u}^*(t)$在$[t_0, t_f]$内任意连续点 σ，均有上述式(4.20)成立。

由于假设 $\boldsymbol{u}(t)$是分段连续函数，而 $\boldsymbol{u}^*(t)$的不连续点上的函数值如何，不影响控制效果，因此对于任意 $\sigma\in[t_0, t_f]$，均有

$$H(\boldsymbol{x}^*(\sigma), \boldsymbol{\lambda}(\sigma), \boldsymbol{u}^*(\sigma)) = \min_{\bar{\boldsymbol{u}}\in U} H(\boldsymbol{x}^*(\sigma), \boldsymbol{\lambda}(\sigma), \bar{\boldsymbol{u}}) \tag{4.21}$$

(5) Hamilton 函数沿最优解性质：记

$$H(t) \overset{\text{def}}{=} H(\boldsymbol{x}^*(t), \boldsymbol{u}^*(t), \boldsymbol{\lambda}(t)) = \boldsymbol{\lambda}^{\mathrm{T}}(t) f(\boldsymbol{x}^*(t), \boldsymbol{u}^*(t)),$$

$$H_{\bar{\boldsymbol{u}}}(t) \overset{\text{def}}{=} H(\boldsymbol{x}^*(t), \bar{\boldsymbol{u}}, \boldsymbol{\lambda}(t)) = \boldsymbol{\lambda}^{\mathrm{T}}(t) f(\boldsymbol{x}^*(t), \bar{\boldsymbol{u}})$$

则由极值控制条件得

$$H(t) = \min_{\bar{\boldsymbol{u}}\in U} H_{\bar{\boldsymbol{u}}}(t)$$

$\forall t$ 为 $\boldsymbol{u}^*(t)$的连续时刻。

下面证明 $H(t)$是$[t_0, t_f]$上的绝对连续函数，而在 $\boldsymbol{u}^*(t)$的一切连续时刻 τ 上 $H(\tau)$是可微的且其导数为零。

对于每个固定 $\bar{\boldsymbol{u}}$，$H_{\bar{\boldsymbol{u}}}(t)$是 t 的连续可微函数，且

$$\begin{aligned}\frac{\mathrm{d}H_{\bar{\boldsymbol{u}}}(t)}{\mathrm{d}t} &= \frac{\partial H_{\bar{\boldsymbol{u}}}(t)}{\partial \boldsymbol{x}^{\mathrm{T}}}\dot{\boldsymbol{x}}^*(t) + \frac{\partial H_{\bar{\boldsymbol{u}}}(t)}{\partial \boldsymbol{\lambda}^{\mathrm{T}}(t)}\dot{\boldsymbol{\lambda}}(t) \\ &= \boldsymbol{\lambda}^{\mathrm{T}}(t)\frac{\partial f^{\mathrm{T}}(\boldsymbol{x}^*, \bar{\boldsymbol{u}})}{\partial \boldsymbol{x}} f(\boldsymbol{x}^*, \boldsymbol{u}^*) - \boldsymbol{\lambda}^{\mathrm{T}}(t)\frac{\partial f^{\mathrm{T}}(\boldsymbol{x}^*, \boldsymbol{u}^*)}{\partial \boldsymbol{x}} f(\boldsymbol{x}^*, \bar{\boldsymbol{u}})\end{aligned} \tag{4.22}$$

对于 $\boldsymbol{u}^*(t)$的任一连续时刻 $\tau\in[t_0, t_f]$，只要取 $\bar{\boldsymbol{u}}=\boldsymbol{u}^*(\tau)$，则由式(4.22)得

$$\frac{\mathrm{d}}{\mathrm{d}t}H_{\boldsymbol{u}^*(\tau)}(\tau) = \frac{\mathrm{d}}{\mathrm{d}t}H_{\boldsymbol{u}^*(\tau)}(t)\Big|_{t=\tau} = 0 \tag{4.23}$$

设 τ 为 $\boldsymbol{u}^*(t)$的任一连续时刻，$\forall \varepsilon>0$，只要 s 充分接近 τ，必有

$$\left|\frac{\mathrm{d}}{\mathrm{d}t}H_{\boldsymbol{u}^*(s)}(\tau)\right| = \left|\frac{\mathrm{d}}{\mathrm{d}t}H_{\boldsymbol{u}^*(s)}(t)\right|_{t=\tau} < \varepsilon \tag{4.24}$$

根据 f、$\dfrac{\partial L}{\partial \boldsymbol{x}}$、$\dfrac{\partial f}{\partial \boldsymbol{x}}$的连续性及 U 的有界性，从式(4.22)可知，存在有界数 $d>0$，使得

$$\left|\frac{\mathrm{d}}{\mathrm{d}t}H_{\bar{u}}(t)\right| < d,\ \forall t \in [t_0,\ t_f],\ \bar{\boldsymbol{u}} \in U$$

因此对于 $\boldsymbol{u}^*(t)$ 的连续时刻 τ 和与其充分接近的 s，有

$$|H_{\bar{u}}(s) - H_{\bar{u}}(\tau)| < d\,|s - \tau|,\ \forall \bar{\boldsymbol{u}} \in U \tag{4.25}$$

注意到 $H(\tau) = H_{\boldsymbol{u}^*(\tau)}(\tau)$，$H(s) = H_{\boldsymbol{u}^*(s)}(s)$，$H_{\boldsymbol{u}^*(\tau)}(\tau) \leqslant H_{\boldsymbol{u}^*(s)}(\tau)$，$H_{\boldsymbol{u}^*(s)}(s) \leqslant H_{\boldsymbol{u}^*(\tau)}(s)$，从式(4.25)得

$$\begin{aligned}H(s) - H(\tau) = H_{\boldsymbol{u}^*(s)}(s) - H_{\boldsymbol{u}^*(\tau)}(\tau) &\geqslant H_{\boldsymbol{u}^*(s)}(s) - H_{\boldsymbol{u}^*(s)}(\tau) \\ &> -d\,|s-\tau|\end{aligned}$$

$$H(s) - H(\tau) \leqslant H_{\boldsymbol{u}^*(\tau)}(s) - H_{\boldsymbol{u}^*(\tau)}(\tau) < d\,|s - \tau|$$

即

$$\begin{aligned}-d\,|s-\tau| < H_{\boldsymbol{u}^*(s)}(s) - H_{\boldsymbol{u}^*(s)}(\tau) &\leqslant H(s) - H(\tau) \\ &\leqslant H_{\boldsymbol{u}^*(\tau)}(s) - H_{\boldsymbol{u}^*(\tau)}(\tau) < d\,|s-\tau|\end{aligned}$$

所以有

$$\left|\frac{H(s) - H(\tau)}{s - \tau}\right| \leqslant \max\left\{\left|\frac{H_{\boldsymbol{u}^*(\tau)}(s) - H_{\boldsymbol{u}^*(\tau)}(\tau)}{s-\tau}\right|,\ \left|\frac{H_{\boldsymbol{u}^*(s)}(s) - H_{\boldsymbol{u}^*(s)}(\tau)}{s-\tau}\right|\right\}$$

当 τ 为 $\boldsymbol{u}^*(t)$ 的连续时刻时，对于任意小正数 ε，只要 s 充分接近 τ，则有

$$\left|\frac{H(s) - H(\tau)}{s - \tau}\right| < \varepsilon$$

故当 $s \to \tau$ 时，有

$$\frac{\mathrm{d}}{\mathrm{d}t}H(\tau) = \frac{\mathrm{d}}{\mathrm{d}t}H(t)\Big|_{t=\tau} = 0$$

$\forall \boldsymbol{u}^*(t)$ 的连续时刻为 τ。

另外，任取 $[t_0,\ t_f]$ 上的有限区间 $I_i = [s_i,\ \tau_i] \subset [t_0,\ t_f]$，$i = 1, 2, \cdots, p$，$\tau_i$ 为 $\boldsymbol{u}^*(t)$ 的连续时刻，当 s_i 充分接近 τ_i 时，有 $|H(s_i) - H(\tau_i)| \leqslant \mathrm{d}|s_i - \tau_i|$，所以有

$$\sum_{i=1}^{p} |H(s_i) - H(\tau_i)| \leqslant d\sum_{i=1}^{p} |s_i - \tau_i|$$

$\forall \varepsilon > 0$，$\exists \delta = \dfrac{\varepsilon}{d}$，只要 $\sum\limits_{i=1}^{p} |s_i - \tau_i| < \delta$，有

$$\sum_{i=1}^{p} |H(s_i) - H(\tau_i)| < \delta d = \varepsilon$$

故 $H(t)$ 是定义在 $[t_0,\ t_f]$ 上的绝对连续函数，又 $H(t) = 0$，所以对于任意 t 为 $\boldsymbol{u}^*(t)$ 的连续时刻，有

$$H(\boldsymbol{x}^*(t),\ \boldsymbol{u}^*(t),\ \boldsymbol{\lambda}(t)) = C\ (C\text{ 为某个常数})$$

在 $[t_0,\ t_f]$ 上成立，有限个 $\boldsymbol{u}^*(t)$ 不连续时刻除外。

以下再证变终端时刻的情况：如图 4.2 所示。设 t_f 的改变量为 $\Delta t_f=\varepsilon T_1$，其中 T_1 为任意实数，$\boldsymbol{u}^*(t)$、t_f^* 为最优解，$\boldsymbol{x}^*(t)$是对应的最优轨线。因为$S(\boldsymbol{x}(t_f))$是可微的，则由式(4.7)和式(4.15)得

$$\begin{aligned}\Delta J &= \frac{\partial S(\boldsymbol{x}^*(t_f^*))}{\partial \boldsymbol{x}^{\mathrm{T}}(t_f)}(\Delta \boldsymbol{x}(t_f^*)+\dot{\boldsymbol{x}}^*(t_f^*)\Delta t_f)+o(\varepsilon) \\ &= \frac{\partial S(\boldsymbol{x}^*(t_f^*))}{\partial \boldsymbol{x}^{\mathrm{T}}(t_f)}f(\boldsymbol{x}^*(t_f^*),\ \boldsymbol{u}^*(t_f^*))\varepsilon T_1+\frac{\partial S(\boldsymbol{x}^*(t_f^*))}{\partial \boldsymbol{x}^{\mathrm{T}}(t_f)}\Delta \boldsymbol{x}(t_f^*)+o(\varepsilon)\end{aligned} \tag{4.26}$$

其中 $\Delta \boldsymbol{x}(t_f^*)=\boldsymbol{x}(t_f^*)-\boldsymbol{x}^*(t_f^*)$。

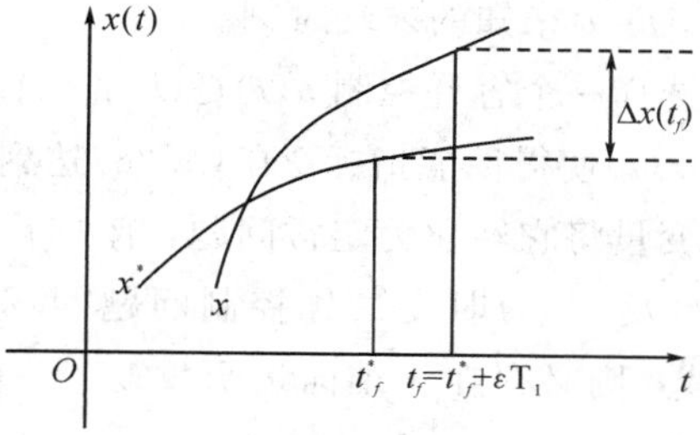

图 4.2　变终端时刻变分

注意，这里将$[\boldsymbol{x}(t_f^*+\Delta t_f)-\boldsymbol{x}^*(t_f^*+\Delta t_f)]-[\boldsymbol{x}(t_f^*)-\boldsymbol{x}^*(t_f^*)]$归入 $o(\varepsilon)$。

式(4.26)对任意 T_1 及任意允许控制 $\Delta \boldsymbol{u}(t)$均成立，当 $\Delta \boldsymbol{u}(t)\equiv 0$(此时 $\Delta \boldsymbol{x}(t)\equiv 0$)时，式(4.26)成为

$$\Delta J = \frac{\partial S(\boldsymbol{x}^*(t_f^*))}{\partial \boldsymbol{x}^{\mathrm{T}}(t_f)}f(\boldsymbol{x}^*(t_f^*),\ \boldsymbol{u}^*(t_f^*))\varepsilon T_1+o(\varepsilon) \tag{4.27}$$

又因为 $\Delta J\geqslant 0$，而 T_1 为任意实数，所以有

$$\begin{aligned}\frac{\partial S(\boldsymbol{x}^*(t_f^*))}{\partial \boldsymbol{x}^{\mathrm{T}}(t_f)}f(\boldsymbol{x}^*(t_f^*),\ \boldsymbol{u}^*(t_f^*)) &= \boldsymbol{\lambda}^{\mathrm{T}}(t_f^*)f(\boldsymbol{x}^*(t_f^*),\ \boldsymbol{u}^*(t_f^*)) \\ &= H(\boldsymbol{x}^*(t_f^*),\ \boldsymbol{u}^*(t_f^*),\ \boldsymbol{\lambda}(t_f^*)) \\ &= 0\end{aligned}$$

当 $T_1=0$ 时，即末端时间已知，由(1)至(5)的证明可知条件(ⅰ)至(ⅲ)均成立。此外，由$\dfrac{\mathrm{d}H(t)}{\mathrm{d}t}=0$，得到

$$H(\boldsymbol{x}^*(t),\ \boldsymbol{\lambda}(t),\ \boldsymbol{u}^*(t)) = H(\boldsymbol{x}^*(t_f),\ \boldsymbol{\lambda}(t_f),\ \boldsymbol{u}^*(t_f))$$

至此，极大值原理证明完毕。

4.2 极大值原理的几种推广形式

1. 非定常情况

考虑如下末端时刻未定的时变系统的时变末值型最优控制问题：

设$U\subset \mathbf{R}^m$为有界闭集，$\boldsymbol{u}(t)\in U$是一个容许控制，指定末值型性能指标泛函为

$$J[\boldsymbol{u}(\cdot)] = S(\boldsymbol{x}(t_f), t_f) \tag{4.28}$$

其中$\boldsymbol{x}(t)\in \mathbf{R}^n$是时变系统

$$\dot{\boldsymbol{x}} = f(\boldsymbol{x}, \boldsymbol{u}, t), \boldsymbol{x}(t_0) = \boldsymbol{x}_0, t \in [t_0, t_f] \tag{4.29}$$

对应于$\boldsymbol{u}(t)$的状态轨线，t_f为未知的末端时刻。

最优控制问题就是选择一个容许控制$\boldsymbol{u}(t)\in U$和一个末端时刻t_f，它由系统(4.29)确定的状态轨线$\boldsymbol{x}(t)$使得性能指标泛函(4.28)达到最小。

通过引入新的状态变量将它转化为定常问题，有如下结论：

定理 4.2 设$\boldsymbol{u}^*(t)$及t_f^*为时变最优控制问题(4.28)和(4.29)的最优解，$\boldsymbol{x}^*(t)$是对应的最优轨线，则必存在n维向量函数$\boldsymbol{\lambda}(t)$，使得$\boldsymbol{u}^*(t)$、$\boldsymbol{x}^*(t)$、t_f^*及$\boldsymbol{\lambda}(t)$满足如下必要条件：

(i) $\dot{\boldsymbol{x}}=\dfrac{\partial H}{\partial \boldsymbol{\lambda}}=f(\boldsymbol{x}, \boldsymbol{u}, t)$，$\boldsymbol{x}(t_0)=\boldsymbol{x}_0$，其中，$H(\boldsymbol{x}, \boldsymbol{\lambda}, \boldsymbol{u}, t)=\boldsymbol{\lambda}^{\mathrm{T}}(t)f(\boldsymbol{x}, \boldsymbol{u}, t)$；

(ii) $\dot{\boldsymbol{\lambda}}=-\dfrac{\partial H}{\partial \boldsymbol{x}}=-\dfrac{\partial f^{\mathrm{T}}(\boldsymbol{x}, \boldsymbol{u}, t)}{\partial \boldsymbol{x}(t)}\boldsymbol{\lambda}$，$\boldsymbol{\lambda}(t_f)=\dfrac{\partial S(\boldsymbol{x}(t_f), t_f)}{\partial \boldsymbol{x}(t_f)}$；

(iii) $H(\boldsymbol{x}^*, \boldsymbol{\lambda}, \boldsymbol{u}^*, t)=\min\limits_{\boldsymbol{u}(t)\in U} H(\boldsymbol{x}^*, \boldsymbol{\lambda}, \boldsymbol{u}(t), t)$，对任意$t\in[t_0, t_f]$；

(iv) $H(\boldsymbol{x}^*(t_f^*), \boldsymbol{\lambda}(t_f^*), \boldsymbol{u}^*(t_f^*), t_f^*)=-\dfrac{\partial S(\boldsymbol{x}^*(t_f^*), t_f^*)}{\partial t_f}$，沿最优轨线 Hamilton 函数满足如下条件：

$$H(\boldsymbol{x}^*(t), \boldsymbol{u}^*(t), \boldsymbol{\lambda}(t), t) = H(\boldsymbol{x}^*(t_f^*), \boldsymbol{\lambda}(t_f^*), \boldsymbol{u}^*(t_f^*), t_f^*) + \int_{t_f^*}^{t} \frac{\partial H(\boldsymbol{x}^*, \boldsymbol{\lambda}, \boldsymbol{u}^*, s)}{\partial s}\mathrm{d}s$$

证明 令$x_{n+1}=t$，则

$$\dot{x}_{n+1} = 1, x_{n+1}(t_0) = t_0, x_{n+1}(t_f) = t_f, \bar{\boldsymbol{x}} = \begin{pmatrix} \boldsymbol{x} \\ x_{n+1} \end{pmatrix}$$

$$\bar{\boldsymbol{f}} = \begin{pmatrix} f \\ 1 \end{pmatrix}, \bar{\boldsymbol{x}}(t_0) = \begin{pmatrix} \boldsymbol{x}_0 \\ t_0 \end{pmatrix}$$

于是原问题(4.28)和(4.29)化为

$$\min \quad J = S(\bar{\boldsymbol{x}}(t_f)) = S(\boldsymbol{x}(t_f), x_{n+1}(t_f))$$
$$\text{s.t.} \quad \dot{\bar{\boldsymbol{x}}} = \bar{f}(\bar{\boldsymbol{x}}, \boldsymbol{u}), \bar{\boldsymbol{x}}(t_0) = \bar{\boldsymbol{x}}_0 \tag{4.30}$$

令 $\bar{\boldsymbol{\lambda}}(t)=\begin{pmatrix}\boldsymbol{\lambda}\\ \lambda_{n+1}\end{pmatrix}$，则问题(4.30)即为(4.1)和(4.2)的标准形式，由定理 4.1 可得

(ⅰ)
$$\dot{\bar{\boldsymbol{x}}}=\frac{\partial \overline{H}}{\partial \bar{\boldsymbol{\lambda}}}=\bar{f}(\bar{\boldsymbol{x}}, \boldsymbol{u}, t), \bar{\boldsymbol{x}}(t_0)=\bar{\boldsymbol{x}}_0$$

其中 $\overline{H}$ 为问题(4.30)的 Hamilton 函数，即为

$$\begin{aligned}\overline{H}(\bar{\boldsymbol{x}}, \bar{\boldsymbol{\lambda}}, \boldsymbol{u}) &= \bar{\boldsymbol{\lambda}}^{\mathrm{T}}\bar{f} = \boldsymbol{\lambda}^{\mathrm{T}} f + \lambda_{n+1}\\ &= H(\boldsymbol{x}, \boldsymbol{u}, \boldsymbol{\lambda}, t) + \lambda_{n+1}\\ &= \boldsymbol{\lambda}^{\mathrm{T}} f(\boldsymbol{x}, \boldsymbol{u}, t) + \lambda_{n+1}\end{aligned}$$

(ⅱ)
$$\dot{\bar{\boldsymbol{\lambda}}}=\begin{pmatrix}\dot{\lambda}_1\\ \vdots\\ \dot{\lambda}_{n+1}\end{pmatrix}=-\left(\frac{\partial \overline{H}}{\partial \bar{\boldsymbol{x}}}\right)=-\begin{pmatrix}\dfrac{\partial H}{\partial \boldsymbol{x}}\\[2mm] \dfrac{\partial H}{\partial \boldsymbol{x}_{n+1}}\end{pmatrix}=-\begin{pmatrix}\dfrac{\partial H}{\partial \boldsymbol{x}}\\[2mm] \dfrac{\partial H}{\partial t}\end{pmatrix}$$

其末值条件为

$$\bar{\boldsymbol{\lambda}}(t_f) = \frac{\partial S(\boldsymbol{x}(t_f), x_{n+1}(t_f))}{\partial \bar{\boldsymbol{x}}(t_f)}$$

(ⅲ) $\overline{H}(\bar{\boldsymbol{x}}^*(t), \bar{\boldsymbol{\lambda}}(t), \boldsymbol{u}^*(t))=\min\limits_{\boldsymbol{u}(t)\in U}\overline{H}(\bar{\boldsymbol{x}}^*(t), \bar{\boldsymbol{\lambda}}(t), \boldsymbol{u}(t))$，对任意 $t\in[t_0, t_f]$成立。

(ⅳ) Hamilton 函数沿最优解满足如下等式：

$$\overline{H}(\bar{\boldsymbol{x}}^*(t), \bar{\boldsymbol{\lambda}}(t), \boldsymbol{u}^*(t)) = \overline{H}(\bar{\boldsymbol{x}}^*(t_f^*), \bar{\boldsymbol{\lambda}}(t_f^*), \boldsymbol{u}^*(t_f^*)) = 0$$

最优末端时刻 t_f^* 由上式右边等式确定。

由 $\overline{H}$ 的定义及以上(ⅰ)～(ⅳ)很容易推出如下结论：

(1) $\dot{\boldsymbol{x}}=\dfrac{\partial H}{\partial \boldsymbol{\lambda}}=f(\boldsymbol{x}, \boldsymbol{u}, t)$，$\dot{x}_{n+1}=\dfrac{\partial \overline{H}}{\partial \lambda_{n+1}}=1$，$\boldsymbol{x}(t_0)=\boldsymbol{x}_0$，$x_{n+1}(t_0)=t_0$；

(2) $\dot{\boldsymbol{\lambda}}=-\dfrac{\partial H}{\partial \boldsymbol{x}}$，$\dot{\lambda}_{n+1}=-\dfrac{\partial H}{\partial t}$，其中 $\boldsymbol{\lambda}(t_f)=\dfrac{\partial S(\boldsymbol{x}(t_f))}{\partial \boldsymbol{x}(t_f)}$，$\lambda_{n+1}(t_f)=\dfrac{\partial S(\boldsymbol{x}(t_f), t_f)}{\partial t_f}$；

(3) $H(\boldsymbol{x}^*, \boldsymbol{\lambda}(t), \boldsymbol{u}^*, t)+\lambda_{n+1}(t)=\min\limits_{\boldsymbol{u}(t)\in U}H(\boldsymbol{x}^*(t), \boldsymbol{\lambda}(t), \boldsymbol{u}(t), t)+\lambda_{n+1}(t)$，即 $H(\boldsymbol{x}^*, \boldsymbol{\lambda}(t), \boldsymbol{u}^*, t)=\min\limits_{\boldsymbol{u}(t)\in U}H(\boldsymbol{x}^*(t), \boldsymbol{\lambda}(t), \boldsymbol{u}(t), t)$，对任意 $t\in[t_0, t_f]$成立。

(4) 当 t_f 自由时，Hamilton 函数沿最优解满足如下等式：

$$H(\boldsymbol{x}^*(t), \boldsymbol{\lambda}(t), \boldsymbol{u}^*(t))+\lambda_{n+1}(t)=H(\boldsymbol{x}^*(t_f^*), \boldsymbol{\lambda}(t_f^*), \boldsymbol{u}^*(t_f^*), t_f^*)+\lambda_{n+1}(t_f^*)=0$$

则有

$$H(\boldsymbol{x}^*(t_f^*),\boldsymbol{\lambda}(t_f^*),\boldsymbol{u}^*(t_f^*),t_f^*)=-\lambda_{n+1}(t_f^*)=-\frac{\partial S(\boldsymbol{x}(t_f),t_f)}{\partial t_f}$$

又因为

$$\lambda_{n+1}(t_f^*)-\lambda_{n+1}(t)=-\int_t^{t_f^*}\frac{\partial H}{\partial s}\mathrm{d}s$$

故有

$$\begin{aligned}H(\boldsymbol{x}^*(t),\boldsymbol{u}^*(t),\boldsymbol{\lambda}(t),t)&=H(\boldsymbol{x}^*(t_f^*),\boldsymbol{\lambda}(t_f^*),\boldsymbol{u}^*(t_f^*),t_f^*)+\lambda_{n+1}(t_f^*)-\lambda_{n+1}(t)\\&=H(\boldsymbol{x}^*(t_f^*),\boldsymbol{\lambda}(t_f^*),\boldsymbol{u}^*(t_f^*),t_f^*)+\int_{t_f^*}^{t}\frac{\partial H}{\partial s}\mathrm{d}s\end{aligned}$$

2. 积分型性能指标

定理 4.3 设 $\boldsymbol{u}(t)\in U$ 是一容许控制，性能指标为 $J[\boldsymbol{u}(\cdot)]=\int_{t_0}^{t_f}L(\boldsymbol{x},\boldsymbol{u})\mathrm{d}t$，$\boldsymbol{x}(t)$是 $\boldsymbol{x}(t)=f(\boldsymbol{x},\boldsymbol{u})$、$\boldsymbol{x}(t_0)=\boldsymbol{x}_0(t\in[t_0,t_f]$，$t_f$ 未知)对应于 $\boldsymbol{u}(t)$的轨线，当 $\boldsymbol{u}^*(t)$和 t_f^* 为最优解，$\boldsymbol{x}^*(t)$是对应的最优轨线时，则必存在 n 维向量函数 $\boldsymbol{\lambda}(t)$，使得 $\boldsymbol{u}^*(t)$、$\boldsymbol{x}^*(t)$、t_f^* 及 $\boldsymbol{\lambda}(t)$满足如下条件：

（i）规范方程，$\dot{\boldsymbol{x}}=f(\boldsymbol{x},\boldsymbol{u})$，$\boldsymbol{x}(t_0)=\boldsymbol{x}_0$，$\dot{\boldsymbol{\lambda}}=-\dfrac{\partial H}{\partial \boldsymbol{x}}$，$H=L(\boldsymbol{x},\boldsymbol{u})+\boldsymbol{\lambda}^{\mathrm{T}}(t)f(\boldsymbol{x},\boldsymbol{u})$；

（ii）横截条件，$\boldsymbol{\lambda}(t_f)=0$；

（iii）$H(\boldsymbol{x}^*,\boldsymbol{\lambda},\boldsymbol{u}^*)=\min\limits_{\bar{\boldsymbol{u}}\in U}H(\boldsymbol{x}^*,\boldsymbol{\lambda},\bar{\boldsymbol{u}})$；

（iv）$H(\boldsymbol{x}^*(t),\boldsymbol{u}^*(t),\boldsymbol{\lambda}(t))=H^*(t_f^*)=0$，$t_f$ 未定时，$H(\boldsymbol{x}^*(t),\boldsymbol{u}^*(t),\boldsymbol{\lambda}(t))=H^*(t_f^*)=C$($C$ 为某个常数)，t_f 固定时。

证明 令 $\boldsymbol{x}_0(t)$满足$\dot{\boldsymbol{x}}=L(\boldsymbol{x}(t),\boldsymbol{u}(t))$，$\boldsymbol{x}_0(t_0)=0$，$\boldsymbol{x}_0(t)=\int_{t_0}^{t}L(\boldsymbol{x},\boldsymbol{u})\mathrm{d}t$，$\boldsymbol{x}_0(t_f)=\int_{t_0}^{t_f}L(\boldsymbol{x},\boldsymbol{u})\mathrm{d}t$，记 $\bar{\boldsymbol{x}}=\begin{pmatrix}\boldsymbol{x}_0\\\boldsymbol{x}\end{pmatrix}$，$\bar{\boldsymbol{f}}=\begin{pmatrix}L\\f\end{pmatrix}$，$\bar{\boldsymbol{x}}(t_0)=\begin{pmatrix}0\\\boldsymbol{x}_0\end{pmatrix}$，$\bar{\boldsymbol{\lambda}}=\begin{pmatrix}\lambda_0\\\boldsymbol{\lambda}\end{pmatrix}$，则原问题化为

$$\begin{aligned}&J[\boldsymbol{u}(\cdot)]=\boldsymbol{x}_0(t_f)=S(\bar{\boldsymbol{x}}(t_f))\\&\text{s.t.}\quad \dot{\bar{\boldsymbol{x}}}=\bar{f}(\bar{\boldsymbol{x}},\boldsymbol{u}),\ \bar{\boldsymbol{x}}(t_0)=\bar{\boldsymbol{x}}_0\end{aligned}\tag{4.31}$$

由定理 4.1 可得问题(4.31)的极大值原理，类似于定理 4.2 的推证易得本问题的所有结论，即得本节相应的极大值原理。

· 类似地可以给出性能指标是混合型的最优控制问题的极值必要条件。

· 也可以分别给出非定常情形下积分型和混合型最优控制问题的极值条件，即如下问题

$$\min \quad J(\boldsymbol{u}(\cdot)) = S(\boldsymbol{x}(t_f), t_f) + \int_{t_0}^{t_f} L(\boldsymbol{x}, \boldsymbol{u}, t)\mathrm{d}t$$

$$\text{s.t.} \quad \dot{\boldsymbol{x}} = f(\boldsymbol{x}, \boldsymbol{u}, t), \ \boldsymbol{x}(t_0) = \boldsymbol{x}_0, \ t_f \text{ 未定}$$

的最优性必要条件。

以上两类问题的极大值原理的结果和推导过程读者可以作为练习自行完成。

4.3　约束条件的处理

1. 末态约束问题

设末端时刻未定的定常系统的末值型最优控制问题(4.1)和(4.2)的末态 $x(t_f)$受如下约束：

$$g_1(\boldsymbol{x}(t_f)) = 0, \ g_2(\boldsymbol{x}(t_f)) \leqslant 0$$

g_1 和 g_2 分别为 p 维和 q 维向量函数，设 g_1、g_2 对其自变量均是连续可微的。利用 Lagrange 乘子将其化为等价的末值型指标，则该问题(4.1)和(4.2)等价的性能指标为

$$J(\boldsymbol{u}(\cdot)) = S(\boldsymbol{x}(t_f)) + \boldsymbol{\mu}^{\mathrm{T}} g_1 + \boldsymbol{\nu}^{\mathrm{T}} g_2$$

其中，$\boldsymbol{\mu}$、$\boldsymbol{\nu}$ 不同时为零，且 $\boldsymbol{\nu}$ 满足 $\boldsymbol{\nu}_i \geqslant 0$，$\boldsymbol{\nu}_i g_{2i} = 0$，$i = 1, 2, \cdots, q$。

定理 4.4　设 $\boldsymbol{u}(t) \in \boldsymbol{U}$ 是一容许控制，指定末值型性能指标泛函为

$$J(\boldsymbol{u}(\cdot)) = S(\boldsymbol{x}(t_f)) + \boldsymbol{\mu}^{\mathrm{T}} g_1 + \boldsymbol{\nu}^{\mathrm{T}} g_2 \tag{4.32}$$

$\boldsymbol{x}(t)$是定常系统$\dot{\boldsymbol{x}} = f(\boldsymbol{x}, \boldsymbol{u})$，$\boldsymbol{x}(t_0) = \boldsymbol{x}_0\,(t \in [t_0, t_f])$对应于 $\boldsymbol{u}(t)$的轨线，t_f 是状态轨线 $\boldsymbol{x}(t)$与目标集 M：$g_1(\boldsymbol{x}(t_f)) = 0$，$g_2(\boldsymbol{x}(t_f)) \leqslant 0$ 首次相遇的末态时刻，则当 $\boldsymbol{u}^*(t)$及 t_f^* 为使性能指标泛函(4.32)最小的最优解，$\boldsymbol{x}^*(t)$是对应的最优轨线时，必存在不同时为零的常向量 $\boldsymbol{\mu}$、$\boldsymbol{\nu}$ 及 n 维向量函数 $\boldsymbol{\lambda}(t)$，使得 $\boldsymbol{u}^*(t)$、$\boldsymbol{x}^*(t)$、t_f^* 及 $\boldsymbol{\mu}$、$\boldsymbol{\nu}$ 和 $\boldsymbol{\lambda}(t)$满足如下必要条件：

（ⅰ）$\boldsymbol{x}(t)$、$\boldsymbol{\lambda}(t)$满足

$$\dot{\boldsymbol{x}} = f(\boldsymbol{x}, \boldsymbol{u}), \ \boldsymbol{x}(t_0) = \boldsymbol{x}_0$$

$$\dot{\boldsymbol{\lambda}} = -\frac{\partial \boldsymbol{\lambda}^{\mathrm{T}} f(\boldsymbol{x}, \boldsymbol{u})}{\partial \boldsymbol{x}}, \ \boldsymbol{\lambda}(t_f) = \frac{\partial S}{\partial \boldsymbol{x}_f} + \frac{\partial g_1^{\mathrm{T}}}{\partial \boldsymbol{x}_f}\boldsymbol{\mu} + \frac{\partial g_2^{\mathrm{T}}}{\partial \boldsymbol{x}_f}\boldsymbol{\nu}$$

$\nu_i \geqslant 0$，$\nu_i g_{2i} = 0$，$i = 1, 2, \cdots, q$，且末态落在目标集上，即 $g_1(\boldsymbol{x}_f) = 0$，$g_2(\boldsymbol{x}_f) \leqslant 0$；

（ⅱ）$H(\boldsymbol{x}^*(t), \boldsymbol{\lambda}(t), \boldsymbol{u}^*(t)) = \min\limits_{\boldsymbol{u}(t) \in U} H(\boldsymbol{x}^*(t), \boldsymbol{\lambda}(t), \boldsymbol{u}(t))$；

（ⅲ）沿最优解 Hamilton 函数满足

$H(\boldsymbol{x}^*(t), \boldsymbol{\lambda}(t), \boldsymbol{u}^*(t)) = H^*(\boldsymbol{x}^*(t_f), \boldsymbol{\lambda}(t_f), \boldsymbol{u}(t_f)) = 0$，$t_f$ 未定时

$H(\boldsymbol{x}^*(t), \boldsymbol{\lambda}(t), \boldsymbol{u}^*(t)) = H^*(\boldsymbol{x}^*(t_f), \boldsymbol{\lambda}(t_f), \boldsymbol{u}^*(t_f)) = \text{constant}$，$t_f$ 固定时

证明　只要注意到本问题对应的性能指标等价为

$$J(\boldsymbol{u}(\cdot)) = S(\boldsymbol{x}(t_f)) + \boldsymbol{\mu}^{\mathrm{T}} g_1 + \boldsymbol{\nu}^{\mathrm{T}} g_2$$

由定理 4.1 和 Kuhn-Tucker 条件，易得本定理的结论。

2. 有积分约束问题

考虑有积分约束最优控制问题如下：

$$\begin{cases} \min \quad J[\boldsymbol{u}(\cdot)] = \int_{t_0}^{t_f} L(\boldsymbol{x}, \boldsymbol{u}) \mathrm{d}t \\ \text{s. t.} \quad \dot{\boldsymbol{x}} = f(\boldsymbol{x}, \boldsymbol{u}),\ \boldsymbol{x}(t_0) = \boldsymbol{x}_0,\ t \in [t_0, t_f],\ \boldsymbol{u}(t) \in U \\ \qquad J_1 = \int_{t_0}^{t_f} L_1(\boldsymbol{x}, \boldsymbol{u}) \mathrm{d}t = 0,\ L_1 \in \mathbf{R}^k \\ \qquad J_2 = \int_{t_0}^{t_f} L_2(\boldsymbol{x}, \boldsymbol{u}) \mathrm{d}t \leqslant 0,\ L_2 \in \mathbf{R}^l \end{cases} \tag{4.33}$$

其中 $L(\cdot, \cdot) \in \mathbf{R}^l$ 是连续的，$L_1(\cdot, \cdot)$，$L_2(\cdot, \cdot)$ 也是连续函数，并且它们关于变量 $\boldsymbol{x}$ 满足局部 Lipschitz 条件。

对于问题(4.33)，通过引入新状态变量 x_0、x_1、x_2 使得其满足：

$$\begin{cases} \dot{x}_0 = L(\boldsymbol{x}, \boldsymbol{u}),\ x_0(t_0) = 0 \\ \dot{x}_1 = L_1(\boldsymbol{x}, \boldsymbol{u}),\ x_1(t_0) = 0 \\ \dot{x}_2 = L_2(\boldsymbol{x}, \boldsymbol{u}),\ x_2(t_0) = 0 \end{cases}$$

则有下面三个式子成立：

$$J[\boldsymbol{u}(\cdot)] = x_0(t_f),\ J_1 = x_1(t_f),\ J_2 = x_2(t_f)$$

令 $\bar{\boldsymbol{x}} = \begin{bmatrix} x_0 \\ \boldsymbol{x} \\ x_1 \\ x_2 \end{bmatrix}$，$\bar{\boldsymbol{f}} = \begin{bmatrix} L \\ f \\ L_1 \\ L_2 \end{bmatrix}$，$\bar{\boldsymbol{x}}(t_0) = \begin{bmatrix} 0 \\ \boldsymbol{x}_0 \\ 0 \\ 0 \end{bmatrix} = \bar{x}_0$，则原问题(4.33)可以等价转化为如下问题：

$$\begin{cases} \min \quad J[\boldsymbol{u}(\cdot)] = x_0(t_f) \overset{\text{def}}{=} S(\bar{\boldsymbol{x}}(t_f)) \\ \text{s. t.} \quad \dot{\bar{\boldsymbol{x}}} = \bar{f}(\bar{\boldsymbol{x}}, \boldsymbol{u}),\ \bar{\boldsymbol{x}}(t_0) = \bar{\boldsymbol{x}}_0,\ t \in [t_0, t_f],\ \boldsymbol{u}(t) \in U \\ \qquad x_1(t_f) = 0,\ x_2(t_f) \leqslant 0 \end{cases} \tag{4.34}$$

取 Hamilton 函数为

$$\bar{H} = \boldsymbol{\lambda}_0 L + \boldsymbol{\lambda}^{\mathrm{T}} f + \boldsymbol{\lambda}_1^{\mathrm{T}} L_1 + \boldsymbol{\lambda}_2^{\mathrm{T}} L_2,\ \boldsymbol{\lambda}_1(t_f) = \beta_1,\ \boldsymbol{\lambda}_2(t_f) = \beta_2$$

由定理 4.4 可以得到如下极大值原理：

定理 4.5 若 $\boldsymbol{x}^*$、$\boldsymbol{u}^*$ 为问题(4.33)的最优解，存在不同时为零的常向量 $\boldsymbol{\lambda}_1$、$\boldsymbol{\lambda}_2$ 及 $\boldsymbol{\lambda}(t)$，使得

(1) $\dot{x} = \dfrac{\partial H}{\partial \boldsymbol{\lambda}} = f(\boldsymbol{x}, \boldsymbol{u})$，$\boldsymbol{x}(t_0) = \boldsymbol{x}_0$；

(2) $\dot{\boldsymbol{\lambda}} = -\dfrac{\partial H}{\partial \boldsymbol{x}}$，

其中 $H=L+\boldsymbol{\lambda}^{\mathrm{T}}f+\boldsymbol{\lambda}_1^{\mathrm{T}}L_1+\boldsymbol{\lambda}_2^{\mathrm{T}}L_2$，$\boldsymbol{\lambda}_2$ 满足 $\lambda_{2i}\geqslant 0$，$\lambda_{2i}J_{i2}=0$，$i=1, 2, \cdots, l$，且

$$\boldsymbol{\lambda}(t_f)=0$$

$$J_1=\int_{t_0}^{t_f}L_1(\boldsymbol{x}, \boldsymbol{u})\mathrm{d}t=0$$

$$J_2=\int_{t_0}^{t_f}L_2(\boldsymbol{x}, \boldsymbol{u})\mathrm{d}t\leqslant 0$$

(3) $H(\boldsymbol{x}^*, \boldsymbol{\lambda}_1, \boldsymbol{\lambda}_2, \boldsymbol{\lambda}(t), \boldsymbol{u}^*(t))=\min\limits_{u(t)\in U}H(\boldsymbol{x}^*(t), \boldsymbol{\lambda}_1, \boldsymbol{\lambda}_2, \boldsymbol{\lambda}(t), \boldsymbol{u}(t))$；

(4) 沿最优解 Hamilton 函数满足

$$\begin{cases}H^*(t)=H^*(t_f^*)=0, & t_f\text{ 未定时}\\ H^*(t)=H^*(t_f^*)=\text{constant}, & t_f\text{ 固定时}\end{cases}$$

其中 $H^*(t)=H(\boldsymbol{x}^*(t), \boldsymbol{\lambda}_1, \boldsymbol{\lambda}_2, \boldsymbol{\lambda}(t), \boldsymbol{u}^*(t))$。

本定理的证明读者可以作为练习自行完成。

4.4　离散时间系统的最优控制

本节不加证明地给出离散变量系统的相应变分原理和极大值原理，许多连续变量系统的结果都可以平行地推广到离散情形。以下就主要给出变分原理和极大值原理的结果，注意它们与连续变量系统相应结果的联系与区别。

1. 离散 Euler 方程

考虑如下离散变量的泛函极值问题

$$\min J=\sum_{k=k_0}^{k_f-1}L(\boldsymbol{x}(k), \boldsymbol{x}(k+1), k)\overset{\text{def}}{=}\sum_{k=k_0}^{k_f-1}L_k \tag{4.35}$$

其中 L_k 是第 k 个采样周期内的性能指标增量，若 $\boldsymbol{x}^*(k)$是问题(4.35)的最优解，则对于 $\boldsymbol{x}^*(k)$、$\boldsymbol{x}^*(k+1)$接近的 $\boldsymbol{x}(k)$，$\boldsymbol{x}(k+1)$表示为

$$\boldsymbol{x}(k)=\boldsymbol{x}^*(k)+\alpha\delta\boldsymbol{x}(k),\ \boldsymbol{x}(k+1)=\boldsymbol{x}^*(k+1)+\alpha\delta\boldsymbol{x}(k+1)$$

其中 $\delta\boldsymbol{x}(k)$、$\delta\boldsymbol{x}(k+1)$为变分，则

$$J(\alpha)=\sum_{k=k_0}^{k_f-1}L(\boldsymbol{x}^*(k)+\alpha\delta\boldsymbol{x}(k), \boldsymbol{x}^*(k+1)+\alpha\delta\boldsymbol{x}(k+1), k)$$

在 $\alpha=0$ 时取得极小值，即$\left.\dfrac{\partial J}{\partial\alpha}\right|_{\alpha=0}=0$，有

$$\sum_{k=k_0}^{k_f-1}\left[\delta\boldsymbol{x}^{\mathrm{T}}(k)\frac{\partial L_k}{\partial\boldsymbol{x}(k)}+\delta\boldsymbol{x}^{\mathrm{T}}(k+1)\frac{\partial L_k}{\partial\boldsymbol{x}(k+1)}\right]=0$$

即

$$\sum_{k=k_0}^{k_f-1}\delta \boldsymbol{x}^{\mathrm{T}}(k)\frac{\partial L_k}{\partial \boldsymbol{x}(k)}+\sum_{m=k_0+1}^{k_f}\delta \boldsymbol{x}^{\mathrm{T}}(m)\frac{\partial L_{m-1}}{\partial \boldsymbol{x}(m)}$$
$$=\sum_{k=k_0}^{k_f-1}\delta \boldsymbol{x}^{\mathrm{T}}(k)\left(\frac{\partial L_k}{\partial \boldsymbol{x}(k)}+\frac{\partial L_{k-1}}{\partial \boldsymbol{x}(k)}\right)+\delta \boldsymbol{x}^{\mathrm{T}}(m)\frac{\partial L_{m-1}}{\partial \boldsymbol{x}(m)}\Bigg|_{m=k_0}^{m=k_f}=0$$

由此可得到如下结论：

定理 4.6 离散变量泛函极值问题(4.35)取得极值的必要条件为

$$\frac{\partial L_k}{\partial \boldsymbol{x}(k)}+\frac{\partial L_{k-1}}{\partial \boldsymbol{x}(k)}=0,\ k=k_0,\ \cdots,\ k_f-1 \qquad \text{——差分型 Euler 方程}$$

和

$$\delta \boldsymbol{x}^{\mathrm{T}}(k)\frac{\partial L_{k-1}}{\partial \boldsymbol{x}(k)}=0,\ k=k_0,\ k_f \qquad \text{——横截条件}$$

2. 离散极大值原理

定理 4.7 设离散系统的最优控制问题为

$$\min \quad J=S(\boldsymbol{x}(k),\ k)\Big|_{k_0}^{k_f}+\sum_{k=k_0}^{k_f-1}L(\boldsymbol{x}(k),\ \boldsymbol{u}(k),\ k) \tag{4.36}$$
$$\text{s. t.} \quad \boldsymbol{x}(k+1)=f(\boldsymbol{x}(k),\ \boldsymbol{u}(k),\ k),\ \boldsymbol{x}(k_0)=\boldsymbol{x}_0$$

其中 S、L、f 均是其自变量的连续可微函数，控制有不等式约束，即 $\boldsymbol{u}(k)\in U$，其中 U 是控制空间 $\mathbf{R}^r$ 中由不等式约束限定的闭集，k_0、k_f 均是固定参数。

若 $\boldsymbol{u}^*(k)$、$\boldsymbol{x}^*(k)$是使性能指标(4.36)最小的最优解，则必存在向量函数 $\boldsymbol{\lambda}(k)$，使 $\boldsymbol{u}^*(k)$、$\boldsymbol{x}^*(k)$、$\boldsymbol{\lambda}(k)$共同满足如下必要条件：

(ⅰ)
$$\boldsymbol{x}(k+1)=f(\boldsymbol{x}(k),\ \boldsymbol{u}(k),\ k)$$
$$\boldsymbol{\lambda}(k)=\frac{\partial H}{\partial \boldsymbol{x}(k)}=\frac{\partial L(\boldsymbol{x}(k),\ \boldsymbol{u}(k),\ k)}{\partial \boldsymbol{x}(k)}+\frac{\partial f^{\mathrm{T}}(\boldsymbol{x}(k),\ \boldsymbol{u}(k),\ k)}{\partial \boldsymbol{x}(k)}\boldsymbol{\lambda}(k+1)$$

其中

$$\begin{aligned}H&=H(\boldsymbol{x}(k),\ \boldsymbol{u}(k),\ \boldsymbol{\lambda}(k+1),\ k)\\&=L(\boldsymbol{x}(k),\ \boldsymbol{u}(k),\ k)+\boldsymbol{\lambda}^{\mathrm{T}}(k+1)f(\boldsymbol{x}(k),\ \boldsymbol{u}(k),\ k)\end{aligned}$$
$$\boldsymbol{x}(k_0)=\boldsymbol{x}_0$$
$$\delta \boldsymbol{x}^{\mathrm{T}}(k_f)\left(\boldsymbol{\lambda}(t_f)-\frac{\partial S(\boldsymbol{x}(k_f),\ k_f)}{\partial \boldsymbol{x}(k_f)}\right)=0$$

(ⅱ) $H(\boldsymbol{x}^*(k),\ \boldsymbol{\lambda}(k+1),\ \boldsymbol{u}^*(k),\ k)=\min\limits_{\bar{u}\in U}H(\boldsymbol{x}^*(k),\ \boldsymbol{\lambda}(k+1),\ \bar{\boldsymbol{u}},\ k)$

注意：当末端状态自由时，末端条件即为

$$\boldsymbol{\lambda}(t_f)=\frac{\partial S(\boldsymbol{x}(k_f),\ k_f)}{\partial \boldsymbol{x}(k_f)}$$

例 4.1 离散线性最优调节器问题如下：

$$\boldsymbol{x}(k+1)=\boldsymbol{A}(k)\boldsymbol{x}(k)+\boldsymbol{B}(k)\boldsymbol{u}(k),\ \boldsymbol{x}(0)=\boldsymbol{x}_0,\ k=0,1,\cdots,N-1$$

$$\min J=\frac{1}{2}\boldsymbol{x}^{\mathrm{T}}(N)F\boldsymbol{x}(N)+\frac{1}{2}\sum_{k=0}^{N-1}(\boldsymbol{x}^{\mathrm{T}}(k)\boldsymbol{Q}(k)\boldsymbol{x}(k)+\boldsymbol{u}^{\mathrm{T}}(k)\boldsymbol{R}(k)\boldsymbol{u}(k))$$

其中，F、$\boldsymbol{Q}(k)$半正定，$\boldsymbol{R}(k)$正定。

解　由极大值原理定理 4.7 得如下条件：

$$\begin{cases}\boldsymbol{x}(k+1)=\boldsymbol{A}(k)\boldsymbol{x}(k)+\boldsymbol{B}(k)\boldsymbol{u}(k),\ \boldsymbol{x}(0)=\boldsymbol{x}_0\\ \boldsymbol{\lambda}(k)=\boldsymbol{Q}(k)\boldsymbol{x}(k)+\boldsymbol{A}^{\mathrm{T}}(k)\boldsymbol{\lambda}(k+1),\ \boldsymbol{\lambda}(N)=F\boldsymbol{x}(N)\\ \boldsymbol{u}(k)=-\boldsymbol{R}^{-1}(k)\boldsymbol{B}^{\mathrm{T}}(k)\boldsymbol{\lambda}(k+1)\end{cases}$$

猜测 $\boldsymbol{\lambda}(k)=\boldsymbol{P}(k)\boldsymbol{x}(k)$得

$$\boldsymbol{u}(k)=-\boldsymbol{R}^{-1}(k)\boldsymbol{B}^{\mathrm{T}}(k)\boldsymbol{P}(k+1)\boldsymbol{x}(k+1)$$

将控制表达式代入状态和协状态方程得

$$\boldsymbol{P}(k)\boldsymbol{x}(k)=Q\boldsymbol{x}(k)+\boldsymbol{A}^{\mathrm{T}}\boldsymbol{P}(k+1)\boldsymbol{x}(k+1)$$

$$\boldsymbol{x}(k+1)=[I+\boldsymbol{B}\boldsymbol{R}^{-1}\boldsymbol{B}^{\mathrm{T}}\boldsymbol{P}(k+1)]^{-1}\boldsymbol{A}(k)\boldsymbol{x}(k)$$

由以上两个方程易得如下 Riccati 差分方程

$$\boldsymbol{P}(k)=\boldsymbol{Q}(k)+\boldsymbol{A}^{\mathrm{T}}(k)\boldsymbol{P}(k+1)[I+\boldsymbol{B}(k)\boldsymbol{R}^{-1}(k)\boldsymbol{B}^{\mathrm{T}}(k)\boldsymbol{P}(k+1)]^{-1}\boldsymbol{A}(k)$$

和边值条件

$$\boldsymbol{P}(N)=\boldsymbol{F}$$

这是一个递推公式，由此很容易算得 $\boldsymbol{P}(k)$，$k=0$，…，N。由初始条件也易计算得到协状态、状态和控制向量。由于此问题的最优解存在且唯一，则由极大值原理计算得到的解一定是最优控制解。

4.5　最优控制的充分条件

对以下一类最优控制问题，当它满足极大值原理的条件时，可以确定最优控制是存在的，并给出此类问题最优控制存在的充分条件。

定理 4.8　给定最优控制问题

$$\min\quad J[\boldsymbol{u}(\cdot)]=\boldsymbol{c}^{\mathrm{T}}\boldsymbol{x}(t_f)+\int_{t_0}^{t_f}[\boldsymbol{P}^{\mathrm{T}}(t)\boldsymbol{x}(t)+L(\boldsymbol{u}(t),t)]\mathrm{d}t \tag{4.37}$$

$$\text{s.t.}\quad \dot{\boldsymbol{x}}=\boldsymbol{A}(t)\boldsymbol{x}+f(\boldsymbol{u}(t),t),\ \boldsymbol{x}(t_0)=\boldsymbol{x}_0$$

其中 $\boldsymbol{A}(t)\in\mathbf{R}^{n\times n}$和 $\boldsymbol{P}(t)\in\mathbf{R}^{n}$ 分别是已知 t 的连续矩阵值函数和向量值函数，$\boldsymbol{c}\in\mathbf{R}^{n}$ 是常向量，$f(\boldsymbol{u},t)$和 $L(\boldsymbol{u},t)$关于变元 u 是连续的，关于 t 是连续可微的，t_f 是固定的。

记 $H(\boldsymbol{x},\boldsymbol{u},\boldsymbol{\lambda},t)=\boldsymbol{P}^{\mathrm{T}}(t)\boldsymbol{x}+L(\boldsymbol{u},t)+\boldsymbol{\lambda}^{\mathrm{T}}(t)[\boldsymbol{A}(t)\boldsymbol{x}+f(\boldsymbol{u},t)]$，设 $\boldsymbol{u}^*(t)$、$\boldsymbol{x}^*(t)$满足

$$\dot{\boldsymbol{x}}^* = \boldsymbol{A}(t)\boldsymbol{x}^* + f(\boldsymbol{u}^*(t), t),\ \boldsymbol{x}^*(t_0) = \boldsymbol{x}_0$$

而协状态 $\boldsymbol{\lambda}(t) \in \mathbf{R}^n$ 满足

$$\dot{\boldsymbol{\lambda}} = -\frac{\partial H}{\partial \boldsymbol{x}} = -\boldsymbol{P}(t) - \boldsymbol{A}^{\mathrm{T}}(t)\boldsymbol{\lambda},\ \boldsymbol{\lambda}(t_f) = \boldsymbol{c}$$

且有 $H(\boldsymbol{x}^*(t), \boldsymbol{u}^*(t), \boldsymbol{\lambda}(t), t) = \min\limits_{u \in U} H(\boldsymbol{x}^*, \boldsymbol{u}, \boldsymbol{\lambda}(t), t)$，则 $\boldsymbol{u}^*(t)$ 必是最优控制。

证明 任取 $\boldsymbol{u}(t) \in U_{[t_0, t_f]}$，$\boldsymbol{x}(t)$ 是和它对应的状态轨线。则

$$\begin{aligned}
\frac{\mathrm{d}}{\mathrm{d}t}\boldsymbol{\lambda}^{\mathrm{T}}(t)[\boldsymbol{x}(t) - \boldsymbol{x}^*(t)] &= \dot{\boldsymbol{\lambda}}^{\mathrm{T}}(t)[\boldsymbol{x}(t) - \boldsymbol{x}^*(t)] + \boldsymbol{\lambda}^{\mathrm{T}}(t)[\dot{\boldsymbol{x}}(t) - \dot{\boldsymbol{x}}^*(t)] \\
&= [-\boldsymbol{P}^{\mathrm{T}}(t) - \boldsymbol{\lambda}^{\mathrm{T}}(t)\boldsymbol{A}(t)][\boldsymbol{x}(t) - \boldsymbol{x}^*(t)] \\
&\quad + \boldsymbol{\lambda}^{\mathrm{T}}(t)[\boldsymbol{A}x + f(\boldsymbol{u}, t) - \boldsymbol{A}\boldsymbol{x}^* - f(\boldsymbol{u}^*(t), t)] \\
&= -\boldsymbol{P}^{\mathrm{T}}(t)\boldsymbol{x}(t) + \boldsymbol{\lambda}^{\mathrm{T}}(t)f(\boldsymbol{u}, t) + \boldsymbol{P}^{\mathrm{T}}(t)\boldsymbol{x}^*(t) \\
&\quad - \boldsymbol{\lambda}^{\mathrm{T}}(t)f(\boldsymbol{u}^*(t), t)
\end{aligned}$$

对上式两边从 t_f 到 t_0 积分得

$$\begin{aligned}
&\boldsymbol{\lambda}^{\mathrm{T}}(t_0)[\boldsymbol{x}(t_0) - \boldsymbol{x}^*(t_0)] - \boldsymbol{\lambda}^{\mathrm{T}}(t_f)[\boldsymbol{x}(t_f) - \boldsymbol{x}^*(t_f)] \\
&= \int_{t_f}^{t_0}[-\boldsymbol{P}^{\mathrm{T}}(t)\boldsymbol{x} + \boldsymbol{\lambda}^{\mathrm{T}}f(\boldsymbol{u}, t)]\mathrm{d}t - \int_{t_f}^{t_0}[-\boldsymbol{P}^{\mathrm{T}}(t)\boldsymbol{x}^* + \boldsymbol{\lambda}^{\mathrm{T}}(f(\boldsymbol{u}^*, t)]\mathrm{d}t
\end{aligned}$$

因为 $\boldsymbol{x}(t_0) = \boldsymbol{x}^*(t_0)$，并注意到 $\boldsymbol{\lambda}(t_f) = \boldsymbol{c}$，则有

$$\begin{aligned}
&\boldsymbol{c}^{\mathrm{T}}\boldsymbol{x}(t_f) + \int_{t_0}^{t_f}[\boldsymbol{P}^{\mathrm{T}}(t)\boldsymbol{x} - \boldsymbol{\lambda}^{\mathrm{T}}f(\boldsymbol{u}, t)]\mathrm{d}t \\
&= \boldsymbol{c}^{\mathrm{T}}\boldsymbol{x}^*(t_f) + \int_{t_0}^{t_f}[\boldsymbol{P}^{\mathrm{T}}(t)\boldsymbol{x}^* - \boldsymbol{\lambda}^{\mathrm{T}}f(\boldsymbol{u}^*, t)]\mathrm{d}t
\end{aligned}$$

所以有

$$\begin{aligned}
&J[\boldsymbol{u}(\cdot)] + \int_{t_0}^{t_f}[-L(\boldsymbol{u}, t) - \boldsymbol{\lambda}^{\mathrm{T}}f(\boldsymbol{u}, t)]\mathrm{d}t \\
&= J[\boldsymbol{u}^*(\cdot)] + \int_{t_0}^{t_f}[-L(\boldsymbol{u}^*, t) - \boldsymbol{\lambda}^{\mathrm{T}}f(\boldsymbol{u}^*, t)]\mathrm{d}t
\end{aligned}$$

两边同时加上 $\int_{t_0}^{t_f}[-\boldsymbol{P}^{\mathrm{T}}(t)\boldsymbol{x}^* - \boldsymbol{\lambda}^{\mathrm{T}}(t)\boldsymbol{A}\boldsymbol{x}^*]\mathrm{d}t$，得

$$\begin{aligned}
&J[\boldsymbol{u}(\cdot)] + \int_{t_0}^{t_f}[-\boldsymbol{P}^{\mathrm{T}}(t)\boldsymbol{x}^* - L(\boldsymbol{u}, t) - \boldsymbol{\lambda}^{\mathrm{T}}f(\boldsymbol{u}, t) - \boldsymbol{\lambda}^{\mathrm{T}}\boldsymbol{A}\boldsymbol{x}^*]\mathrm{d}t \\
&= J[\boldsymbol{u}^*(\cdot)] + \int_{t_0}^{t_f}[-\boldsymbol{P}^{\mathrm{T}}(t)\boldsymbol{x}^* - L(\boldsymbol{u}^*, t) - \boldsymbol{\lambda}^{\mathrm{T}}f(\boldsymbol{u}^*, t) - \boldsymbol{\lambda}^{\mathrm{T}}\boldsymbol{A}\boldsymbol{x}^*]\mathrm{d}t
\end{aligned}$$

即

$$J[\boldsymbol{u}(\cdot)]-\int_{t_0}^{t_f}H(\boldsymbol{x}^*,\boldsymbol{u}(t),\boldsymbol{\lambda}(t),t)\mathrm{d}t$$
$$=J[\boldsymbol{u}^*(\cdot)]-\int_{t_0}^{t_f}H(\boldsymbol{x}^*(t),\boldsymbol{u}^*(t),\boldsymbol{\lambda}(t),t)\mathrm{d}t$$

所以

$$J[\boldsymbol{u}(\cdot)]-J[\boldsymbol{u}^*(\cdot)]=\int_{t_0}^{t_f}[H(\boldsymbol{x}^*(t),\boldsymbol{u}(t),\boldsymbol{\lambda}(t),t)-H(\boldsymbol{x}^*(t),\boldsymbol{u}^*(t),\boldsymbol{\lambda}(t),t)]\mathrm{d}t$$

由定理条件得

$$J[\boldsymbol{u}(\cdot)]-J[\boldsymbol{u}^*(\cdot)]\geqslant 0,\text{对于任意 }\boldsymbol{u}(t)\in U_{[t_0,t_f]}$$

即 $\boldsymbol{u}^*(t)$为最优控制。

实际上，并非所有问题都满足定理 4.8 的条件，如下例子说明最优控制问题并不总是存在的。

例 4.2　考虑如下最优控制问题：

$$\min\quad J(u(\cdot))=\int_0^1 u^2\mathrm{d}t$$
$$\text{s.t.}\quad \dot{x}(t)=u(t),\ x(0)=0,\ t\in[0,1]$$

目标集合 $x(1)=2$，容许控制集合 $U_{[0,1]}=\{u(t)\,|\,u(t)$是 t 的分段连续函数且 $|u(t)|\leqslant 1$，与 $u(t)$对应轨线 $x(t)$满足 $x(0)=0$，$x(1)=2\}$。此问题的最优解存在吗？

解　对于任意容许控制 $\tilde{u}(t)$，必有$|\tilde{u}(t)|\leqslant 1$，与其对应的解为 $\tilde{x}(t)=\int_0^1\tilde{u}(\tau)\mathrm{d}\tau$。显然，$|\tilde{x}(t)|=|\int_0^1\tilde{u}(\tau)\mathrm{d}\tau|\leqslant\int_0^1|\tilde{u}(\tau)|\mathrm{d}\tau\leqslant 1$，这表明不存在定义在$[0,1]$上的分段连续函数 $\tilde{u}(t)$，满足$|\tilde{u}(\tau)|\leqslant 1$，使对应解 $\tilde{x}(t)$满足 $\tilde{x}(1)=2$，即 $U_{[0,1]}=\varnothing$，所以该最优控制问题的最优控制是不存在的。

习　题

4-1　求解如下最优问题：

$$\min\int_0^1 g^2(x)\mathrm{d}x$$
$$\text{s.t.}\int_0^1 xg(x)\mathrm{d}x=1/6,\ \int_0^1 g(x)\mathrm{d}x=1,\ g(x)\geqslant 0$$

4-2　分别叙述并证明 Bolza 问题和 Mayer 问题的极大值原理。

4-3　考虑系统

$$\dot{x}(t)=x(t)+u(t),\ t\in[0,4]$$
$$x(0)=2$$

以及性能指标

$$J(u(\cdot))=\int_0^1[2u(t)x(t)-u^2(t)-2x^2(t)]\mathrm{d}t$$

求使得该性能指标达到极小的分段连续的控制。

4-4 给定如下最优控制问题：

$$J[u(\cdot)]=x_2(1)$$
$$\text{s. t. } \dot{\boldsymbol{x}}(t)=\begin{bmatrix}x_1(t)+u(t)\\x_2(t)-u(t)\end{bmatrix},\ \boldsymbol{x}(0)=\begin{bmatrix}0\\0\end{bmatrix}$$
$$U_r=\{u \mid |u|\leqslant 1\}$$

求最优控制和最优轨线。

4-5 给定如下最优控制问题：

$$J[u(\cdot)]=x_2(1)$$
$$\text{s. t. } \dot{\boldsymbol{x}}(t)=\begin{bmatrix}u(t)\\x_1^2(t)+0.5u^2(t)\end{bmatrix},\ \boldsymbol{x}(0)=\begin{bmatrix}x_{10}\\x_{20}\end{bmatrix}$$
$$u\in\mathbf{R}$$

假设其最优控制存在，求最优控制和最优轨线。

4-6 给出有积分约束的时变系统混合型最优控制问题的极大值原理，并证明之。

第五章　时间与燃料最优控制

把系统由初态转移到目标集的时间作为性能指标的最优控制问题称为时间最优控制，亦称最速控制(Temporal Optimal Control)。

在航天航空控制中，从飞行器简单的姿态控制到复杂的交会问题，大多都采用燃料燃烧所产生的推力或力矩进行控制，燃耗最少的控制问题称为燃料最优控制。如果要求在最短时间内使燃料达到最省，此目标控制问题就称为时间-燃料最优控制。

5.1　Bang-Bang 控制原理

1. 仿射非线性系统的时间最优控制问题的提法

考虑如下移动目标集的时间最优控制问题

$$\begin{cases}\min\limits_{\boldsymbol{u}(\cdot)\in U} J(\boldsymbol{u}(\cdot),\ T)=\int_{t_0}^{T}1\mathrm{d}t=T-t_0\\ \text{s. t. } \dot{\boldsymbol{x}}=f(\boldsymbol{x}(t),\ t)+\boldsymbol{B}(\boldsymbol{x}(t),\ t)\boldsymbol{u},\ \boldsymbol{x}(t_0)=\boldsymbol{x}_0\\ g(\boldsymbol{x}(T),\ T)=0\\ |u_j(t)|\leqslant 1,\ j=1,\ 2,\ \cdots,\ r\end{cases}\tag{5.1}$$

其中 $\boldsymbol{x}\in\mathbf{R}^n$，$\boldsymbol{u}\in\mathbf{R}^r$，$g\in\mathbf{R}^p$，假设 f、$\boldsymbol{B}$ 对 $\boldsymbol{x}(t)$，t 均是连续可微函数，且 f、$\boldsymbol{B}$ 是有界函数，$\frac{\partial f}{\partial \boldsymbol{x}}$、$\frac{\partial \boldsymbol{B}}{\partial \boldsymbol{x}}$、$\frac{\partial f}{\partial t}$、$\frac{\partial \boldsymbol{B}}{\partial t}$均是有界的，$g$ 对 $\boldsymbol{x}(T)$、T 是连续可微的。时间最优控制问题(5.1)就是求满足控制约束的容许控制，使系统从已知初态 $\boldsymbol{x}(t_0)=\boldsymbol{x}_0$ 出发，在某一末态时刻 $T>t_0$，首次达到移动目标集 $g(\boldsymbol{x}(T),\ T)=0$ 的时间最短。

2. 最优性必要条件

问题(5.1)的 Hamilton 函数为

$$H=1+\boldsymbol{\lambda}^{\mathrm{T}}(t)f(\boldsymbol{x},\ t)+\boldsymbol{\lambda}^{\mathrm{T}}(t)\boldsymbol{B}(\boldsymbol{x},\ t)\boldsymbol{u}$$

由极大值原理得如下最优性必要条件

$$(1)\ \dot{\boldsymbol{x}}=\frac{\partial H}{\partial \boldsymbol{\lambda}}=f(\boldsymbol{x},\ t)+\boldsymbol{B}(\boldsymbol{x},\ t)\boldsymbol{u}\tag{5.2}$$

$$(2)\ \dot{\boldsymbol{\lambda}}=-\frac{\partial H}{\partial \boldsymbol{x}}=-\frac{\partial f^{\mathrm{T}}}{\partial \boldsymbol{x}}\boldsymbol{\lambda}-\frac{\partial(\boldsymbol{B}(x)\boldsymbol{u})^{\mathrm{T}}}{\partial \boldsymbol{x}}\boldsymbol{\lambda}\tag{5.3}$$

$$\boldsymbol{x}(t_0)=\boldsymbol{x}_0,\ \lambda(T)=\frac{\partial g^{\mathrm{T}}}{\partial \boldsymbol{x}(T)}\boldsymbol{\mu},\ g(\boldsymbol{x}(T),\ T)=0 \tag{5.4}$$

(3) 极值控制条件为

$$1+\boldsymbol{\lambda}^{\mathrm{T}}f(\boldsymbol{x}^*,\ t)+\boldsymbol{\lambda}^{\mathrm{T}}\boldsymbol{B}(\boldsymbol{x}^*,\ t)\boldsymbol{u}^*=\min_{\substack{|u_j(t)|\leqslant 1\\ 1\leqslant j\leqslant r}}\{1+\boldsymbol{\lambda}^{\mathrm{T}}f(\boldsymbol{x}^*,\ t)+\boldsymbol{\lambda}^{\mathrm{T}}\boldsymbol{B}(\boldsymbol{x}^*,\ t)\boldsymbol{u}(t)\} \tag{5.5}$$

(4) Hamilton 函数在最优轨线的末端应满足：

$$1+\boldsymbol{\lambda}^{\mathrm{T}}(T)f(\boldsymbol{x}(T),\ T)+\boldsymbol{\lambda}^{\mathrm{T}}(T)\boldsymbol{B}(\boldsymbol{x}(T),\ T)\boldsymbol{u}(T)=-\boldsymbol{\mu}^{\mathrm{T}}\frac{\partial g(\boldsymbol{x}(T),\ T)}{\partial T} \tag{5.6}$$

式(5.5)等价于以下问题

$$\boldsymbol{\lambda}^{\mathrm{T}}\boldsymbol{B}(\boldsymbol{x}^*,\ t)\boldsymbol{u}^*(t)=\min_{\substack{|u_j(t)|\leqslant 1\\ 1\leqslant j\leqslant r}}\boldsymbol{\lambda}^{\mathrm{T}}\boldsymbol{B}(\boldsymbol{x}^*(t),\ t)\boldsymbol{u}(t) \tag{5.7}$$

令 $\boldsymbol{q}(t)=\boldsymbol{B}^{\mathrm{T}}\boldsymbol{\lambda}(t)$，$q_j(t)=\boldsymbol{b}_j^{\mathrm{T}}\boldsymbol{\lambda}(t)$，$\boldsymbol{b}_j$ 是 $\boldsymbol{B}$ 的第 j 个列向量，$j=1,\ 2,\ \cdots,\ r$，记 $\varphi(\boldsymbol{u})=\boldsymbol{\lambda}^{\mathrm{T}}\boldsymbol{B}\boldsymbol{u}=\sum_{j=1}^{r}q_j(t)u_j(t)$，则式(5.7)即为

$$\begin{aligned}\min_{\substack{|u_j(t)|\leqslant 1\\ 1\leqslant j\leqslant r}}\varphi(\boldsymbol{u})&=\min_{\substack{|u_j(t)|\leqslant 1\\ 1\leqslant j\leqslant r}}\sum_{j=1}^{r}q_j(t)u_j(t)=\sum_{j=1}^{r}\min_{|u_j(t)|\leqslant 1}q_j(t)u_j(t)\\&=\sum_{j=1}^{r}-|q_j(t)|=-\operatorname{sgn}(q_j(t))\end{aligned}$$

其中当 $q_j(t)\neq 0$ 时，有

$$u_j^*(t)=-\operatorname{sgn}(q_j(t))=\begin{cases}1, & \text{当 } q_j(t)<0\\ -1, & \text{当 } q_j(t)>0\end{cases} \tag{5.8}$$

当 $q_j(t)=0$ 时，$u_j^*(t)\in[-1,\ 1]$，取值不定，由此可将最优控制分为正常和奇异两种情况。

定义 5.1 若在区间 $[t_0,\ T]$ 内，存在时间的可数集合 t_{1j}，t_{2j}，…，即 $t_{\beta j}\in[t_0,\ T]$，$\beta=1,\ 2,\ \cdots$，$j=1,\ 2,\ \cdots,\ r$，使对所有 $j=1,\ 2,\ \cdots,\ r$ 均有

$$q_j(t)=\boldsymbol{b}_j^{\mathrm{T}}\boldsymbol{\lambda}(t)=\begin{cases}0, & \text{当 } t=t_{\beta j}\\ \text{非 } 0, & \text{当 } t\neq t_{\beta j}\end{cases}$$

则称时间最优控制问题(5.1)是正常的。若在区间 $[t_0,\ T]$ 内，存在一个(或多个)子区间，$[t_1,\ t_2]\subset[t_0,\ T]$，使得对所有 $t\in[t_1,\ t_2]$，有某个 $q_j(t)=\boldsymbol{b}_j^{\mathrm{T}}\boldsymbol{\lambda}(t)=0$，则称时间最优控制问题(5.1)是奇异的，区间 $[t_1,\ t_2]$ 称为奇异区间。

注：对于奇异情况，尽管 $u_j^*(t)$ 无法确定，但并不意味时间最优控制不存在，也不意味时间最优控制无法定义，只能说明极值条件还不能确定奇异区间内 $\boldsymbol{u}^*$ 与 $\boldsymbol{x}^*$ 和 $\boldsymbol{\lambda}(t)$ 之间的关系。

定理 5.1(Bang-Bang 控制原理)　设 $\boldsymbol{u}^*(t)$是该问题(5.1)的时间最优控制，$\boldsymbol{x}^*(t)$、$\boldsymbol{\lambda}(t)$是相应的状态与协状态，若该问题(5.1)是正常的，则对几乎所有 $t\in[t_0, T]$，$u_j^*(t)=-\mathrm{sgn}(q_j(t))$成立，也称为 Relay(继电)控制或称为 Bang-Bang 控制。

5.2　线性时不变系统的时间最优控制

对于线性时不变系统的目标集为坐标原点的情况，时间最优控制称为 TOC(时间最优调节器)。

1. 问题的提法

$$\begin{cases}\min\limits_{\boldsymbol{u}(\cdot)} J(\boldsymbol{u}(\cdot)) = T = \int_0^T 1\mathrm{d}t \\ \mathrm{s.\,t.}\ \dot{\boldsymbol{x}} = \boldsymbol{A}\boldsymbol{x} + \boldsymbol{B}\boldsymbol{u} \\ |u_j(t)| \leqslant 1,\ j = 1, 2, \cdots, r\end{cases} \tag{5.9}$$

假设$(\boldsymbol{A}, \boldsymbol{B})$完全能控，$T$ 为系统从初态 $\boldsymbol{x}(0)=\boldsymbol{\xi}$ 出发转移到原点的时间。该问题就是对线性时不变系统，寻找满足控制约束的容许控制，使系统从初态 $\boldsymbol{x}(0)=\boldsymbol{\xi}$ 出发以最短时间转移到坐标原点。

2. 最优性必要条件

由极大值原理的如下最优性必要条件

$$\begin{cases}\dot{\boldsymbol{x}} = \boldsymbol{A}\boldsymbol{x} + \boldsymbol{B}\boldsymbol{u},\ \dot{\boldsymbol{\lambda}} = -\boldsymbol{A}^{\mathrm{T}}\lambda,\ \boldsymbol{x}(0) = \boldsymbol{\xi},\ \boldsymbol{x}(T) = \boldsymbol{0} \\ \boldsymbol{u}^* = -\mathrm{sgn}(\boldsymbol{q}(t)) = -\mathrm{sgn}(\boldsymbol{B}^{\mathrm{T}}\boldsymbol{\lambda}(t)) \\ 1 + \boldsymbol{\lambda}^{\mathrm{T}}(t)\boldsymbol{A}\boldsymbol{x}(t) + \boldsymbol{\lambda}^{\mathrm{T}}(t)\boldsymbol{B}\boldsymbol{u}(t) = 1 + \boldsymbol{\lambda}^{\mathrm{T}}(T)\boldsymbol{A}\boldsymbol{x}(T) + \boldsymbol{\lambda}^{\mathrm{T}}(T)\boldsymbol{B}\boldsymbol{u}(T) = 0\end{cases} \tag{5.10}$$

由式(5.10)得

$$\boldsymbol{\lambda}(t) = \mathrm{e}^{-\boldsymbol{A}^{\mathrm{T}}t}\boldsymbol{\lambda}(0)$$

假设 $\boldsymbol{\lambda}(0)=\boldsymbol{\pi}\neq\boldsymbol{0}$，则有

$$\boldsymbol{\lambda}(t) = \mathrm{e}^{-\boldsymbol{A}^{\mathrm{T}}t}\boldsymbol{\pi}, \quad \boldsymbol{u}^* = -\mathrm{sgn}(\boldsymbol{B}^{\mathrm{T}}\mathrm{e}^{-\boldsymbol{A}^{\mathrm{T}}t}\boldsymbol{\pi})$$

$\boldsymbol{u}^*$ 的每个分量为

$$u_j^*(t) = -\mathrm{sgn}(\boldsymbol{b}_j^{\mathrm{T}}\mathrm{e}^{-\boldsymbol{A}^{\mathrm{T}}t}\boldsymbol{\pi}) = -\mathrm{sgn}(\boldsymbol{\pi}^{\mathrm{T}}\mathrm{e}^{-\boldsymbol{A}t}\boldsymbol{b}_j)$$

若该问题(5.9)式是正常的，对于确定的 $\boldsymbol{\pi}$，可唯一确定 $u_j^*(t)$，$j=1, 2, \cdots, r$，则此控制为 Bang-Bang 控制。

如何判断该问题(5.9)式是正常的或奇异的呢？

若该问题(5.9)式是奇异的，则至少 $\exists[t_1, t_2]$和一个 j，$1\leqslant j\leqslant r$，使得 $\forall t\in[t_1, t_2]$有 $q_j(t)=\boldsymbol{\pi}^{\mathrm{T}}\mathrm{e}^{-\boldsymbol{A}t}\boldsymbol{b}_j=0$，进而有 $\dot{q}_j=\ddot{q}_j=\cdots=q_j^{(n-1)}(t)=0$，所以有

$$\boldsymbol{\pi}^{\mathrm{T}}\mathrm{e}^{-\boldsymbol{A}t}\boldsymbol{b}_j=0,\ -\boldsymbol{\pi}^{\mathrm{T}}\mathrm{e}^{-\boldsymbol{A}t}\boldsymbol{A}\boldsymbol{b}_j=0,\ \cdots,\ (-1)^{n-1}\boldsymbol{\pi}^{\mathrm{T}}\mathrm{e}^{-\boldsymbol{A}t}\boldsymbol{A}^{n-1}\boldsymbol{b}_j=0$$

令 $\boldsymbol{G}_j=(\boldsymbol{b}_j\quad \boldsymbol{A}\boldsymbol{b}_j\quad \cdots\quad \boldsymbol{A}^{n-1}\boldsymbol{b}_j)$，则有 $\boldsymbol{\pi}^{\mathrm{T}}\mathrm{e}^{-\boldsymbol{A}t}\boldsymbol{G}_j=0$，$\forall t\in[t_1, t_2)$，为使 $\boldsymbol{\pi}\neq 0$，则 $\boldsymbol{G}_j$ 必为奇异阵，即 $|\boldsymbol{G}_j|=0$。

定理 5.2 当且仅当 r 个矩阵 $\boldsymbol{G}_j(j=1, 2, \cdots, r)$ 中至少有一个是奇异阵时，该问题(5.9)式是奇异的。

推论 5.1 当且仅当所有矩阵 $\boldsymbol{G}_j(j=1, 2, \cdots, r)$ 是非奇异阵时，则时间最优控制问题(5.9)式是正常的。

注：由推论 5.1 可知，每个控制分量 $u_j(t)$ 均能单独使受控系统(5.9)由任意初态在有限时间内转移到原点，即每个$(\boldsymbol{A}, \boldsymbol{B}_j)$(其中 $\boldsymbol{B}_j$ 是 $\boldsymbol{B}$ 的第 j 个列)的完全能控性才能确保问题的正常性，而原系统的完全能控性，即$(\boldsymbol{A}, \boldsymbol{B})$完全能控性并不能保证时间最优控制问题(5.9)的正常性。

定理 5.3(唯一性) 若时间最优控制问题(5.9)是正常的，且时间最优控制存在，则最优控制必是唯一的。

证明 设 $\boldsymbol{u}_1^*(t)$、$\boldsymbol{u}_2^*(t)$是以相同最短时间 T^* 将初态 $\boldsymbol{\xi}$ 转移到原点，则有 $\boldsymbol{x}_1^*(t)=\mathrm{e}^{\boldsymbol{A}t}\left(\boldsymbol{\xi}+\int_0^t \mathrm{e}^{-\boldsymbol{A}s}\boldsymbol{B}\boldsymbol{u}_1^*(s)\mathrm{d}s\right)$、$\boldsymbol{x}_2^*(t)=\mathrm{e}^{\boldsymbol{A}t}\left(\boldsymbol{\xi}+\int_0^t \mathrm{e}^{-\boldsymbol{A}s}\boldsymbol{B}\boldsymbol{u}_2^*(s)\mathrm{d}s\right)$ 和 $\boldsymbol{x}_1^*(T)=\boldsymbol{x}_2^*(T)=0$ 成立。故有

$$\int_0^{T^*}\mathrm{e}^{-\boldsymbol{A}s}\boldsymbol{B}\boldsymbol{u}_1^*(s)\mathrm{d}s=\int_0^{T^*}\mathrm{e}^{-\boldsymbol{A}s}\boldsymbol{B}\boldsymbol{u}_2^*(s)\mathrm{d}s$$

由极大值原理可知

$$\boldsymbol{u}_1^*(t)=-\operatorname{sgn}(\boldsymbol{B}^{\mathrm{T}}\mathrm{e}^{-\boldsymbol{A}^{\mathrm{T}}t}\boldsymbol{\pi}_1),\ \boldsymbol{u}_2^*(t)=-\operatorname{sgn}(\boldsymbol{B}^{\mathrm{T}}\mathrm{e}^{-\boldsymbol{A}^{\mathrm{T}}t}\boldsymbol{\pi}_2)$$

若认定 $\boldsymbol{u}_1^*$ 为最优，则 $\boldsymbol{\lambda}_1^{\mathrm{T}}\boldsymbol{B}\boldsymbol{u}_1^*\leqslant\boldsymbol{\lambda}_1^{\mathrm{T}}\boldsymbol{B}\boldsymbol{u}_2^*$ 或 $\boldsymbol{\pi}_1^{\mathrm{T}}\mathrm{e}^{-\boldsymbol{A}t}\boldsymbol{B}\boldsymbol{u}_1^*\leqslant\boldsymbol{\pi}_1^{\mathrm{T}}\mathrm{e}^{-\boldsymbol{A}t}\boldsymbol{B}\boldsymbol{u}_2^*$，并且至少存在一个长度不为零的区间$[t_1, t_2]\subset[t_0, t_f]$，使得在该区间上 $\boldsymbol{u}_1^*\neq\boldsymbol{u}_2^*$，即

$$\boldsymbol{\lambda}_1^{\mathrm{T}}\boldsymbol{B}\boldsymbol{u}_1^*<\boldsymbol{\lambda}_1^{\mathrm{T}}\boldsymbol{B}\boldsymbol{u}_2^*,\ \forall t\in[t_1, t_2]$$

所以有

$$\int_0^{T^*}\boldsymbol{\pi}_1^{\mathrm{T}}\mathrm{e}^{-\boldsymbol{A}s}\boldsymbol{B}\boldsymbol{u}_1^*(s)\mathrm{d}s<\int_0^{T^*}\boldsymbol{\pi}_1^{\mathrm{T}}\mathrm{e}^{-\boldsymbol{A}s}\boldsymbol{B}\boldsymbol{u}_2^*(s)\mathrm{d}s$$

又因为

$$\int_0^{T^*}\boldsymbol{\pi}_1^{\mathrm{T}}\mathrm{e}^{-\boldsymbol{A}s}\boldsymbol{B}\boldsymbol{u}_1^*(s)\mathrm{d}s=\int_0^{T^*}\boldsymbol{\pi}_1^{\mathrm{T}}\mathrm{e}^{-\boldsymbol{A}s}\boldsymbol{B}\boldsymbol{u}_2^*(s)\mathrm{d}s$$

这样产生矛盾，所以必有 $\boldsymbol{u}_1^*=\boldsymbol{u}_2^*$，$\forall t\in[0, T^*]$。

引理 5.1 设 $\mu_1, \mu_2, \cdots, \mu_m$ 是互不相同的实数，$\rho_1(t), \rho_2(t), \cdots, \rho_m(t)$分别是次数为 $k_1, k_2, \cdots, k_m$ 的实系数多项式，则函数 $\rho(t)=\rho_1(t)\mathrm{e}^{\mu_1 t}+\rho_2(t)\mathrm{e}^{\mu_2 t}+\cdots+\rho_m(t)\mathrm{e}^{\mu_m t}$ 的实根个数不大于 $k_1+k_2+\cdots+k_m+m-1$。

证明 用归纳法来证明。当 $m=1$ 时，$\rho_1(t)\mathrm{e}^{\mu_1 t}$ 实根个数不大于 k_1 是显然的，

引理正确。

假设对于小于 m 项函数 $\rho(t)$，该引理结论正确，反证假设 m 项时该引理不成立，则函数 $\rho(t)$ 至少有 $k_1+k_2+\cdots+k_m+m$ 个实根，所以

$$\rho(t)\mathrm{e}^{-\mu_m t}=\rho_1(t)\mathrm{e}^{(\mu_1-\mu_m)t}+\rho_2(t)\mathrm{e}^{(\mu_2-\mu_m)t}+\cdots+\rho_m(t)$$

仍至少有 $k_1+k_2+\cdots+k_m+m$ 个实根。

因为函数的每两个实根之间至少有其导数的一个根，则上述函数 $\rho(t)\mathrm{e}^{-\mu_m t}$ 的 k_m+1 阶导数为函数

$$g_1(t)\mathrm{e}^{(\mu_1-\mu_m)t}+g_2(t)\mathrm{e}^{(\mu_2-\mu_m)t}+\cdots+g_{m-1}(t)\mathrm{e}^{(\mu_{m-1}-\mu_m)t}$$

其中 $g_i(t)$ 的次数仍为 k_i，则由归纳假设可知函数

$$g_1(t)\mathrm{e}^{(\mu_1-\mu_m)t}+g_2(t)\mathrm{e}^{(\mu_2-\mu_m)t}+\cdots+g_{m-1}(t)\mathrm{e}^{(\mu_{m-1}-\mu_m)t}$$

的实根至少有 $k_1+k_2+\cdots+k_{m-1}+m-1=k_1+k_2+\cdots+k_m+m-(k_m+1)$ 个，而该函数有 $m-1$ 项，由假设知它有不多于 $k_1+k_2+\cdots+k_{m-1}+m-2$ 个实根，这样得到矛盾的结果，由归纳法就证得该结果。

定理 5.4(有限次数切换) 设线性时不变系统 $\dot{\boldsymbol{x}}=\boldsymbol{A}\boldsymbol{x}+\boldsymbol{B}\boldsymbol{u}$ 的时间最优控制问题(5.9)是正常的，若矩阵 $\boldsymbol{A}$ 的特征值均为实数，假定时间最优控制存在，用 $t_{\beta j}$ 表示分段常值函数 $u_j^*(t)$ 的开关时间，则 $t_{\beta j}$ 的最大个数至多是 $n-1$ 个，其中 n 为系统的维数。也就是说，最优控制 $u_j^*(t)$ 从 -1 到 $+1$ 以及从 $+1$ 到 -1 的切换次数最多不超过 $n-1$ 次。

证明 已知时间最优控制具有如下形式

$$u_j^*=-\mathrm{sgn}(q_j(t))=-\mathrm{sgn}(\boldsymbol{b}_j^{\mathrm{T}}\boldsymbol{\lambda}),\ j=1,2,\cdots,r$$

开关时间 $t_{\beta j}$ 是方程 $q_j(t)=\boldsymbol{b}_j^{\mathrm{T}}\boldsymbol{\lambda}=0$ 的实根。因为

$$\boldsymbol{\lambda}(t)=\mathrm{e}^{-\boldsymbol{A}^{\mathrm{T}}t}\boldsymbol{\pi}$$

又 $\boldsymbol{A}$ 的特征值全为实数，所以

$$\lambda_j(t)=\rho_1(t)\mathrm{e}^{\mu_1 t}+\rho_2(t)\mathrm{e}^{\mu_2 t}+\cdots+\rho_m(t)\mathrm{e}^{\mu_m t},\ j=1,2,\cdots,m$$

其中 $\mu_1,\mu_2,\cdots,\mu_m$ 是矩阵 $-\boldsymbol{A}$ 的全部两两不同的特征值，$\rho_1(t)$、$\rho_2(t)$、…、$\rho_m(t)$ 均为多项式，$\rho_i(t)$ 的次数小于特征值 μ_i 的代数重数(l_i)，$i=1,2,\cdots,m$。$\boldsymbol{b}_j^{\mathrm{T}}\boldsymbol{\lambda}$ 也有相同形式：

$$\boldsymbol{b}_j^{\mathrm{T}}\boldsymbol{\lambda}=\rho_1(t)\mathrm{e}^{\mu_1 t}+\rho_2(t)\mathrm{e}^{\mu_2 t}+\cdots+\rho_m(t)\mathrm{e}^{\mu_m t}$$

$\rho_i(t)$ 的次数不超过(l_i-1)。

由引理 5.1 得 $\boldsymbol{b}_j^{\mathrm{T}}\boldsymbol{\lambda}$ 的实根数目不超过$(l_1-1)+(l_2-1)\cdots+(l_m-1)+m-1=n-1$，从而问题得证。

注：从定理 5.3 和定理 5.4 的推理过程可看出目标集并不影响推论过程及结论。

定理 5.5　在时间最优控制问题(5.9)中，若存在一个容许控制在有限时间内($T\sim 0$)能把 $\boldsymbol{x}_0$ 引导到坐标原点，$\boldsymbol{x}(T)=\boldsymbol{0}$，则一定存在一个最短时间把 $\boldsymbol{x}_0$ 引导到 $\boldsymbol{x}(T)=\boldsymbol{0}$ 的最优控制函数。

证明　定义非空集合：

$$\Delta=\{t_f \mid \boldsymbol{x}(t_f)=\boldsymbol{0},\ \boldsymbol{x}(t)\ \text{是容许控制对应的状态轨线}\}$$

记 $t_f^*=\inf\Delta$。依定义可知存在序列$\{t_f^m\}$，使得 $t_f^*=\lim\limits_{m\to\infty}t_f^m$。令 $\boldsymbol{u}^m(t)$是定义在区间$[t_0, t_f^m]$上满足控制约束方程的 r 维向量值函数，且方程$\dot{\boldsymbol{x}}=\boldsymbol{A}\boldsymbol{x}+\boldsymbol{B}\boldsymbol{u}$ 相应于 $\boldsymbol{u}^m(t)$的解 $\boldsymbol{x}^m(t)$满足 $\boldsymbol{x}^m(t_0)=\boldsymbol{x}_0$，$\boldsymbol{x}^m(t_f^m)=\boldsymbol{0}$，并且

$$\boldsymbol{x}_0=-\int_{t_0}^{t_f^m}\mathrm{e}^{\boldsymbol{A}(t_0-s)}\boldsymbol{B}\boldsymbol{u}^m(s)\mathrm{d}s \tag{5.11}$$

记 $\boldsymbol{\Psi}_{[t_0, t_f^*]}=\{\boldsymbol{u}(\cdot)\mid\boldsymbol{u}(\cdot):[t_0, t_f^*]\to\boldsymbol{U}_r\ \text{可测}\}$，显然，$\boldsymbol{u}^m(t)\in\boldsymbol{\Psi}_{[t_0, t_f^*]}$，$\forall m\geqslant 1$，这里 $\boldsymbol{U}_r$ 是 r 维单位立方体，即 $U_r=\{\boldsymbol{u}\mid |u_j|\leqslant 1,\ j=1, 2, \cdots, r\}$。显然，$\boldsymbol{u}^m(t)\in\boldsymbol{\Psi}_{[t_0, t_f^*]}$，$\forall m\geqslant 1$，于是存在$\{\boldsymbol{u}^m(t)\}$的一个弱收敛子列，不妨设$\{\boldsymbol{u}^m(t)\}$本身弱收敛于 $\boldsymbol{u}^*(t)$。因此，有

$$\lim_{m\to\infty}\int_{t_0}^{t_f^m}\mathrm{e}^{\boldsymbol{A}(t_0-s)}\boldsymbol{B}\boldsymbol{u}^m(s)\mathrm{d}s=\int_{t_0}^{t_f^*}\mathrm{e}^{\boldsymbol{A}(t_0-s)}\boldsymbol{B}\boldsymbol{u}^*(s)\mathrm{d}s$$

由式(5.11)得到

$$\boldsymbol{x}_0=-\int_{t_0}^{t_f^*}\mathrm{e}^{\boldsymbol{A}(t_0-s)}\boldsymbol{B}\boldsymbol{u}^*(s)\mathrm{d}s$$

上式表明，如果记 $\boldsymbol{x}^*(t)$是方程$\dot{\boldsymbol{x}}=\boldsymbol{A}\boldsymbol{x}+\boldsymbol{B}\boldsymbol{u}$ 相应于 $\boldsymbol{u}^*(t)$的解，则有 $\boldsymbol{x}^*(t_f^*)=\boldsymbol{0}$。

下面证明$|u_j^*(t)|\leqslant 1$，$j=1, 2, \cdots, r$，a. e. $t\in[t_0, t_f^*]$。

事实上，由于 $u^m(t)\in\boldsymbol{\Psi}_{[t_0, t_f^*]}$，所以对任意固定 j_0，$0\leqslant j_0\leqslant r$，皆有

$$|u_{j_0}^m(t)|\leqslant 1,\ \forall t\in[t_0, t_f^*] \tag{5.12}$$

记 $M=\{t\mid u_{j_0}^*(t)>1,\ t\in[t_0, t_f^*]\}$，于是

$$u_{j0}^*(t)>1,\ \forall t\in M \tag{5.13}$$

现在定义集合 M 的示性函数 $v_{j0}(t)$：

$$v_{j0}(t)=\begin{cases}1, & t\in M\\ 0, & t\in[t_0, t_f^*]\backslash M\end{cases}$$

易知，$v_{j0}(t)\in\boldsymbol{\Psi}_{[t_0, t_f^*]}$，从式(5.12)知

$$1\geqslant u_{j0}^m(t)\geqslant -1,\ \forall t\in M,\ \forall m\geqslant 1 \tag{5.14}$$

联合式(5.13)和式(5.14)，可得

$$u_{j0}^*(t)-u_{j0}^m(t)\geqslant u_{j0}^*(t)-1>0,\ \forall t\in M,\ \forall m\geqslant 1 \tag{5.15}$$

注意：

$$\int_{t_0}^{t_f^*} v_{j0}(t)[u_{j0}^*(t) - u_{j0}^m(t)]\mathrm{d}t = \int_M [u_{j0}^*(t) - 1]\mathrm{d}t$$

由此，从不等式(5.15)得到

$$\int_{t_0}^{t_f^*} v_{j0}(t)[u_{j0}^*(t) - u_{j0}^m(t)]\mathrm{d}t = \int_M [u_{j0}^*(t) - 1]\mathrm{d}t \geqslant 0$$

令 $m \to +\infty$，可得

$$0 \geqslant \int_M [u_{j0}^*(t) - 1]\mathrm{d}t \geqslant 0$$

即有

$$\int_M [u_{j0}^*(t) - 1]\mathrm{d}t = 0$$

由不等式(5.13)和上式可知，必有 M 的测度 $\mathrm{mes}\,M=0$。因此，对$[t_0, t_f^*]$几乎所有的 t 皆有 $u_{j0}^*(t) \leqslant 1$。同理可证，对$[t_0, t_f^*]$上几乎所有 t 皆有 $u_{j0}^*(t) \geqslant -1$。

注意到，在$[t_0, t_f^*]$的任一个零测度集上改变 $\boldsymbol{u}^m(t)$的值不影响其弱收敛于 $\boldsymbol{u}^*(t)$的结论，所以不失一般性，不妨认为，$\forall t \in [t_0, t_f^*]$，下式成立：

$$|u_j^*(t)| \leqslant 1, \ j = 1, 2, \cdots, r$$

即存在满足控制约束的 $\boldsymbol{u}^*(t) \in \Psi_{[t_0, t_f^*]}$，它把 $\boldsymbol{x}_0$ 在时刻 t_f^* 控制到零状态。

此外，根据方程$\dot{\boldsymbol{x}} = \boldsymbol{A}\boldsymbol{x} + \boldsymbol{B}\boldsymbol{u}$ 为正则系统的假设知，满足式(5.9)控制约束的时间最优控制函数是唯一的，且是 Bang-Bang 型的，从而 $\boldsymbol{u}^*(t)$是分段常值的。

定理 5.6　对于时间最优控制问题(5.9)，设$(\boldsymbol{A}, \boldsymbol{B})$是完全能控的，若 $\boldsymbol{A}$ 的特征值具有负实部，则从任意初态转移到坐标原点的时间最优控制存在。

证明　当 $\boldsymbol{u}(t)=\boldsymbol{0}$ 时，$\dot{\boldsymbol{x}} = \boldsymbol{A}\boldsymbol{x}$，$\boldsymbol{x}(0) = \boldsymbol{x}_0$ 的解为 $\boldsymbol{x}(t) = \mathrm{e}^{\boldsymbol{A}t}\boldsymbol{x}_0$，因为$\mathrm{Re}(\lambda(\boldsymbol{A})) < 0$，则$\lim\limits_{t\to\infty}\boldsymbol{x}(t) = \lim\limits_{t\to\infty}\mathrm{e}^{\boldsymbol{A}t}\boldsymbol{x}_0 = \boldsymbol{0}$，所以存在有限时间 t_1，有 $\bar{\boldsymbol{x}} = \boldsymbol{x}(t_1) = \mathrm{e}^{\boldsymbol{A}t_1}\boldsymbol{x}_0$ 位于原点的邻域内，又因为$(\boldsymbol{A}, \boldsymbol{B})$完全能控，存在有限时间 $t^* > t_1$ 使得能控性 Gramm 矩阵 $\boldsymbol{W}(t^*, t_1) = \int_{t_1}^{t^*} \mathrm{e}^{\boldsymbol{A}(t^*-\tau)}\boldsymbol{B}\boldsymbol{B}^{\mathrm{T}}\mathrm{e}^{\boldsymbol{A}^{\mathrm{T}}(t^*-\tau)}\mathrm{d}\tau > 0$。在区间$[t_1, t^*]$上取

$$\bar{\boldsymbol{u}}(t) = -\boldsymbol{B}^{\mathrm{T}}\mathrm{e}^{\boldsymbol{A}^{\mathrm{T}}(t^*-t)}\boldsymbol{W}^{-1}(t^*, t_1)\mathrm{e}^{\boldsymbol{A}(t^*-t_1)}\bar{\boldsymbol{x}}$$

则有

$$\boldsymbol{x}(t) = \mathrm{e}^{\boldsymbol{A}(t-t_1)}\bar{\boldsymbol{x}} - \int_{t_1}^{t} \mathrm{e}^{\boldsymbol{A}(t-\tau)}\boldsymbol{B}\boldsymbol{B}^{\mathrm{T}}\mathrm{e}^{\boldsymbol{A}^{\mathrm{T}}(t^*-\tau)}\mathrm{d}\tau\,\boldsymbol{W}^{-1}\mathrm{e}^{\boldsymbol{A}(t^*-t_1)}\bar{\boldsymbol{x}}$$

当 $t=t^*$ 时，有

$$\begin{aligned}\boldsymbol{x}(t^*) &= \mathrm{e}^{\boldsymbol{A}(t^*-t_1)}\bar{\boldsymbol{x}} - \int_{t_1}^{t^*} \mathrm{e}^{\boldsymbol{A}(t^*-\tau)}\boldsymbol{B}\boldsymbol{B}^{\mathrm{T}}\mathrm{e}^{\boldsymbol{A}^{\mathrm{T}}(t^*-\tau)}\mathrm{d}\tau\,\boldsymbol{W}^{-1}\mathrm{e}^{\boldsymbol{A}(t^*-t_1)}\bar{\boldsymbol{x}} \\ &= \mathrm{e}^{\boldsymbol{A}(t^*-t_1)}\bar{\boldsymbol{x}} - \mathrm{e}^{\boldsymbol{A}(t^*-t_1)}\bar{\boldsymbol{x}} = 0\end{aligned}$$

从而可知，取

$$\boldsymbol{u}(t)=\begin{cases}\boldsymbol{0}, & t\in[0,\ t_1]\\ \bar{\boldsymbol{u}}(t), & t\in[t_1,\ t^*]\end{cases}$$

可以将该系统从 $\boldsymbol{x}_0$ 在有限时间 t^* 引导到 $\boldsymbol{x}^*(t^*)=\boldsymbol{0}$。

因为

$$\tilde{\boldsymbol{u}}(t)=-\boldsymbol{B}^{\mathrm{T}}\mathrm{e}^{\boldsymbol{A}^{\mathrm{T}}(t^*-t)}\boldsymbol{W}^{-1}(t^*,\ t_1)\mathrm{e}^{\boldsymbol{A}(t^*-t_1)}\bar{\boldsymbol{x}}$$

故有

$$\tilde{\boldsymbol{u}}_i(t)=-\boldsymbol{b}_i^{\mathrm{T}}\mathrm{e}^{\boldsymbol{A}^{\mathrm{T}}(t^*-t)}\boldsymbol{W}^{-1}\mathrm{e}^{\boldsymbol{A}(t^*-t_1)}\bar{\boldsymbol{x}},\ i=1,\ 2,\ \cdots,\ r$$

则对于任意时间 $t^*\geqslant t$，有

$$\begin{aligned}|\tilde{\boldsymbol{u}}_i(t)|&=\|\boldsymbol{b}_i^{\mathrm{T}}\mathrm{e}^{\boldsymbol{A}^{\mathrm{T}}(t^*-t)}\boldsymbol{W}^{-1}\mathrm{e}^{\boldsymbol{A}(t^*-t_1)}\bar{\boldsymbol{x}}\|_2\\&\leqslant\|\boldsymbol{b}_i^{\mathrm{T}}\mathrm{e}^{\boldsymbol{A}^{\mathrm{T}}(t^*-t)}\boldsymbol{W}^{-1}\mathrm{e}^{\boldsymbol{A}(t^*-t_1)}\|_2\|\bar{\boldsymbol{x}}\|_2\end{aligned}$$

又因为 $\bar{\boldsymbol{x}}$ 是一个任意接近坐标原点的向量，所以只要 $\|\bar{\boldsymbol{x}}\|_2$ 足够小时，有 $|\tilde{\boldsymbol{u}}_i|\leqslant 1$，$i=1,\ 2,\ \cdots,\ r$，故 $\boldsymbol{u}(t)$是容许控制的。

由定理 5.5 可得从任意初态转移到坐标原点的时间最优控制存在。

例 5.1 $\dot{x}=ax+bu$，$x(0)=x_0$，$x\in\mathbf{R}^1$，$u\in\mathbf{R}^1$，$a\neq 0$，$b\neq 0$，控制约束$|u|\leqslant 1$，目标集为 $x(t_f)=0$，性能指标为 $J(u(\cdot))=t_f$。判断该问题作为时间最优控制问题的存在性。

解 显然当 $a<0$ 时，对非零 $x(0)$其最速控制 $u^*(t)(t\in[0,\ t_f^*])$存在。当 $a>0$ 时，则有

$$x^*(t)=\mathrm{e}^{at}x(0)+\int_0^t\mathrm{e}^{a(t-\tau)}bu^*(\tau)\mathrm{d}\tau$$

由 $x^*(t_f^*)=0$ 得

$$x(0)=-\int_0^{t_f^*}\mathrm{e}^{-a\tau}bu^*(\tau)\mathrm{d}\tau$$

因为$|u^*(t)|\leqslant 1$，所以有

$$|x(0)|\leqslant\int_0^{t_f^*}\mathrm{e}^{-a\tau}|b|\mathrm{d}\tau=-\frac{|b|}{a}(\mathrm{e}^{-at_f^*}-1)$$

由此得

$$0<\mathrm{e}^{-at_f^*}\leqslant 1-\frac{a}{|b|}|x_0|$$

故有

$$|x_0|<\frac{|b|}{a}$$

所以，当 $a>0$ 时，只有$|x_0|<\dfrac{|b|}{a}$才有时间最优控制；否则时间最优控制不存在。

定理 5.7 若时间最优控制问题(5.9)是正常的，且 $\boldsymbol{A}$ 的特征值皆具有非正

实部，对任意 $\boldsymbol{x}_0\in\mathbf{R}^n$ 均存在时间最短控制。

例 5.2　给定线性定常控制系统 $\dot{\boldsymbol{x}}=\boldsymbol{A}\boldsymbol{x}+\boldsymbol{B}\boldsymbol{u}$，其中 $\boldsymbol{A}=\begin{bmatrix}a_{11} & a_{12}\\ a_{21} & a_{22}\end{bmatrix}$，$\boldsymbol{B}=\begin{bmatrix}b_{11} & b_{12}\\ b_{21} & b_{22}\end{bmatrix}$，试回答如下问题：

(1) a_{ij}、$b_{ij}(i,\ j=1,\ 2)$满足什么条件时，线性定常最速控制问题是正常的？

(2) a_{ij}、$b_{ij}(i,\ j=1,\ 2)$满足什么条件时，其最速控制的开关次数不大于 1？

(3) a_{ij}、$b_{ij}(i,\ j=1,\ 2)$满足什么条件时，线性定常最速控制问题是存在且唯一的？

解　(1) $(\boldsymbol{A},\ \boldsymbol{B}_1)$和$(\boldsymbol{A},\ \boldsymbol{B}_2)$完全能控是该问题正常的充要条件；

(2) 在该问题正常条件下，若 $\boldsymbol{A}$ 的特征值均是非正实数，则其最速控制的开关次数不大于 1；

(3) $(\boldsymbol{A},\ \boldsymbol{B})$完全能控且 $\boldsymbol{A}$ 的特征值均具有负实部或该问题正常且 $\boldsymbol{A}$ 具有非正实部，则其最速控制问题是存在且唯一的。

例 5.3　求时间最优控制问题

$$\min J(u(\cdot)) = T = \int_0^T 1\mathrm{d}t$$

$$\text{s.t. } \dot{x} = -x+u,\ x(0)=1$$

$$|u|\leqslant 1,\ x(T)=0$$

解　该问题的 Hamilton 函数为

$$H = 1-\lambda x+\lambda u$$

由极大值原理得

$$\dot{\lambda}=\lambda,\ \dot{x}=-x+u,\ x(0)=1,\ x(T)=0,\ \lambda(T)=\mu,$$

$$\lambda(t)=\mathrm{e}^{(t-T)}\mu=\mathrm{e}^{t}\lambda_0,\ \lambda u^*(t)=\min_{|u|\leqslant 1}\lambda u$$

$$1-\lambda(T)x(T)+\lambda(T)u^*(T)=0$$

$$1+\lambda(T)u^*(T)=0$$

由极值控制方程得

$$u^*(t)=-\operatorname{sgn}(\lambda(t))=-\operatorname{sgn}(\lambda_0\mathrm{e}^{t})$$

由有限次数切换性质和上式得

$$u^*(t)=\Delta=\pm 1$$

当 $\Delta=1$ 时，有$\dot{x}=-x+1$，此方程的解为

$$x_+(t)=\mathrm{e}^{-t}x_0+\int_0^t \mathrm{e}^{-(t-\tau)}\mathrm{d}\tau=\mathrm{e}^{-t}x_0+(\mathrm{e}^{t}-1)\mathrm{e}^{-t}$$

$$=\mathrm{e}^{-t}(x_0-1+\mathrm{e}^{t})$$

当 $\Delta=-1$ 时，有

$$\dot{x}=-x-1$$

此方程的解为

$$\begin{aligned} x_-(t) &= e^{-t}x_0-\int_0^t e^{-(t-\tau)}d\tau \\ &= e^{-t}x_0-(e^t-1)e^{-t} \\ &= e^{-t}(x_0+1-e^t) \end{aligned}$$

当 $\Delta=1$ 时，$e^t=1-x_0$，$T=\ln(1-x_0)$；$\Delta=-1$ 时，$e^t=1+x_0$，$T=\ln(1+x_0)$。

所以，当 $x_0\geqslant 1$ 时，$u^*=-1$，$\mu=1$，$\lambda(t)=e^{(t-T)}$；当 $0\leqslant x_0<1$ 时，$u^*=1$；当 $-1\leqslant x_0<0$ 时，$u^*=-1$；当 $x_0<-1$ 时，$u^*=1$。

对于 $x_0=1$，易得

$$u^*=-1,\ T=\ln 2$$

例 5.4 双积分系统最速控制

已知受控系统为

$$\dot{x}_1=x_2,\ \dot{x}_2=u,\ \text{即}\quad \dot{\boldsymbol{x}}=\begin{bmatrix}0 & 1\\ 0 & 0\end{bmatrix}\boldsymbol{x}+\begin{bmatrix}0\\ 1\end{bmatrix}u$$

其中 $\boldsymbol{A}=\begin{bmatrix}0 & 1\\ 0 & 0\end{bmatrix}$，$\boldsymbol{B}=\begin{bmatrix}0\\ 1\end{bmatrix}$，求一满足约束条件 $|u(t)|\leqslant 1$ 的容许控制 $u(t)$，$\forall t\in[0,\ T]$，使该系统从任意初态 $(\xi_1,\ \xi_2)$ 转移到原点 $(0,\ 0)$ 的时间最短。

由上一节时间最短最优控制理论结果可知，该问题的最优解存在且唯一，同时它也是正常的，时间最短控制 $\boldsymbol{u}^*(t)$ 是至多切换一次的 Bang-Bang 控制。

由极大值原理得，最优性必要条件为

$$\begin{cases}\dot{x}_1=x_2,\ \dot{x}_2=u,\ \dot{\lambda}_1=0,\ \dot{\lambda}_2=-\lambda_1, \\ \boldsymbol{x}(0)=(\xi_1,\ \xi_2)^{\mathrm{T}},\ \boldsymbol{x}(T)=(0,\ 0)^{\mathrm{T}}\end{cases} \tag{5.16}$$

$$u=-\operatorname{sgn}(\lambda_2(t)) \tag{5.17}$$

$$\begin{aligned} 1+\lambda_1(t)x_2(t)+\lambda_2(t)u(t) &= 1+\lambda_1(T)x_2(T)+\lambda_2(T)u(T) \\ &= 0 \end{aligned} \tag{5.18}$$

$$H=1+\lambda_1x_2+\lambda_2u$$

由式(5.16)和式(5.17)求得的最优控制 $u^*(t)$ 为开环控制，此种控制对扰动是敏感的，当初态发生改变时，需重新计算。以下确定状态反馈控制。

设 $\boldsymbol{\lambda}(0)=(\pi_1,\ \pi_2)^{\mathrm{T}}$，则

$$\begin{cases}\lambda_1(t)=\pi_1 \\ \lambda_2(t)=-\pi_1t+\pi_2\end{cases}$$

由式(5.17)易知 $\lambda_2(t)$ 是一非零向量，且 $\pi_1\neq 0$(如果 $\pi_1=0$，则 $\lambda_1(t)\equiv 0$，$\lambda_2(t)=$

$\pi_2 \neq 0$，这与式(5.18)矛盾)，所以$\lambda_2(t)$是一阶线性函数，在$[0, T]$内$\lambda_2(t)$最多有一个零点。图5.1给出了$\lambda_2(t)$的所有可能的四种情况和相应最优控制取值。

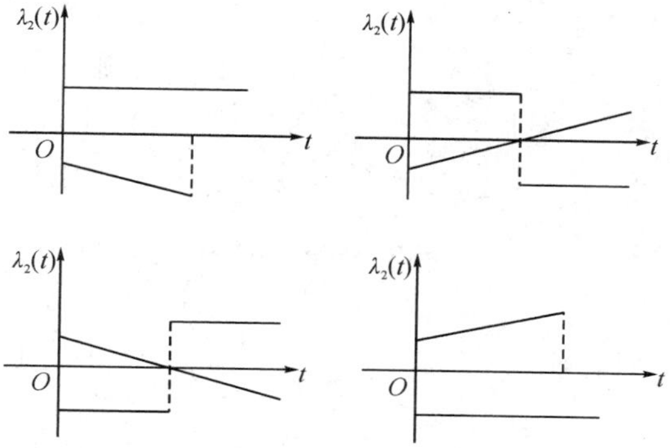

图5.1　$\lambda_2(t)$的所有可能的四种情况和相应最优控制取值

由式(5.17)可知$u^*(t)=+1$或者-1，将$u=\Delta$代入系统方程得

$$x_1 = \xi_1 + \xi_2 t + \frac{1}{2}\Delta t^2,\ x_2 = \xi_2 + \Delta t$$

其中$\Delta=+1$或-1。两式消去t得

$$x_1 = \left(\xi_1 - \frac{1}{2}\Delta\xi_2^2\right) + \frac{1}{2}\Delta x_2^2 \text{——一族抛物线} \tag{5.19}$$

记$r^+ = \left\{(x_1, x_2) \middle| x_1 = \frac{1}{2}x_2^2,\ x_2 \leqslant 0\right\}$，$r^- = \left\{(x_1, x_2) \middle| x_1 = -\frac{1}{2}x_2^2,\ x_2 \geqslant 0\right\}$，由$r^+$和$r^-$组成曲线将相平面分为$R^+$和$R^-$两部分，其中$R^+ = \left\{(x_1, x_2) \middle| x_1 < -\frac{1}{2}x_2|x_2|\right\}$，$R^- = \left\{(x_1, x_2) \middle| x_1 > -\frac{1}{2}x_2|x_2|\right\}$，称$r = r^- \cup r^+$为开关曲线。它们的区域见图5.2所示。

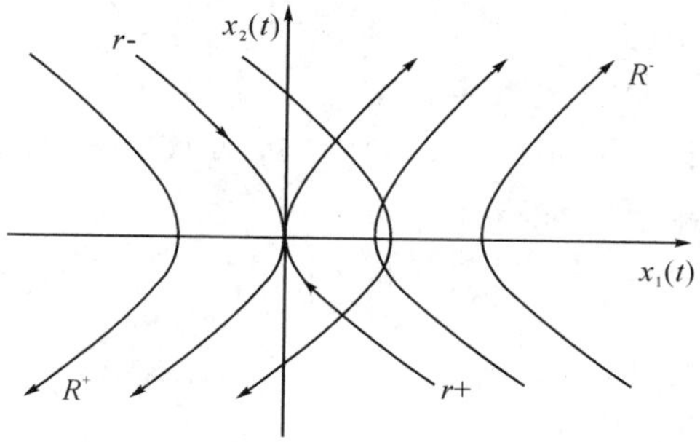

图5.2　系统(5.17)的相平面图

由图 5.2 可以看出，最优控制解为

$$u^*(t)=\begin{cases}1, & 当(x_1,x_2)\in r^+\cup R^+\\ -1, & 当(x_1,x_2)\in r^-\cup R^-\end{cases} \tag{5.20}$$

若将开关曲线写为 $h(x_1, x_2)=x_1+\frac{1}{2}x_2|x_2|=0$，则

$$u^*(t)=\begin{cases}+1, & h<0\\ -1, & h>0\\ -\operatorname{sgn}(x_2), & h(x_1,x_2)=0\end{cases} \tag{5.21}$$

相应最短时间为

$$T^*=\begin{cases}x_2+\sqrt{4x_1+2x_2^2}, & x_1>-\frac{1}{2}x_2|x_2|\\ -x_2+\sqrt{-4x_1+2x_2^2}, & x_1<-\frac{1}{2}x_2|x_2|\\ |x_2|, & x_1=-\frac{1}{2}x_2|x_2|\end{cases} \tag{5.22}$$

其中式(5.22)中前两个最短时间是从初始状态(x_1, x_2)到开关曲线的时间，最终的最短时间还应该加上从开关曲线到原点的时间。

5.3 燃料最优控制

把控制过程所消耗的燃料总量作为性能指标的最优控制称为燃料最优控制，其性能指标的一般形式为

$$J=\int_{t_0}^{t_f}\sum_{j=1}^{r}C_j\,|u_j(t)|\,\mathrm{d}t \tag{5.23}$$

其中 C_j 是大于或等于零的实数。

1. 简单例子

已知双积分受控系统

$$\dot{x}_1=x_2,\ \dot{x}_2=u(t) \tag{5.24}$$

求满足如下条件的容许控制 $u(t)$，$|u(t)|\leqslant 1$，$\forall t\in[0, T]$，使系统自任意初态 $(\xi_1, \xi_2)^{\mathrm{T}}$ 转移到原点且使性能指标

$$J=\int_0^T |u|\,\mathrm{d}t \tag{5.25}$$

为最小，T 为未定末态时刻。

记 Hamilton 函数为

$$H(\boldsymbol{x}(t), u(t), \boldsymbol{\lambda}(t))=|u(t)|+\lambda_1 x_1+\lambda_2 u(t)$$

由极大值原理得：使 H 函数取最小值或使函数 $R(u)=|u|+\lambda_2 u$ 取最小值问题可以表示为

$$R(u^*)=\min_{|u|\leqslant 1}\{|u|+\lambda_2 u\}=\min\{\min_{0\leqslant u\leqslant 1}(\lambda_2+1)u,\ \min_{-1\leqslant u<0}(\lambda_2-1)u\}$$

则最优控制为

$$\begin{cases} u^*(t)=0, & \text{当 } |\lambda_2|<1 \\ u^*(t)=-\operatorname{sgn}(\lambda_2), & \text{当 } |\lambda_2|>1 \\ 0\leqslant u^*(t)\leqslant 1, & \text{当 } \lambda_2=-1 \\ -1\leqslant u^*(t)\leqslant 0, & \text{当 } \lambda_2=1 \end{cases} \tag{5.26}$$

把(5.26)式表示的最优控制记为 $u^*(t)=-\text{dez}\{\lambda_2(t)\}$，其中 dez(·)称为死区函数(dead zone)，死区函数 $u(t)=\text{dez}\{\lambda_2(t)\}$ 的图像见图 5.3 所示。

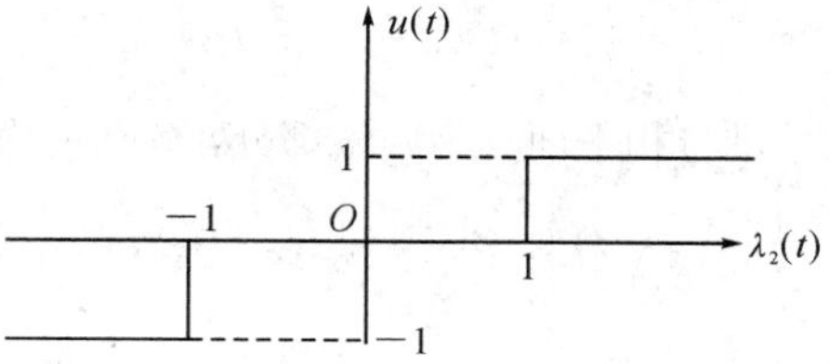

图 5.3　死区函数示意图

定义 5.2　若在时间区间[0，T]内，只有有限个点或至多有可数多个点上 $|\lambda_2(t)|=1$ 成立，则问题(5.24)和(5.25)为正常的，若至少存在一段时间间隔 $[t_1, t_2]\subset[0, T]$，在其上满足 $|\lambda_2|=1$，则问题(5.24)和(5.25)是奇异的。

该问题协状态方程为 $\dot{\lambda}_1=0$，$\dot{\lambda}_2=-\lambda_1$，设 $\boldsymbol{\lambda}(0)=\begin{bmatrix}\pi_1\\ \pi_2\end{bmatrix}$，则 $\lambda_1(t)=\pi_1$，$\lambda_2(t)=\pi_2-\pi_1 t$。因为 T 是自由的，所以 $H(\boldsymbol{x}(t), u(t), \boldsymbol{\lambda}(t))=0$。

对于 $\lambda_2(t)$，分两种情况分析其最优控制性质：

(ⅰ) 当 $\pi_1=0$ 时，$\lambda_2(t)=\pi_2$，为了使 $H=0$，则 $\pi_2=\lambda_2(t)=\pm 1$，问题(5.24)和(5.25)变为奇异问题，由极大值原理无法确定其最优控制。$u^*(t)$在下式中选择：

$$u^*(t)=-\operatorname{sgn}(\pi_2(t))v(t),\ 0\leqslant v(t)\leqslant 1,\ 0\leqslant t\leqslant T$$

其中 v 的取值用奇异最优控制确定。

(ⅱ) 当 $\pi_1\neq 0$ 时，$\lambda_2(t)=\pi_2-\pi_1 t$，最多有两点满足 $|\lambda_2(t)|=1$，故该问题是正常的。由式(5.26)可知最优控制是三位{−1，0，+1}切换控制，且最多有两次切换。所以最优控制可能是以下九种序列之一：

不切换序列：$\{0\}$，$\{+1\}$，$\{-1\}$；

一次切换序列：$\{0, 1\}$，$\{0, -1\}$，$\{-1, 0\}$，$\{+1, 0\}$；

两次切换序列：$\{-1, 0, +1\}$，$\{+1, 0, -1\}$

注意到$\lambda_2(t)=\pi_2-\pi_1 t$是连续函数，所以不会出现从$+1$到$-1$或从$-1$到$+1$的切换。由于当$u=0$时，状态轨线是一族不通过原点的平行线或是$x_1$轴上孤立的点，由此不可能将状态推向坐标原点，所以以零为结尾的三种控制序列不可能是最优控制。故最优控制是以下六种可能序列之一：

$\{+1\}$，$\{-1\}$，$\{0, 1\}$，$\{0, -1\}$，$\{-1, 0, +1\}$，$\{+1, 0, -1\}$

类似于例 5.4，记

$$r^{+}=\left\{(x_1, x_2)\,\middle|\, x_1=\frac{1}{2}x_2^2,\ x_2\leqslant 0\right\}$$

$$r^{-}=\left\{(x_1, x_2)\,\middle|\, x_1=-\frac{1}{2}x_2^2,\ x_2\geqslant 0\right\}$$

由r^{+}和r^{-}组成曲线和x_1轴将相平面分为四个部分，分别记为R_1，R_2，R_3，R_4，其中

$$R_1=\left\{(x_1, x_2)\,\middle|\, x_1<-\frac{1}{2}x_2\mid x_2\mid,\ x_2>0\right\}$$

$$R_2=\left\{(x_1, x_2)\,\middle|\, x_1>-\frac{1}{2}x_2\mid x_2\mid,\ x_2>0\right\}$$

$$R_3=\left\{(x_1, x_2)\,\middle|\, x_1>-\frac{1}{2}x_2\mid x_2\mid,\ x_2<0\right\}$$

$$R_4=\left\{(x_1, x_2)\,\middle|\, x_1<-\frac{1}{2}x_2\mid x_2\mid,\ x_2<0\right\}$$

图 5.4 给出这四个区域的位置分布。

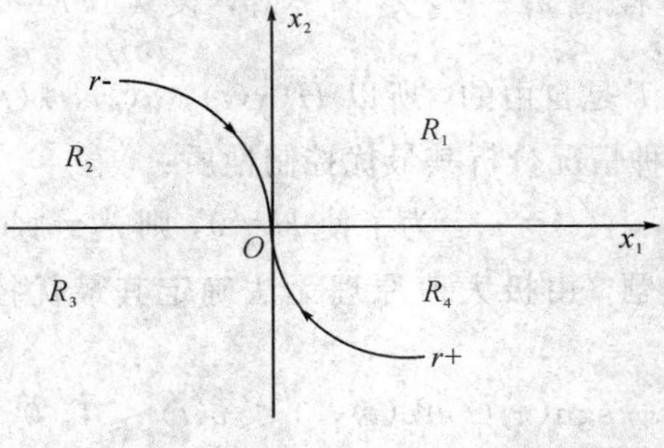

图 5.4　燃料最优控制对相平面的划分区域

初态处于不同区域时最优控制大不相同。

(1) 初态(ξ_1, ξ_2)位于$r=r^{+}\cup r^{-}$时，先设初态位于r^{+}，当该问题是正常的，

则 $u=+1$ 是唯一燃料最优控制。因为其它控制序列无法将初始状态转移到原点，而且 $u=+1$ 将初态转移到原点时，性能指标 $J^*=|\xi_2|\leqslant J(u(\cdot))$，对于任意满足控制约束的允许控制 $u(\cdot)$。

若采用 $u(t)=-\operatorname{sgn}(\pi_2)v(t)$，$0\leqslant v(t)\leqslant 1$，它与 $\lambda_1=0$ 和 $\lambda_2=\pm 1$ 一起满足极大值原理，也就是说该控制有可能成为最优控制，它对应状态轨线为

$$\begin{cases} x'_1(t)=\xi_1+\xi_2 t+\int_0^t\int_0^\tau -\operatorname{sgn}(\pi_2)v(s)\mathrm{d}s\mathrm{d}\tau \\ x'_2(t)=\xi_2+\int_0^t -\operatorname{sgn}(\pi_2)v(s)\mathrm{d}s \end{cases} \tag{5.27}$$

一般情况下，式(5.27)表示的曲线不通过原点，因而它不是最优轨线。这是因为在 $u=+1$ 作用下从初态出发的状态轨线为

$$\begin{cases} x_1(t)=\xi_1+\xi_2 t+\int_0^t\int_0^\tau 1\mathrm{d}s\mathrm{d}\tau \\ x_2(t)=\xi_2+\int_0^t 1\mathrm{d}s \end{cases} \tag{5.28}$$

由式(5.27)和式(5.28)得

$$x_1(t)-x'_1(t)=\int_0^t\int_0^\tau[1+\operatorname{sgn}(\pi_2)v(s)]\mathrm{d}s\mathrm{d}\tau\geqslant 0$$

这说明式(5.27)所表示的曲线总位于式(5.28)所表示的曲线的左边，不经过原点。

同理，当初态位于 r^-，当该问题是正常的，则 $u=-1$ 是唯一燃料最优控制，它将系统初态转移到坐标原点时，性能指标 $J^*=|\xi_2|\leqslant J(u(\cdot))$。

(2) 初态 (ξ_1,ξ_2) 位于 R_2 或 R_4 内。设 $(\xi_1,\xi_2)\in R_4$，只有 $u^{(1)}=\{0,+1\}$ 和 $u^{(2)}=\{-1,0,+1\}$ 能将状态转移到坐标原点，相应状态轨线图见图 5.5。由性能指标可知

$$J(u(\cdot))=\int_0^T|u|\mathrm{d}t\geqslant\left|\int_0^T u(t)\mathrm{d}t\right|=|\xi_2|$$

说明燃料消耗量的下界为 $|\xi_2|$。若能找到控制 $u(t)$ 能使得系统由初态 (ξ_1,ξ_2) 转移到(0，0)且所消耗燃料为 $J^*=|\xi_2|$，则它必为最优控制。

由图 5.5 可以看出

$$J(u^{(1)}(\cdot))=J_{AB}+J_{BO}=\int_0^{t_B}0\mathrm{d}t+\int_{t_B}^T|u(t)|\mathrm{d}t=|\xi_2|$$

$$\begin{aligned} J(u^{(2)}(\cdot))&=J_{AC}+J_{CD}+J_{DO}=\int_0^{t_C}|-1|\mathrm{d}t+\int_{t_C}^{t_D}0\mathrm{d}t+\int_{t_D}^T|1|\mathrm{d}t \\ &=|x_{2C}-\xi_2|+|x_{2D}|\geqslant|x_{2C}-\xi_2-x_{2D}| \\ &=|\xi_2| \end{aligned}$$

所以 $u^{(1)}(\cdot)$ 是最优控制。

另外，由奇异控制 $u(t)=-\mathrm{sgn}(\pi_2(t))v(t)$，$0\leqslant v(t)\leqslant 1$，$0\leqslant t\leqslant T$ 能否将状态转移到坐标原点且使消耗燃料最省呢?

若取 $u(t)=v(t)$，则有

$$\begin{cases}0=x_1(T)=\xi_1+\xi_2 T+\int_0^T\int_0^\tau v(s)\mathrm{d}s\mathrm{d}\tau \\ 0=x_2(T)=\xi_2+\int_0^T v(s)\mathrm{d}s\end{cases}\tag{5.29}$$

由于 $\xi_2<0$ 且 T 是自由的，所以可以找出许多非负分段连续函数 $v(t)$，使得式(5.29)成立，且满足 $J^*=|\xi_2|$。所以这样的控制也是最优控制。

当初态$(\xi_1,\xi_2)\in R_2$ 时，有类似的结论。

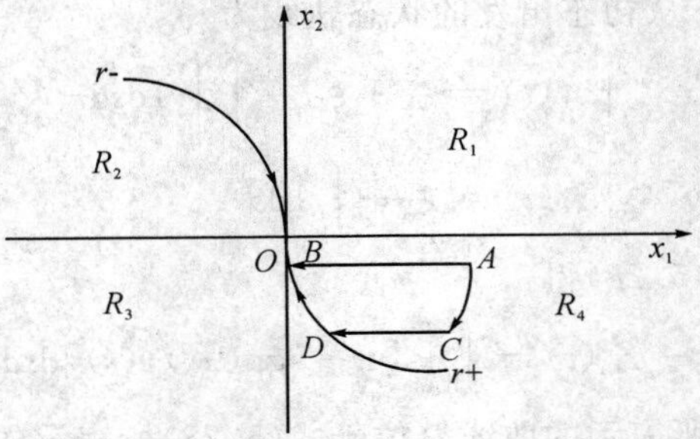

图 5.5　$(\xi_1,\xi_2)\in R_4$ 时最优控制的相轨迹图

(3) 初态(ξ_1,ξ_2)位于 R_1 或 R_3 内。设初态$(\xi_1,\xi_2)\in R_1$，燃料最优控制如果存在，必有 $J^*=|\xi_2|$。试遍六种可能最优控制序列，只有控制 $u=\{-1, 0, +1\}$ 能将系统转移到原点。如图 5.6 所示，当 C 点坐标为$(x_{1C}, -1/2\varepsilon)$时，可以算出沿 $ABCDO$ 轨线所用的燃料如下：

$$J=J_{AB}+J_{BC}+J_{DO}=\xi_2+\frac{1}{2}\varepsilon+\frac{1}{2}\varepsilon=\xi_2+\varepsilon$$

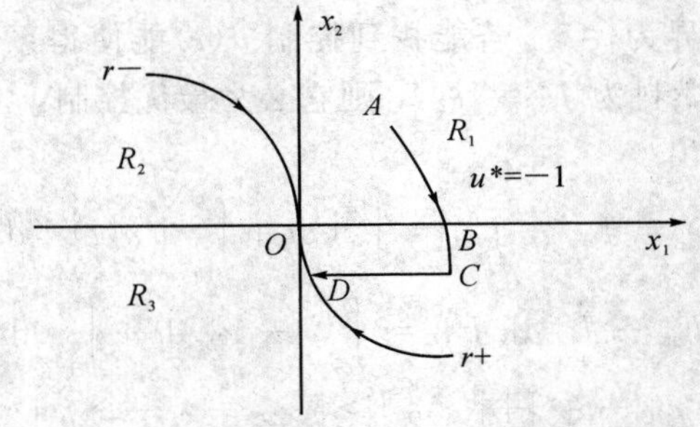

图 5.6　ε-燃料最优控制示意图

由此可知，此种控制所消耗的燃料总大于 $J^*=|\xi_2|$。因此，它不是燃料最优控制。可以验证，如果采用 $u=-1$，状态转移到 x_1 轴上时，所消耗燃料恰为 ξ_2。这时状态坐标可记为 $B(\alpha, 0)$。若此后不再消耗燃料，相应的控制为 $u=0$，状态会保持在 $(\alpha, 0)$ 点不动，不能达到原点。可以验证，采取任何一种正常控制和任何奇异控制，消耗掉燃料 $J^*=|\xi_2|$ 之后，均只能将状态转移到比 $(\alpha, 0)$ 离原点更远的地方。由此可得结论：当初始状态 $(\xi_1, \xi_2)\in R_1$ 位于区域 R_1 内时，燃料最优控制问题无解。当初始状态 (ξ_1, ξ_2) 位于区域 R_3 内时，燃料最优控制问题也无解。

尽管控制 $u=\{-1, 0, +1\}$ 不是最优控制，但是，当 ε 足够小时，过程消耗的燃料已接近最小燃料消耗 $J^*=|\xi_2|$。这种问题有时称为 ε-燃料最优控制问题。ε-燃料最优控制问题的最优解虽然存在，但是，由 C 点到 D 点的状态转移时间 $T_{CD}=2\alpha/\varepsilon$ 是很长的。

综上由相平面法分析最优控制的性质，得出燃料最优控制闭环形式为

$$u^*(t)=\begin{cases} u^*(t)=+1, & \text{当}(x_1, x_2)\in r_+ \\ u^*(t)=-1, & \text{当}(x_1, x_2)\in r_- \\ u^*(t)=0, & \text{当}(x_1, x_2)\in R_2\cup R_4 \\ \text{不存在或存在 }\varepsilon\text{-燃料最优}, & \text{当}(x_1, x_2)\in R_1\cup R_3 \end{cases} \tag{5.30}$$

由闭环控制(5.30)可知，若 $(x_1, x_2)\in R_1\cup R_3$，则燃料最优控制不存在。实际上，上述控制律同时也保证了转移时间为最小。若完全不考虑转移时间，则 $(x_1, x_2)\in\gamma$ 时，燃料最优控制问题有唯一解；$(x_1, x_2)\in R_2\cup R_4$ 有无穷多解；$(x_1, x_2)\in R_1\cup R_3$ 无解。ε-燃料最优控制问题虽然有最优解，但因为转移时间太长，不切实际。

2. 线性时不变系统燃料最优的一般情况

已知线性时不变系统

$$\dot{\boldsymbol{x}}=\boldsymbol{A}\boldsymbol{x}+\boldsymbol{B}\boldsymbol{u},\ \boldsymbol{x}(0)=\boldsymbol{x}_0 \tag{5.31}$$

其容许控制 $|u_j(t)|\leqslant 1$，$j=1, 2, \cdots, r$，$\forall t\in[0, T]$，求最优控制为 $\boldsymbol{u}^*(t)$，使系统自 $\boldsymbol{x}_0$ 转移到目标集 $M=\{\boldsymbol{x}(T): g_i(T)=0, i=1, 2, \cdots, p\}$，且使性能指标

$$J=F=\int_0^T\sum_{i=1}^r C_i\ |u_i(t)|\ \mathrm{d}t \tag{5.32}$$

其中，$C_i>0$ 为最小，T 未知。

构造 Hamilton 函数，

$$H=\sum_{i=1}^r C_i\ |u_i(t)|+\boldsymbol{\lambda}^{\mathrm{T}}\boldsymbol{A}\boldsymbol{x}+\boldsymbol{\lambda}^{\mathrm{T}}\boldsymbol{B}\boldsymbol{u}$$

H 中与 $\boldsymbol{u}(t)$ 有关的部分 $R(\boldsymbol{u})$ 为

$$R(\boldsymbol{u})=\sum_{j=1}^r C_j\left\{|u_j(t)|+u_j(t)\frac{q_j(t)}{C_j}\right\}$$

$$q_j(t) = \boldsymbol{b}_j^{\mathrm{T}}\boldsymbol{\lambda}$$

$$\boldsymbol{B} = [\boldsymbol{b}_1, \cdots, \boldsymbol{b}_r]$$

由极大值原理得

$$\min_{\boldsymbol{u}(t)\in \boldsymbol{U}} R(\boldsymbol{u}) = \min_{\boldsymbol{u}(t)\in \boldsymbol{U}} \sum_{j=1}^{r} C_j \left\{ | u_j(t) | + u_j(t) \frac{q_j(t)}{C_j} \right\}$$

$$= \sum_{j=1}^{r} C_j \min_{|u_j|\leqslant 1} \left\{ | u_j(t) | + u_j(t) \frac{q_j(t)}{C_j} \right\}$$

由此得到

$$u_j^*(t) = -\operatorname{dez}\left\{\frac{q_j(t)}{C_j}\right\}, \ j = 1, \cdots, r$$

定理 5.8 问题(5.31)和(5.32)为正常的充分条件是对所有 $j=1, 2, \cdots, r$，均有 $\det(\boldsymbol{AG}_j)\neq 0$，$\boldsymbol{G}_j=(\boldsymbol{b}_j \quad \boldsymbol{Ab}_j \quad \cdots \quad \boldsymbol{A}^{n-1}\boldsymbol{b}_j)$，问题(5.31)和(5.32)属奇异情况的必要条件是对某个或某些 j 有 $\det(\boldsymbol{AG}_j)=0$。(若在有限点处有 $\left|\frac{q_j(t)}{C_j}\right|=1$，$j=1, 2, \cdots, r$，则问题(5.31)和(5.32)为正常的，否则 $\exists [t_1, t_2]\subset[0, T]$，使得 $\left|\frac{q_j(t)}{C_j}\right|=1$，成为奇异的。)

例 5.5 综合考虑缩短时间与节省燃料问题，考虑如下优化控制问题

$$\begin{cases} J = \int_0^T | u(t) | \mathrm{d}t + \rho T = \int_0^T [\rho + | u(t) |]\mathrm{d}t \\ \text{s. t. } \dot{\boldsymbol{x}} = \boldsymbol{Ax} + \boldsymbol{Bu}, \ \boldsymbol{x}(0) = \boldsymbol{x}_0 \end{cases} \tag{5.33}$$

此称为时间-燃料最优控制。

已知受控系统 $\dot{\boldsymbol{x}} = \begin{pmatrix} x_2 \\ u \end{pmatrix}$，求一满足如下约束条件的容许控制 $u(t)$：$|u(t)|\leqslant 1$，$\forall t\in[0, T]$，使系统自任意初态(ξ_1, ξ_2)转移到$(0, 0)$，且使问题(5.33)的性能指标为最小，T 是未定的末端时刻。

解 该问题的 Hamilton 函数为

$$H = \rho + | u(t) | + \lambda_1 x_2 + \lambda_2 u$$

定义死区(deadzone)函数为

$$a = \operatorname{dez}(b) = \begin{cases} 0, & | b | < 1 \\ \operatorname{sgn}(b), & | b | > 1 \\ 0 \leqslant a \leqslant 1, & b = 1 \\ -1 \leqslant a < 0, & b = -1 \end{cases}$$

由极大值原理得：

极值条件为：

$$u^*(t) = -\mathrm{dez}\{\lambda_2(t)\}$$

协状态方程为

$$\dot{\lambda}_1 = 0,\ \dot{\lambda}_2 = -\lambda_1$$

令 $\lambda_1(0)=\pi_1$，$\lambda_2(0)=\pi_2$，$\lambda_1(t)=\pi_1$，$\lambda_2(t)=\pi_2-\pi_1 t$。

H 不显含 t，且 T 自由，所以 $H=0$（$\boldsymbol{A}=\begin{pmatrix}0 & 1\\ 0 & 0\end{pmatrix}$，$\boldsymbol{b}=\begin{pmatrix}0\\ 1\end{pmatrix}$，$\boldsymbol{G}_1=\begin{pmatrix}0 & 1\\ 1 & 0\end{pmatrix}$非奇异）。

若问题(5.33)出现奇异情况，则有

$$\lambda_1 = 0,\ \lambda_2 = \pi_2 = \pm 1$$

$$u^*(t) = -\mathrm{dez}\{\lambda_2(t)\} = -|u^*(t)|\,\mathrm{sgn}\{\lambda_2\}$$

所以 $H=\rho+|u^*(t)|+\lambda_1 x_2^*+\lambda_2 u^*=\rho+|u^*|-|u^*|=\rho>0$ 与 $H(t)=0$ 矛盾。

所以问题(5.33)是正常的。

习　　题

5-1　已知二阶系统的状态方程为

$$\dot{x}_1 = x_2 + \frac{1}{4}$$

$$\dot{x}_2 = u$$

边界条件为

$$x_1(0) = -\frac{1}{4}$$

$$x_2(0) = -\frac{1}{4}$$

控制约束为

$$|u(t)| \leqslant \frac{1}{2}$$

试确定将系统在 t_f 时刻转移到零状态，且使性能指标 $J=\int_0^{t_f} u^2\,\mathrm{d}t$ 取极小值的最优控制，其中 t_f 未定。

5-2　设有一阶系统

$$\dot{x} = -x + u$$

$$x(0) = 2$$

其中控制函数 $u(t)$ 所受的约束是 $|u(t)|\leqslant 1$，试确定使性能指标

$$J = \int_0^1 (2x - u)\mathrm{d}t$$

取极小值的最优控制 $u^*(t)$。

5-3　设有一阶系统

$$\dot{x} = u$$
$$x(0) = 1$$

试求其性能指标

$$J = \int_0^1 (x^2 + u^2)\mathrm{e}^{2t}\mathrm{d}t$$

取极小值的控制函数。

5-4　设有一阶系统

$$\dot{x} = -2x + u$$
$$x(0) = 1$$

试确定控制函数 $u(x, t)$，使性能指标

$$J = \frac{1}{2}x^2(t_1) + \frac{1}{2}\int_0^{t_1} u^2\mathrm{d}t$$

取极小值，其中 t_1 固定。

5-5　给定二阶系统

$$\begin{cases}\dot{x}_1 = x_2 \\ \dot{x}_2 = u\end{cases}, \begin{cases}x_1(0) = 2 \\ x_2(0) = 1\end{cases}$$

试求将系统在 $t=T$ 时转移到零态，并使性能指标

$$J = \frac{1}{2}\int_0^T u^2\mathrm{d}t$$

取极小值的控制函数 $u(t)$。

5-6　控制系统

$$\begin{cases}\dot{x}_1 = u_1 \\ \dot{x}_2 = x_1 + u_2\end{cases}, \begin{cases}x_1(0) = 0 \\ x_2(0) = 0\end{cases}, \begin{cases}x_1(1) = 1 \\ x_2(1) = 1\end{cases}$$

其中，u_1 无约束，$u_2 \leqslant \frac{1}{4}$。求 u_1^*、u_2^*、$x_1^*(t)$、$x_2^*(t)$，使系统从 $t=0$ 的初始状态转移到 $t=1$ 的终态，并使性能指标

$$J = \int_0^1 (x_1 + u_1^2 + u_2^2)\mathrm{d}t$$

取极小值。

5-7　设系统状态方程为

$$\dot{x} = ux, \; x(0) = x_0, \; x_0 > 0$$

求使性能指标

$$J=\int_0^T[1-u(t)]x(t)\mathrm{d}t$$

为极大值的 $u^*(t)$，其中 $0\leqslant u(t)\leqslant 1$，$x(t)\geqslant 0$，$T$ 给定，$x(T)$ 自由，并求相应的最优轨迹和极值指标值。

5-8　设二阶系统的状态方程、状态边界条件分别为

$$\dot{\boldsymbol{x}}=\begin{pmatrix}0 & 0\\1 & 0\end{pmatrix}\boldsymbol{x}+\begin{pmatrix}1\\0\end{pmatrix}u,\ \boldsymbol{x}(0)=\begin{pmatrix}2\\2\end{pmatrix},\ \boldsymbol{x}(8)=\begin{pmatrix}0\\0\end{pmatrix}$$

控制约束为 $|u(t)|\leqslant 1$，试求使性能指标

$$J[u(t)]=\int_0^8|u(t)|\mathrm{d}t$$

取极小值的最优控制 $u^*(t)$。

5-9　设受控系统的状态方程为

$$\begin{pmatrix}\dot{x}_1\\\dot{x}_2\end{pmatrix}=\begin{pmatrix}0 & \omega\\-\omega & 0\end{pmatrix}\begin{pmatrix}x_1\\x_2\end{pmatrix}+\begin{pmatrix}0\\1\end{pmatrix}u$$

控制约束为 $|u(t)|\leqslant 1$，试求把系统状态

$$\begin{pmatrix}\omega x_1\\\omega x_2\end{pmatrix}=\begin{pmatrix}1\\1\end{pmatrix}$$

转移到原点，若采用恒值控制 $u(t)=1$ 所需要的时间及采用时间最优控制所需要的时间。

5-10　已知受控系统状态方程和控制约束分别为

$$\dot{x}_1=x_2,\ \dot{x}_2=u(t),\ |u(t)|\leqslant 1$$

现需在预定时间 $t_f=10$ s 内，实现系统从初始状态(2，2)到终态(0，0)的转移，试求使性能指标

$$J[u(t)]=\int_0^{t_f}|u(t)|\mathrm{d}t$$

为极小值的最优控制 $u^*(t)$。

5-11　已知系统状态方程和控制约束分别为

$$\dot{x}_1=10x_2,\ \dot{x}_2=5u(t),\ |u(t)|\leqslant 2,\ t\in[0\quad t_f]$$

求系统由初态 $x_1(0)=3$，$x_2(0)=\sqrt{2}$，转移到 $x_1(t_f)=x_2(t_f)=0$ 的终态所需的最短时间。

5-12　系统的状态方程和控制约束分别为

$$\dot{x}_1=x_2,\ \dot{x}_2=u,\ |u(t)|\leqslant 1$$

寻找时间最优控制，使系统由任意初始状态到达下列终端状态

$$x_1(t_f) = 2,\ x_2(t_f) = 1$$

求开关曲线方程，并绘出开关曲线的图形。

5-13　设一阶离散时间系统

$$x(k+1) = x(k) + u(k)$$

初值 $x(0)=1$，性能指标为

$$J = \frac{1}{2}x^2(3) + \frac{1}{2}\sum_{k=0}^{2}u^2(k)$$

试求最优控制序列 $u(0)$、$u(1)$、$u(2)$，使 J 取极小值。

第六章　动态规划

动态规划法是美国学者贝尔曼于1957年提出来的，它与极大值原理一样被称为现代变分法，是处理控制变量存在有界闭集约束时求解最优控制的有效数学方法。它可以用来解决非线性系统、时变系统的最优控制问题。从本质上讲，动态规划是一种非线性规则，其核心是贝尔曼的最优性原理。这个最优性原理可归结为一个基本递推公式，求解多阶段决策问题时，要从终端开始，到始端为止，逆向递推，从而使决策过程连续地转移，可将一个多阶段决策过程化为多个单阶段决策过程，使求解简化。动态规划的离散形式受到问题维数的限制，会产生所谓“维数灾难”，应用受到一定限制，而动态规划的连续形式不仅给出了最优控制问题满足的充分条件，而且还揭示了动态规划与变分法、极大值原理之间的关系，具有重要理论价值。

6.1　动态规划的基本原理

1. 多阶段决策问题简单例子

最短行车路程问题：考虑如图6.1所示的从出发城市 S 到目的城市 F 之间的路径分布，需要做4次选择，才能从出发城市 S 到达目的城市 F，其中 $x_i(j)$ 表示第 j 次选择的第 i 个城市，每条路径上标出的数字表示行驶这段路径所用的时间，最短行车路程问题就是寻找从出发城市 S 到目的城市 F 所用时间最短的路径。若用穷举法，从 S 到 F 共有 $C_2^1 \cdot C_2^1 \cdot C_2^1 \cdot C_1^1 = 8$ 条路径，计算每条路径所用时间，

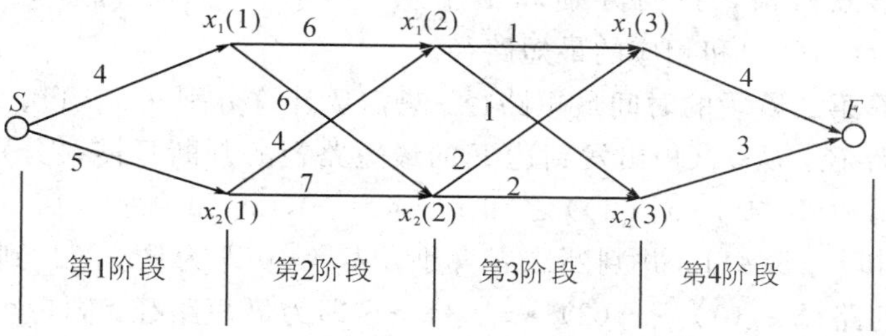

图6.1　行车问题路径图

得到路径 $S \to x_2(1) \to x_1(2) \to x_2(3) \to F$ 是最优的，最短时间为 13。由于每条路径共有 3 次加法计算行驶时间，故穷举法总共有 $3\times 8=24$ 次加法计算量，当把该问题的选择次数推广为 n 次时，共需要 $2^{n-1}\cdot(n-1)=((C_2^1)^{n-1}C_1^1\cdot(n-1))$ 次加法，显然计算量随着选择次数的增加呈指数增加，当 n 很大时，穷举法不是最好的选择。如果从出发城市开始，每次选择最短时间路径行驶，则得到行驶路径为 $S \to x_1(1) \to x_1(2) \to x_2(3) \to F$，所用时间为 14，它是不是最优路径呢？由穷举法可知，该路径不是最优的，最优路径是 $S \to x_2(1) \to x_1(2) \to x_2(3) \to F$。

实际上，上述最短行车问题是一种多阶段决策问题，把每次选择当成一次决策问题，则最短行车问题是 4 阶段的决策问题。分别称从 S 到 $x(1)$、$x(1)$ 到 $x(2)$、$x(2)$ 到 $x(3)$、$x(3)$ 到 F 为第一到第四阶段。把这个多阶段决策问题分解为如下多个单阶段决策问题，则最优路径就包含在这些路径中。

首先计算第四阶段 $x(3) \to F$ 的时间最短的路径，在这一阶段有两条路径，分别从 $x_1(3)$、$x_2(3)$ 出发到达 F，可以计算出所用时间为 $J(x_1(3))=4$，$J(x_2(3))=3$，其中 $J(x_i(3))$ 表示从 $x_i(3)$ 出发到达 F 所用时间，显然，从 $x_2(3)$ 出发到达 F，所用时间最短。在这一阶段最优路径为 $x_2(3) \to F$。

再计算第三阶段 $x(2) \to F$ 的时间最短路径：若路径从 $x_1(2)$ 出发，则由 $x_1(2)$ 到 F 有两种可供选择的路径，并计算出所用时间为：路径 $x_1(2) \to x_2(3) \to F$，可以计算出 $J(x_1(2))=1+J(x_1(3))=1+3=4$，路径 $x_1(2) \to x_1(3) \to F$，$J(x_1(2))=1+J(x_2(3))=1+4=5$，所以 $x_1(2) \to x_2(3) \to F$ 是从 $x_1(2)$ 到 F 的最短路径，所用最短时间为 4，并记 $J(x_1(2))=4$。同理可以算出 $x_2(2)$ 到 F 的最短路径为 $x_2(2) \to x_2(3) \to F$，所用最短时间为 5，并记 $J(x_2(2))=5$。实际上，在这一阶段，只需要计算分别从 $x_1(2)$、$x_2(2)$ 到达 F 的最短路径，这些路径的判断只需要分别计算 $x_1(2)$ 到 $x_1(3)$ 所用时间与 $J(x_1(3))$ 之和，$x_1(2)$ 到 $x_2(3)$ 所用时间与 $J(x_2(3))$ 之和，并判断二者大小，小者即为从 $x_1(2)$ 到 F 所用最短时间，对应的路径即为最短路径。同理可计算并判断出 $x_2(2)$ 到 F 的最短路径和最短时间。也就是说，在第三阶段，我们分别算出了从 $x_1(2)$、$x_2(2)$ 到达 F 的最短时间 $J(x_1(2))$ 和 $J(x_2(2))$ 和相应的最短路径。

然后计算第二阶段的时间最短路径：只需要计算分别从 $x_1(1)$、$x_2(1)$ 出发到达 F 的最短路径。从 $x_1(1)$ 出发到达 F 的最短路径的判断只需要分别计算 $x_1(1)$ 到 $x_1(2)$ 所用时间与 $J(x_1(2))$ 之和 $6+4=10$，$x_1(1)$ 到 $x_2(2)$ 所用时间与 $J(x_2(2))$ 之和 $6+5=11$，并判断二者大小，小者 10 即为从 $x_1(2)$ 到 F 所用最短时间，对应的路径 $x_1(1) \to x_1(2) \to x_2(3) \to F$ 即为最短路径。同理可计算并判断出 $x_2(1)$ 到 F 的最短路径 $x_2(1) \to x_1(2) \to x_2(3) \to F$ 和最短时间为 8。也就是说，在第二阶段，我们分别算出了从 $x_1(1)$、$x_2(1)$ 到达 F 的最短时间 $J(x_1(1))$ 和

$J(x_2(1))$及相应的最短路径。

最后计算第一阶段的时间最短路径：从 S 出发到达 F 的最短路径。分别计算 $S \rightarrow x_1(2)+J(x_1(1))=4+10=14$ 和 $S \rightarrow x_2(1)+J(x_2(1))=5+8=13$，取小者 13，则得到从 S 出发到达 F 的最短时间为 13，最短路径为 $S \rightarrow x_2(1) \rightarrow x_1(2) \rightarrow x_2(3) \rightarrow F$。

总结以上过程可以看到，在每个阶段我们只需做单阶段决策，并且每个阶段的决策均给出了从该阶段的出发城市到终点城市的最短时间和最优路径。而第一阶段的决策就给出了该最短行车问题的最优解，即从 S 出发到达 F 的最短路径为 $S \rightarrow x_2(1) \rightarrow x_1(2) \rightarrow x_2(3) \rightarrow F$。这种寻找最优路径的方法称为动态规划法，与穷举法相比，动态规划法的计算量大为减少。在最后一个阶段，我们只需判断行驶时间的大小，无需计算，而在第一阶段只需做两次加法运算，其余中间阶段的每个阶段的计算量均为 4 次加法运算，所以该方法的总计算量为 $4\times(4-2)+2$ 次加法运算。对于一般 n 阶段决策问题，需 $4\times(n-2)+2$ 次加法。对于多阶段、多决策问题，动态规划的优点更为突出。

对于多阶段多决策问题动态规划有很大的优势，为找到 S 到 F 的最优路径，先从最后向前依次找到各主点到 F 的最优路径，S 到 F 的最优路径包含在其中。

动态规划将一个多阶段决策问题转化为一个多次一步决策问题来解决，它实质上是将求一条极值曲线的问题嵌入到求一族类似极值曲线的问题中，后者每次只需做一步决策，计算简单。在数学上称此为嵌入原理。

2. 动态规划的基本递推方程和嵌入原理

动态规则的递推方程又称为递推函数方程，下面在推导动态规划的基本递推方程之前首先介绍一下嵌入原理。

嵌入原理是指为解决一个特定的最优决策问题，而把问题嵌入到一系列相似的并易于求解的问题族中去，对这一问题族的求解，必然会给出特殊问题的解。对控制而言，初始状态固定、运算间隔一定的决策问题，总可以看成初始状态可变，运算间隔可变的更一般问题的特殊问题。

设 N 级决策过程的状态方程为

$$\boldsymbol{x}(k+1) = f(\boldsymbol{x}(k), \boldsymbol{u}(k), k),\ k = 0, \cdots, N-1 \tag{6.1}$$

式中：n 维状态向量满足约束 $\boldsymbol{x}(k)\in \boldsymbol{Z}\subset \mathbf{R}^n$；$r$ 维控制向量(决策)满足约束 $\boldsymbol{u}(k)\in \boldsymbol{U}\subset \mathbf{R}^r$，$k=0, 1, \cdots, N$；$\boldsymbol{Z}$ 与 $\boldsymbol{U}$ 为有界闭集，$f(\boldsymbol{x}(k), \boldsymbol{u}(k), k)$为 n 维向量函数。

性能指标(代价函数)为

$$J = \sum_{k=0}^{N} L(\boldsymbol{x}(k), \boldsymbol{u}(k), k) \tag{6.2}$$

式中：$L(\cdot)$是区间上的连续函数，且$L(\cdot)$是正定的；k表示多级决策过程的阶段变量；$\boldsymbol{x}(k)$表示第$k+1$级开始时的状态变量；$\boldsymbol{u}(k)$表示第$k+1$级内所采用的控制或决策向量。求最优控制序列(最优策略)$\boldsymbol{u}(k)\in\boldsymbol{U}\subset\mathbf{R}^r$，$k=0, 1, \cdots, N$使性能指标式(6.2)为极小。

一般情况下，将始于$\boldsymbol{x}(0)$的最小代价表示为$J^*(\boldsymbol{x}_0, 0)$，通常从任意状态$\boldsymbol{x}(k)$起始的代价函数可视为$J^*(\boldsymbol{x}(k), k)$，其目的是强调$J(\cdot)$对初始时刻的依赖。根据嵌入原理的基本思想，将确定始于$\boldsymbol{x}(0)$的最小代价$J^*(\boldsymbol{x}_0, 0)$的问题，嵌入到确定始于$\boldsymbol{x}(k)$的最小代价$J^*(\boldsymbol{x}(k), k)$问题之中，以使将多级决策过程化为多个单级决策过程。因此，转而研究如下问题

$$J(\boldsymbol{x}(k), k)=\sum_{j=k}^{N}L(\boldsymbol{x}(j), \boldsymbol{u}(j), j) \tag{6.3}$$

其中$\boldsymbol{x}(k)$认为是固定的，状态方程为

$$\boldsymbol{x}(j+1)=f(\boldsymbol{x}(j), \boldsymbol{u}(j), j),\ j=k, k+1, \cdots, N-1 \tag{6.4}$$

同时满足状态和控制约束同上。

因此，始自第k级任一容许状态$\boldsymbol{x}(k)\in\boldsymbol{Z}$的最小代价

$$\begin{aligned}J^*(\boldsymbol{x}(k), k)&=\min_{\boldsymbol{u}(k)\sim\boldsymbol{u}(N)}\left\{\sum_{j=k}^{N}L(\boldsymbol{x}(j), \boldsymbol{u}(j), j)\right\}\\&=\min_{\boldsymbol{u}(k)\sim\boldsymbol{u}(N)}\left\{L(\boldsymbol{x}(k), \boldsymbol{u}(k), k)+\sum_{j=k+1}^{N}L(\boldsymbol{x}(j), \boldsymbol{u}(j), j)\right\}\end{aligned} \tag{6.5}$$

式(6.5)中，右端括号中的第一项是第k级所付代价。第二项是从第$k+1$级到第N级的代价和。同样将上式中的求极小运算也分解为两部分，即从本级决策作用求极小，以及在剩余决策序列$\{\boldsymbol{u}(k+1), \cdots, \boldsymbol{u}(N)\}$作用下求极小，即

$$\begin{aligned}J^*(\boldsymbol{x}(k), k)&=\min_{\boldsymbol{u}(k)}\min_{\boldsymbol{u}(k+1)\sim\boldsymbol{u}(N)}\left\{L(\boldsymbol{x}(k), \boldsymbol{u}(k), k)+\sum_{j=k+1}^{N}L(\boldsymbol{x}(j), \boldsymbol{u}(j), j)\right\}\\&=\min_{\boldsymbol{u}(k)}\left\{L(\boldsymbol{x}(k), \boldsymbol{u}(k), k)+\min_{\boldsymbol{u}(k+1), \cdots, \boldsymbol{u}(N)}\sum_{j=k+1}^{N}L(\boldsymbol{x}(j), \boldsymbol{u}(j), j)\right\}\\&\qquad k=0, 1, 2, \cdots, N-1\end{aligned} \tag{6.6}$$

根据最小性能指标的定义，如下关系成立

$$J^*(\boldsymbol{x}(k+1), k+1)=\min_{\boldsymbol{u}(k+1), \cdots, \boldsymbol{u}(N)\in\boldsymbol{U}}\sum_{j=k+1}^{N}L(\boldsymbol{x}(j), \boldsymbol{u}(j), j) \tag{6.7}$$

将式(6.7)代入式(6.6)中，可得动态规划的基本递推方程为

$$\begin{aligned}J^*(\boldsymbol{x}(k), k)&=\min_{\boldsymbol{u}(k)}\{L(\boldsymbol{x}(k), \boldsymbol{u}(k), k)+J^*(\boldsymbol{x}(k+1), k+1)\}\\&\qquad k=0, 1, 2, \cdots, N-1\end{aligned} \tag{6.8}$$

式(6.8)表明，根据已知的$J^*(\boldsymbol{x}(k+1), k+1)$，可以求出$J^*(\boldsymbol{x}(k), k)$。因此，

式(6.8)是最优性能指标的递推方程，通常称其为动态规划的基本递推方程，它是一种由最后一级开始，由后向前逆向的递推。

由式(6.5)可知，

$$J^*(\boldsymbol{x}(N),\ N)=\min_{\boldsymbol{u}(N)\in\boldsymbol{U}}\{L(\boldsymbol{x}(N),\ \boldsymbol{u}(N),\ N)\} \tag{6.9}$$

对于任何 $\boldsymbol{x}(N)\in\boldsymbol{Z}$，式(6.9)只是函数 $L(\boldsymbol{x}(N),\ \boldsymbol{u}(N),\ N)$ 对 $\boldsymbol{u}(N)\in\boldsymbol{U}$ 的最小化问题，这已经不是式(6.5)那样复杂的多级极小化问题了，于是首先对所有 $\boldsymbol{x}(N)\in\boldsymbol{Z}$，解方程式(6.9)，然后，分别令 $k=N-1,\ N-2,\ \cdots,\ 1,\ 0$，应用递推方程式(6.8)逆向递推，依次算出

$$\begin{cases} J^*(\boldsymbol{x}(N-1),\ N-1)=\min\limits_{\boldsymbol{u}(N-1)}\{L(\boldsymbol{x}(N-1),\ \boldsymbol{u}(N-1),\ N-1) \\ \qquad\qquad +J^*(\boldsymbol{x}(N),\ N)\} \\ J^*(\boldsymbol{x}(N-2),\ N-2)=\min\limits_{\boldsymbol{u}(N-2)}\{L(\boldsymbol{x}(N-2),\ \boldsymbol{u}(N-2),\ N-2) \\ \qquad\qquad +J^*(\boldsymbol{x}(N-1),\ N-1)\} \\ \qquad\vdots \\ J^*(\boldsymbol{x}(0),\ 0)=\min\limits_{\boldsymbol{u}(0)}\{L(\boldsymbol{x}(0),\ \boldsymbol{u}(0),\ 0)+J^*(\boldsymbol{x}(1),\ 1)\} \end{cases} \tag{6.10}$$

式(6.10)也是一个单级最优决策问题，易于求解，这样就可利用递推方程把一个多级最优决策过程转换成多个单级最优决策过程。最后一步的递推解及最优策略 $\{\boldsymbol{u}^*(k)\}_{k=0,\ 1,\ \cdots,\ N}$ 正是要求的最优解。

可以看到，将一个复杂的多级决策问题嵌入到一类相似问题中，要解决如下两个关键问题：

(1) 这类相似问题中的一个问题，如求 $J^*(\boldsymbol{x}(N),\ N)=\min\limits_{\boldsymbol{u}(N)\in\boldsymbol{U}}\{L(\boldsymbol{x}(N),\ \boldsymbol{u}(N),\ N)\}$，有比较简单的解。

(2) 得到联系这一类问题中的各组成部分的关系式，如递推公式(6.8)。也就是说，从原来的多级决策问题出发，导出类似于式(6.8)和式(6.9)两个关键问题。应用动态规划解决问题，有时要有一定的技巧，才能把原问题化为易于分析和处理的形式。

值得注意的是，上述推导过程中对系统的动态描述没有任何假设，特别是系统的差分方程 $f(\boldsymbol{x}(k),\ \boldsymbol{u}(k),\ k)$ 及每一时刻的性能指标 $L(\boldsymbol{x}(k),\ \boldsymbol{u}(k),\ k)$ 可随时序 k 而变化，并且其描述可以是任意非线性形式，对 $\boldsymbol{x}(k)$ 与 $\boldsymbol{u}(k)$ 的约束条件还可以随时序不同而不同，而且也可以是非线性的。

在用动态规划求解上述多级决策过程的最优化问题时，要用到最优性原理，最优性原理叙述如下。

定理 6.1　多级决策过程的最优决策具有这样的性质，即不论初始状态和初始决策如何，其余的决策对于由初始决策所形成的状态来说，必定也是一个最优

策略。

具体地说，若有一个初始状态 $\boldsymbol{x}(0)$ 的 N 级决策过程，其最优策略为 $\{\boldsymbol{u}^*(k)\}_{k=0,1,\cdots,N}$，那么，对于以 $\boldsymbol{x}(k)$ 为初始状态的 $N-k$ 级决策过程来说，决策集合 $\{\boldsymbol{u}^*(k),\boldsymbol{u}^*(k+1),\cdots,\boldsymbol{u}^*(N)\}$ 必定是最优策略。

这个定理是 1957 年由贝尔曼提出的，故又称为贝尔曼最优性原理。

证明 设策略或决策序列 $\{\boldsymbol{u}^*(k)\}_{k=0,1,\cdots,N}$ 是使性能指标 J 最小的最优策略或最优决策序列，相应的最小代价为

$$J^*(\boldsymbol{x}_0,0)=J^*(\boldsymbol{x}_0,\boldsymbol{u}^*(0),\boldsymbol{u}^*(1),\cdots,\boldsymbol{u}^*(N))$$

现反设 $\boldsymbol{u}^*(j)$，在 $j=k,k+1,\cdots,N$ 区间内不是最优决策序列，也就是在此区间内还存在另一个决策序列 $\tilde{\boldsymbol{u}}(j)$，$j=k,k+1,\cdots,N$ 比 $\boldsymbol{u}^*(j)(j=k,k+1,\cdots,N)$ 有更小的代价，即

$$\begin{aligned}&J(\boldsymbol{x}(k),\tilde{\boldsymbol{u}}(k),\tilde{\boldsymbol{u}}(k+1),\cdots,\tilde{\boldsymbol{u}}(N))\\&<J(\boldsymbol{x}(k),\boldsymbol{u}^*(k),\boldsymbol{u}^*(k+1),\cdots,\boldsymbol{u}^*(N))\end{aligned}$$

在反设的条件下，有两个决策序列

$$\boldsymbol{u}^*(j),\ j=0,1,\cdots,N$$

$$\boldsymbol{u}^{**}(j)=\begin{cases}\boldsymbol{u}^*(j), & j=0,1,\cdots,k-1\\ \tilde{\boldsymbol{u}}(j), & j=k,k+1,\cdots,N\end{cases}$$

导致如下结果：

$$\begin{aligned}J(\boldsymbol{x}(0),0)&=J(\boldsymbol{x}(0),\boldsymbol{u}^*(k),\boldsymbol{u}^*(k+1),\cdots,\boldsymbol{u}^*(N))\\&=\sum_{j=0}^{k-1}L(\boldsymbol{x}(j),\boldsymbol{u}^*(j),j)+\sum_{j=k}^{N}L(\boldsymbol{x}(j),\boldsymbol{u}^*(j),j)\\&>\sum_{j=0}^{k-1}L(\boldsymbol{x}(j),\boldsymbol{u}^*(j),j)+\sum_{j=k}^{N}L(\boldsymbol{x}(j),\tilde{\boldsymbol{u}}(j),j)=\tilde{J}(\boldsymbol{x}(0),0)\end{aligned}$$

即

$$J(\boldsymbol{x}(0),0)>\tilde{J}(\boldsymbol{x}(0),0)$$

这与 $J^*(\boldsymbol{x}(0),0)$ 是最小代价矛盾，因此，反设不成立。最优性原理得证。

从最优曲线的角度看，最优性原理也可以表述为：最优曲线的一部分必为最优曲线。用反证法同样可以证明这个结论。

应该看到，递推方程式(6.8)体现了最优性原理。递推方程实际上是根据当前阶段付出的代价与下一个阶段的最小代价之和求最小，来计算始于 $\boldsymbol{x}(k)$ 的最小代价。所以，不论按递推公式求出的第 k 级最优决策 $\boldsymbol{u}^*(k)$ 如何，对于由 $\boldsymbol{x}(k)$ 和 $\boldsymbol{u}^*(k)$ 所形成的下一个状态来说，剩余的决策序列是一个最优决策序列。很清楚，最优性原理为递推方程提供了理论基础。

例 6.1 已知代价函数和系统动态方程如下：

$$J = \sum_{k=0}^{2}[x^2(k) + u^2(k)] + x^2(3)$$

$$\text{s. t. } x(k+1) = x(k) + u(k)$$

求最优控制 $x^*(k)$、$u^*(k)$。

解　对于 $N=3$，$L(x(3), u(3))=x^2(3)$，求得 $u^*(3)=0$，$J^*(x(3), 3)=x^2(3)$。

当 $k=2$ 时，对于给定的 $x(2)$，关于 $u(2)$求解如下最优问题：

$$\min_{u(2)} J = x^2(2) + u^2(2) + x^2(3)$$

其中，$x(3)=x(2)+u(2)$。易得

$$u^*(2) = -\frac{1}{2}x(2),\ J^*(x(2), 2) = \frac{3}{2}x^2(2)$$

当 $k=1$ 时，对于给定的 $x(1)$，关于 $u(1)$求解如下最优问题：

$$\min_{u(1)} J = x^2(1) + u^2(1) + \frac{3}{2}x^2(2)$$

其中，$x(2)=x(1)+u(1)$。易得

$$u^*(1) = -\frac{3}{5}x(1),\ J^*(x(1), 1) = \frac{8}{5}x^2(1)$$

当 $k=0$ 时，对于给定的 $x(0)$，关于 $u(0)$求解如下最优问题：

$$\min_{u(0)} J = x^2(0) + u^2(0) + \frac{8}{5}x^2(1)$$

其中，$x(1)=x(0)+u(0)$。易得

$$u^*(0) = -\frac{8}{13}x(0),\ J^*(x(0), 0) = \frac{21}{13}x^2(0)$$

例 6.2　求 $J = \varphi(\boldsymbol{x}(0)) + \sum_{k=1}^{N-1} L(\boldsymbol{x}(k), \boldsymbol{u}(k), k) + \phi(\boldsymbol{x}(N))$，满足 $\boldsymbol{x}(k+1)=f(\boldsymbol{x}(k), \boldsymbol{u}(k), k)$，$k=0, 1, 2, \cdots, N-1$，$\boldsymbol{x}(k)\in \boldsymbol{Z}$，$\boldsymbol{u}(k)\in \boldsymbol{U}$ 的最优控制序列。

解　首先计算第 $N+1$ 步，当给定 $\boldsymbol{x}(N)\in \boldsymbol{Z}$ 时，求解如下最优化问题：

$$\min_{\boldsymbol{u}(N)\in \boldsymbol{U}} \phi(\boldsymbol{x}(N))$$

显然，如果 $\boldsymbol{U}$ 包含零点，则 $\boldsymbol{u}^*(N)=0$，并且最优性能指标为

$$J^*(\boldsymbol{x}(N), N) = \phi(\boldsymbol{x}(N))$$

计算第 k 步，当给定 $\boldsymbol{x}(k)\in \boldsymbol{Z}$ 时，求解如下最优化问题：

$$\min_{\boldsymbol{u}(k)\in \boldsymbol{U}}[L(\boldsymbol{x}(k), \boldsymbol{u}(k), k)) + J^*(\boldsymbol{x}(k+1), k+1)],\ (k=N-1, N-2, \cdots, 1)$$

其中，$\boldsymbol{x}(k+1)=f(\boldsymbol{x}(k), \boldsymbol{u}(k), k)$。

求得最优控制记为 $\boldsymbol{u}^*(k)$，并且最优性能指标记为 $J^*(\boldsymbol{x}(k), k)$。

计算第 0 步，当给定 $\boldsymbol{x}(0)\in \boldsymbol{Z}$ 时，求解如下最优化问题：

$$\min_{u(0)\in U}[\varphi(x(0))+J^*(x(1),1)]=\min_{u(0)\in U}[\varphi(x(0))+J^*(f(x(0),u(0),0),1)]$$

求得最优控制记为 $u^*(0)$。

6.2 离散时间系统的动态规划

1. 离散时间线性系统最优控制

考虑如下线性系统：

$$x(k+1)=Fx(k)+Gu(k),\ x(0)=x_0,\ k=0,1,\cdots,N-1 \tag{6.11}$$

给定性能指标为

$$J=x^{\mathrm{T}}(N)Q_0x(N)+\sum_{k=0}^{N-1}\{x^{\mathrm{T}}(k)Q_1x(k)+u^{\mathrm{T}}(k)Q_2u(k)\} \tag{6.12}$$

其中 $Q_0\geqslant0$，$Q_1\geqslant0$，$Q_2>0$。求最优控制 $u^*(k)$ 使得性能指标 J 为最小。

以上问题(6.11)和(6.12)可以看作 N 阶段决策问题，由最优性原理可得

$$\begin{aligned}J^*(x(N-1))&=\min_{u(N-1)}\{x^{\mathrm{T}}(N)Q_0x(N)+x^{\mathrm{T}}(N-1)Q_1x(N-1)\\&\quad+u^{\mathrm{T}}(N-1)Q_2u(N-1)\}\\&=\min_{u(N-1)}\{x^{\mathrm{T}}(N-1)(F^{\mathrm{T}}Q_0F+Q_1)x(N-1)\\&\quad+x^{\mathrm{T}}(N-1)F^{\mathrm{T}}Q_0Gx(N-1)+u^{\mathrm{T}}(N-1)G^{\mathrm{T}}Q_0Fx(N-1)\\&\quad+u^{\mathrm{T}}(N-1)(G^{\mathrm{T}}Q_0G+Q_2)u(N-1)\}\end{aligned}$$

所以在 $x(N-1)$ 给定的情况下，因为 $Q_0\geqslant0$、$Q_1\geqslant0$、$Q_2>0$，所以

$$G^{\mathrm{T}}Q_0G+Q_2>0$$

易得最优控制为

$$u^*(N-1)=-(G^{\mathrm{T}}Q_0G+Q_2)^{-1}G^{\mathrm{T}}Q_0Fx(N-1)=-L(N-1)x(N-1)$$

最优性能指标为

$$J^*(x(N-1))=x^{\mathrm{T}}(N-1)S(N-1)x(N-1)$$

其中：

$$S(N)=Q_0$$

$$\begin{aligned}S(N-1)&=F^{\mathrm{T}}Q_0F+Q_1-F^{\mathrm{T}}Q_0GL(N-1)-[F^{\mathrm{T}}Q_0GL(N-1)]^{\mathrm{T}}\\&\quad+L^{\mathrm{T}}(N-1)[G^{\mathrm{T}}Q_0G+Q_2]L(N-1)\\&=[F-GL(N-1)]^{\mathrm{T}}S(N)[F-GL(N-1)]\\&\quad+L^{\mathrm{T}}(N-1)Q_2L(N-1)+Q_1\end{aligned}$$

倒数第二级的最优控制和最优性能指标通过求解如下最优问题得到：

$$\begin{aligned}J^*(x(N-2))&=\min_{u(N-2)}\{x^{\mathrm{T}}(N-2)Q_1x(N-2)+u^{\mathrm{T}}(N-1)Q_2u(N-1)\\&\quad+J^*(x(N-1))\}\end{aligned}$$

$$= \min_{\boldsymbol{u}(N-2)} \{\boldsymbol{x}^{\mathrm{T}}(N-1)\boldsymbol{S}(N-1)\boldsymbol{x}(N-1) + \boldsymbol{x}^{\mathrm{T}}(N-2)\boldsymbol{Q}_1\boldsymbol{u}(N-2) + \boldsymbol{u}^{\mathrm{T}}(N-2)\boldsymbol{Q}_2\boldsymbol{u}(N-2)\}$$

最优控制为

$$\boldsymbol{u}^*(N-2) = -\boldsymbol{L}(N-2)\boldsymbol{x}(N-2)$$

其中：

$$\boldsymbol{L}(N-2) = (\boldsymbol{G}^{\mathrm{T}}\boldsymbol{S}(N-1)\boldsymbol{G}+\boldsymbol{Q}_2)^{-1}\boldsymbol{G}^{\mathrm{T}}\boldsymbol{S}(N-1)\boldsymbol{F}$$

$$\boldsymbol{S}(N-2) = (\boldsymbol{F}-\boldsymbol{G}\boldsymbol{L}(N-2))^{\mathrm{T}}\boldsymbol{S}(N-1)(\boldsymbol{F}-\boldsymbol{G}\boldsymbol{L}(N-2)) + \boldsymbol{L}^{\mathrm{T}}(N-2)\boldsymbol{Q}_2\boldsymbol{L}(N-2)+\boldsymbol{Q}_1$$

最优性能指标为

$$J^*(\boldsymbol{x}(N-2)) = \boldsymbol{x}^{\mathrm{T}}(N-2)\boldsymbol{S}(N-2)\boldsymbol{x}(N-2)$$

由此，不难归纳出倒数第 j 级最优控制为

$$\boldsymbol{u}^*(N-j) = -\boldsymbol{L}(N-j)\boldsymbol{x}(N-j)$$

其中：

$$\boldsymbol{L}(N-j) = (\boldsymbol{G}^{\mathrm{T}}\boldsymbol{S}(N-j+1)\boldsymbol{G}+\boldsymbol{Q}_2)^{-1}\boldsymbol{G}^{\mathrm{T}}\boldsymbol{S}(N-j+1)\boldsymbol{F}$$

$$\boldsymbol{S}(N-j) = (\boldsymbol{F}-\boldsymbol{G}\boldsymbol{L}(N-j))^{\mathrm{T}}\boldsymbol{S}(N-j+1)(\boldsymbol{F}-\boldsymbol{G}\boldsymbol{L}(N-j)) + \boldsymbol{L}^{\mathrm{T}}(N-j)\boldsymbol{Q}_2\boldsymbol{L}(N-j)+\boldsymbol{Q}_1$$

最优性能指标为

$$J^*(\boldsymbol{x}(N-j)) = \boldsymbol{x}^{\mathrm{T}}(N-j)\boldsymbol{S}(N-j)\boldsymbol{x}(N-j)$$

依此类推，若令 $k=N-j$，得到如下递推公式：

$$\begin{cases} \boldsymbol{L}(k) = (\boldsymbol{G}^{\mathrm{T}}\boldsymbol{S}(k+1)\boldsymbol{G}+\boldsymbol{Q}_2)^{-1}\boldsymbol{G}^{\mathrm{T}}\boldsymbol{S}(k+1)\boldsymbol{F} \\ \boldsymbol{S}(k) = (\boldsymbol{F}-\boldsymbol{G}\boldsymbol{L}(k))^{\mathrm{T}}\boldsymbol{S}(k+1)(\boldsymbol{F}-\boldsymbol{G}\boldsymbol{L}(k)) + \boldsymbol{L}^{\mathrm{T}}(k)\boldsymbol{Q}_2\boldsymbol{L}(k)+\boldsymbol{Q}_1 \\ \boldsymbol{S}(N) = \boldsymbol{Q}_0 \end{cases} \tag{6.13}$$

最优控制和最优性能指标为

$$\boldsymbol{u}^*(k) = -\boldsymbol{L}(k)\cdot\boldsymbol{x}(k),\ J^*(\boldsymbol{x}(k)) = \boldsymbol{x}^{\mathrm{T}}(k)\boldsymbol{S}(k)\boldsymbol{x}(k) \tag{6.14}$$

从以上推证结果可以看出，最优控制 $\boldsymbol{u}^*(k)=-\boldsymbol{L}(k)\cdot\boldsymbol{x}(k)$是状态变量的线性反馈，其中 $\boldsymbol{L}(k)$称为反馈增益矩阵。

进而将 $\boldsymbol{L}(k)$带入 $\boldsymbol{S}(k)$表达式得到

$$\begin{aligned} \boldsymbol{S}(k) &= \boldsymbol{F}^{\mathrm{T}}\boldsymbol{S}(k+1)\boldsymbol{F} - \boldsymbol{F}^{\mathrm{T}}\boldsymbol{S}(k+1)\boldsymbol{G}[\boldsymbol{G}^{\mathrm{T}}\boldsymbol{S}(k+1)\boldsymbol{G}+\boldsymbol{Q}_2]^{-1}\boldsymbol{G}^{\mathrm{T}}\boldsymbol{S}(k+1)\boldsymbol{F}+\boldsymbol{Q}_1 \\ &= \boldsymbol{F}^{\mathrm{T}}[\boldsymbol{S}(k+1) - \boldsymbol{S}(k+1)\boldsymbol{G}[\boldsymbol{G}^{\mathrm{T}}\boldsymbol{S}(k+1)\boldsymbol{G}+\boldsymbol{Q}_2]^{-1}\boldsymbol{G}^{\mathrm{T}}\boldsymbol{S}(k+1)]\boldsymbol{F}+\boldsymbol{Q}_1 \\ \boldsymbol{S}(N) &= \boldsymbol{Q}_0 \end{aligned} \tag{6.15}$$

称方程(6.15)为离散 Riccati 方程。

对于线性系统二次型性能指标，且控制变量不受约束的问题，用动态规划法

可以得到最优控制及最优性能指标的解析表达式。而对于如下非线性系统的非二次型的最优控制问题

$$\min_{\boldsymbol{u}(k)\in \boldsymbol{U}} J^*(\boldsymbol{x}(0)) = \sum_{k=0}^{N} \boldsymbol{L}_k(\boldsymbol{x}(k), \boldsymbol{u}(k), k)$$

满足

$$\boldsymbol{x}(k+1) = f(\boldsymbol{x}(k), \boldsymbol{u}(k), k), \ \boldsymbol{x}(k) \in \boldsymbol{Z} \subset \mathbf{R}^n, \ \boldsymbol{u}(k) \in \boldsymbol{U} \subset \mathbf{R}^m$$

并且状态和控制取值在有界闭集时，一般来说，无法得到它的解析解。此时，可以用基本递推公式作数值计算，以便得到表格形式的最优控制及最优性能指标。

2. 乘积型性能指标的最优控制问题的递推公式

考虑如下乘积型性能指标的最优控制问题

$$\begin{aligned} &\min_{\boldsymbol{u}(\cdot)\in \boldsymbol{U}} J = \prod_{k=0}^{N} L(\boldsymbol{x}(k), \boldsymbol{u}(k), k) \\ &\text{s. t. } \boldsymbol{x}(k+1) = f(\boldsymbol{x}(k), \boldsymbol{u}(k), k), \ k = 0, \cdots, N-1 \end{aligned} \tag{6.16}$$

式中：n 维状态向量满足约束 $\boldsymbol{x}(k)\in\boldsymbol{Z}\subset\mathbf{R}^n$；$r$ 维控制向量(决策)满足约束 $\boldsymbol{u}(k)\in\boldsymbol{U}\subset\mathbf{R}^r$，$k=0, 1, \cdots N$；$\boldsymbol{Z}$ 与 $\boldsymbol{U}$ 为有界闭集，$f(\boldsymbol{x}(k), \boldsymbol{u}(k), k)$ 为 n 维向量函数。

类似于上节的推证过程，记始于 $x(0)$ 的最优性能指标表示为 $J^*(\boldsymbol{x}_0, 0)$，一般地，从任意状态 $\boldsymbol{x}(k)$ 起始的最优性指标记为 $J^*(\boldsymbol{x}(k), k)$。根据嵌入原理的基本思想，将确定始于 $\boldsymbol{x}(0)$ 的最小代价 $J^*(\boldsymbol{x}_0, 0)$ 的问题嵌入到确定始于 $\boldsymbol{x}(k)$ 的最小代价 $J^*(\boldsymbol{x}(k), k)$ 的问题之中，以使将多级决策过程化为多个单级决策过程。因此，转而研究如下问题：

$$\min_{\substack{\boldsymbol{u}(j)\in \boldsymbol{U} \\ j=k,\, k+1,\, \cdots,\, N}} J(\boldsymbol{x}(k, k)) = \prod_{j=k}^{N} L(\boldsymbol{x}(j), \boldsymbol{u}(j), j) \tag{6.17}$$

其中 $\boldsymbol{x}(k)$ 认为是固定的，状态方程为

$$\boldsymbol{x}(j+1) = f(\boldsymbol{x}(j), \boldsymbol{u}(j), j), \ j = k, k+1, \cdots, N-1 \tag{6.18}$$

同时满足状态和控制约束同上。

因此，始自第 k 级任一容许状态 $\boldsymbol{x}(k)\in\boldsymbol{Z}$ 的最小代价

$$\begin{aligned} J^*(\boldsymbol{x}(k), k) &= \min_{\boldsymbol{u}(k)\sim\boldsymbol{u}(N)} \left\{ \prod_{j=k}^{N} L(\boldsymbol{x}(j), \boldsymbol{u}(j), j) \right\} \\ &= \min_{\boldsymbol{u}(k)\sim\boldsymbol{u}(N)} \left\{ L(\boldsymbol{x}(k), \boldsymbol{u}(k), k) \cdot \prod_{j=k+1}^{N} L(\boldsymbol{x}(j), \boldsymbol{u}(j), j) \right\} \end{aligned} \tag{6.19}$$

式(6.19)中，右端括号中的第一项是第 k 级所付代价，第二项是从第 $k+1$ 级到第 N 级的性能指标之积。同样将上式中的求极小运算也分解为两部分，即从本级控制作用求极小，以及在剩余控制序列 $\{\boldsymbol{u}(k+1), \cdots, \boldsymbol{u}(N)\}$ 作用下求极小，即

$$J^*(\boldsymbol{x}(k), k) = \min_{\boldsymbol{u}(k)} \min_{\boldsymbol{u}(k+1)\sim \boldsymbol{u}(N)} \left\{ L(\boldsymbol{x}(k), \boldsymbol{u}(k), k) \cdot \prod_{j=k+1}^{N} L(\boldsymbol{x}(j), \boldsymbol{u}(j), j) \right\}$$

$$= \min_{\boldsymbol{u}(k)} \left\{ L(\boldsymbol{x}(k), \boldsymbol{u}(k), k) \cdot \min_{\boldsymbol{u}(k+1), \cdots, \boldsymbol{u}(N)} \prod_{j=k+1}^{N} L(\boldsymbol{x}(j), \boldsymbol{u}(j), j) \right\}$$

$$k = 0, 1, 2, \cdots, N-1 \qquad (6.20)$$

根据最小性能指标的定义，如下关系成立：

$$J^*(\boldsymbol{x}(k+1), k+1) = \min_{\boldsymbol{u}(k+1), \cdots, \boldsymbol{u}(N) \in \boldsymbol{U}} \prod_{j=k+1}^{N} L(\boldsymbol{x}(j), \boldsymbol{u}(j), j) \qquad (6.21)$$

将式(6.21)代入式(6.20)中，可得动态规划的基本递推方程为

$$J^*(\boldsymbol{x}(k), k) = \min_{\boldsymbol{u}(k) \in \boldsymbol{U}} L(\boldsymbol{x}(k), \boldsymbol{u}(k), k) \cdot J^*(\boldsymbol{x}(k+1), k+1)$$

$$k = 0, 1, 2, \cdots, N-1 \qquad (6.22)$$

式(6.22)表明，根据已知的 $J^*(\boldsymbol{x}(k+1), k+1)$，可以求出 $J^*(\boldsymbol{x}(k), k)$。因此，式(6.22)是最优性能指标的递推方程，通常称其为动态规划的基本递推方程，它是一种由最后一级开始，由后向前逆向的递推。

由式(6.19)可知，

$$J^*(\boldsymbol{x}(N), N) = \min_{\boldsymbol{u}(N) \in \boldsymbol{U}} \{ L(\boldsymbol{x}(N), \boldsymbol{u}(N), N) \} \qquad (6.23)$$

对于任何 $\boldsymbol{x}(N) \in \boldsymbol{Z}$，式(6.23)只是函数 $L(\boldsymbol{x}(N), \boldsymbol{u}(N), N)$ 对 $\boldsymbol{u}(N) \in \boldsymbol{U}$ 的最小化问题，这已经不是式(6.19)那样复杂的多极极小化问题了，于是首先对所有 $\boldsymbol{x}(N) \in \boldsymbol{Z}$，解优化问题(6.21)，然后，分别令 $k = N-1, N-2, \cdots, 1, 0$，应用递推方程式(6.22)逆向递推，依次算出

$$\begin{cases} J^*(\boldsymbol{x}(N-1), N-1) = \min\limits_{\boldsymbol{u}(N-1)} \{ L(\boldsymbol{x}(N-1), \boldsymbol{u}(N-1), N-1) \\ \qquad\qquad \cdot J^*(\boldsymbol{x}(N), N) \} \\ J^*(\boldsymbol{x}(N-2), N-2) = \min\limits_{\boldsymbol{u}(N-2)} \{ L(\boldsymbol{x}(N-2), \boldsymbol{u}(N-2), N-2) \\ \qquad\qquad \cdot J^*(\boldsymbol{x}(N-1), N-1) \} \\ \qquad \vdots \\ J^*(\boldsymbol{x}(0), 0) = \min\limits_{\boldsymbol{u}(0)} \{ L(\boldsymbol{x}(0), \boldsymbol{u}(0), 0) \cdot J^*(\boldsymbol{x}(1), 1) \} \end{cases} \qquad (6.24)$$

6.3　连续动态规划与 HJB 方程

本节要用动态规划方法解连续时间动态系统的最优控制问题，得出动态规划的连续形式，即 Hamilton-Jacobi-Bellman 方程(亦称 HJB 方程)。

1. 问题的提出

连续时间最优控制问题描述如下：

$$\min_{\boldsymbol{u}(\cdot)\in \boldsymbol{U}} J(\boldsymbol{u}(\cdot)) = S(\boldsymbol{x}(t_f), t_f) + \int_{t_0}^{t_f} L(\boldsymbol{x}(t), \boldsymbol{u}(t), t)\mathrm{d}t \tag{6.25}$$

满足

$$\dot{\boldsymbol{x}} = f(\boldsymbol{x}(t), \boldsymbol{u}(t), t) \tag{6.26}$$

其中：$\boldsymbol{x}(t)\in X\subset \mathbf{R}^n$，$\boldsymbol{u}(t)\in U\subset \mathbf{R}^m$，分别为状态向量和控制向量。

2. 离散化近似

将问题(6.25)和(6.26)离散化为如下的近似问题(h 足够小)

$$\min_{\boldsymbol{u}(\cdot)\in \boldsymbol{U}} J = S(\boldsymbol{x}(t_f), t_f) + h\sum_{k=0}^{N} L(\boldsymbol{x}(t), \boldsymbol{u}(t), t) + 0(h)$$

满足

$$\boldsymbol{x}(t+h) = \boldsymbol{x}(t) + hf(\boldsymbol{x}(t), \boldsymbol{u}(t), t) + 0(h)$$

其中 $t=t_0+kh$，$t_f=t_0+Nh$，得到如下近似多阶段决策问题：

$$\min_{\boldsymbol{u}(t)\in \boldsymbol{U}} \left\{ S(\boldsymbol{x}(t_0+Nh), t_0+Nh) + h\sum_{k=0}^{N} L(\boldsymbol{x}(t), \boldsymbol{u}(t), t) + 0(h) \right\}$$

满足

$$\boldsymbol{x}(t_0+kh+h) = \boldsymbol{x}(t_0+kh) + hf(\boldsymbol{x}(t_0+kh), \boldsymbol{u}(t_0+kh), t_0+kh) + 0(h) \tag{6.27}$$

由最优性原理得递推公式：

$$J^*(\boldsymbol{x}(t), t) = \min_{\boldsymbol{u}(t)\in \boldsymbol{U}} [hL(\boldsymbol{x}(t), \boldsymbol{u}(t), t) + J^*(\boldsymbol{x}(t+h), t+h)]$$

满足

$$\boldsymbol{x}(t+h) = \boldsymbol{x}(t) + hf(\boldsymbol{x}(t), \boldsymbol{u}(t), t) + 0(h)$$

其中 $J^*(\boldsymbol{x}(t), t)$ 为始自时刻 t 和状态 $\boldsymbol{x}(t)$ 的最优性能指标。假设 $J^*(\boldsymbol{x}(t+h), t+h)$ 对其自变量具有二阶连续偏导，则

$$J^*(\boldsymbol{x}(t+h), t+h) = J^*(\boldsymbol{x}(t), t) + \frac{\partial J^*}{\partial t}h + \frac{\partial J^*}{\partial \boldsymbol{x}}[\boldsymbol{x}(t+h) - \boldsymbol{x}(t)] + 0(h)$$

将上式代入递推公式，则有

$$J^*(\boldsymbol{x}(t), t) = \min_{\boldsymbol{u}(t)\in \boldsymbol{U}} \Big[J^*(\boldsymbol{x}(t), t) + h\Big(L(t) + \frac{\partial J^*}{\partial t}\Big) + \frac{\partial J^*}{\partial \boldsymbol{x}}[\boldsymbol{x}(t+h) - \boldsymbol{x}(t)] + 0(h) \Big]$$

上式两端同时除以 h，并取 h 趋于零的极限得

$$-\frac{\partial J^*}{\partial t} = \min_{\boldsymbol{u}(t)} \Big[L(\boldsymbol{x}(t), \boldsymbol{u}(t), t) + \frac{\partial J^*}{\partial \boldsymbol{x}^{\mathrm{T}}} f(\boldsymbol{x}(t), \boldsymbol{u}(t), t) \Big] \tag{6.28}$$

假设 $\boldsymbol{u}^*(t)$ 使得 $L(\boldsymbol{x}(t), \boldsymbol{u}(t), t) + \dfrac{\partial J^*}{\partial \boldsymbol{x}^{\mathrm{T}}} f(\boldsymbol{x}(t), \boldsymbol{u}(t), t)$ 达到全局最小，一般地

$\boldsymbol{u}^*(t)$是$\boldsymbol{x}(t)$、$\frac{\partial J^*}{\partial \boldsymbol{x}}$、$t$的函数，记为$\boldsymbol{u}^*(t)=\boldsymbol{u}^*\left(\boldsymbol{x}(t), \frac{\partial J^*}{\partial \boldsymbol{x}}, t\right)$，代入式(6.28)得到

$$-\frac{\partial J^*}{\partial t}=L\left(\boldsymbol{x}(t), \boldsymbol{u}^*\left(\boldsymbol{x}(t), \frac{\partial J^*}{\partial \boldsymbol{x}}, t\right), t\right)+\frac{\partial J^*}{\partial \boldsymbol{x}^{\mathrm{T}}} f\left(\boldsymbol{x}(t), \boldsymbol{u}^*\left(\boldsymbol{x}(t), \frac{\partial J^*}{\partial \boldsymbol{x}}, t\right), t\right)$$

边界条件： $$J^*(\boldsymbol{x}(t_f), t_f)=S(\boldsymbol{x}(t_f), t_f)$$

称以上方程和边界条件为 HJB 方程。

定理 6.2 如下带终端条件的 HJB 方程为

$$\begin{cases}\min\limits_{\boldsymbol{u}\in \boldsymbol{U}}\left\{\frac{\partial J}{\partial t}+\frac{\partial J}{\partial \boldsymbol{x}^{\mathrm{T}}} f(\boldsymbol{x}, \boldsymbol{u}, t)+L(\boldsymbol{x}, \boldsymbol{u}, t)\right\}=0 \\ J(t_f, \boldsymbol{x}(t_f))=S(\boldsymbol{x}(t_f), t_f)\end{cases} \tag{6.29}$$

(1) 若存在连续可微函数(或分片连续可微)$\boldsymbol{u}\left(\boldsymbol{x}, \frac{\partial J}{\partial t}, \frac{\partial J}{\partial \boldsymbol{x}}, t\right)$，使得

$$\frac{\partial J}{\partial t}+\frac{\partial J}{\partial \boldsymbol{x}^{\mathrm{T}}} f(\boldsymbol{x}, \boldsymbol{u}, t)+L(\boldsymbol{x}, \boldsymbol{u}, t)$$

达到极小；

(2) 若偏微分方程

$$\frac{\partial J}{\partial t}+\frac{\partial J}{\partial \boldsymbol{x}^{\mathrm{T}}} f\left(\boldsymbol{x}, \boldsymbol{u}\left(\boldsymbol{x}, \frac{\partial J}{\partial t}, \frac{\partial J}{\partial \boldsymbol{x}}, t\right)\right)+L\left(\boldsymbol{x}, \boldsymbol{u}\left(\boldsymbol{x}, \frac{\partial J}{\partial t}, \frac{\partial J}{\partial \boldsymbol{x}}, t\right)\right)=0$$

$$J(t_f, \boldsymbol{x}(t_f))=S(\boldsymbol{x}(t_f), t_f)$$

存在满足如下条件的解，即存在$J^*(t, \boldsymbol{x})$使得$J^*(t, \boldsymbol{x})$和

$$\boldsymbol{u}^*(x, t)=\boldsymbol{u}\left(\boldsymbol{x}, \frac{\partial J^*}{\partial t}, \frac{\partial J^*}{\partial \boldsymbol{x}}, t\right)$$

一起满足对任意的$\boldsymbol{v}\in \boldsymbol{U}_{[t_0, t_f]}$均有

$$\begin{aligned}\frac{\partial J^*}{\partial t}+\frac{\partial J^*}{\partial \boldsymbol{x}^{\mathrm{T}}} f(\boldsymbol{x}, \boldsymbol{v}, t)+L(\boldsymbol{x}, \boldsymbol{v}, t) &\geqslant \frac{\partial J^*}{\partial t}+\frac{\partial J^*}{\partial \boldsymbol{x}^{\mathrm{T}}} f(\boldsymbol{x}, \boldsymbol{u}^*, t)+L(\boldsymbol{x}, \boldsymbol{u}^*, t) \\ &=0\end{aligned} \tag{6.30}$$

$$J(t_f^*, \boldsymbol{x}(t_f^*))=S(\boldsymbol{x}(t_f^*), t_f)$$

并且对任意的$\boldsymbol{v}(t)\in \boldsymbol{U}_{[t_0, t_f]}$和其对应的解$\boldsymbol{x}(t)$使得

$$J^*(t_f, \boldsymbol{x}(t_f))=S(\boldsymbol{x}(t_f), t_f)$$

则 HJB 方程(6.29)存在解$(J^*(t, \boldsymbol{x}), u^*(t, \boldsymbol{x}))$，且它们为最优控制问题(6.25)和(6.26)的最优控制和最优性能指标。

证明 将$\boldsymbol{u}^*(t)\overset{\mathrm{def}}{=}\boldsymbol{u}\left(\boldsymbol{x}, \frac{\partial J^*}{\partial t}, \frac{\partial J^*}{\partial \boldsymbol{x}}, t\right)$代入式(6.26)中，记其解为

$$\boldsymbol{x}^*(t; t_0, \boldsymbol{x}_0)$$

令

$$\boldsymbol{u}^*(t)=\boldsymbol{u}^*(\boldsymbol{x}^*(t;\boldsymbol{x}_0,t_0),t)$$

则 $\boldsymbol{u}^*(t)$和 $\boldsymbol{x}^*(t;t_0,\boldsymbol{x}_0)$一起满足

$$\frac{\mathrm{d}\boldsymbol{x}^*(t;t_0,\boldsymbol{x}_0)}{\mathrm{d}t}=f(\boldsymbol{x}^*(t;t_0,\boldsymbol{x}_0),\boldsymbol{u}^*(t),t)$$

$$\boldsymbol{x}^*(t_0;t_0,\boldsymbol{x}_0)=\boldsymbol{x}_0$$

和

$$\frac{\partial J^*}{\partial t}+\frac{\partial J^*}{\partial \boldsymbol{x}^{\mathrm{T}}}f(\boldsymbol{x}^*,\boldsymbol{u}^*,t)+L(\boldsymbol{x}^*,\boldsymbol{u}^*,t)=0$$

$$J(t_f,\boldsymbol{x}^*(t_f))=S(\boldsymbol{x}^*(t_f),t_f)$$

即

$$\frac{\mathrm{d}J^*(t,\boldsymbol{x}^*(t;t_0,\boldsymbol{x}_0))}{\mathrm{d}t}+L(\boldsymbol{x}^*,\boldsymbol{u}^*,t)=0,$$

$$J(t_f,\boldsymbol{x}^*(t_f))=S(\boldsymbol{x}^*(t_f),t_f)$$

从 t_0 到 t_f 积分上面微分方程式得

$$J^*(t_0,\boldsymbol{x}(t_0))\overset{\mathrm{def}}{=}J^*(t_0,\boldsymbol{x}^*(t_0;t_0,\boldsymbol{x}_0))$$
$$=S(\boldsymbol{x}^*(t_f),t_f)+\int_{t_0}^{t_f}L(\boldsymbol{x}^*(t;t_0,\boldsymbol{x}_0),\boldsymbol{u}^*(t),t)\mathrm{d}t \quad (6.31)$$

对任意的 $\boldsymbol{v}\in\boldsymbol{U}_{[t_0,t_f]}$，记式(6.26)对应于 $\boldsymbol{v}(t)$的解为 $\boldsymbol{x}(t)$，即

$$\dot{\boldsymbol{x}}=f(\boldsymbol{x}(t),\boldsymbol{v}(t),t),\quad \boldsymbol{x}(t_0)=\boldsymbol{x}_0 \quad (6.32)$$

显然$(\boldsymbol{x}(t),\boldsymbol{v}(t))$在$[t_0,t_f]$上是确定的，对这组解$(\boldsymbol{x}(t),\boldsymbol{v}(t))$，不等式(6.30)亦成立，即

$$\frac{\partial J^*}{\partial t}+\frac{\partial J^*}{\partial \boldsymbol{x}^{\mathrm{T}}}f(\boldsymbol{x},\boldsymbol{v},t)+L(\boldsymbol{x},\boldsymbol{v},t)\geqslant 0 \quad (6.33)$$

且

$$J^*(t_f,\boldsymbol{x}(t_f))=S(\boldsymbol{x}(t_f),t_f)$$

由式(6.32)和式(6.33)得

$$\frac{\mathrm{d}J^*(t,\boldsymbol{x}(t))}{\mathrm{d}t}+L(\boldsymbol{x},\boldsymbol{v},t)\geqslant 0,\ J^*(t_f,\boldsymbol{x}(t_f))=S(\boldsymbol{x}(t_f),t_f)$$

从 t_0 到 t_f 积分上面微分方程式得

$$S(\boldsymbol{x}(t_f),t_f)+\int_{t_0}^{t_f}L(\boldsymbol{x}(t;t_0,\boldsymbol{x}_0),\boldsymbol{v}(t),t)\mathrm{d}t-J^*(t_0,\boldsymbol{x}(t_0))\geqslant 0$$

将式(6.31)代入上式得

$$S(\boldsymbol{x}(t_f),t_f)+\int_{t_0}^{t_f}L(\boldsymbol{x}(t;t_0,\boldsymbol{x}_0),\boldsymbol{v}(t))\mathrm{d}t$$
$$\geqslant S(\boldsymbol{x}^*(t_f^*),t_f)+\int_{t_0}^{t_f}L(\boldsymbol{x}^*(t;t_0,\boldsymbol{x}_0),\boldsymbol{u}^*(t))\mathrm{d}t$$

即 $\boldsymbol{u}^*(t)$是最优控制问题(6.25)和(6.26)的最优控制。

3. HJB 方程与极大值原理关系

HJB 方程是最优控制的充分条件，而极大值原理仅是最优控制的必要条件。以下论证从 HJB 方程推出极大值原理在同样条件下的结论。

对于如下最优控制问题

$$\min J = S(\boldsymbol{x}(t_f), t_f) + \int_{t_0}^{t_f} L(\boldsymbol{x}(t), \boldsymbol{u}(t), t)\mathrm{d}t \tag{6.34}$$

满足$\dot{\boldsymbol{x}} = f(\boldsymbol{x}(t), \boldsymbol{u}(t), t)$，$\boldsymbol{x}(t_0) = \boldsymbol{x}_0$，$\boldsymbol{u}(t) \in \boldsymbol{U}$，$\boldsymbol{U}$ 为有界闭集。

令 $H(\boldsymbol{x}, \boldsymbol{u}, \boldsymbol{\lambda}, t) = L(\boldsymbol{x}, \boldsymbol{u}, t) + \boldsymbol{\lambda}^{\mathrm{T}}(t) f(\boldsymbol{x}, \boldsymbol{u}, t)$，记 $\boldsymbol{\lambda}(t) = \dfrac{\partial J^*}{\partial \boldsymbol{x}}$，则泛函的偏微分方程为

$$-\frac{\partial J^*}{\partial t} = H^*\left(\boldsymbol{x}(t), \frac{\partial J^*}{\partial \boldsymbol{x}}, t\right) = H^*(\boldsymbol{x}(t), \boldsymbol{\lambda}(t), \boldsymbol{u}^*(t), t)$$

其中：

$$-\frac{\partial J^*}{\partial t} = \min_{\boldsymbol{u}(t) \in \boldsymbol{U}} H^*(\boldsymbol{x}(t), \boldsymbol{\lambda}(t), \boldsymbol{u}(t), t) = H^*(\boldsymbol{x}(t), \boldsymbol{u}^*(t), t)$$

在这里说明一下，在保持 $\boldsymbol{x}$、$\boldsymbol{\lambda}$、t 不变的情况下，选择 $\boldsymbol{u}^*(t)$使 H 取全局最小值，就是极大值原理中的极值条件，由此可知$\boldsymbol{u}^*(t) = \boldsymbol{u}^*(\boldsymbol{x}, \boldsymbol{\lambda}, t) = \boldsymbol{u}^*\left(\boldsymbol{x}, \dfrac{\partial J^*}{\partial \boldsymbol{x}}, t\right)$，易得

$$\dot{\boldsymbol{x}} = \frac{\partial H}{\partial \boldsymbol{\lambda}} = f(\boldsymbol{x}, \boldsymbol{u}^*, t)$$

由 $\boldsymbol{\lambda}(t) = \dfrac{\partial J^*}{\partial \boldsymbol{x}}$得

$$\begin{aligned}
\frac{\mathrm{d}\boldsymbol{\lambda}}{\mathrm{d}t} &= \frac{\mathrm{d}}{\mathrm{d}t}\left(\frac{\partial J^*}{\partial \boldsymbol{x}}\right) = \frac{\partial^2 J^*}{\partial \boldsymbol{x} \partial t} + \frac{\partial^2 J^*}{\partial \boldsymbol{x}^2}\dot{\boldsymbol{x}} = \frac{\partial}{\partial \boldsymbol{x}}\left(\frac{\partial J^*}{\partial t}\right) + \frac{\partial^2 J^*}{\partial \boldsymbol{x}^2} f \\
&= \frac{\partial}{\partial \boldsymbol{x}}\left(-L(\boldsymbol{x}, \boldsymbol{u}, t) - \frac{\partial J^*}{\partial \boldsymbol{x}^{\mathrm{T}}} f\right) + \frac{\partial^2 J^*}{\partial \boldsymbol{x}^2} f \\
&= -\frac{\partial}{\partial \boldsymbol{x}} L - \frac{\partial^2 J^*}{\partial \boldsymbol{x}^2} f - \frac{\partial f}{\partial \boldsymbol{x}^{\mathrm{T}}} \frac{\partial J^*}{\partial \boldsymbol{x}} + \frac{\partial^2 J^*}{\partial \boldsymbol{x}^2} f \\
&= -\frac{\partial}{\partial \boldsymbol{x}} L - \frac{\partial f}{\partial \boldsymbol{x}^{\mathrm{T}}} \frac{\partial J^*}{\partial \boldsymbol{x}} = -\frac{\partial H}{\partial \boldsymbol{x}}
\end{aligned}$$

由边界条件 $J^*(\boldsymbol{x}(t_f), t_f) = S(\boldsymbol{x}(t_f), t_f)$得

$$\boldsymbol{\lambda}(t_f) = \frac{\partial J^*(\boldsymbol{x}(t_f), t_f)}{\partial \boldsymbol{x}(t_f)} = \frac{\partial S(\boldsymbol{x}(t_f), t_f)}{\partial \boldsymbol{x}(t_f)}$$

例 6.3　求解如下最优控制问题

$$\min_{u(\cdot)\in U} J = \frac{1}{2}\int_0^{\infty} (\boldsymbol{x}^{\mathrm{T}}\boldsymbol{Q}\boldsymbol{x} + \gamma u^2)\mathrm{d}t$$

$$\text{s. t. } \dot{\boldsymbol{x}} = \boldsymbol{A}\boldsymbol{x} + \boldsymbol{b}u,\ \boldsymbol{x}(0) = \boldsymbol{x}_0$$

其中 $\boldsymbol{A}\in\boldsymbol{R}^{n\times n}$，$\boldsymbol{b}\in\boldsymbol{R}^n$，$\boldsymbol{Q}^{\mathrm{T}}=\boldsymbol{Q}$，$\gamma>0$。

解　Hamilton 函数

$$H(\boldsymbol{x}, u, \boldsymbol{\lambda}, t) = \frac{1}{2}(\boldsymbol{x}^{\mathrm{T}}\boldsymbol{Q}\boldsymbol{x} + \gamma u^2) + \boldsymbol{\lambda}^{\mathrm{T}}(\text{中 } \boldsymbol{A}\boldsymbol{x} + \boldsymbol{b}u)$$

由$\dfrac{\partial H}{\partial u}=0$ 知

$$\gamma u + \boldsymbol{b}^{\mathrm{T}}\boldsymbol{\lambda} = 0,\ \boldsymbol{u} = -\gamma^{-1}\boldsymbol{b}^{\mathrm{T}}\boldsymbol{\lambda}$$

代入到 Hamilton 函数

$$H^*(\boldsymbol{x}, \boldsymbol{\lambda}, t) = \frac{1}{2}\boldsymbol{x}^{\mathrm{T}}\boldsymbol{Q}\boldsymbol{x} + \boldsymbol{\lambda}\boldsymbol{A}\boldsymbol{x} - \frac{1}{2}\gamma^{-1}\boldsymbol{\lambda}^{\mathrm{T}}\boldsymbol{b}\boldsymbol{b}^{\mathrm{T}}\boldsymbol{\lambda}$$

因为受控系统是 LTIS，$\boldsymbol{Q}$、γ 是常数阵和常数，并且积分无穷大，所以 J^* 只依赖于初始状态，与 t 无关，故$\dfrac{\partial J^*}{\partial t}=0$，所以 HJB 方程为

$$\frac{1}{2}\boldsymbol{x}^{\mathrm{T}}\boldsymbol{Q}\boldsymbol{x} + \frac{\partial J^*}{\partial \boldsymbol{x}^{\mathrm{T}}}\boldsymbol{A}\boldsymbol{x} - \frac{1}{2}\gamma^{-1}\left(\frac{\partial J^*}{\partial \boldsymbol{x}}\boldsymbol{b}\right)^2 = 0$$

此为一阶非线性微分方程。不妨设 $J^*(\boldsymbol{x}(t))=\dfrac{1}{2}\boldsymbol{x}^{\mathrm{T}}\boldsymbol{P}\boldsymbol{x}$，代入 HJB 方程得

$$\frac{1}{2}\boldsymbol{x}^{\mathrm{T}}[\boldsymbol{Q} + \boldsymbol{P}^{\mathrm{T}}\boldsymbol{A} + \boldsymbol{A}^{\mathrm{T}}\boldsymbol{P} - \boldsymbol{P}^{\mathrm{T}}\boldsymbol{b}\boldsymbol{b}^{\mathrm{T}}\boldsymbol{P}\gamma^{-1}]\boldsymbol{x} = 0$$

易知 $\boldsymbol{P}^{\mathrm{T}}=\boldsymbol{P}$，故 $\boldsymbol{P}$ 满足如下 Riccati 方程：

$$\boldsymbol{Q} + \boldsymbol{P}\boldsymbol{A} + \boldsymbol{A}^{\mathrm{T}}\boldsymbol{P} - \boldsymbol{P}^{\mathrm{T}}\boldsymbol{b}\gamma^{-1}\boldsymbol{b}^{\mathrm{T}}\boldsymbol{P} = 0$$

最优控制为

$$u^* = -\gamma^{-1}\boldsymbol{b}^{\mathrm{T}}\boldsymbol{P}\boldsymbol{x} = -\gamma^{-1}\boldsymbol{b}^{\mathrm{T}}\frac{\partial J^*}{\partial \boldsymbol{x}}$$

它是状态反馈闭环形式。

例 6.4　设状态方程为

$$\dot{x} = u,\ x(t_0) = x_0$$

其中 $x\in\mathbf{R}$，$u\in\mathbf{R}$，性能指标为

$$J = \int_{t_0}^{t_f}\left(x^2 + u^2 + \frac{1}{4}x^4\right)\mathrm{d}t$$

求该最优控制问题的最优解。

解　带终端条件的 Bellman 方程为

$$\frac{\partial J}{\partial t} = -\min_{u\in U}\left\{\frac{\partial J}{\partial x}u + x^2 + u^2 + \frac{1}{2}x^4\right\},\ J(t_f, x(t_f)) = 0$$

由此易得

$$u = -\frac{1}{2}\frac{\partial J}{\partial x}$$

使$\frac{\partial J}{\partial x}u + x^2 + u^2 + \frac{1}{2}x^4$关于$u$达到极小。将其代入 HJB 方程可得

$$\frac{\partial J}{\partial t} = \frac{1}{4}\left(\frac{\partial J}{\partial x}\right)^2 - x^2 - \frac{1}{2}x^4\Big\},\ J(t_f,\ x(t_f)) = 0$$

从上式一阶偏微分方程求出最优性能指标J^*后，便可求得最优控制u^*。

习　　题

6－1　题 6.1 图为城市交通线路(网络)，x_0为始发站，求经过中间的三个车站到达终点的三个车站中的任何一个线路使所用时间最小，并表出最优值函数$J[x_i,\ k]$，$k=1$，2。

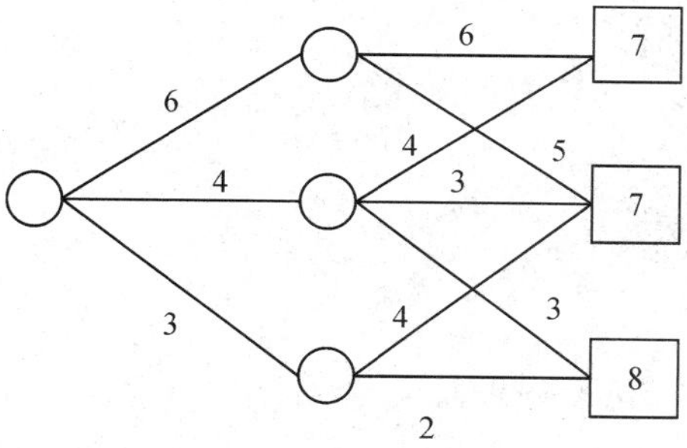

题 6.1 图　城市交通线路

6－2　设一个正数c，要求剖分为N份，试用动态规划研究怎样的剖分方案可使N份的乘积为最大。

6－3　已知系统状态空间表达式为

$$x(k+1) = x(k) + 0.1(x^2(k) + u(k)),\ x(0) = 3$$

求$u^*(0)$、$u^*(1)$，使

$$J = \sum_{k=0}^{1} | x(k) - 3u(k) |$$

取最小。

6－4　已知系统状态空间表达式为

$$x(k+1) = fx(k) + eu(k)$$

求最优控制序列$\{u^*(k)\}$，使性能指标

$$J=\sum_{k=0}^{2}\left[x^{2}(k)+cu^{2}(k)\right]$$

最小，其中 f、e、c 均为常数。

6-5　已知系统状态空间表达式为$\dot{x}=u$，$x(0)=x_0$，t_f 可动，求反馈控制使

$$J=\int_{0}^{t_f}\left(\frac{1}{2}x^{2}+\frac{1}{2}ru^{2}\right)\mathrm{d}t$$

取极大值(其中 $r>0$，r 为常数)。

第七章　线性二次型理论

对于线性系统，若取状态变量和控制变量的二次函数积分作为性能指标，则这种动态系统最优控制问题称为线性系统二次型性能指标的最优控制问题，简称为线性二次型最优控制问题或线性二次型问题(亦称 Linear Quadratic Pnoblem，简称 LQ 问题)。由于线性二次型问题的最优控制是一个简单的线性状态反馈控制，其最优反馈增益矩阵的解可以化为 Riccati 方程来求，最优状态可以用解析表达式表示出来，而许多实际最优控制问题在其工作点附近可以近似为线性二次型问题，因而线性二次型理论在实际工程问题中得到广泛应用。

7.1　线性二次型问题及其分类

1. LQ 问题定义

设线性时变系统为

$$\dot{\boldsymbol{x}} = \boldsymbol{A}(t)\boldsymbol{x} + \boldsymbol{B}(t)\boldsymbol{u},\ \boldsymbol{y} = \boldsymbol{C}(t)\boldsymbol{x}(t) + \boldsymbol{D}(t)\boldsymbol{u}(t) \tag{7.1}$$

其中 $\boldsymbol{x}(t)$、$\boldsymbol{u}(t)$和 $\boldsymbol{y}(t)$分别是 n 维、r 维、m 维状态向量、控制向量和输出向量，$\boldsymbol{A}(t)$、$\boldsymbol{B}(t)$、$\boldsymbol{C}(t)$是适当维数时变矩阵，$0<m\leqslant r\leqslant n$，$\boldsymbol{u}(t)$是平方可积的函数且不受约束，$\boldsymbol{y}_r(t)$表示理想输出，$\boldsymbol{e}(t)=\boldsymbol{y}_r(t)-\boldsymbol{y}(t)$称为误差向量，寻找最优控制 $\boldsymbol{u}(t)$，使得如下二次型性能指标：

$$J[\boldsymbol{u}(\cdot)] = \frac{1}{2}\boldsymbol{e}^{\mathrm{T}}(t)\boldsymbol{F}\boldsymbol{e}(t) + \frac{1}{2}\int_{t_0}^{T}[\boldsymbol{e}^{\mathrm{T}}(t)\boldsymbol{Q}(t)\boldsymbol{e}(t) + \boldsymbol{u}^{\mathrm{T}}(t)\boldsymbol{R}(t)\boldsymbol{u}(t)]\mathrm{d}t \tag{7.2}$$

为最小，其中 $\boldsymbol{F}$、$\boldsymbol{Q}(t)$为非负定矩阵，$\boldsymbol{R}(t)>0$ 为正定矩阵，T 是终端时间。

假设 1　$\boldsymbol{A}(t)$、$\boldsymbol{B}(t)$、$\boldsymbol{C}(t)$、$\boldsymbol{D}(t)$、$\boldsymbol{Q}(t)$、$\boldsymbol{R}(t)$均是 t 的连续时间函数，且所有矩阵函数及 $\boldsymbol{R}^{-1}(t)$均是有界的。

2. 问题分类

根据参考信号类型不同，我们将 LQ 问题分为最优调节问题和最优跟踪问题。当 $\boldsymbol{y}_r(t)\equiv 0$，$-\boldsymbol{e}(t)=\boldsymbol{y}(t)$时，问题(7.1)和(7.2)称为线性二次型最优输出调节器；当 $\boldsymbol{y}_r(t)\equiv 0$，$\boldsymbol{C}(t)=\boldsymbol{I}$，$\boldsymbol{D}(t)=0$ 时，则 $-\boldsymbol{e}(t)=\boldsymbol{y}(t)=\boldsymbol{x}(t)$，问题(7.1)和(7.2)称为线性二次型最优状态调节器；当 $\boldsymbol{y}_r(t)\neq 0$ 时，问题(7.1)和(7.2)称为

线性二次型最优输出跟踪器问题；若 $\boldsymbol{C}(t)=\boldsymbol{I}$，$\boldsymbol{D}(t)=0$，则问题(7.1)和(7.2)称为线性二次型最优状态跟踪器问题。

根据 T 为有限或无限，问题(7.1)和(7.2)分别分为有限时间线性二次型和无限时间线性二次型问题。

根据矩阵 $\boldsymbol{A}(t)$、$\boldsymbol{B}(t)$、$\boldsymbol{C}(t)$、$\boldsymbol{D}(t)$、$\boldsymbol{Q}(t)$、$\boldsymbol{R}(t)$是否是 t 的连续时间函数，问题(7.1)和(7.2)分为时变线性二次型问题和时不变线性二次型问题。即当 $\boldsymbol{A}(t)$、$\boldsymbol{B}(t)$、$\boldsymbol{C}(t)$、$\boldsymbol{D}(t)$、$\boldsymbol{Q}(t)$、$\boldsymbol{R}(t)$均是时不变矩阵时，该问题称为时不变线性二次型问题，否则称为时变线性二次型问题。

7.2 有限时间状态调节器

问题 7.1 有限时间状态最优调节器问题如下：

$$\min_{u(\cdot)} J=\frac{1}{2}\boldsymbol{x}^{\mathrm{T}}(T)\boldsymbol{F}\boldsymbol{x}(T)+\frac{1}{2}\int_{t_0}^{T}[\boldsymbol{x}^{\mathrm{T}}Q(t)\boldsymbol{x}+\|\boldsymbol{u}(t)\|_{R(t)}^{2}]\mathrm{d}t \tag{7.3}$$

满足 $\dot{\boldsymbol{x}}=\boldsymbol{A}(t)\boldsymbol{x}+\boldsymbol{B}(t)\boldsymbol{u}$，$\boldsymbol{x}(t_0)=\boldsymbol{x}_0$。

定理 7.1 问题(7.3)满足假设 1，当 $T<\infty$，则 $\boldsymbol{u}^*(t)$是问题(7.3)的最优控制的充要条件是

$$\boldsymbol{u}^*=-\boldsymbol{R}^{-1}\boldsymbol{B}^{\mathrm{T}}\boldsymbol{P}(t)\boldsymbol{x}^*(t)$$

其中 $\boldsymbol{x}^*(t)$是最优控制对应的最优状态轨线，$\boldsymbol{P}(t)$满足如下的 Riccati 微分方程和边界条件

$$\begin{cases}\dot{\boldsymbol{P}}(t)=-\boldsymbol{P}(t)\boldsymbol{A}(t)-\boldsymbol{A}^{\mathrm{T}}(t)\boldsymbol{P}(t)+\boldsymbol{P}(t)\boldsymbol{B}(t)\boldsymbol{R}^{-1}(t)\boldsymbol{B}^{\mathrm{T}}(t)\boldsymbol{P}(t)-\boldsymbol{Q}(t)\\ \boldsymbol{P}(T)=\boldsymbol{F}\end{cases} \tag{7.4}$$

证明 （必要性）令

$$H(\boldsymbol{x},\boldsymbol{\lambda},\boldsymbol{u})=\frac{1}{2}\boldsymbol{x}^{\mathrm{T}}\boldsymbol{Q}(t)\boldsymbol{x}+\frac{1}{2}\boldsymbol{u}^{\mathrm{T}}\boldsymbol{R}(t)\boldsymbol{u}+\boldsymbol{\lambda}^{\mathrm{T}}(\boldsymbol{A}(t)\boldsymbol{x}+\boldsymbol{B}(t)\boldsymbol{u})$$

由极大值原理可知最优控制为

$$\boldsymbol{u}^*=-\boldsymbol{R}^{-1}(t)\boldsymbol{B}^{\mathrm{T}}(t)\boldsymbol{\lambda}(t) \tag{7.5}$$

又因为$\dfrac{\partial^2 H}{\partial \boldsymbol{u}^2}=\boldsymbol{R}(t)>0$，所以上式 $\boldsymbol{u}^*(t)$使得 H 达到极小。

由状态方程和协状态方程

$$\dot{\boldsymbol{x}}=\boldsymbol{A}(t)\boldsymbol{x}-\boldsymbol{B}\boldsymbol{R}^{-1}\boldsymbol{B}^{\mathrm{T}}\boldsymbol{\lambda}(t)$$

$$\dot{\boldsymbol{\lambda}}=-\boldsymbol{Q}\boldsymbol{x}-\boldsymbol{A}^{\mathrm{T}}\boldsymbol{\lambda}$$

$$\boldsymbol{x}(t_0) = \boldsymbol{x}_0$$

$$\boldsymbol{\lambda}(T) = \boldsymbol{F}\boldsymbol{x}(T)$$

得到

$$\begin{bmatrix} \dot{\boldsymbol{x}} \\ \dot{\boldsymbol{\lambda}} \end{bmatrix} = \begin{bmatrix} \boldsymbol{A}(t) & \boldsymbol{S}(t) \\ -\boldsymbol{Q}(t) & \boldsymbol{A}^{\mathrm{T}}(t) \end{bmatrix} \begin{bmatrix} \boldsymbol{x}(t) \\ \boldsymbol{\lambda}(t) \end{bmatrix} \tag{7.6}$$

式(7.6)的解可以表示为

$$\begin{bmatrix} \boldsymbol{x}(t) \\ \boldsymbol{\lambda}(t) \end{bmatrix} = \boldsymbol{\Omega}(t,\ t_0) \begin{bmatrix} \boldsymbol{x}(t_0) \\ \boldsymbol{\lambda}(t_0) \end{bmatrix} \tag{7.7}$$

其中 $\boldsymbol{\Omega}(t,\ t_0) = \begin{bmatrix} \boldsymbol{\Omega}_{11}(t,\ t_0) & \boldsymbol{\Omega}_{12}(t,\ t_0) \\ \boldsymbol{\Omega}_{21}(t,\ t_0) & \boldsymbol{\Omega}_{22}(t,\ t_0) \end{bmatrix}$为式(7.6)的状态转移矩阵。

当 $t=T$ 时，由式(7.7)得

$$\begin{aligned} \begin{bmatrix} \boldsymbol{x}(T) \\ \boldsymbol{\lambda}(T) \end{bmatrix} &= \boldsymbol{\Omega}(T,\ t_0) \begin{bmatrix} \boldsymbol{x}(t_0) \\ \boldsymbol{\lambda}(t_0) \end{bmatrix} \\ &= \begin{bmatrix} \boldsymbol{\Omega}_{11}(T,\ t_0) & \boldsymbol{\Omega}_{12}(T,\ t_0) \\ \boldsymbol{\Omega}_{21}(T,\ t_0) & \boldsymbol{\Omega}_{22}(T,\ t_0) \end{bmatrix} \begin{bmatrix} \boldsymbol{x}(t_0) \\ \boldsymbol{\lambda}(t_0) \end{bmatrix} \end{aligned} \tag{7.8}$$

注意到 $\boldsymbol{\lambda}(T) = \boldsymbol{F}\boldsymbol{x}(T)$，由式(7.8)得

$$\begin{aligned} \boldsymbol{\lambda}(t) &= (\boldsymbol{\Omega}_{22}(T,\ t) - \boldsymbol{F}\boldsymbol{\Omega}_{12}(T,\ t))^{-1} [\boldsymbol{F}\boldsymbol{\Omega}_{11}(T,\ t) - \boldsymbol{\Omega}_{21}(T,\ t)] \boldsymbol{x}(t) \\ &\triangleq \boldsymbol{P}(t)\boldsymbol{x}(t) \end{aligned} \tag{7.9}$$

可以证明$(\boldsymbol{\Omega}_{22}(T,\ t) - \boldsymbol{F}\boldsymbol{\Omega}_{12}(T,\ t))$的逆是存在的，所以最优控制为

$$\boldsymbol{u}^*(t) = -\boldsymbol{R}^{-1}\boldsymbol{B}^{\mathrm{T}}\boldsymbol{P}(t)\boldsymbol{x}^*(t) \triangleq \boldsymbol{K}(t)\boldsymbol{x}^*(t) \tag{7.10}$$

是状态反馈，由 $\boldsymbol{\lambda}(t) \triangleq \boldsymbol{P}(t)\boldsymbol{x}(t)$可得

$$\dot{\boldsymbol{\lambda}} = \dot{\boldsymbol{P}}(t)\boldsymbol{x}(t) + \boldsymbol{P}(t)\dot{\boldsymbol{x}}(t) \tag{7.11}$$

由式(7.11)和式(7.6)得 $\boldsymbol{P}(t)$满足如下微分 Riccati 方程：

$$\begin{aligned} \dot{\boldsymbol{P}}(t) &= -\boldsymbol{P}(t)\boldsymbol{A}(t) - \boldsymbol{A}^{\mathrm{T}}(t)\boldsymbol{P}(t) + \boldsymbol{P}(t)\boldsymbol{B}(t)\boldsymbol{R}^{-1}(t)\boldsymbol{B}^{\mathrm{T}}(t)\boldsymbol{P}(t) - \boldsymbol{Q}(t) \\ \boldsymbol{P}(T) &= \boldsymbol{F} \geqslant 0 \end{aligned} \tag{7.12}$$

充分性：

设 $\boldsymbol{u}^*(t) = -\boldsymbol{R}^{-1}\boldsymbol{B}^{\mathrm{T}}\boldsymbol{P}(t)\boldsymbol{x}(t)$，且 $\boldsymbol{P}(t)$满足微分 Riccati 方程，考虑标量函数

$$V(x,\ t) = \frac{1}{2}\boldsymbol{x}^{\mathrm{T}}(t)\boldsymbol{P}(t)\boldsymbol{x}(t)$$

对它求全导数得到

$$\frac{\mathrm{d}V}{\mathrm{d}t} = \frac{1}{2}\boldsymbol{x}^{\mathrm{T}}(t)\dot{\boldsymbol{P}}(t)\boldsymbol{x}(t) + \frac{1}{2}\boldsymbol{x}^{\mathrm{T}}\boldsymbol{P}(\boldsymbol{A}\boldsymbol{x} + \boldsymbol{B}\boldsymbol{u}) + \frac{1}{2}(\boldsymbol{A}\boldsymbol{x} + \boldsymbol{B}\boldsymbol{u})^{\mathrm{T}}\boldsymbol{P}\boldsymbol{x}$$

$$= \frac{1}{2}\boldsymbol{x}^{\mathrm{T}}(t)[-\boldsymbol{PA}-\boldsymbol{A}^{\mathrm{T}}\boldsymbol{P}+\boldsymbol{PBR}^{-1}\boldsymbol{B}^{\mathrm{T}}\boldsymbol{P}-\boldsymbol{Q}]\boldsymbol{x}+\frac{1}{2}\boldsymbol{x}^{\mathrm{T}}\boldsymbol{P}(\boldsymbol{Ax}+\boldsymbol{Bu})$$

$$+\frac{1}{2}(\boldsymbol{Ax}+\boldsymbol{Bu})^{\mathrm{T}}\boldsymbol{Px}$$

$$=-\frac{1}{2}\boldsymbol{x}^{\mathrm{T}}\boldsymbol{Qx}-\frac{1}{2}\boldsymbol{u}^{\mathrm{T}}\boldsymbol{Ru}+\frac{1}{2}\boldsymbol{u}^{\mathrm{T}}\boldsymbol{Ru}+\frac{1}{2}\boldsymbol{u}^{\mathrm{T}}\boldsymbol{B}^{\mathrm{T}}\boldsymbol{Px}+\left(\frac{1}{2}\boldsymbol{u}^{\mathrm{T}}\boldsymbol{B}^{\mathrm{T}}\boldsymbol{Px}\right)^{\mathrm{T}}$$

$$+\frac{1}{2}\boldsymbol{x}^{\mathrm{T}}\boldsymbol{PBR}^{-1}\boldsymbol{B}^{\mathrm{T}}\boldsymbol{Px}$$

$$=-\frac{1}{2}\boldsymbol{x}^{\mathrm{T}}\boldsymbol{Qx}-\frac{1}{2}\boldsymbol{u}^{\mathrm{T}}\boldsymbol{Ru}+\frac{1}{2}(\boldsymbol{u}+\boldsymbol{R}^{-1}\boldsymbol{B}^{\mathrm{T}}\boldsymbol{Px})^{\mathrm{T}}\boldsymbol{R}(\boldsymbol{u}+\boldsymbol{R}^{-1}\boldsymbol{B}^{\mathrm{T}}\boldsymbol{Px}) \tag{7.13}$$

对式(7.13)两端积分得

$$\int_{t_0}^{T}\frac{\mathrm{d}V}{\mathrm{d}t}\mathrm{d}t=-\frac{1}{2}\int_{t_0}^{T}[\boldsymbol{x}^{\mathrm{T}}\boldsymbol{Qx}+\boldsymbol{u}^{\mathrm{T}}\boldsymbol{Ru}]\mathrm{d}t$$

$$+\frac{1}{2}\int_{t_0}^{T}[(\boldsymbol{u}+\boldsymbol{R}^{-1}\boldsymbol{B}^{\mathrm{T}}\boldsymbol{Px})^{\mathrm{T}}\boldsymbol{R}(\boldsymbol{u}+\boldsymbol{R}^{-1}\boldsymbol{B}^{\mathrm{T}}\boldsymbol{Px})]\mathrm{d}t$$

$$=\frac{1}{2}\boldsymbol{x}^{\mathrm{T}}(T)\boldsymbol{P}(T)\boldsymbol{x}(T)-\frac{1}{2}\boldsymbol{x}^{\mathrm{T}}(t_0)\boldsymbol{P}(t_0)\boldsymbol{x}(t_0) \tag{7.14}$$

由式(7.14)得到

$$\frac{1}{2}\boldsymbol{x}^{\mathrm{T}}(t_0)\boldsymbol{P}(t_0)\boldsymbol{x}(t_0)=\frac{1}{2}\boldsymbol{x}^{\mathrm{T}}(T)\boldsymbol{Fx}(T)+\frac{1}{2}\int_{t_0}^{T}[\boldsymbol{x}^{\mathrm{T}}\boldsymbol{Qx}+\boldsymbol{u}^{\mathrm{T}}\boldsymbol{Ru}]\mathrm{d}t$$

$$-\frac{1}{2}\int_{t_0}^{T}[(\boldsymbol{u}+\boldsymbol{R}^{-1}\boldsymbol{B}^{\mathrm{T}}\boldsymbol{Px})^{\mathrm{T}}\boldsymbol{R}(\boldsymbol{u}+\boldsymbol{R}^{-1}\boldsymbol{B}^{\mathrm{T}}\boldsymbol{Px})]\mathrm{d}t$$

由式(7.3)和上式可得

$$J=\frac{1}{2}\boldsymbol{x}^{\mathrm{T}}(t_0)\boldsymbol{P}(t_0)\boldsymbol{x}(t_0)+\frac{1}{2}\int_{t_0}^{T}[(\boldsymbol{u}+\boldsymbol{R}^{-1}\boldsymbol{B}^{\mathrm{T}}\boldsymbol{Px})^{\mathrm{T}}\boldsymbol{R}(\boldsymbol{u}+\boldsymbol{R}^{-1}\boldsymbol{B}^{\mathrm{T}}\boldsymbol{Px})]\mathrm{d}t \tag{7.15}$$

当 $\boldsymbol{u}^*=-\boldsymbol{R}^{-1}\boldsymbol{B}^{\mathrm{T}}\boldsymbol{P}(t)\boldsymbol{x}^*$ 时，对于任意容许控制 $\boldsymbol{u}(t)$，均有

$$J^*=\frac{1}{2}\boldsymbol{x}^{\mathrm{T}}(t_0)\boldsymbol{P}(t_0)\boldsymbol{x}(t_0)\leqslant J$$

由最优控制的定义可知，$\boldsymbol{u}^*=-\boldsymbol{R}^{-1}\boldsymbol{B}^{\mathrm{T}}\boldsymbol{P}(t)\boldsymbol{x}^*$ 是问题(7.3)的最优控制，此时的性能指标是最优性能指标，记为 $J^*=\frac{1}{2}\boldsymbol{x}^{\mathrm{T}}(t_0)\boldsymbol{P}(t_0)\boldsymbol{x}(t_0)$。因为

$$J^*=\frac{1}{2}\boldsymbol{x}^{\mathrm{T}}(t_0)\boldsymbol{P}(t_0)\boldsymbol{x}(t_0)$$

$$=\frac{1}{2}\boldsymbol{x}^{*\mathrm{T}}(T)\boldsymbol{Fx}^*(T)+\frac{1}{2}\int_{t_0}^{T}[\boldsymbol{x}^{*\mathrm{T}}\boldsymbol{Qx}^*+\boldsymbol{u}^{*\mathrm{T}}\boldsymbol{Ru}^*]\mathrm{d}t\geqslant 0$$

由 $\boldsymbol{x}_0$ 任意性知 $\boldsymbol{P}(t_0)\geqslant 0$，由最优性原理可以知道，最优过程的任何最后一段均是最优的，所以 $t\in[t_0, T]$从$(t, x^*(t))$出发的最优性能指标为

$$J^* = \frac{1}{2}\boldsymbol{x}^{*\mathrm{T}}(t)\boldsymbol{P}(t)\boldsymbol{x}^*(t) \geqslant 0$$

由 $\boldsymbol{x}^*(t)$的任意性可知 $\boldsymbol{P}(t)\geqslant 0$。

例 7.1　对于线性系统：

$$\dot{x}_1 = ax_2 + u,\ \dot{x}_2 = bx_2,\ t\in[0, T],\ \boldsymbol{x}(0) = (x_{10}, x_{20})^{\mathrm{T}}$$

和性能指标

$$J(u(\cdot)) = \frac{1}{2}\int_0^{\mathrm{T}}\{[x_1^2(t) + hx_2^2(t)] + u^2(t)\}\mathrm{d}t$$

其中 $u\in R^1$，T 固定。求它的最优控制。

解　由定理 7.1 可知，最优控制为

$$u^*(t) = -(1, 0)\begin{bmatrix} P_{11} & P_{12} \\ P_{21} & P_{22}\end{bmatrix}\boldsymbol{x} = -(P_{11}x_1 + P_{12}x_2)$$

其中 $P_{ij}(t)$满足如下 Riccati 方程：

$$\dot{P}_{11} = P_{11}^2 - 1,\ P_{11}(t_f) = 0,\ \dot{P}_{12} = -aP_{11} - bP_{12} + P_{11}P_{12},\ P_{12}(T) = 0$$

$$\dot{P}_{22} = -2aP_{12} - bP_{22} + P_{12}^2 - h,\ P_{22}(T) = 0$$

当 $a=0$ 时，最优控制不依赖于 x_2 且

$$P_{12}(t) \equiv 0$$

$$P_{11}(t) = \frac{1 - \mathrm{e}^{2(t-1)}}{1 + \mathrm{e}^{2(t+1)}}$$

$$P_{22}(t) = \frac{h(\mathrm{e}^{-bt} - 1)}{b}$$

7.3　无限时间状态调节器

考虑如下无限时间最优状态调节问题

$$\begin{cases} \min J = \dfrac{1}{2}\displaystyle\int_{t_0}^{\infty}[\boldsymbol{x}^{\mathrm{T}}\boldsymbol{Q}(t)\boldsymbol{x} + \boldsymbol{u}^{\mathrm{T}}\boldsymbol{R}(t)\boldsymbol{u}]\mathrm{d}t \\ \dot{\boldsymbol{x}} = \boldsymbol{A}(t)\boldsymbol{x} + \boldsymbol{B}(t)\boldsymbol{u},\ \boldsymbol{x}(t_0) = \boldsymbol{x}_0 \end{cases} \tag{7.16}$$

其中 $\boldsymbol{A}(t)$、$\boldsymbol{B}(t)$、$\boldsymbol{Q}(t)$、$\boldsymbol{R}(t)$满足假设 7.1。

问题(7.16)不同于问题(7.3)，它是无限时间问题，它与有限时间问题的区别是什么？以下通过一个简单例子来分析。

例 7.2 考虑如下线性二次型问题

$$J=\frac{1}{2}\int_{t_0}^{\infty}[x_1^2(t)+x_2^2(t)+u^2(t)]\mathrm{d}t$$

$$\dot{\boldsymbol{x}}=\begin{pmatrix}1&0\\0&1\end{pmatrix}\boldsymbol{x}+\begin{pmatrix}0\\1\end{pmatrix}u,\ \boldsymbol{x}(t_0)=\begin{pmatrix}1\\0\end{pmatrix}$$

对于任意给定的容许控制 $u(t)$，计算其性能指标。

解 由于 $\mathrm{rank}(\boldsymbol{b}\quad \boldsymbol{Ab})=\mathrm{rank}\begin{pmatrix}0&0\\1&1\end{pmatrix}=1<2$，所以该系统是不完全能控。显然，$x_1(t)$是不能控的子状态。计算状态方程的解为

$$\boldsymbol{x}(t)=\mathrm{e}^{\boldsymbol{A}t}\boldsymbol{x}_0+\int_0^t \mathrm{e}^{\boldsymbol{A}(t-\tau)}\boldsymbol{b}u\,\mathrm{d}\tau$$

$$=\begin{pmatrix}\mathrm{e}^t\\0\end{pmatrix}+\begin{pmatrix}0\\1\end{pmatrix}\int_0^t \mathrm{e}^{(t-\tau)}u\,\mathrm{d}\tau=\begin{pmatrix}\mathrm{e}^t\\x_2(t)\end{pmatrix}$$

其中 $x_2(t)=\int_0^t \mathrm{e}^{t-\tau}u(\tau)\mathrm{d}\tau$ 。

对于任意给定的容许控制 $u(t)$，其性能指标为

$$J=\frac{1}{2}\int_{t_0}^{\infty}[\mathrm{e}^{2t}+x_2^2(t)+u^2(t)]\mathrm{d}t$$

无论 $u(t)$取何值，均为∞。这说明对于该问题无法比较性能指标的大小，导致无限时间线性二次型问题没有意义。

从上述例子可以看出 J 变为无穷大的原因如下：

(1) $x_1(t_0)=1$ 是非零不可控的子状态初值；

(2) 状态不可控部分 $x_1(t)=\mathrm{e}^t$ 是不稳定的；

(3) 不稳定部分在性能指标中观测出来。

为保证问题(7.16)有解，作如下假定：

假设 2 LTV 对于每一个 $t\in[t_0,\infty)$是完全能控的。

定理 7.2 已知完全能控的 LTVS：

$$\dot{\boldsymbol{x}}=\boldsymbol{A}(t)\boldsymbol{x}+\boldsymbol{B}(t)\boldsymbol{u},\ \boldsymbol{x}(t_0)=\boldsymbol{x}_0$$

和二次型性能指标

$$J(\boldsymbol{u}(\cdot))=\frac{1}{2}\int_{t_0}^{\infty}[\boldsymbol{x}^{\mathrm{T}}\boldsymbol{Q}(t)\boldsymbol{x}+\boldsymbol{u}^{\mathrm{T}}\boldsymbol{R}(t)\boldsymbol{u}]\mathrm{d}t$$

在假设 7.1 满足的条件下，最优控制存在，唯一，且由以下式子确定

$$\boldsymbol{u}^*(t)=-\boldsymbol{R}^{-1}\boldsymbol{B}^{\mathrm{T}}\overline{\boldsymbol{P}}(t)\boldsymbol{x}^*(t) \tag{7.17}$$

其中 $\bar{\boldsymbol{P}}(t)=\boldsymbol{P}(t,0,\infty)=\lim\limits_{T\to\infty}\boldsymbol{P}(t,0,T)$，而 $\bar{\boldsymbol{P}}(t)$ 是如下 Riccati 方程的非负定解：

$$\begin{cases}\dot{\boldsymbol{P}}(t)=-\boldsymbol{P}(t)\boldsymbol{A}(t)-\boldsymbol{A}(t)^{\mathrm{T}}\boldsymbol{P}(t)+\boldsymbol{P}(t)\boldsymbol{B}(t)\boldsymbol{R}^{-1}\boldsymbol{B}(t)^{\mathrm{T}}\boldsymbol{P}-\boldsymbol{Q}(t)\\ \boldsymbol{P}(\infty)=\boldsymbol{0}\end{cases}\tag{7.18}$$

从任意的初态 $\boldsymbol{x}(t_0)=\boldsymbol{x}_0$ 开始的最优性能指标为

$$J^*(\boldsymbol{x}(t_0),t_0)=\frac{1}{2}\boldsymbol{x}^{\mathrm{T}}(t_0)\bar{\boldsymbol{P}}(t_0)\boldsymbol{x}(t_0)\tag{7.19}$$

证明　(ⅰ)先证明 $\bar{\boldsymbol{P}}(t)=\boldsymbol{P}(t,0,\infty)=\lim\limits_{T\to\infty}\boldsymbol{P}(t,0,T)$ 的存在性。

因为系统是完全能控的，所以对于任意的 $\boldsymbol{x}(t)$，$t\in[t_0,\infty)$，存在 $\tilde{\boldsymbol{u}}(t)$ 和有限时间 t_1，使得 $\tilde{\boldsymbol{x}}(t_1)=\boldsymbol{0}$，将 $\tilde{\boldsymbol{u}}(t)$ 的定义拓展在 $[t_0,\infty)$ 上，使得 $\tilde{\boldsymbol{u}}(t)=\boldsymbol{0}$，$t>t_1$，故 $\tilde{\boldsymbol{x}}(t)=\boldsymbol{0}$，$t>t_1$。

对于 $T<\infty$，有

$$\begin{aligned}J^*&=\frac{1}{2}\boldsymbol{x}^{\mathrm{T}}(t)\boldsymbol{P}(t,0,T)\boldsymbol{x}(t)\\&=\frac{1}{2}\int_t^T[\boldsymbol{x}^{*\mathrm{T}}\boldsymbol{Q}(t)\boldsymbol{x}^*+\boldsymbol{u}^{*\mathrm{T}}\boldsymbol{R}(t)\boldsymbol{u}^*]\mathrm{d}t\\&\leqslant\frac{1}{2}\int_t^T[\tilde{\boldsymbol{x}}^{\mathrm{T}}\boldsymbol{Q}(t)\tilde{\boldsymbol{x}}+\tilde{\boldsymbol{u}}^{\mathrm{T}}\boldsymbol{R}(t)\tilde{\boldsymbol{u}}]\mathrm{d}t\\&\leqslant\frac{1}{2}\int_t^\infty[\tilde{\boldsymbol{x}}^{\mathrm{T}}\boldsymbol{Q}(t)\tilde{\boldsymbol{x}}+\tilde{\boldsymbol{u}}^{\mathrm{T}}\boldsymbol{R}(t)\tilde{\boldsymbol{u}}]\mathrm{d}t\\&=J(\boldsymbol{x}(t),t,t_1)\overset{\mathrm{def}}{=\!=}M(t_1)<\infty\end{aligned}$$

当 $T\to\infty$ 时，$J^*(\boldsymbol{x}(t),t)$ 有一个与 T 无关的上界 $J(\boldsymbol{x}(t),t,t_1)$，因为 $\boldsymbol{x}(t)$ 的任意性，所以 $\boldsymbol{P}(t,0,T)$ 当 $T\to\infty$ 时各元素都有与 T 无关的上界。又因为对任意 $T_1<T_2$，有 $\boldsymbol{P}(t,0,T_1)<\boldsymbol{P}(t,0,T_2)$，取 $\boldsymbol{x}=\boldsymbol{e}_i=(0\cdots1,0\cdots0)^{\mathrm{T}}$，所以 $P_{ii}(t,0,T_1)\leqslant P_{ii}(t,0,T_2)$，且

$$\lim_{T\to\infty}P_{ii}(t,0,T)\triangleq\bar{P}_{ii}(t,0,\infty)$$

取 $\boldsymbol{x}=\boldsymbol{e}_i+\boldsymbol{e}_j(i\neq j)=(0\cdots1,0\cdots0,1,0\cdots0)^{\mathrm{T}}$，则有

$$\begin{aligned}(\boldsymbol{e}_i+\boldsymbol{e}_j)^{\mathrm{T}}\boldsymbol{P}(t,0,T)(\boldsymbol{e}_i+\boldsymbol{e}_j)=&P_{ii}(t,0,T)+P_{jj}(t,0,T)\\&+2P_{ij}(t,0,T)\end{aligned}$$

所以

$$\begin{aligned}2P_{ij}(t,0,T)=&-P_{ii}(t,0,T)-P_{jj}(t,0,T)\\&+(\boldsymbol{e}_i+\boldsymbol{e}_j)^{\mathrm{T}}\boldsymbol{P}(t,0,T)(\boldsymbol{e}_i+\boldsymbol{e}_j)\end{aligned}$$

注意到 $\lim\limits_{T\to\infty}(\boldsymbol{e}_i+\boldsymbol{e}_j)^{\mathrm{T}}\boldsymbol{P}(t,0,T)(\boldsymbol{e}_i+\boldsymbol{e}_j)$ 存在(这是因为单调有界函数一定存在极限)，所以

$$\lim_{T\to\infty} P_{ij}(t,\ 0,\ T) \triangleq P_{ij}(t,\ 0,\ \infty)$$

从而证明了 $\bar{\boldsymbol{P}}(t)=\boldsymbol{P}(t,\ 0,\ \infty)=\lim\limits_{T\to\infty}\boldsymbol{P}(t,\ 0,\ T)$的存在性。而 $\boldsymbol{P}(t,\ 0,\ \infty)$的唯一性由 $\boldsymbol{P}(t,\ 0,\ T)$的唯一性得证。

（ⅱ）再证明 $\boldsymbol{P}(t,\ 0,\ \infty)$满足 Riccati 方程。

对一切的 $t<T_1<T$，有

$$\boldsymbol{P}(t,\ 0,\ T)=\boldsymbol{P}(t,\ \boldsymbol{P}(T_1,\ \boldsymbol{F},\ T),\ T_1)$$

所以

$$\begin{aligned}\lim_{T\to\infty}\boldsymbol{P}(t,\ 0,\ T)=\bar{\boldsymbol{P}}(t)&=\boldsymbol{P}(t,\ \lim_{T\to\infty}P(T_1,\ \mathbf{0},\ T),\ T_1)\\&=\boldsymbol{P}(t,\ P(T_1,\ \mathbf{0},\ \infty),\ T_1)\end{aligned}$$

$\boldsymbol{P}(t,\ \boldsymbol{P}(T_1,\ \mathbf{0},\ \infty),\ T_1)$表示 Riccati 方程对末端条件 $\boldsymbol{P}(T_1,\ 0,\ \infty)$的解，即$\bar{\boldsymbol{P}}(t)$是 Riccati 方程(7.18)的解。

（ⅲ）最后证明 $\boldsymbol{u}^*(t)$是最优控制。先证 $\boldsymbol{u}^*(t)$有如下关系：

$$\begin{aligned}J(\boldsymbol{x}_0,\ \boldsymbol{u}^*(\cdot),\ t_0,\ \infty)&=\lim_{T\to\infty}J(\boldsymbol{x}_0,\ \boldsymbol{u}^*(\cdot),\ t_0,\ T)\\&=\frac{1}{2}\boldsymbol{x}^{\mathrm{T}}(t_0)\bar{\boldsymbol{P}}(t_0)\boldsymbol{x}(t_0)\end{aligned}$$

当 T 为有限时，$\boldsymbol{u}^*(t)$在有限时间区间$[t_0,\ T]$内不一定是最优控制，对应性能指标满足

$$J(\boldsymbol{x}_0,\ \boldsymbol{u}^*,\ t_0,\ T)\geqslant\frac{1}{2}\boldsymbol{x}^{\mathrm{T}}(t_0)\boldsymbol{P}(t_0,\ \mathbf{0},\ T)\boldsymbol{x}(t_0)$$

令 $T\to\infty$，则有

$$\begin{aligned}J(\boldsymbol{x}_0,\ \boldsymbol{u}^*(\cdot),\ t_0,\ \infty)&\geqslant\frac{1}{2}\boldsymbol{x}^{\mathrm{T}}(t_0)\boldsymbol{P}(t_0,\ \mathbf{0},\ \infty)\boldsymbol{x}(t_0)\\&=\frac{1}{2}\boldsymbol{x}^{\mathrm{T}}(t_0)\bar{\boldsymbol{P}}(t_0)\boldsymbol{x}(t_0)\end{aligned}$$

又因为

$$\begin{aligned}&\frac{\mathrm{d}}{\mathrm{d}t}(\boldsymbol{x}^{\mathrm{T}}(t)\boldsymbol{P}(t,\ \mathbf{0},\ \infty)\boldsymbol{x}(t))\\&=-[\boldsymbol{x}^{\mathrm{T}}(t)\boldsymbol{Q}(t)\boldsymbol{x}(t)+\boldsymbol{u}^{\mathrm{T}}(t)\boldsymbol{R}(t)\boldsymbol{u}(t)]+(\boldsymbol{u}(t)\\&\quad+\boldsymbol{R}(t)^{-1}\boldsymbol{B}(t)^{\mathrm{T}}\boldsymbol{P}(t,\ \mathbf{0},\ \infty)\boldsymbol{x}(t))^{\mathrm{T}}\boldsymbol{R}(t)(\boldsymbol{u}(t)\\&\quad+\boldsymbol{R}(t)^{-1}\boldsymbol{B}(t)^{\mathrm{T}}\boldsymbol{P}(t,\ \mathbf{0},\ \infty)\boldsymbol{x}(t))\end{aligned}$$

从 t_0 到 T 积分，就有

$$J(\boldsymbol{x}_0,\ \boldsymbol{u}(\cdot),\ t_0,\ T)=\frac{1}{2}\int_{t_0}^{T}[\boldsymbol{x}^{\mathrm{T}}(t)\boldsymbol{Q}(t)\boldsymbol{x}(t)+\boldsymbol{u}^{\mathrm{T}}(t)\boldsymbol{R}(t)\boldsymbol{u}(t)]\mathrm{d}t$$

$$= \frac{1}{2}\boldsymbol{x}^{\mathrm{T}}(t_0)\boldsymbol{P}(t_0, \boldsymbol{0}, \infty)\boldsymbol{x}(t_0)$$

$$- \frac{1}{2}\boldsymbol{x}^{\mathrm{T}}(T)\boldsymbol{P}(T, \boldsymbol{0}, \infty)\boldsymbol{x}(T)$$

$$+ \frac{1}{2}\int_{t_0}^{T}[(\boldsymbol{u}+\boldsymbol{R}^{-1}\boldsymbol{B}^{\mathrm{T}}\boldsymbol{P}(t, \boldsymbol{0}, \infty)\boldsymbol{x})^{\mathrm{T}}\boldsymbol{R}(\boldsymbol{u}$$

$$+\boldsymbol{R}^{-1}\boldsymbol{B}^{\mathrm{T}}\boldsymbol{P}(t, \boldsymbol{0}, \infty)\boldsymbol{x})]\mathrm{d}t$$

当 $\boldsymbol{u}^*(t)=-\boldsymbol{R}(t)\boldsymbol{B}^{\mathrm{T}}(t)\boldsymbol{P}(t, \boldsymbol{0}, \infty)\boldsymbol{x}^*(t)$时，由 $\boldsymbol{P}(T, \boldsymbol{0}, \infty)\geqslant 0$ 和上式得

$$J(\boldsymbol{x}_0, \boldsymbol{u}^*(\cdot), t_0, T) = \frac{1}{2}\boldsymbol{x}^{\mathrm{T}}(t_0)\boldsymbol{P}(t_0, \boldsymbol{0}, \infty)\boldsymbol{x}(t_0)$$

$$- \frac{1}{2}\boldsymbol{x}^{*\mathrm{T}}(T)\boldsymbol{P}(T, \boldsymbol{0}, \infty)\boldsymbol{x}^*(T)$$

$$\leqslant \frac{1}{2}\boldsymbol{x}^{\mathrm{T}}(t_0)\boldsymbol{P}(t_0, \boldsymbol{0}, \infty)\boldsymbol{x}(t_0)$$

当 $T\rightarrow\infty$，则有

$$J(\boldsymbol{x}_0, \boldsymbol{u}^*(\cdot), t_0, \infty) \leqslant \frac{1}{2}\boldsymbol{x}^{\mathrm{T}}(t_0)\boldsymbol{P}(t_0, \boldsymbol{0}, \infty)\boldsymbol{x}(t_0)$$

所以

$$J(\boldsymbol{x}_0, \boldsymbol{u}^*(\cdot), t_0, \infty) \leqslant \frac{1}{2}\boldsymbol{x}^{\mathrm{T}}(t_0)\boldsymbol{P}(t_0, \boldsymbol{0}, \infty)\boldsymbol{x}(t_0)$$

$$\leqslant \frac{1}{2}\boldsymbol{x}^{\mathrm{T}}(t_0)\bar{\boldsymbol{P}}(t_0)\boldsymbol{x}(t_0)$$

至此，我们得到了

$$J(\boldsymbol{x}_0, \boldsymbol{u}^*(\cdot), t_0, \infty) = \frac{1}{2}\boldsymbol{x}^{\mathrm{T}}(t_0)\boldsymbol{P}(t_0, \boldsymbol{0}, \infty)\boldsymbol{x}(t_0)$$

$$= \frac{1}{2}\boldsymbol{x}^{\mathrm{T}}(t_0)\bar{\boldsymbol{P}}(t_0)\boldsymbol{x}(t_0)$$

下面证明问题(7.16)最优性能指标满足 $J^*(\boldsymbol{x}_0, t_0, \infty)=J(\boldsymbol{x}_0, \boldsymbol{u}^*(\cdot), t_0, \infty)$，由最优性质知

$$J^*(\boldsymbol{x}_0, t_0, \infty) \leqslant J(\boldsymbol{x}_0, \boldsymbol{u}^*(\cdot), t_0, \infty)$$

若不等式

$$J^*(\boldsymbol{x}_0, t_0, \infty) < J(\boldsymbol{x}_0, \boldsymbol{u}^*(\cdot), t_0, \infty)$$

成立，则存在 $\boldsymbol{u}_1(t)$不同于 $\boldsymbol{u}^*(\cdot)$，使得

$$J^*(\boldsymbol{x}_0, t_0, \infty) = \lim_{T\rightarrow\infty} J(\boldsymbol{x}_0, \boldsymbol{u}_1(\cdot), t_0, T)$$

又因为

$$\lim_{T\to\infty} J(\boldsymbol{x}_0, t_0, T) = \lim_{T\to\infty} J(\boldsymbol{x}_0, \boldsymbol{u}^*(\cdot), t_0, T) = J(\boldsymbol{x}_0, \boldsymbol{u}^*(\cdot), t_0, \infty)$$

严格不等式成立意味着，

$$\lim_{T\to\infty} J(\boldsymbol{x}_0, \boldsymbol{u}_1(t), t_0, T) < \lim_{T\to\infty} J^*(\boldsymbol{x}_0, t_0, T)$$

这要求对足够大的 T，有

$$J(\boldsymbol{x}_0, \boldsymbol{u}_1(\cdot), t_0, T) < J^*(\boldsymbol{x}_0, t_0, T)$$

与

$$J^*(\boldsymbol{x}_0, t_0, T) = J(\boldsymbol{x}_0, \boldsymbol{u}^*(\cdot), t_0, T)$$

是时变系统有限时间调节问题的最优性能矛盾。从而有

$$J^*(\boldsymbol{x}_0, t_0, \infty) = J(\boldsymbol{x}_0, \boldsymbol{u}^*(\cdot), t_0, \infty)$$

是最优性能指标。至此，定理证明完成。

定理 7.3 表明 $T=\infty$时，最优控制仍具有状态的线性反馈形式，即

$$\dot{\boldsymbol{x}}^*(t) = [\boldsymbol{A}(t) - \boldsymbol{B}(t)\boldsymbol{R}(t)^{-1}\boldsymbol{B}(t)^{\mathrm{T}}\overline{\boldsymbol{P}}(t)]\boldsymbol{x}^*(t)$$

可以证明在一定条件下，最优控制 $\boldsymbol{u}^*(t) = -\boldsymbol{R}(t)^{-1}\boldsymbol{B}(t)^{\mathrm{T}}\overline{\boldsymbol{P}}(t)\boldsymbol{x}^*(t)$使得闭环系统渐近稳定，即$\lim\limits_{t\to\infty}\boldsymbol{x}^*(t)=\boldsymbol{0}$。

推论 7.1 假设 $\boldsymbol{Q}(t)>0$，则最优控制可保证闭环系统渐近稳定。

证明 因为

$$\int_{t_0}^{\infty} [\boldsymbol{x}^{\mathrm{T}}\boldsymbol{Q}(t)\boldsymbol{x} + \boldsymbol{u}^{\mathrm{T}}\boldsymbol{R}(t)\boldsymbol{u}]\mathrm{d}t < \infty$$

所以

$$\int_{t_0}^{\infty} \boldsymbol{x}^{\mathrm{T}}\boldsymbol{Q}(t)\boldsymbol{x}\,\mathrm{d}t < \infty,\ \int_{t_0}^{\infty} \boldsymbol{u}^{\mathrm{T}}\boldsymbol{R}(t)\boldsymbol{u}\,\mathrm{d}t < \infty$$

又因为 $\boldsymbol{Q}(t)$，$\boldsymbol{R}(t)$是正定矩阵，所以

$$\int_{t_0}^{\infty} \boldsymbol{x}^{\mathrm{T}}\boldsymbol{x}\,\mathrm{d}t < \infty,\ \int_{t_0}^{\infty} \boldsymbol{u}^{\mathrm{T}}\boldsymbol{u}\,\mathrm{d}t < \infty$$

即

$$\sum_{i=1}^{n}\int_{t_0}^{\infty} x_i^2\,\mathrm{d}t < \infty,\ \sum_{i=1}^{n}\int_{t_0}^{\infty} u_i^2\,\mathrm{d}t < \infty$$

则有 $x_i(t)$、$u_i(t)$均是平方可积的，又$\dot{\boldsymbol{x}}(t)=\boldsymbol{A}(t)\boldsymbol{x}+\boldsymbol{B}(t)\boldsymbol{u}$，所以$\dot{\boldsymbol{x}}(t)$的每个分量在$[t_0, \infty)$上也是平方可积的。所以

$$\int_{t_0}^{\infty} x_i^2(t)\,\mathrm{d}t < \infty$$

$$\int_{t_0}^{\infty} |x_i \cdot \dot{x}_i| \mathrm{d}t \leqslant \left[\int_{t_0}^{\infty} x_i^2(t)\mathrm{d}t\right]^{\frac{1}{2}} \cdot \left[\int_{t_0}^{\infty} |\dot{x}_i(t)|^2 \mathrm{d}t\right]^{\frac{1}{2}}$$

即 $x_i \cdot \dot{x}_i$ 在$[t_0, \infty)$上也是绝对可积的。

又因为 $x_i \cdot \dot{x}_i = \dfrac{1}{2}\dfrac{\mathrm{d}x_i^2(t)}{\mathrm{d}t}$，两端积分得

$$\frac{1}{2}x_i^2(t) = \int_{t_0}^{t} x_i \cdot \dot{x}_i \mathrm{d}t + \frac{1}{2}x_i^2(t_0)$$

对上式两端取极限得

$$\lim_{t\to\infty} x_i^2(t) = 2c + x_i^2(t_0) = k$$

其中 $\lim\limits_{t\to\infty}\int_{t_0}^{t} \dot{x}_i \cdot x_i(t)\mathrm{d}t = c$ 。

反证　$k \neq 0$，$\exists \varepsilon > 0$，$\exists t_s \geqslant t_0$，使得 $t \geqslant t_s$ 时 $|x_i^2(t)| \geqslant \varepsilon$，所以

$$\int_{t_0}^{t} x_i^2(t)\mathrm{d}t \geqslant \varepsilon(t - t_s),\ t < \infty$$

设 $\int_{t_0}^{\infty} |x_i^2(t)| \mathrm{d}t = \infty$ ，则有

$$\lim_{t\to\infty} x_i^2(t) = 0，即 \quad \lim_{t\to\infty} x_i(t) = 0$$

则最优控制可保证闭环系统渐近稳定。

7.4　线性定常二次型调节器

考虑如下线性定常二次型最优调节器问题

$$\begin{cases} \min J = \dfrac{1}{2}\displaystyle\int_{0}^{\infty} (\|\boldsymbol{x}\|_{\boldsymbol{Q}}^2 + \|\boldsymbol{u}\|_{\mathbf{R}}^2)\mathrm{d}t \\ \dot{\boldsymbol{x}} = \boldsymbol{A}\boldsymbol{x} + \boldsymbol{B}\boldsymbol{u},\ \boldsymbol{x}(t_0) = \boldsymbol{x}_0 \end{cases} \tag{7.20}$$

其中 $\boldsymbol{Q} \geqslant 0$，$\mathbf{R} > 0$。求容许控制 $\boldsymbol{u}(t)$，$t \in [t_0, \infty)$，使得 J 达到最小。

由定理 7.2 可知最优控制为 $\boldsymbol{u}^*(t) = -\boldsymbol{R}^{-1}\boldsymbol{B}^{\mathrm{T}}\boldsymbol{P}(t, \boldsymbol{0}, \infty)\boldsymbol{x}^*(t)$，$\boldsymbol{P}(t, \boldsymbol{0}, \infty)$ 满足 Riccati 方程：

$$\dot{\boldsymbol{P}}(t) = -\boldsymbol{P}(t)\boldsymbol{A} - \boldsymbol{A}^{\mathrm{T}}\boldsymbol{P}(t) + \boldsymbol{P}(t)\boldsymbol{B}\boldsymbol{R}^{-1}\boldsymbol{B}^{\mathrm{T}}\boldsymbol{P}(t) - \boldsymbol{Q},\ \boldsymbol{P}(\infty) = \boldsymbol{0}$$

对于问题(7.20)，希望能找到一个定常的状态反馈增益阵 $\boldsymbol{K}$，实现最优控制。为此，我们先给出两个引理。

引理 7.1　设

$$\frac{\mathrm{d}}{\mathrm{d}t}\begin{bmatrix} \boldsymbol{Z}(t) \\ \boldsymbol{Y}(t) \end{bmatrix} = \begin{bmatrix} \boldsymbol{A} & -\boldsymbol{B}\boldsymbol{R}^{-1}\boldsymbol{B}^{\mathrm{T}} \\ -\boldsymbol{Q} & -\boldsymbol{A}^{\mathrm{T}} \end{bmatrix}\begin{bmatrix} \boldsymbol{X} \\ \boldsymbol{Y} \end{bmatrix},\ \begin{bmatrix} \boldsymbol{Z}(T) \\ \boldsymbol{Y}(T) \end{bmatrix} = \begin{bmatrix} \boldsymbol{I}_n \\ \boldsymbol{0} \end{bmatrix} \tag{7.21}$$

则有

$$\boldsymbol{P}(t,\ \boldsymbol{0},\ T)=\boldsymbol{Y}(t)\boldsymbol{Z}^{-1}(t)$$

证明 设 $\boldsymbol{P}(t,\ \boldsymbol{0},\ T)$ 是如下 Riccati 方程

$$\dot{\boldsymbol{P}}+\boldsymbol{A}^{\mathrm{T}}\boldsymbol{P}+\boldsymbol{P}\boldsymbol{A}+\boldsymbol{Q}-\boldsymbol{P}\boldsymbol{B}\boldsymbol{R}^{-1}\boldsymbol{B}^{\mathrm{T}}\boldsymbol{P}=0,\ \boldsymbol{P}(T,\ \boldsymbol{0},\ T)=\boldsymbol{0} \tag{7.22}$$

的解，$\boldsymbol{\phi}(t,\ \tau)$ 为 $(\boldsymbol{A}-\boldsymbol{B}\boldsymbol{R}^{-1}\boldsymbol{B}^{\mathrm{T}})\boldsymbol{P}(t,\ \boldsymbol{0},\ T)$ 的状态转移矩阵，即

$$\frac{\mathrm{d}}{\mathrm{d}t}\boldsymbol{\phi}(t,\ T)=(\boldsymbol{A}-\boldsymbol{B}\boldsymbol{R}^{-1}\boldsymbol{B}^{\mathrm{T}})\boldsymbol{P}(t,\ \boldsymbol{0},\ T)\boldsymbol{\phi}(t,\ T),\ \boldsymbol{\phi}(T,\ T)=\boldsymbol{I}$$

为了记号简单，记 $\boldsymbol{P}\triangleq\boldsymbol{P}(t,\ \boldsymbol{0},\ T)$，则

$$\begin{aligned}[\boldsymbol{P}\boldsymbol{\phi}(t,\ t_f)]'&=\dot{\boldsymbol{P}}\boldsymbol{\phi}(t,\ T)+\boldsymbol{P}\dot{\boldsymbol{\phi}}(t,\ T)\\&=(-\boldsymbol{A}^{\mathrm{T}}\boldsymbol{P}-\boldsymbol{P}\boldsymbol{A}-\boldsymbol{Q}+\boldsymbol{P}\boldsymbol{B}\boldsymbol{R}^{-1}\boldsymbol{B}^{\mathrm{T}}\boldsymbol{P})\boldsymbol{\phi}(t,\ T)\\&\quad+\boldsymbol{P}(\boldsymbol{A}-\boldsymbol{B}\boldsymbol{R}^{-1}\boldsymbol{B}^{\mathrm{T}})\boldsymbol{P}\boldsymbol{\phi}(t,\ T)\\&=-\boldsymbol{A}^{\mathrm{T}}\boldsymbol{P}\boldsymbol{\phi}(t,\ T)-\boldsymbol{Q}\boldsymbol{\phi}(t,\ T)\end{aligned}$$

即

$$\frac{\mathrm{d}\begin{bmatrix}\boldsymbol{\phi}(t,\ T)\\\boldsymbol{P}\boldsymbol{\phi}(t,\ T)\end{bmatrix}}{\mathrm{d}t}=\begin{bmatrix}\boldsymbol{A} & -\boldsymbol{B}\boldsymbol{R}^{-1}\boldsymbol{B}^{\mathrm{T}}\\-\boldsymbol{Q} & -\boldsymbol{A}^{\mathrm{T}}\end{bmatrix}\begin{bmatrix}\boldsymbol{\phi}(t,\ T)\\\boldsymbol{P}\boldsymbol{\phi}(t,\ T)\end{bmatrix}$$

$$\boldsymbol{\phi}(T,\ T)=\boldsymbol{I},\ \boldsymbol{P}(T,\ 0,\ T)=\boldsymbol{0}$$

令 $\boldsymbol{Z}(t)=\boldsymbol{\phi}(t,\ T)$，$\boldsymbol{Y}(t)=\boldsymbol{P}\boldsymbol{\phi}(t,\ T)$，由式(7.21)可得

$$\boldsymbol{P}(t,\ 0,\ T)=\boldsymbol{Y}(t)\boldsymbol{Z}^{-1}(t)$$

引理 7.2 对任意 $t_1-t'=t_2-t''$，则方程

$$\dot{\boldsymbol{P}}+\boldsymbol{A}^{\mathrm{T}}\boldsymbol{P}+\boldsymbol{P}\boldsymbol{A}+\boldsymbol{Q}-\boldsymbol{P}\boldsymbol{B}\boldsymbol{R}^{-1}\boldsymbol{B}^{\mathrm{T}}\boldsymbol{P}=\boldsymbol{0},\ \boldsymbol{P}(T,\ \boldsymbol{0},\ T)=\boldsymbol{0}$$

的解 $\boldsymbol{P}(t,\ \boldsymbol{0},\ T)$ 具有如下的性质

$$\boldsymbol{P}(t',\ \boldsymbol{0},\ t_1)=\boldsymbol{P}(t'',\ \boldsymbol{0},\ t_2)$$

证明 记 $\tilde{\boldsymbol{A}}=\begin{bmatrix}\boldsymbol{A} & -\boldsymbol{B}\boldsymbol{R}^{-1}\boldsymbol{B}^{\mathrm{T}}\\-\boldsymbol{Q} & -\boldsymbol{A}^{\mathrm{T}}\end{bmatrix}$，则方程

$$\frac{\mathrm{d}}{\mathrm{d}t}\begin{bmatrix}\boldsymbol{Z}(t)\\\boldsymbol{Y}(t)\end{bmatrix}=\tilde{\boldsymbol{A}}\begin{bmatrix}\boldsymbol{Z}\\\boldsymbol{Y}\end{bmatrix}$$

$$\begin{bmatrix}\boldsymbol{Z}(t_1)\\\boldsymbol{Y}(t_1)\end{bmatrix}=\begin{bmatrix}\boldsymbol{I}_n\\\boldsymbol{0}\end{bmatrix}$$

的解为

$$\begin{bmatrix}\boldsymbol{Z}(t')\\\boldsymbol{Y}(t')\end{bmatrix}=\mathrm{e}^{\tilde{\boldsymbol{A}}(t'-t_1)}\begin{bmatrix}\boldsymbol{I}_n\\\boldsymbol{0}\end{bmatrix}$$

而方程

$$\frac{\mathrm{d}}{\mathrm{d}t}\begin{bmatrix}\boldsymbol{Z}(t)\\ \boldsymbol{Y}(t)\end{bmatrix}=\tilde{\boldsymbol{A}}\begin{bmatrix}\boldsymbol{Z}\\ \boldsymbol{Y}\end{bmatrix}$$

$$\begin{bmatrix}\boldsymbol{Z}(t_2)\\ \boldsymbol{Y}(t_2)\end{bmatrix}=\begin{bmatrix}\boldsymbol{I}_n\\ \boldsymbol{0}\end{bmatrix}$$

的解为

$$\begin{bmatrix}\boldsymbol{Z}(t'')\\ \boldsymbol{Y}(t'')\end{bmatrix}=\mathrm{e}^{\tilde{\boldsymbol{A}}(t''-t_2)}\begin{bmatrix}\boldsymbol{I}_n\\ \boldsymbol{0}\end{bmatrix}$$

由 $t_1-t'=t_2-t''$ 得

$$\begin{bmatrix}\boldsymbol{Z}(t'')\\ \boldsymbol{Y}(t'')\end{bmatrix}=\begin{bmatrix}\boldsymbol{Z}(t')\\ \boldsymbol{Y}(t')\end{bmatrix}$$

由引理 7.1 可知

$$\begin{aligned}\boldsymbol{P}(t',\ \boldsymbol{0},\ t_1)&=\boldsymbol{Y}(t')Z^{-1}(t')=\boldsymbol{Y}(t'')Z^{-1}(t'')\\&=\boldsymbol{P}(t'',\ \boldsymbol{0},\ t_2)\end{aligned}$$

说明 Riccati 方程(7.22)的解 $\boldsymbol{P}(t,\ \boldsymbol{0},\ T)$ 只跟 $T-t$ 有关，而与具体的 T 和 t 无关，从而有

$$\begin{aligned}\bar{\boldsymbol{P}}&=\lim_{T\to\infty}\boldsymbol{P}(t,\ \boldsymbol{0},\ T)=\lim_{T\to\infty}\boldsymbol{P}(0,\ \boldsymbol{0},\ T-t)\\&=\lim_{t\to-\infty}\boldsymbol{P}(0,\ 0,\ T-t)\\&=\lim_{t\to-\infty}\boldsymbol{P}(t,\ \boldsymbol{0},\ T)\end{aligned}$$

这说明 $\bar{\boldsymbol{P}}$ 为常数矩阵。

定理 7.4　已知完全能控 LTIS：

$$\dot{\boldsymbol{x}}=\boldsymbol{A}\boldsymbol{x}+\boldsymbol{B}\boldsymbol{u},\ \boldsymbol{x}(0)=\boldsymbol{x}_0$$

和性能指标

$$J[\boldsymbol{u}(\cdot)]=\frac{1}{2}\int_0^{\infty}(\|\boldsymbol{x}\|_{\boldsymbol{Q}}^2+\|\boldsymbol{u}\|_{\mathbf{R}}^2)\mathrm{d}t$$

其中 $\boldsymbol{Q}\geqslant 0$，$\mathbf{R}>0$，则该问题(7.20)的最优控制 $\boldsymbol{u}^*(t)$ 存在且唯一，并由下式确定

$$\boldsymbol{u}^*(t)=-\boldsymbol{R}^{-1}\boldsymbol{B}^{\mathrm{T}}\bar{\boldsymbol{P}}\boldsymbol{x}^*(t)$$

其中 $\bar{\boldsymbol{P}}=\lim\limits_{T\to\infty}\boldsymbol{P}(t,\ 0,\ T)$ 是如下的 ARE 的解：

$$\boldsymbol{A}^{\mathrm{T}}\boldsymbol{P}+\boldsymbol{P}\boldsymbol{A}+\boldsymbol{Q}-\boldsymbol{P}\boldsymbol{B}\boldsymbol{R}^{-1}\boldsymbol{B}^{\mathrm{T}}\boldsymbol{P}=\boldsymbol{0}\tag{7.23}$$

其最优性能指标为

$$J^*(\boldsymbol{x}_0,\ t_0)=\frac{1}{2}\boldsymbol{x}_0^{\mathrm{T}}\bar{\boldsymbol{P}}\boldsymbol{x}_0$$

证明　由引理 7.2 可知，$\boldsymbol{P}(t,\ 0,\ \infty)=\bar{\boldsymbol{P}}$ 是定常矩阵。因为 $\boldsymbol{P}(t,\ 0,\ \infty)$ 满足微分 Riccati 方程，且 $\bar{\boldsymbol{P}}$ 为定常阵，所以 $\bar{\boldsymbol{P}}$ 满足如下代数 Riccati 方程

$$\bar{\boldsymbol{P}}\boldsymbol{A}+\boldsymbol{A}^{\mathrm{T}}\bar{\boldsymbol{P}}-\bar{\boldsymbol{P}}\boldsymbol{B}\boldsymbol{R}^{-1}\boldsymbol{B}^{\mathrm{T}}\bar{\boldsymbol{P}}+\boldsymbol{Q}=\boldsymbol{0}$$

故 $\bar{\boldsymbol{P}}$ 可以通过解代数 Riccati 方程(7.23)而得到。

因为最优性能指标为

$$\frac{1}{2}\boldsymbol{x}_0^{\mathrm{T}}\bar{\boldsymbol{P}}\boldsymbol{x}_0=\frac{1}{2}\int_0^{\infty}(\|\boldsymbol{x}\|_{\boldsymbol{Q}}^2+\|\boldsymbol{u}\|_{\mathbf{R}}^2)\mathrm{d}t$$

所以有

$$\boldsymbol{x}_0^{\mathrm{T}}\bar{\boldsymbol{P}}\boldsymbol{x}_0=\int_0^{\infty}\boldsymbol{x}^{*\mathrm{T}}[\boldsymbol{Q}+\bar{\boldsymbol{P}}\boldsymbol{B}\boldsymbol{R}^{-1}\boldsymbol{B}^{\mathrm{T}}\bar{\boldsymbol{P}}]\boldsymbol{x}^*\,\mathrm{d}t$$

对于任意的 $\boldsymbol{x}_0\neq0$，由 $\boldsymbol{x}(t)$ 的连续性可知，存在一个时刻 $t_1>0$，使得 $\forall t\in[0,t_1]$，均有 $\boldsymbol{x}^*(t)\neq0$，则有

$$\boldsymbol{x}_0^{\mathrm{T}}\bar{\boldsymbol{P}}\boldsymbol{x}_0=\int_0^{\infty}\boldsymbol{x}^{*\mathrm{T}}[\boldsymbol{Q}+\bar{\boldsymbol{P}}\boldsymbol{B}\boldsymbol{R}^{-1}\boldsymbol{B}^{\mathrm{T}}\bar{\boldsymbol{P}}]\boldsymbol{x}^*\,\mathrm{d}t\geqslant\int_0^{t_1}\boldsymbol{x}^{*\mathrm{T}}[\boldsymbol{Q}+\bar{\boldsymbol{P}}\boldsymbol{B}\boldsymbol{R}^{-1}\boldsymbol{B}^{\mathrm{T}}\bar{\boldsymbol{P}}]\boldsymbol{x}^*\,\mathrm{d}t\geqslant0$$

所以 $\bar{\boldsymbol{P}}$ 为非负定阵，且是对称的。

最优反馈的闭环系统 $\dot{\boldsymbol{x}}=(\boldsymbol{A}-\boldsymbol{B}K)\boldsymbol{x}$ 是否渐近稳定？其实，并非所有最优反馈的闭环系统 $\dot{\boldsymbol{x}}=(\boldsymbol{A}-\boldsymbol{B}K)\boldsymbol{x}$ 都是渐近稳定的，例如下面最优控制问题

$$\begin{cases}\min J=\int_0^{\infty}u^2\,\mathrm{d}t\\ \text{s.t. }\dot{x}=x+u\end{cases}$$

显然 $u\equiv0$ 是它的最优控制，因为 $J=\int_0^{\infty}u^2\,\mathrm{d}t\geqslant0$，当 $u\equiv0$ 时，$J=\int_0^{\infty}u^2\,\mathrm{d}t=0$。但是最优反馈的闭环系统 $\dot{x}=x$ 是不稳定的。分析原因如下：① 开环不稳定，② 不稳定的状态没有反映在 J 中。

引理 7.3 若 $\boldsymbol{D}_1\boldsymbol{D}_1^{\mathrm{T}}=\boldsymbol{D}_2\boldsymbol{D}_2^{\mathrm{T}}$，则 $(\boldsymbol{A},\boldsymbol{D}_1^{\mathrm{T}})$ 完全能观的 $\Leftrightarrow(\boldsymbol{A},\boldsymbol{D}_2^{\mathrm{T}})$ 为完全能观的。

引理 7.4 对于满足定理 7.4 条件的定常调节器问题，其代数 Riccati 方程解矩阵 $\boldsymbol{P}$ 为正定对称矩阵的充要条件是 $(\boldsymbol{A},\boldsymbol{D}^{\mathrm{T}})$ 为完全能观的，其中 $\boldsymbol{D}$ 使得 $\boldsymbol{Q}=\boldsymbol{D}\boldsymbol{D}^{\mathrm{T}}$ 的任意一个矩阵成立。

证明 先证充分性。若 $(\boldsymbol{A},\boldsymbol{D}^{\mathrm{T}})$ 完全能观，则要证 $\boldsymbol{P}$ 为正定对称矩阵。反设对某一非零 $\boldsymbol{x}_0$，有

$$\frac{1}{2}\boldsymbol{x}_0^{\mathrm{T}}\boldsymbol{P}\boldsymbol{x}_0=\frac{1}{2}\int_0^{\infty}(\|\boldsymbol{x}^*\|_{\boldsymbol{Q}}^2+\|\boldsymbol{u}^*\|_{\mathbf{R}}^2)\mathrm{d}t=0$$

因为 $\mathbf{R}>0$，所以 $\boldsymbol{u}\equiv\mathbf{0}$，$t\in[0,\infty)$，将其代入状态方程得

$$\boldsymbol{x}(t)=\mathrm{e}^{\boldsymbol{A}t}\boldsymbol{x}_0$$

所以有

$$\begin{aligned}0=\boldsymbol{x}_0^{\mathrm{T}}\boldsymbol{P}\boldsymbol{x}_0&=\int_0^{\infty}(\mathrm{e}^{\boldsymbol{A}t}\boldsymbol{x}_0)^{\mathrm{T}}\boldsymbol{Q}(\mathrm{e}^{\boldsymbol{A}t}\boldsymbol{x}_0)\mathrm{d}t=\int_0^{\infty}\boldsymbol{x}_0^{\mathrm{T}}\mathrm{e}^{\boldsymbol{A}^{\mathrm{T}}t}\boldsymbol{D}\boldsymbol{D}^{\mathrm{T}}\mathrm{e}^{\boldsymbol{A}t}\boldsymbol{x}_0\,\mathrm{d}t\\&=\int_0^{\infty}\|\boldsymbol{D}^{\mathrm{T}}\mathrm{e}^{\boldsymbol{A}t}\boldsymbol{x}_0\|^2\,\mathrm{d}t\end{aligned}$$

所以 $$\boldsymbol{D}^{\mathrm{T}}\mathrm{e}^{\boldsymbol{A}t}\boldsymbol{x}_0 \equiv \boldsymbol{0},\ t \in [0,\ \infty)$$

这与$(\boldsymbol{A},\ \boldsymbol{D}^{\mathrm{T}})$完全能观，即与 $\operatorname{rank}\begin{bmatrix}\boldsymbol{D}^{\mathrm{T}} \\ \boldsymbol{D}^{\mathrm{T}}\boldsymbol{A} \\ \cdots \\ \boldsymbol{D}^{\mathrm{T}}\boldsymbol{A}^{n-1}\end{bmatrix}=n$ 矛盾，所以 $\boldsymbol{P}$ 为正定对称矩阵。

再证必要性。$\boldsymbol{P}$ 为正定的，要证$(\boldsymbol{A},\ \boldsymbol{D}^{\mathrm{T}})$完全能观，反证，若$(\boldsymbol{A},\ \boldsymbol{D}^{\mathrm{T}})$不完全能观，$\boldsymbol{D}^{\mathrm{T}}\mathrm{e}^{\boldsymbol{A}t}\boldsymbol{x}_0\equiv 0$ 有非零的解 $\boldsymbol{x}_0$，任取一控制 $\boldsymbol{u}\equiv 0$，$\boldsymbol{x}(t)=\mathrm{e}^{\boldsymbol{A}t}\boldsymbol{x}_0$，则有

$$J=\int_0^{\infty}\|\boldsymbol{x}\|_Q^2\mathrm{d}t=\int_0^{\infty}\|\boldsymbol{D}^{\mathrm{T}}\mathrm{e}^{\boldsymbol{A}t}\boldsymbol{x}_0\|^2\mathrm{d}t=0\geqslant \boldsymbol{x}_0^{\mathrm{T}}\boldsymbol{P}\boldsymbol{x}_0$$

与 $\boldsymbol{P}$ 为正定矛盾，所以$(\boldsymbol{A},\ \boldsymbol{D}^{\mathrm{T}})$是完全能观的。

定理 7.5 对于完全能控 LTIS，若$(\boldsymbol{A},\ \boldsymbol{D}^{\mathrm{T}})$为完全能观的，$\boldsymbol{D}$ 为满足 $\boldsymbol{Q}=\boldsymbol{D}\boldsymbol{D}^{\mathrm{T}}$ 的一个矩阵，则最优反馈系统是全局渐近稳定的。

证明 令 $V=\boldsymbol{x}^{\mathrm{T}}\boldsymbol{P}\boldsymbol{x}$，有

$$\dot{V}=\boldsymbol{x}^{\mathrm{T}}(-\boldsymbol{Q}-\boldsymbol{P}\boldsymbol{B}\boldsymbol{R}^{-1}\boldsymbol{B}^{\mathrm{T}}\boldsymbol{P})\boldsymbol{x}\leqslant 0$$

若 $\dot{V}\equiv 0$，则有 $\boldsymbol{x}^{\mathrm{T}}\boldsymbol{Q}\boldsymbol{x}\equiv 0$ 且

$$\boldsymbol{x}^{\mathrm{T}}\boldsymbol{P}\boldsymbol{B}\boldsymbol{R}^{-1}\boldsymbol{B}^{\mathrm{T}}\boldsymbol{P}\boldsymbol{x}\equiv 0\equiv \boldsymbol{u}^{\mathrm{T}}\boldsymbol{R}\boldsymbol{u}\equiv 0$$

由于 $\mathbf{R}>0$，所以 $\boldsymbol{u}\equiv\boldsymbol{0}$，则闭环系统变为 $\dot{\boldsymbol{x}}=\boldsymbol{A}\boldsymbol{x}$，所以 $\boldsymbol{x}(t)=\mathrm{e}^{\boldsymbol{A}t}\boldsymbol{x}_0$，由 $\boldsymbol{x}^{\mathrm{T}}\boldsymbol{Q}\boldsymbol{x}\equiv 0$ 及 $\boldsymbol{Q}=\boldsymbol{D}\boldsymbol{D}^{\mathrm{T}}$ 得

$$\boldsymbol{D}^{\mathrm{T}}\mathrm{e}^{\boldsymbol{A}t}\boldsymbol{x}_0\equiv\boldsymbol{0}$$

这与$(\boldsymbol{A},\ \boldsymbol{D}^{\mathrm{T}})$完全能观矛盾。所以 $\dot{V}<0$，即最优反馈系统是全局渐近稳定的。

例 7.3 给定 LTIS 无穷时间最优调节问题

$$\begin{cases} J[\boldsymbol{u}(\cdot)]=\dfrac{1}{2}\displaystyle\int_0^{\infty}\left[(x_1\quad x_2)\begin{pmatrix}1 & b\\ b & a\end{pmatrix}\begin{bmatrix}x_1\\ x_2\end{bmatrix}+u^2(t)\right]\mathrm{d}t \\ \dot{\boldsymbol{x}}=\begin{pmatrix}0 & 1\\ 0 & 0\end{pmatrix}\boldsymbol{x}+\begin{pmatrix}0\\ 1\end{pmatrix}u \end{cases}$$

$$\boldsymbol{x}_0=\begin{bmatrix}x_{10}\\ x_{20}\end{bmatrix}$$

其中 $u(t)\in U=\mathbf{R}^1$，且 a、b 满足 $a-b^2>0$。求最优调节器，并验证最优闭环系统是渐近稳定的。

解 $$\boldsymbol{A}=\begin{pmatrix}0 & 1\\ 0 & 0\end{pmatrix},\ \boldsymbol{b}=\begin{pmatrix}0\\ 1\end{pmatrix},\ \boldsymbol{Q}=\begin{pmatrix}1 & b\\ b & a\end{pmatrix},\ R=1,\ n=2$$

易知$(\boldsymbol{A},\ \boldsymbol{B})$是完全能控的，又 $a-b^2>0$，可知 $\boldsymbol{Q}$ 是正定的，则有对 $\boldsymbol{Q}$ 的任意分解 $\boldsymbol{Q}=\boldsymbol{D}\boldsymbol{D}^{\mathrm{T}}$，均有 $\operatorname{rank}(\boldsymbol{D})=2$，显然$(\boldsymbol{A},\ \boldsymbol{D}^{\mathrm{T}})$是完全能观的，最优控制为

$$\boldsymbol{u}^*(t)=-R^{-1}\boldsymbol{B}^{\mathrm{T}}\overline{\boldsymbol{P}}\boldsymbol{x}(t)=-p_{12}x_1-p_{22}x_2$$

其中 $\bar{\boldsymbol{P}}=\begin{bmatrix} p_{11} & p_{12} \\ p_{21} & p_{22} \end{bmatrix}$满足如下代数 Riccati 方程：

$$\boldsymbol{A}^{\mathrm{T}}\bar{\boldsymbol{P}}+\bar{\boldsymbol{P}}\boldsymbol{A}+\boldsymbol{Q}-\bar{\boldsymbol{P}}\boldsymbol{B}\boldsymbol{R}^{-1}\boldsymbol{B}^{\mathrm{T}}\bar{\boldsymbol{P}}=\boldsymbol{0}$$

即

$$p_{12}^2=1,\ -p_{11}+p_{12}p_{22}-b=0,\ -2p_{12}+p_{22}^2-a=0$$

解得

$$p_{12}=\pm 1,\ p_{11}=p_{12}p_{22}-b,\ p_{22}=\pm\sqrt{a+2p_{12}}$$

由引理 7.4 知代数 Riccati 方程有唯一正定解阵 $\bar{\boldsymbol{P}}$，即

$$p_{11}>0,\ p_{22}>0,\ p_{11}p_{22}-p_{12}^2>0,\ p_{22}=\sqrt{a+2p_{12}}$$

当 $p_{12}=-1$，有 $p_{22}=\sqrt{a-2}$，$p_{11}=-\sqrt{a-2}-b$，为了保证 $p_{22}>0$，则有 $a>2$。

由 $p_{11}p_{22}-p_{12}^2>0$ 得

$$-(a-2)-b\sqrt{a-2}>1$$

即

$$-b>\frac{a-1}{\sqrt{a-2}}$$

亦即

$$b^2>\frac{(a-1)^2}{(a-2)}=a+\frac{1}{a-2}>a$$

这与 $b^2-a<0$ 矛盾，所以

$$p_{12}=1,\ p_{22}=\sqrt{a+2}$$

最优调节器为

$$u=-x_1-\sqrt{a+2}x_2$$

最优闭环系统为

$$\dot{\boldsymbol{x}}=\begin{bmatrix} 0 & 1 \\ -1 & -\sqrt{a+2} \end{bmatrix}\boldsymbol{x}$$

特征方程为

$$|\lambda \boldsymbol{I}-\bar{\boldsymbol{A}}|=\lambda^2+\lambda\sqrt{a+2}+1=0$$

特征值为

$$\lambda_{1,2}=-\frac{\sqrt{a+2}}{2}\pm\frac{\sqrt{a-2}}{2}$$

为了保证 $p_{22}=\sqrt{a+2}>0$，则有 $a>-2$。显然当 $a-2\geqslant 0$ 时，则由上式可知最优闭环系统有两个负实特征值；当 $a-2<0$ 时，则由上式可知

$$\lambda_{1,2}=-\frac{\sqrt{a+2}}{2}\pm \mathrm{j}\,\frac{\sqrt{2-a}}{2}$$

从而知最优闭环系统有两个负实特征值，两个特征值均具有负实部，则最优反馈系统是全局渐近稳定的。

7.5　代数 Riccati 方程性质及求解方法

1. ARE 解性质

引理 7.5　设 $\boldsymbol{Z}=\begin{bmatrix}\boldsymbol{A} & -\boldsymbol{B}\boldsymbol{R}^{-1}\boldsymbol{B}^{\mathrm{T}}\\ -\boldsymbol{Q} & -\boldsymbol{A}^{\mathrm{T}}\end{bmatrix}$，若记 $f(\lambda)=\det(\lambda\boldsymbol{A}-\boldsymbol{I})$，则有 $f(\lambda)=f(-\lambda)$，即 $f(\lambda)$是 λ 的偶函数。

证明　直接计算得

$$\begin{bmatrix}\boldsymbol{0} & \boldsymbol{I}_n\\ \boldsymbol{I}_n & \boldsymbol{0}\end{bmatrix}\begin{bmatrix}\lambda\boldsymbol{I}_n-\boldsymbol{A} & \boldsymbol{B}\boldsymbol{R}^{-1}\boldsymbol{B}^{\mathrm{T}}\\ \boldsymbol{Q} & -\lambda\boldsymbol{I}_n+\boldsymbol{A}^{\mathrm{T}}\end{bmatrix}\begin{bmatrix}\boldsymbol{0} & \boldsymbol{I}_n\\ \boldsymbol{I}_n & \boldsymbol{0}\end{bmatrix}$$
$$=\begin{bmatrix}-\boldsymbol{I}_n & \boldsymbol{0}\\ \boldsymbol{0} & \boldsymbol{I}_n\end{bmatrix}\begin{bmatrix}-\lambda\boldsymbol{I}_n-\boldsymbol{A} & \boldsymbol{B}\boldsymbol{R}^{-1}\boldsymbol{B}^{\mathrm{T}}\\ \boldsymbol{Q} & -\lambda\boldsymbol{I}_n+\boldsymbol{A}^{\mathrm{T}}\end{bmatrix}\begin{bmatrix}-\boldsymbol{I}_n & \boldsymbol{0}\\ \boldsymbol{0} & \boldsymbol{I}_n\end{bmatrix}$$

因为

$$\det\begin{bmatrix}\boldsymbol{0} & \boldsymbol{I}_n\\ \boldsymbol{I}_n & \boldsymbol{0}\end{bmatrix}=\det\left(\begin{bmatrix}-\boldsymbol{I}_n & \boldsymbol{0}\\ \boldsymbol{0} & \boldsymbol{I}_n\end{bmatrix}\right)=\det\left(\begin{bmatrix}\boldsymbol{I}_n & \boldsymbol{0}\\ \boldsymbol{0} & \boldsymbol{I}_n\end{bmatrix}\right)=(-1)^n$$
$$\det(\boldsymbol{M})=\det(\boldsymbol{M}^{\mathrm{T}})$$

所以

$$f(\lambda)=f(-\lambda)$$

引理 7.6　P 为 ARE 的解的充要条件是 $\boldsymbol{Z}$ 存在 $2n$ 维的广义特征向量，t_{11}，…，t_{1l_1}，t_{21}，…，t_{1l_2}，…，t_{k1}，…，t_{kl_k}，满足

$$\boldsymbol{Z}(t_{i1},\cdots,t_{il_i})=(t_{i1},\cdots,t_{il_i})\begin{pmatrix}\lambda_i & 1 & 0 & \cdots & 0\\ 0 & \lambda_i & 1 & \cdots & 0\\ \vdots & \vdots & \vdots & \vdots & \vdots\\ 0 & 0 & \cdots & \lambda_i & 1\\ 0 & 0 & \cdots & 0 & \lambda_i\end{pmatrix}\tag{7.24}$$

$i=1,2,\cdots,k$，其中 $\lambda_i(i=1,2,\cdots,k)$为 $\boldsymbol{Z}$ 的特征值，$l_1+l_2+\cdots+l_k=n$ 且

$$\boldsymbol{P}=\boldsymbol{W}\boldsymbol{T}^{-1}\tag{7.25}$$

这里

$$\begin{pmatrix}\boldsymbol{T}\\ \boldsymbol{W}\end{pmatrix}=(t_{11},\cdots,t_{1l_1},t_{21},\cdots,t_{1l_2},\cdots,t_{k1},\cdots,t_{kl_k})$$

证明 先证充分性。设有 n 个 $2n$ 维向量 t_{11}，…，t_{1l_1}，t_{21}，…，t_{1l_2}，…，t_{k1}，…，t_{kl_k} 满足式(7.24)并使式(7.25)成立，记

$$\boldsymbol{J}_i = \begin{pmatrix} \lambda_i & 1 & 0 & \cdots & 0 \\ 0 & \lambda_i & 1 & \cdots & 0 \\ \vdots & \vdots & \vdots & \vdots & \vdots \\ 0 & 0 & \cdots & \lambda_i & 1 \\ 0 & 0 & \cdots & 0 & \lambda_i \end{pmatrix}_{l_i \times l_i}, \quad \boldsymbol{J} = \begin{pmatrix} \boldsymbol{J}_1 & & & \\ & \boldsymbol{J}_2 & & \\ & & \ddots & \\ & & & \boldsymbol{J}_k \end{pmatrix}$$

由(7.24)知

$$\boldsymbol{AT} - \boldsymbol{BR}^{-1}\boldsymbol{B}^{\mathrm{T}}\boldsymbol{W} = \boldsymbol{TJ} \tag{7.26}$$

$$-\boldsymbol{Q}T - \boldsymbol{A}^{\mathrm{T}}\boldsymbol{W} = \boldsymbol{WJ} \tag{7.27}$$

用 $\boldsymbol{WT}^{-1}$ 左乘、$\boldsymbol{T}^{-1}$ 右乘式(7.26)，$\boldsymbol{T}^{-1}$ 右乘式(7.27)，得

$$\boldsymbol{WT}^{-1}\boldsymbol{A} - \boldsymbol{WT}^{-1}\boldsymbol{BR}^{-1}\boldsymbol{B}^{\mathrm{T}}\boldsymbol{WT}^{-1} = \boldsymbol{WJT}^{-1}$$

$$-\boldsymbol{Q} - \boldsymbol{A}^{\mathrm{T}}\boldsymbol{WT}^{-1} = \boldsymbol{WJT}^{-1}$$

上面两式相减得

$$-\boldsymbol{A}^{\mathrm{T}}\boldsymbol{WT}^{-1} - \boldsymbol{WT}^{-1}\boldsymbol{A} - \boldsymbol{Q} + \boldsymbol{WT}^{-1}\boldsymbol{BR}^{-1}\boldsymbol{B}^{\mathrm{T}}\boldsymbol{WT}^{-1} = \boldsymbol{0}$$

即 WT^{-1} 是 ARE(7.23)的解。

再证必要性。设 $\boldsymbol{P}$ 是 ARE 式(7.23)的解，记 $\boldsymbol{A}_c = \boldsymbol{A} - \boldsymbol{BR}^{-1}\boldsymbol{B}^{\mathrm{T}}\boldsymbol{P}$，设 $\tilde{\boldsymbol{J}}$ 是 $\boldsymbol{A}_c$ 的若当型阵，则存在 $n \times n$ 满秩方阵 $\boldsymbol{T}$ 使得

$$\boldsymbol{A}_c = \boldsymbol{T}\tilde{\boldsymbol{J}}\boldsymbol{T}^{-1} \tag{7.28}$$

取 $\boldsymbol{W} = \boldsymbol{PT}$，则有 $\boldsymbol{P} = \boldsymbol{WT}^{-1}$，由式(7.28)得

$$\boldsymbol{T}\tilde{\boldsymbol{J}} = \boldsymbol{A}_c\boldsymbol{T} = (\boldsymbol{A} - \boldsymbol{BR}^{-1}\boldsymbol{B}^{\mathrm{T}}\boldsymbol{P})\boldsymbol{T} = (\boldsymbol{A} - \boldsymbol{BR}^{-1}\boldsymbol{B}^{\mathrm{T}})\begin{pmatrix} \boldsymbol{T} \\ W \end{pmatrix} \tag{7.29}$$

另一方面，由式(7.28)和式(7.23)得

$$\begin{aligned} W\tilde{\boldsymbol{J}} &= \boldsymbol{PT}\tilde{\boldsymbol{J}} = \boldsymbol{P}(\boldsymbol{A} - \boldsymbol{BR}^{-1}\boldsymbol{B}^{\mathrm{T}}\boldsymbol{P})\boldsymbol{T} \\ &= (\boldsymbol{PA} - \boldsymbol{PBR}^{-1}\boldsymbol{B}^{\mathrm{T}}\boldsymbol{P})\boldsymbol{T} = -\boldsymbol{Q} - \boldsymbol{A}^{\mathrm{T}}W \end{aligned} \tag{7.30}$$

联合式(7.29)和式(7.30)得

$$\boldsymbol{Z}\begin{pmatrix} \boldsymbol{T} \\ \boldsymbol{W} \end{pmatrix} = \begin{pmatrix} \boldsymbol{T} \\ \boldsymbol{W} \end{pmatrix}\tilde{\boldsymbol{J}}$$

由于 $\boldsymbol{T}$ 为非奇异方阵，则 $\begin{pmatrix} \boldsymbol{T} \\ \boldsymbol{W} \end{pmatrix}$ 的每一列向量都是非零的 $2n$ 维向量，且满足式(7.24)的特征向量。

推论 7.2 若 $\boldsymbol{P}$ 为 ARE 式(7.23)的解，则 $\boldsymbol{A}_c = \boldsymbol{A} - \boldsymbol{BR}^{-1}\boldsymbol{B}^{\mathrm{T}}\boldsymbol{P}$ 的 Jordan 规范型为

$$\tilde{\boldsymbol{J}} = \begin{bmatrix} \boldsymbol{J}_1 & & & \\ & \boldsymbol{J}_2 & & \\ & & \ddots & \\ & & & \boldsymbol{J}_k \end{bmatrix}, \boldsymbol{J}_i = \begin{bmatrix} \lambda_i & 1 & 0 & \cdots & 0 \\ 0 & \lambda_i & 1 & \cdots & 0 \\ \vdots & \vdots & \vdots & \vdots & \vdots \\ 0 & 0 & \cdots & \lambda_i & 1 \\ 0 & 0 & \cdots & 0 & \lambda_i \end{bmatrix}$$

其中 λ_i、l_i、$i=1, 2, \cdots, k$，满足式(7.24)。

定理 7.6　设$(\boldsymbol{A}, \boldsymbol{B}, \boldsymbol{C})$能稳能检测，则 ARE 式(7.23)存在唯一非负解 $\boldsymbol{P}\geqslant 0$，使得 $\boldsymbol{R}(\lambda)<0$，$\forall \lambda\in\lambda(\boldsymbol{A}-\boldsymbol{B}\boldsymbol{R}^{-1}\boldsymbol{B}^{\mathrm{T}}\boldsymbol{P})$，其中 $\boldsymbol{C}$ 满足 $\boldsymbol{Q}=\boldsymbol{C}^{\mathrm{T}}\boldsymbol{C}$。

2. ARE 的求解方法

(1) 直接展开法：(适用低阶系统)求解非线性方程组的解。

(2) 利用 $\boldsymbol{P}=\lim\limits_{t_f\to\infty}\boldsymbol{P}(t, \boldsymbol{0}, t_f)$，先求 $\boldsymbol{P}(t, \boldsymbol{0}, t_f)=\boldsymbol{Y}(t)\boldsymbol{Z}^{-1}(t)$，其中 $\boldsymbol{Y}(t)$、$\boldsymbol{Z}(t)$是如下方程的解

$$\frac{\mathrm{d}}{\mathrm{d}t}\begin{bmatrix} \boldsymbol{Z}(t) \\ \boldsymbol{Y}(t) \end{bmatrix} = \begin{bmatrix} \boldsymbol{A} & -\boldsymbol{B}\boldsymbol{R}^{-1}\boldsymbol{B}^{\mathrm{T}} \\ -\boldsymbol{Q} & -\boldsymbol{A}^{\mathrm{T}} \end{bmatrix}\begin{bmatrix} \boldsymbol{X} \\ \boldsymbol{Y} \end{bmatrix}, \begin{bmatrix} \boldsymbol{Z}(t_f) \\ \boldsymbol{Y}(t_f) \end{bmatrix} = \begin{bmatrix} \boldsymbol{I}_n \\ \boldsymbol{0} \end{bmatrix}$$

(3) 将 $\boldsymbol{Z}$ 转化为 Jordan 规范型。

记 $\boldsymbol{Z}=\begin{bmatrix} \boldsymbol{A} & -\boldsymbol{B}\boldsymbol{R}^{-1}\boldsymbol{B}^{\mathrm{T}} \\ -\boldsymbol{Q} & -\boldsymbol{A}^{\mathrm{T}} \end{bmatrix}$，若$(\boldsymbol{A}, \boldsymbol{B})$能稳，$(\boldsymbol{A}, \boldsymbol{C})$能检测，$\boldsymbol{Q}=\boldsymbol{C}^{\mathrm{T}}\boldsymbol{C}$，则存在 $\boldsymbol{T}(\det\boldsymbol{T}\neq 0)$，使得 $\boldsymbol{T}^{-1}\boldsymbol{Z}\boldsymbol{T}=\begin{bmatrix} \boldsymbol{J} & \boldsymbol{0} \\ \boldsymbol{0} & \tilde{\boldsymbol{J}} \end{bmatrix}$，且对任意 $\boldsymbol{J}$ 的特征值λ，有 $\mathrm{Re}(\lambda)<0$，对任意 $\tilde{\boldsymbol{J}}$ 的特征值λ，有 $\mathrm{Re}(\lambda)>0$，且 $\boldsymbol{T}_{11}$ 可逆，其中 $\boldsymbol{T}=\begin{bmatrix} \boldsymbol{T}_{11} & \boldsymbol{T}_{12} \\ \boldsymbol{T}_{21} & \boldsymbol{T}_{22} \end{bmatrix}$。则有

$$\boldsymbol{P} = \boldsymbol{T}_{21}\boldsymbol{T}_{11}^{-1}$$

(4) 解线性代数方程的方法。

若$(\boldsymbol{A}, \boldsymbol{B})$能稳，$(\boldsymbol{A}, \boldsymbol{C})$能检测，记 $\boldsymbol{T}^{-1}\boldsymbol{Z}\boldsymbol{T}=\begin{bmatrix} \boldsymbol{J} & \boldsymbol{0} \\ \boldsymbol{0} & \tilde{\boldsymbol{J}} \end{bmatrix}$，$\alpha(\lambda)$为 $\boldsymbol{J}$ 的特征多项式，即 $\alpha(\lambda)=\det(\lambda\boldsymbol{I}-\boldsymbol{J})$，则由凯莱-哈密顿定理知：

$$\alpha(\boldsymbol{J}) = \boldsymbol{0}, \alpha(\boldsymbol{T}^{-1}\boldsymbol{Z}\boldsymbol{T}) = \boldsymbol{T}^{-1}\alpha(\boldsymbol{Z})\boldsymbol{T} = \begin{bmatrix} \alpha(\boldsymbol{J}) & \boldsymbol{0} \\ \boldsymbol{0} & \alpha(\tilde{\boldsymbol{J}}) \end{bmatrix} = \begin{bmatrix} \boldsymbol{0} & \boldsymbol{0} \\ \boldsymbol{0} & \alpha(\tilde{\boldsymbol{J}}) \end{bmatrix}$$

记 $\boldsymbol{T}=\begin{bmatrix} \boldsymbol{T}_{11} & \boldsymbol{T}_{12} \\ \boldsymbol{T}_{21} & \boldsymbol{T}_{22} \end{bmatrix}$，则有

$$\alpha(\boldsymbol{Z})\boldsymbol{T} = \boldsymbol{T}\begin{bmatrix} \boldsymbol{0} & \boldsymbol{0} \\ \boldsymbol{0} & \alpha(\tilde{\boldsymbol{J}}) \end{bmatrix}$$

即

$$\alpha(\boldsymbol{Z})\begin{bmatrix}\boldsymbol{T}_{11}\\\boldsymbol{T}_{21}\end{bmatrix}=\begin{bmatrix}\boldsymbol{0}\\\boldsymbol{0}\end{bmatrix}$$

所以

$$\alpha(\boldsymbol{Z})\begin{bmatrix}\boldsymbol{I}_n\\\boldsymbol{P}\end{bmatrix}=\boldsymbol{0}$$

此即为求解 $\boldsymbol{P}$ 的线性方程组。

(5) 迭代法求解。先讨论如下 Lyapunov 矩阵方程

$$\boldsymbol{A}^{\mathrm{T}}\boldsymbol{X}+\boldsymbol{X}\boldsymbol{A}+\boldsymbol{C}^{\mathrm{T}}\boldsymbol{C}=\boldsymbol{0} \tag{7.31}$$

其中，$\boldsymbol{A}\in\mathbf{R}^{n\times n}$，$\boldsymbol{C}\in\mathbf{R}^{p\times n}$，求 $\boldsymbol{X}\in\mathbf{R}^{n\times n}$。

引理 7.7 如下三个条件中若有两个成立，则另一个必成立。

(ⅰ) $\mathrm{Re}(\lambda)<0$，$\forall\lambda\in\sigma(\boldsymbol{A})$；

(ⅱ) 方程式(7.31)存在唯一正定解；

(ⅲ) $(\boldsymbol{A},\boldsymbol{C})$完全能观测。

引理 7.8 设$(\boldsymbol{A},\boldsymbol{C})$能检测，则 $\mathrm{Re}(\lambda)<0$，$\forall\lambda\in\sigma(\boldsymbol{A})$的充要条件是矩阵方程(7.31)存在唯一非负定解。

定理 7.7 给定 Riccati 代数方程(7.23)，设对 $\boldsymbol{Q}$ 的分解，$(\boldsymbol{A},\boldsymbol{C})$能检(观)测，且$(\boldsymbol{A},\boldsymbol{B})$能稳(控)，则由如下迭代算法可得到满足 $\mathrm{Re}(\lambda)<0$，$\forall\lambda\in\sigma(\boldsymbol{A}-\boldsymbol{B}\boldsymbol{R}^{-1}\boldsymbol{B}^{\mathrm{T}}\boldsymbol{P})$的唯一非负(正)定解。

若

$$\begin{cases}\boldsymbol{A}_k^{\mathrm{T}}\boldsymbol{P}_k+\boldsymbol{P}_k\boldsymbol{A}_k=-\boldsymbol{D}_k^{\mathrm{T}}\boldsymbol{D}_k=\boldsymbol{0}\\\boldsymbol{A}_k=\boldsymbol{A}-\boldsymbol{B}\boldsymbol{F}_k\\\boldsymbol{F}_k=\boldsymbol{R}^{-1}\boldsymbol{B}^{\mathrm{T}}\boldsymbol{P}_{k-1}\\\boldsymbol{D}_k^{\mathrm{T}}\boldsymbol{D}_k=\boldsymbol{C}^{\mathrm{T}}\boldsymbol{C}+\boldsymbol{F}_k^{\mathrm{T}}\boldsymbol{R}\boldsymbol{F}_k,\ k=1,2,\cdots\end{cases} \tag{7.32}$$

其中 $\boldsymbol{A}_0=\boldsymbol{A}-\boldsymbol{B}\boldsymbol{F}_0$，$\mathrm{Re}(\lambda)<0$，$\forall\lambda\in\sigma(\boldsymbol{A}_0)$，则

$$\lim_{k\to\infty}\boldsymbol{P}_k=\boldsymbol{P} \tag{7.33}$$

证明 由于$(\boldsymbol{A},\boldsymbol{B})$完全能稳(控)，则一定能选择到 $\boldsymbol{F}_0$，使得

$$\mathrm{Re}(\lambda)<0,\ \forall\lambda\in\sigma(\boldsymbol{A}-\boldsymbol{B}\boldsymbol{F}_0)$$

另由$(\boldsymbol{A},\boldsymbol{C})$能检(观)测，则$(\boldsymbol{A},\boldsymbol{D}_0)$必能检(观)测。从引理 7.7 和引理 7.8 知

$$\boldsymbol{A}_0^{\mathrm{T}}\boldsymbol{P}_0+\boldsymbol{P}_0\boldsymbol{A}_0+\boldsymbol{D}_0^{\mathrm{T}}\boldsymbol{D}_0=\boldsymbol{0} \tag{7.34}$$

存在唯一非负(正)定解 $\boldsymbol{P}_0\geqslant0(\boldsymbol{P}_0>0)$。由于

$$\boldsymbol{A}_0=\boldsymbol{A}_1+\boldsymbol{B}(\boldsymbol{F}_1-\boldsymbol{F}_0)$$

将上式代入式(7.34)中得

$$A_1^{\mathrm{T}} P_0 + P_0 A_1 + H_1^{\mathrm{T}} H_1 = 0$$

其中

$$H_1^{\mathrm{T}} H_1 = (C^{\mathrm{T}}, F_1^{\mathrm{T}} R^{1/2}, (F_1 - F_0)^{\mathrm{T}} R^{1/2}) \begin{pmatrix} C \\ R^{1/2} F_1 \\ R^{1/2}(F_1 - F_0) \end{pmatrix}$$

由(A, C)能检(观)测易知(A, H_1)必能检(观)测。从引理 7.7 和引理 7.8 知

$$\mathrm{Re}(\lambda) < 0, \ \forall \lambda \in \sigma(A_1)$$

当 $k=1$ 时，式(7.32)变为

$$A_1^{\mathrm{T}} P_1 + P_1 A_1 = - D_1^{\mathrm{T}} D_1 = - C^{\mathrm{T}} C - F_1^{\mathrm{T}} R F_1$$

从(A, C)能检(观)测易知(A, D_1)必能检(观)测，注意到 $\mathrm{Re}(\lambda)<0$，$\forall\lambda\in\sigma(A_1)$，再利用引理 7.7 和引理 7.8 知，上式存在唯一非负(正)定解 $P_1\geqslant 0(P_1>0)$。

按证明 $\mathrm{Re}(\lambda)<0$，$\forall\lambda\in\sigma(A_1)$的方法可证

$$\mathrm{Re}(\lambda) < 0, \ \forall \lambda \in \sigma(A_2)$$

依此类推可得，对每个 k，式(7.32)均存在唯一非负(正)定解 $P_k\geqslant 0(P_k>0)$，且

$$\mathrm{Re}(\lambda) < 0, \ \forall \lambda \in \sigma(A_k)$$

又直接计算得

$$A_k^{\mathrm{T}}(P_{k-1} - P_k) + (P_{k-1} - P_k)A_k + (F_{k-1} - F_k)^{\mathrm{T}} R (F_{k-1} - F_k) = 0$$

由于 $\mathrm{Re}(\lambda)<0$，$\forall\lambda\in\sigma(A_k)$，则$(A_k \quad R^{1/2}(F_{k-1}-F_k))$能检测且

$$(F_{k-1} - F_k)^{\mathrm{T}} R (F_{k-1} - F_k) \geqslant 0$$

再利用引理 7.7 和引理 7.8 知，上式存在唯一非负定解 $P_{k-1}-P_k\geqslant 0$，即

$$P_{k-1} \geqslant P_k, \ k = 1, 2, \cdots$$

上式说明 $P_0, P_1, \cdots, P_k, \cdots$是单调不增的且 $P_k\geqslant 0(P_k>0)$，故存在极限，即

$$\lim_{k\to\infty} P_k = P \geqslant 0 (P > 0)$$

于是有

$$\lim_{k\to\infty} A_k = A - BF, \ \lim_{k\to\infty} F_k = F = R^{-1} B^{\mathrm{T}} P$$

则 P 满足代数 Riccati 方程(7.23)，另由(A, B)完全能稳(控)，(A, C)能检(观)测，再利用引理 7.7 和引理 7.8 知 P 是使 $\mathrm{Re}(\lambda)<0$，$\forall\lambda\in\sigma(A-BR^{-1}B^{\mathrm{T}}P)$的代数 Riccati 方程式(7.23)的唯一非负(正)定解。

7.6　最优控制反问题(逆最优控制)

1. 问题的提法

给定线性时不变系统(简写为 LTIS)：$\dot{x}=Ax+Bu$，及稳定状态反馈控制率

$\boldsymbol{u}=-\boldsymbol{K}\boldsymbol{x}$，能否构造出正定阵 $\boldsymbol{R}$ 和非负定阵 $\boldsymbol{Q}$，使得性能指标 $J=\frac{1}{2}\int_0^\infty[\boldsymbol{x}^{\mathrm{T}}\boldsymbol{Q}(t)\boldsymbol{x}+\boldsymbol{u}^{\mathrm{T}}\boldsymbol{R}(t)\boldsymbol{u}]\mathrm{d}t$ 达到最小呢？这一问题称为最优控制反问题。

需要回答如下两个问题：

(1) 给定 $\boldsymbol{A}$、$\boldsymbol{B}$、$\boldsymbol{K}$ 满足什么条件时反问题有解？

(2) 如何构造 $\boldsymbol{R}$ 及 $\boldsymbol{Q}$ 阵？

2. 反问题存在性以及求解方法

对于 SISO 系统，不失一般性，考察如下反问题：

给定 LTIS：

$$\dot{\boldsymbol{x}}=\boldsymbol{A}\boldsymbol{x}+\boldsymbol{B}\boldsymbol{u} \tag{7.35}$$

状态反馈控制率

$$\boldsymbol{u}=-\boldsymbol{K}\boldsymbol{x} \tag{7.36}$$

在什么条件下，如何构造非负 $\boldsymbol{R}$、$\boldsymbol{Q}$ 使得

$$J=\frac{1}{2}\int_0^\infty[\boldsymbol{x}^{\mathrm{T}}\boldsymbol{Q}(t)\boldsymbol{x}+\boldsymbol{u}^{\mathrm{T}}\boldsymbol{R}(t)\boldsymbol{u}]\mathrm{d}t \tag{7.37}$$

为最小。

引理 7.11 LTIS 最优反馈系统 $\dot{\boldsymbol{x}}=(\boldsymbol{A}-\boldsymbol{B}\boldsymbol{K})\boldsymbol{x}$ 具有如下频率公式

$$\begin{aligned}&[\boldsymbol{I}+\boldsymbol{R}^{\frac{1}{2}}\boldsymbol{K}(-s\boldsymbol{I}-\boldsymbol{A})^{-1}\boldsymbol{B}\boldsymbol{R}^{-\frac{1}{2}}]^{\mathrm{T}}[\boldsymbol{I}+\boldsymbol{R}^{\frac{1}{2}}\boldsymbol{K}(s\boldsymbol{I}-\boldsymbol{A})^{-1}\boldsymbol{B}\boldsymbol{R}^{-\frac{1}{2}}]\\&=\boldsymbol{I}+\boldsymbol{R}^{-\frac{1}{2}}\boldsymbol{B}^{\mathrm{T}}(-s\boldsymbol{I}-\boldsymbol{A}^{\mathrm{T}})^{-1}\boldsymbol{Q}(s\boldsymbol{I}-\boldsymbol{A})^{-1}\boldsymbol{B}\boldsymbol{R}^{-\frac{1}{2}}\end{aligned}$$

证明 由代数 Riccati 方程(7.23)得

$$(-s\boldsymbol{I}-\boldsymbol{A}^{\mathrm{T}})\boldsymbol{P}+\boldsymbol{P}(s\boldsymbol{I}-\boldsymbol{A})+\boldsymbol{K}^{\mathrm{T}}\boldsymbol{R}\boldsymbol{K}=\boldsymbol{Q}$$

用 $\boldsymbol{R}^{-\frac{1}{2}}\boldsymbol{B}^{\mathrm{T}}(-s\boldsymbol{I}-\boldsymbol{A}^{\mathrm{T}})^{-1}$ 左乘，用 $(s\boldsymbol{I}-\boldsymbol{A})^{-1}\boldsymbol{B}\boldsymbol{R}^{-\frac{1}{2}}$ 右乘上式，然后两边再加 $\boldsymbol{I}$，取 $s=j\cdot w$ 代入上式得到

$$\begin{aligned}&[\boldsymbol{I}+\boldsymbol{R}^{\frac{1}{2}}\boldsymbol{K}(-\mathrm{j}\cdot w\boldsymbol{I}-\boldsymbol{A})^{-1}\boldsymbol{B}\boldsymbol{R}^{-\frac{1}{2}}]^{\mathrm{T}}[\boldsymbol{I}+\boldsymbol{R}^{\frac{1}{2}}\boldsymbol{K}(\mathrm{j}\cdot w\boldsymbol{I}-\boldsymbol{A})^{-1}\boldsymbol{B}\boldsymbol{R}^{-\frac{1}{2}}]\\&=\boldsymbol{I}+\boldsymbol{R}^{\frac{1}{2}}\boldsymbol{B}^{\mathrm{T}}(-\mathrm{j}\cdot w\boldsymbol{I}-\boldsymbol{A}^{\mathrm{T}})^{-1}\boldsymbol{Q}(\mathrm{j}\cdot w\boldsymbol{I}-\boldsymbol{A})^{-1}\boldsymbol{B}\boldsymbol{R}^{-\frac{1}{2}}\geqslant\boldsymbol{I}\end{aligned}$$

称此公式为最优性频率条件。

对于单变量系统，不失一般性，取 $R=1$，则最优性频率条件为

$$|1+\boldsymbol{K}(\mathrm{j}w-\boldsymbol{A})^{-1}\boldsymbol{b}|^2\geqslant 1$$

定理 7.8 对于完全能控系统式(7.35)和稳定状态反馈控制率 $u=-\boldsymbol{K}\boldsymbol{x}$(指在它控制下闭环系统渐近稳定)，若$(\boldsymbol{A},\boldsymbol{K})$是完全能观测的，则控制(7.36)为系统(7.35)使得性能指标(7.37)达到最小的充要条件是

$$|1+\boldsymbol{K}(\mathrm{j}w\boldsymbol{I}-\boldsymbol{A})^{-1}\boldsymbol{b}|\geqslant 1,\quad \forall w\in\mathbf{R}$$

该定理证明作为习题，读者可自行证明。

7.7　线性系统的最优输出跟踪问题

1. 问题的提出

有限时间最优输出跟踪问题

$$\begin{aligned}\min J(\boldsymbol{u}(\cdot)) = &\frac{1}{2}[\boldsymbol{C}(t_f)\boldsymbol{x}(t_f)-\boldsymbol{Z}(t_f)]^{\mathrm{T}}\boldsymbol{F}[\boldsymbol{C}(t_f)\boldsymbol{x}(t_f)-\boldsymbol{Z}(t_f)]\\ &+\frac{1}{2}\int_{t_0}^{t_f}\{[\boldsymbol{C}(t_f)\boldsymbol{x}(t_f)-\boldsymbol{Z}(t_f)]^{\mathrm{T}}\boldsymbol{Q}(t)[\boldsymbol{C}(t_f)\boldsymbol{x}(t_f)\\ &-\boldsymbol{Z}(t_f)]+\boldsymbol{u}^{\mathrm{T}}\mathbf{R}(t)\boldsymbol{u}\}\mathrm{d}t\end{aligned} \tag{7.38}$$

满足

$$\dot{\boldsymbol{x}} = \boldsymbol{A}(t)\boldsymbol{x}+\boldsymbol{B}(t)\boldsymbol{u},\ y=\boldsymbol{C}(t)\boldsymbol{x},\ \boldsymbol{x}(t_0)=\boldsymbol{x}_0$$

其中 $\boldsymbol{Z}(t)$是已知的跟踪信号，$\boldsymbol{Z}(t)\in\mathbf{R}^q$，记 $\boldsymbol{e}(t)=\boldsymbol{C}(t)\boldsymbol{x}-\boldsymbol{Z}(t)$。

2. 必要条件

令

$$H=\frac{1}{2}[\boldsymbol{e}^{\mathrm{T}}(t)Q(t)\boldsymbol{e}(t)+\boldsymbol{u}^{\mathrm{T}}\mathbf{R}(t)\boldsymbol{u}]+\boldsymbol{\lambda}^{\mathrm{T}}(t)(\boldsymbol{A}(t)\boldsymbol{x}+\boldsymbol{B}(t)\boldsymbol{u})$$

由极大值原理得

$$\frac{\partial H}{\partial \boldsymbol{u}}=\mathbf{R}(t)\boldsymbol{u}+\boldsymbol{B}^{\mathrm{T}}(t)\boldsymbol{\lambda}(t)=\boldsymbol{0}$$

$$\dot{\boldsymbol{x}}=\boldsymbol{A}(t)\boldsymbol{x}-\boldsymbol{B}\boldsymbol{R}^{-1}\boldsymbol{B}^{\mathrm{T}}\boldsymbol{\lambda}(t),\ \boldsymbol{x}(t_0)=\boldsymbol{x}_0 \tag{7.39}$$

$$\dot{\boldsymbol{\lambda}}=-\frac{\partial H}{\partial \boldsymbol{x}}=-\boldsymbol{A}^{\mathrm{T}}(t)\boldsymbol{\lambda}(t)-\boldsymbol{C}^{\mathrm{T}}(t)Q(t)[\boldsymbol{C}(t)\boldsymbol{x}-\boldsymbol{Z}(t)] \tag{7.40}$$

由此可得

$$\boldsymbol{u}^*=-\boldsymbol{R}^{-1}\boldsymbol{B}^{\mathrm{T}}(t)\boldsymbol{\lambda}(t) \tag{7.41}$$

$$\dot{\boldsymbol{x}}=\boldsymbol{A}(t)\boldsymbol{x}-\boldsymbol{B}\boldsymbol{R}^{-1}\boldsymbol{B}^{\mathrm{T}}\boldsymbol{\lambda}(t),\quad \boldsymbol{x}(t_0)=\boldsymbol{x}_0$$

$$\dot{\boldsymbol{\lambda}}=-\frac{\partial H}{\partial \boldsymbol{x}}=-\boldsymbol{A}^{\mathrm{T}}(t)\boldsymbol{\lambda}(t)-\boldsymbol{C}^{\mathrm{T}}(t)\boldsymbol{Q}(t)[\boldsymbol{C}(t)\boldsymbol{x}-\boldsymbol{Z}(t)]$$

$$\boldsymbol{\lambda}(t_f)=\boldsymbol{C}^{\mathrm{T}}(t_f)\boldsymbol{F}[\boldsymbol{C}(t_f)\boldsymbol{x}(t_f)-\boldsymbol{Z}(t_f)]$$

将上式两个方程联立得

$$\begin{cases}\begin{pmatrix}\dot{\boldsymbol{x}}\\ \dot{\boldsymbol{\lambda}}\end{pmatrix}=\begin{bmatrix}\boldsymbol{A}(t) & -\boldsymbol{B}\boldsymbol{R}^{-1}\boldsymbol{B}^{\mathrm{T}}\\ -\boldsymbol{C}^{\mathrm{T}}\boldsymbol{Q}\boldsymbol{C} & -\boldsymbol{A}^{\mathrm{T}}(t)\end{bmatrix}\begin{pmatrix}\boldsymbol{x}\\ \boldsymbol{\lambda}\end{pmatrix}+\begin{pmatrix}\boldsymbol{0}\\ \boldsymbol{C}^{\mathrm{T}}\boldsymbol{Q}\boldsymbol{Z}\end{pmatrix}\\ \boldsymbol{x}(t_0)=\boldsymbol{x}_0,\ \boldsymbol{\lambda}(t_f)=\boldsymbol{C}^{\mathrm{T}}(t_f)\boldsymbol{F}\boldsymbol{C}(t_f)\boldsymbol{x}(t_f)-\boldsymbol{C}^{\mathrm{T}}(t_f)\boldsymbol{F}\boldsymbol{Z}(t_f)\end{cases} \tag{7.42}$$

假设状态向量与协状态向量之间有如下关系：

$$\boldsymbol{\lambda}(t)=\boldsymbol{P}(t)\boldsymbol{x}(t)+\boldsymbol{\xi}(t) \tag{7.43}$$

对式(7.43)两端对 t 求导，并注意到式(7.42)，得

$$\begin{aligned}\dot{\boldsymbol{\lambda}}(t) &= \dot{\boldsymbol{P}}(t)\boldsymbol{x}(t)+\boldsymbol{P}(t)\dot{\boldsymbol{x}}(t)+\dot{\boldsymbol{\xi}}(t)\\ &= \dot{\boldsymbol{P}}(t)\boldsymbol{x}(t)+\boldsymbol{P}(t)[\boldsymbol{A}(t)\boldsymbol{x}-\boldsymbol{B}\boldsymbol{R}^{-1}\boldsymbol{B}^{\mathrm{T}}\boldsymbol{\lambda}(t)]+\dot{\boldsymbol{\xi}}(t)\\ &= [\dot{\boldsymbol{P}}(t)+\boldsymbol{P}(t)\boldsymbol{A}(t)-\boldsymbol{P}\boldsymbol{B}\boldsymbol{R}^{-1}\boldsymbol{B}^{\mathrm{T}}\boldsymbol{P}(t)]\boldsymbol{x}+\dot{\boldsymbol{\xi}}(t)-\boldsymbol{P}\boldsymbol{B}\boldsymbol{R}^{-1}\boldsymbol{B}^{\mathrm{T}}\boldsymbol{\xi}(t)\\ &= [-\boldsymbol{C}^{\mathrm{T}}(t)\boldsymbol{Q}(t)\boldsymbol{C}(t)-\boldsymbol{A}^{\mathrm{T}}(t)\boldsymbol{P}]\boldsymbol{x}-\boldsymbol{A}^{\mathrm{T}}(t)\boldsymbol{\xi}(t)+\boldsymbol{C}^{\mathrm{T}}(t)\boldsymbol{Q}(t)\boldsymbol{Z}(t)\end{aligned}$$

由 $\boldsymbol{x}$ 的任意性可得如下微分 Riccati 方程(DRE)：

$$\begin{cases}-\dot{\boldsymbol{P}}=\boldsymbol{A}^{\mathrm{T}}\boldsymbol{P}+\boldsymbol{P}\boldsymbol{A}-\boldsymbol{P}\boldsymbol{B}\boldsymbol{R}^{-1}\boldsymbol{B}^{\mathrm{T}}\boldsymbol{P}+\boldsymbol{C}^{\mathrm{T}}(t)\boldsymbol{Q}(t)\boldsymbol{C}(t)\\ \dot{\boldsymbol{\xi}}=-\boldsymbol{A}^{\mathrm{T}}(t)\boldsymbol{\xi}(t)+\boldsymbol{P}\boldsymbol{B}\boldsymbol{R}^{-1}\boldsymbol{B}^{\mathrm{T}}\xi+\boldsymbol{C}^{\mathrm{T}}(t)\boldsymbol{Q}(t)\boldsymbol{Z}(t)\end{cases}\tag{7.44}$$

由 $\boldsymbol{\lambda}(t_f)=\boldsymbol{P}(t_f)\boldsymbol{x}(t_f)+\boldsymbol{\xi}(t_f)$ 和式(7.42)得

$$\boldsymbol{\lambda}(t_f)=\boldsymbol{P}(t_f)\boldsymbol{x}(t_f)+\boldsymbol{\xi}(t_f)=\boldsymbol{C}^{\mathrm{T}}(t_f)\boldsymbol{F}\boldsymbol{C}(t_f)\boldsymbol{x}(t_f)-\boldsymbol{C}^{\mathrm{T}}(t_f)\boldsymbol{F}\boldsymbol{Z}(t_f)$$

解得

$$\begin{cases}\boldsymbol{P}(t_f)=\boldsymbol{C}^{\mathrm{T}}(t_f)\boldsymbol{F}\boldsymbol{C}(t_f)\\ \boldsymbol{\xi}(t_f)=-\boldsymbol{C}^{\mathrm{T}}(t_f)\boldsymbol{F}\boldsymbol{Z}(t_f)\end{cases}\tag{7.45}$$

式(7.45)是 DRE(7.44)的边界条件。

将式(7.43)代入式(7.41)可得问题(7.38)的最优控制必要条件为

$$\boldsymbol{u}^*(t)=-\boldsymbol{R}^{-1}\boldsymbol{B}^{\mathrm{T}}\boldsymbol{P}(t)\boldsymbol{x}(t)-\boldsymbol{R}^{-1}\boldsymbol{B}^{\mathrm{T}}\boldsymbol{\xi}(t)\tag{7.46}$$

3. 充分条件

考察如下函数

$$g=\frac{1}{2}\boldsymbol{x}^{\mathrm{T}}\boldsymbol{P}\boldsymbol{x}+\boldsymbol{\xi}^{\mathrm{T}}(t)\boldsymbol{x}+\frac{1}{2}\varphi(t)\tag{7.47}$$

其中 $\varphi(t)$ 是待定的可微函数。求导得

$$\begin{aligned}\frac{\mathrm{d}g}{\mathrm{d}t} &= \frac{1}{2}(\dot{\boldsymbol{x}})^{\mathrm{T}}\boldsymbol{P}\boldsymbol{x}+\frac{1}{2}\boldsymbol{x}^{\mathrm{T}}\dot{\boldsymbol{P}}\boldsymbol{x}+\frac{1}{2}\boldsymbol{x}^{\mathrm{T}}\boldsymbol{P}\dot{\boldsymbol{x}}+\dot{\boldsymbol{\xi}}^{\mathrm{T}}(t)\boldsymbol{x}+\boldsymbol{\xi}^{\mathrm{T}}(t)\dot{\boldsymbol{x}}+\frac{1}{2}\dot{\varphi}(t)\\ &= \frac{1}{2}(\boldsymbol{A}\boldsymbol{x}+\boldsymbol{B}\boldsymbol{u})^{\mathrm{T}}\boldsymbol{P}\boldsymbol{x}+\frac{1}{2}\boldsymbol{x}^{\mathrm{T}}(-\boldsymbol{A}^{\mathrm{T}}\boldsymbol{P}-\boldsymbol{P}\boldsymbol{A}+\boldsymbol{P}\boldsymbol{B}\boldsymbol{R}^{-1}\boldsymbol{B}^{\mathrm{T}}\boldsymbol{P}-\boldsymbol{C}^{\mathrm{T}}\boldsymbol{Q}\boldsymbol{C})\boldsymbol{x}\\ &\quad+\frac{1}{2}\boldsymbol{x}^{\mathrm{T}}\boldsymbol{P}(\boldsymbol{A}\boldsymbol{x}+\boldsymbol{B}\boldsymbol{u})+(-\boldsymbol{A}^{\mathrm{T}}\boldsymbol{\xi}+\boldsymbol{P}\boldsymbol{B}\boldsymbol{R}^{-1}\boldsymbol{B}^{\mathrm{T}}\boldsymbol{\xi}+\boldsymbol{C}^{\mathrm{T}}\boldsymbol{Q}\boldsymbol{Z})^{\mathrm{T}}\boldsymbol{x}\\ &\quad+\boldsymbol{\xi}^{\mathrm{T}}(t)(\boldsymbol{A}\boldsymbol{x}+\boldsymbol{B}\boldsymbol{u})+\frac{1}{2}\dot{\varphi}(t)\\ &= -\frac{1}{2}[\boldsymbol{x}^{\mathrm{T}}\boldsymbol{C}^{\mathrm{T}}\boldsymbol{Q}\boldsymbol{C}\boldsymbol{x}-2\boldsymbol{Z}^{\mathrm{T}}\boldsymbol{Q}\boldsymbol{C}\boldsymbol{x}+\boldsymbol{Z}^{\mathrm{T}}\boldsymbol{Q}\boldsymbol{Z}+\boldsymbol{u}^{\mathrm{T}}\boldsymbol{R}\boldsymbol{u}]\\ &\quad+\frac{1}{2}\dot{\varphi}(t)+\frac{1}{2}\boldsymbol{Z}^{\mathrm{T}}\boldsymbol{Q}\boldsymbol{Z}-\frac{1}{2}\boldsymbol{\xi}^{\mathrm{T}}\boldsymbol{B}\boldsymbol{R}^{-1}\boldsymbol{B}^{\mathrm{T}}\boldsymbol{\xi}\\ &\quad+\frac{1}{2}[\boldsymbol{u}+\boldsymbol{R}^{-1}\boldsymbol{B}^{\mathrm{T}}\boldsymbol{P}\boldsymbol{x}+\boldsymbol{R}^{-1}\boldsymbol{B}^{\mathrm{T}}\boldsymbol{\xi}]^{\mathrm{T}}\boldsymbol{R}[\boldsymbol{u}+\boldsymbol{R}^{-1}\boldsymbol{B}^{\mathrm{T}}\boldsymbol{P}\boldsymbol{x}+\boldsymbol{R}^{-1}\boldsymbol{B}^{\mathrm{T}}\boldsymbol{\xi}]\end{aligned}$$

取$\frac{1}{2}\dot{\varphi}(t)=\frac{1}{2}\boldsymbol{\xi}^{\mathrm{T}}\boldsymbol{B}\boldsymbol{R}^{-1}\boldsymbol{B}^{\mathrm{T}}\boldsymbol{\xi}-\frac{1}{2}\boldsymbol{Z}^{\mathrm{T}}\boldsymbol{Q}\boldsymbol{Z}$，$\varphi(t_f)=\boldsymbol{Z}^{\mathrm{T}}(t_f)\boldsymbol{F}\boldsymbol{Z}(t_f)$，则有

$$\frac{\mathrm{d}g}{\mathrm{d}t}=-\frac{1}{2}[\boldsymbol{e}^{\mathrm{T}}(t)\boldsymbol{Q}(t)\boldsymbol{e}(t)+\boldsymbol{u}^{\mathrm{T}}\boldsymbol{R}(t)\boldsymbol{u}]+\frac{1}{2}[\boldsymbol{u}+\boldsymbol{R}^{-1}\boldsymbol{B}^{\mathrm{T}}\boldsymbol{\lambda}]^{\mathrm{T}}\boldsymbol{R}[\boldsymbol{u}+\boldsymbol{R}^{-1}\boldsymbol{B}^{\mathrm{T}}\boldsymbol{\lambda}]$$

从 t_0 到 t_f 积分得$\boldsymbol{P}(t_f)=\boldsymbol{C}^{\mathrm{T}}\boldsymbol{F}\boldsymbol{C}$，$\varphi(t_f)=\boldsymbol{Z}^{\mathrm{T}}(t_f)\boldsymbol{F}\boldsymbol{Z}(t_f)$。

$$\frac{1}{2}\boldsymbol{x}^{\mathrm{T}}(t_f)\boldsymbol{P}(t_f)\boldsymbol{x}(t_f)+\boldsymbol{\xi}^{\mathrm{T}}(t_f)\boldsymbol{x}(t_f)+\frac{1}{2}\varphi(t_f)+\frac{1}{2}\int_{t_0}^{t_f}[\boldsymbol{e}^{\mathrm{T}}(t)\boldsymbol{Q}(t)\boldsymbol{e}(t)+\boldsymbol{u}^{\mathrm{T}}\boldsymbol{R}(t)\boldsymbol{u}]\mathrm{d}t$$

$$=\frac{1}{2}\boldsymbol{x}^{\mathrm{T}}(t_0)\boldsymbol{P}(t_0)\boldsymbol{x}(t_0)+\boldsymbol{\xi}^{\mathrm{T}}(t_0)\boldsymbol{x}(t_0)+\frac{1}{2}\varphi(t_0)$$

$$+\frac{1}{2}\int_{t_0}^{t_f}[\boldsymbol{u}+\boldsymbol{R}^{-1}\boldsymbol{B}^{\mathrm{T}}\boldsymbol{\lambda}]^{\mathrm{T}}\boldsymbol{R}[\boldsymbol{u}+\boldsymbol{R}^{-1}\boldsymbol{B}^{\mathrm{T}}\boldsymbol{\lambda}]\mathrm{d}t$$

$$J(\boldsymbol{u}(\cdot))=\frac{1}{2}\boldsymbol{x}^{\mathrm{T}}(t_0)\boldsymbol{P}(t_0)\boldsymbol{x}(t_0)+\boldsymbol{\xi}^{\mathrm{T}}(t_0)\boldsymbol{x}(t_0)+\frac{1}{2}\varphi(t_0)$$
$$+\frac{1}{2}\int_{t_0}^{t_f}[\boldsymbol{u}+\boldsymbol{R}^{-1}\boldsymbol{B}^{\mathrm{T}}\boldsymbol{\lambda}]^{\mathrm{T}}\boldsymbol{R}[\boldsymbol{u}+\boldsymbol{R}^{-1}\boldsymbol{B}^{\mathrm{T}}\boldsymbol{\lambda}]\mathrm{d}t$$

当$\boldsymbol{u}^*=-\boldsymbol{R}^{-1}\boldsymbol{B}^{\mathrm{T}}[\boldsymbol{P}(t)\boldsymbol{x}+\boldsymbol{\xi}(t)]$时，$J(\boldsymbol{u}(\cdot))$达到最小，说明$\boldsymbol{u}^*(\boldsymbol{x},t)$是最优跟踪器，而最优性能指标为

$$J^*=\frac{1}{2}\boldsymbol{x}^{\mathrm{T}}(t_0)\boldsymbol{P}(t_0)\boldsymbol{x}(t_0)+\boldsymbol{\xi}^{\mathrm{T}}(t_0)\boldsymbol{x}(t_0)+\frac{1}{2}\varphi(t_0)$$

定理 7.9　给定线性系统

$\dot{\boldsymbol{x}}=\boldsymbol{A}(t)\boldsymbol{x}+\boldsymbol{B}(t)\boldsymbol{u}$，$y=\boldsymbol{C}(t)\boldsymbol{x}$，$\boldsymbol{x}(t_0)=\boldsymbol{x}_0$，求性能指标

$$J(\boldsymbol{u}(\cdot))=\frac{1}{2}\boldsymbol{e}^{\mathrm{T}}(t)\boldsymbol{Q}(t)\boldsymbol{e}(t)+\frac{1}{2}\int_{t_0}^{t_f}[\boldsymbol{e}^{\mathrm{T}}(t)\boldsymbol{Q}(t)\boldsymbol{e}(t)+\boldsymbol{u}^{\mathrm{T}}\boldsymbol{R}(t)\boldsymbol{u}]\mathrm{d}t$$

其中 t_f 固定，$\boldsymbol{Z}(t)$是已知的被跟踪信号，$\boldsymbol{A}(t)$、$\boldsymbol{B}(t)$、$\boldsymbol{C}(t)$、$\boldsymbol{Q}(t)$、$\mathbf{R}(t)$皆为 t 的连续或分段连续函数矩阵，且$\boldsymbol{Q}(t)\geqslant 0$，$\mathbf{R}(t)>0$，$\boldsymbol{F}\geqslant 0$，则最优跟踪器存在且唯一，且为

$$\boldsymbol{u}^*=-\boldsymbol{R}^{-1}\boldsymbol{B}^{\mathrm{T}}[\boldsymbol{P}(t)\boldsymbol{x}+\boldsymbol{\xi}(t)]$$

其中$\boldsymbol{P}(t)$和$\boldsymbol{\xi}(t)$满足微分 Riccati 方程(简写为 DRE)：

$$\dot{\boldsymbol{P}}+\boldsymbol{A}^{\mathrm{T}}\boldsymbol{P}+\boldsymbol{P}\boldsymbol{A}-\boldsymbol{P}\boldsymbol{B}\boldsymbol{R}^{-1}\boldsymbol{B}^{\mathrm{T}}\boldsymbol{P}+\boldsymbol{C}^{\mathrm{T}}\boldsymbol{Q}\boldsymbol{C}=0,\ \boldsymbol{P}(t_f)=\boldsymbol{C}^{\mathrm{T}}(t_f)\boldsymbol{F}\boldsymbol{C}(t_f)$$
$$\dot{\boldsymbol{\xi}}+(\boldsymbol{A}^{\mathrm{T}}(t)-\boldsymbol{P}\boldsymbol{B}\boldsymbol{R}^{-1}\boldsymbol{B}^{\mathrm{T}})\boldsymbol{\xi}+\boldsymbol{C}^{\mathrm{T}}\boldsymbol{Q}(t)\boldsymbol{Z}=0,\ \boldsymbol{\xi}(t_f)=\boldsymbol{C}^{\mathrm{T}}(t_f)\boldsymbol{F}\boldsymbol{Z}(t_f)$$

且对任意的初态 $\boldsymbol{x}_0\in\mathbf{R}^n$，其最优性能指标为

$$J^*=\frac{1}{2}\boldsymbol{x}^{\mathrm{T}}(t_0)\boldsymbol{P}(t_0)\boldsymbol{x}_0+\boldsymbol{\xi}^{\mathrm{T}}(t_0)\boldsymbol{x}(t_0)+\frac{1}{2}\varphi(t_0)$$

$\varphi(t)$满足：

$$\dot{\varphi}(t)=-\boldsymbol{Z}^{\mathrm{T}}\boldsymbol{Q}\boldsymbol{Z}+\boldsymbol{\xi}^{\mathrm{T}}\boldsymbol{B}\boldsymbol{R}^{-1}\boldsymbol{B}^{\mathrm{T}}\boldsymbol{\xi},\ \varphi(t_f)=\boldsymbol{Z}^{\mathrm{T}}(t_f)\boldsymbol{F}\boldsymbol{Z}(t_f)$$

例 7.4　Furuta 摆系统由一个旋转臂和安装在其上的一个倒立摆组成，如图

7.1 所示，旋转臂 1 与电机输出轴直接相连，在输出转矩 u 的作用下在水平面内转动，其旋转角度记为 θ_1；倒立摆 2 在旋转臂 1 的作用下在垂直于旋转臂 1 的一个垂直平面内转动，其旋转角度记为 θ_2；m、I、L、l 分别表示旋转臂 1 和倒立摆 2 的质量、转动惯量、总长度和质心长度。

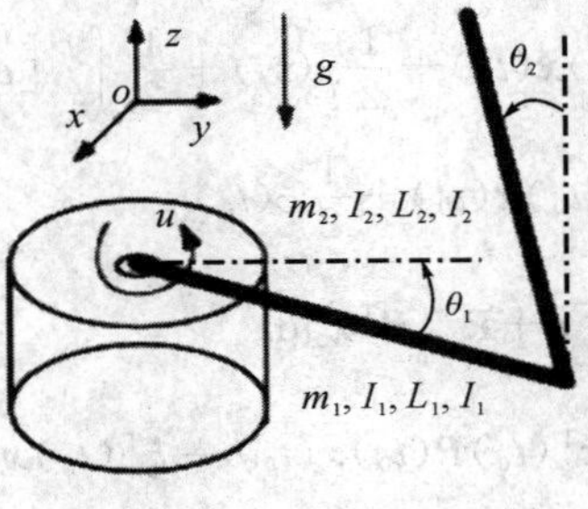

图 7.1　Furuta 摆系统

试确定 Furuta 摆系统的一个近优控制方案。

解　令 $x_1=\theta_1$，$x_2=\dot{\theta}_1$，$x_3=\theta_2$，$x_4=\dot{\theta}_2$，由 Furuta 摆的 Euler-Lagrange 方程得如下非线性系统：

$$\begin{cases}\dot{x}_1 = x_2\\ \dot{x}_2 = g(\boldsymbol{x},u)\\ \dot{x}_3 = x_4\\ \dot{x}_4 = h(\boldsymbol{x},u)\end{cases}$$

其中

$$g(\boldsymbol{x},u)=\frac{1}{\det(D(\boldsymbol{x}))}\Big[J_4\cdot u-2J_2J_4\sin x_3\cos x_3\cdot x_2x_4+J_3J_4\sin x_3 x_4^2 -\frac{J_3^2 g\sin x_3\cos x_3}{L_1}-J_2J_3\sin x_3\cos^2 x_3 x_2^2\Big]$$

$$h(\boldsymbol{x},u)=\frac{1}{\det(\boldsymbol{D}(\boldsymbol{x}))}\Big[-J_3\cos x_3\cdot u+2J_2J_3\sin x_3\cos^2 x_3\cdot x_2x_4-J_3^2\sin x_3\cos x_3 x_4^2 +(J_1+J_2\sin^2 x_3)J_3 g\sin x_3 L_1+J_2\sin x_3\cos x_3\cdot x^2\Big]$$

$$\begin{aligned}\det(\boldsymbol{D}(\boldsymbol{x}))&=d_{11}d_{22}-d_{12}d_{21}=J_1J_4-J_3^2+(J_2J_4+J_3^2)\sin^2 x_3\\ &=(m_1l_1^2+I_1+m_2l_2^2\sin^2 x_3)(m_2l_2^2+I_2)+m_2L_1^2I_2+m_2^2L_1^2l_2^2\sin^2 x_3\end{aligned}$$

取理想状态 $X_d=(x_{d1},x_{d2},x_{d3},x_{d4})$，对上述的非线性系统在 X_d 附近进行线性化处理，得到

$$\dot{\boldsymbol{X}}(t)=\boldsymbol{A}(t)\boldsymbol{X}(t)+\boldsymbol{B}(t)\boldsymbol{u}(t)+\boldsymbol{W}(t)$$

其中：

$$\boldsymbol{X}(t)=[x_1 \quad x_2 \quad x_3 \quad x_4]^{\mathrm{T}}$$

$$\boldsymbol{A}(t)=\begin{bmatrix}0 & 1 & 0 & 0\\ a_1 & a_2 & a_3 & a_4\\ 0 & 0 & 0 & 1\\ a_5 & a_6 & a_6 & a_8\end{bmatrix},\ \boldsymbol{B}(t)=\begin{bmatrix}0\\ b_1\\ 0\\ b_2\end{bmatrix}$$

$$\boldsymbol{W}(t)=\boldsymbol{W}(\boldsymbol{x}_{\mathrm{d}})-\begin{bmatrix}0 & 1 & 0 & 0\\ a_1 & a_2 & a_3 & a_4\\ 0 & 0 & 0 & 1\\ a_5 & a_6 & a_6 & a_8\end{bmatrix}\begin{bmatrix}x_{\mathrm{d1}}\\ x_{\mathrm{d2}}\\ x_{\mathrm{d3}}\\ x_{\mathrm{d4}}\end{bmatrix}-\begin{bmatrix}0\\ b_1\\ 0\\ b_2\end{bmatrix}\boldsymbol{u}_0$$

$$\boldsymbol{W}(\boldsymbol{x}_{\mathrm{d}})=\begin{bmatrix}x_{\mathrm{d2}}\\ g(x_{\mathrm{d}},\ u)\\ x_{\mathrm{d4}}\\ h(x_{\mathrm{d}},\ u)\end{bmatrix}$$，$\boldsymbol{u}_0$ 为输出转矩的初值。

$$a_1=0$$

$$a_2=\frac{-2J_2J_4x_{\mathrm{d4}}\sin x_{\mathrm{d3}}\cos x_{\mathrm{d3}}-2J_2J_3x_{\mathrm{d2}}\sin x_{\mathrm{d3}}\cos^2 x_{\mathrm{d3}}}{J_1J_4-J_3^2+(J_2J_4+J_3^2)\sin^2 x_{\mathrm{d3}}}$$

$$\begin{aligned}a_3=\Bigg[&\left(-2J_2J_4x_{\mathrm{d2}}x_{\mathrm{d4}}\cos^2 x_{\mathrm{d3}}+J_3J_4x_{\mathrm{d4}}^2\cos x_{\mathrm{d3}}-\frac{J_3^2g\cos 2x_{\mathrm{d3}}}{L_1}-J_2J_3x_{\mathrm{d2}}^2\cos^3 x_{\mathrm{d3}}\right.\\&\left.+2J_2J_3x_{\mathrm{d2}}^2\sin^2 x_{\mathrm{d3}}\cos x_{\mathrm{d3}}\right)[J_1J_4-J_3^2+\sin^2 x_{\mathrm{d3}}(J_2J_4+J_3^2)]\\&-\left(-2J_2J_4x_{\mathrm{d2}}x_{\mathrm{d4}}\sin x_{\mathrm{d3}}\cos x_{\mathrm{d3}}+J_3J_4x_{\mathrm{d4}}^2\sin x_{\mathrm{d3}}-\frac{J_3^2g\sin x_{\mathrm{d3}}\cos x_{\mathrm{d3}}}{L_1}\right.\\&\left.-J_2J_3x_{\mathrm{d2}}^2\sin x_{\mathrm{d3}}\cos^2 x_{\mathrm{d3}}\right)(J_2J_4+J_3^2)\sin^2 x_{\mathrm{d3}}\Bigg]\\&\div[J_1J_4-J_3^2+(J_2J_4+J_3^2)\sin^2 x_{\mathrm{d3}}]^2\end{aligned}$$

$$a_4=\frac{-2J_2J_4x_{\mathrm{d2}}\sin x_{\mathrm{d3}}\cos x_{\mathrm{d3}}+2J_3J_4x_{\mathrm{d4}}\sin x_{\mathrm{d3}}}{J_1J_4-J_3^2+(J_2J_4+J_3^2)\sin^2 x_{\mathrm{d3}}}$$

$$a_5=0$$

$$a_6=\frac{2J_2J_3x_{\mathrm{d4}}\cos^2 x_{\mathrm{d3}}\sin x_{\mathrm{d2}}+2J_2x_{\mathrm{d2}}\sin x_{\mathrm{d3}}\cos x_{\mathrm{d3}}(J_1+J_2\sin x_{\mathrm{d3}}^2)}{J_1J_4-J_3^2+(J_2J_4+J_3^2)\sin^2 x_{\mathrm{d3}}}$$

$$\begin{aligned}a_7=\Bigg[&\left(2J_2J_3x_{\mathrm{d4}}\cos^3 x_{\mathrm{d3}}-4J_2J_3x_{\mathrm{d2}}x_{\mathrm{d4}}\cos x_{\mathrm{d3}}\sin^2 x_{\mathrm{d3}}-J_3^2x_{\mathrm{d4}}^2\cos^2 x_{\mathrm{d3}}\right.\\&+J_1J_3g\,\frac{\cos x_{\mathrm{d3}}}{L_1}+J_1J_2x_{\mathrm{d2}}^2\cos^2 x_{\mathrm{d3}}+3gJ_2J_3\sin x_{\mathrm{d3}}^2\frac{\cos x_{\mathrm{d3}}}{L_1}-J_2^2x_{\mathrm{d2}}^2\sin^4 x_{\mathrm{d3}}\\&\left.+3J_2^2x_{\mathrm{d2}}^2\sin^2 x_{\mathrm{d3}}\cos^2 x_{\mathrm{d3}}\right)(J_1J_4-J_3^2+(J_2J_4+J_3^2)\sin^2 x_{\mathrm{d3}})\end{aligned}$$

$$-(2J_2J_3\sin x_{d3}\cos^2 x_{d3}\cdot x_{d2}x_{d4}-J_3^2\sin x_{d3}\cos x_{d3}x_{d4}^2$$

$$+(J_1+J_2\sin^2 x_{d3})(\frac{J_3 g\sin x_{d3}}{L_1}+J_2\sin x_{d3}\cos x_{d3}\cdot x_{d2}^2))(J_2J_4+J_3^2)\sin^2 x_{d3}\Big]$$

$$\div[J_1J_4-J_3^2+(J_2J_4+J_3^2)\sin^2 x_{d3}]^2$$

$$a_8=\frac{2J_2J_3x_{d2}\sin x_{d2}\cos^2 x_{d3}-2J_2^2x_{d4}\sin x_{d3}\cos x_{d3}}{J_1J_4-J_3^2+(J_2J_4+J_3^2)\sin^2 x_{d3}}$$

$$b_1=\frac{J_4}{J_1J_4-J_3^2+(J_2J_4+J_3^2)\sin^2 x_{d3}}$$

$$b_2=\frac{-J_3\cos x_{d3}}{J_1J_4-J_3^2+(J_2J_4+J_3^2)\sin^2 x_{d3}}$$

令 $\boldsymbol{Z}=\boldsymbol{X}-\boldsymbol{X}_d$，则有

$$\dot{\boldsymbol{Z}}=\dot{\boldsymbol{X}}-\dot{\boldsymbol{X}}_d=\boldsymbol{A}(t)\boldsymbol{Z}(t)+\boldsymbol{B}(t)\boldsymbol{u}(t)+\boldsymbol{W}(X_d)-\dot{\boldsymbol{X}}_d$$

初始条件 $\boldsymbol{Z}(0)=\boldsymbol{X}(0)-\boldsymbol{X}_d(0)$，这里取 Q - diag{1，5，1，1}。在本节控制器作用下，近似最优状态和控制曲线分别见图 7.2 和图 7.3。

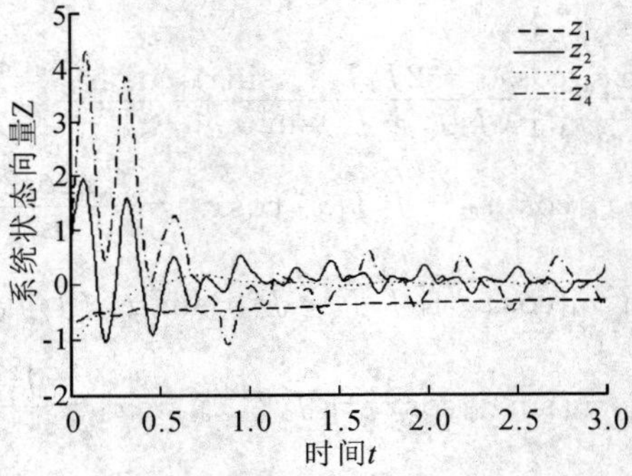

图 7.2　状态曲线

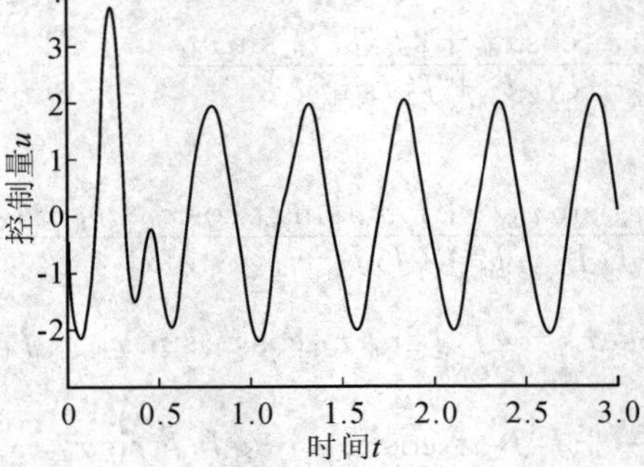

图 7.3　控制曲线

7.8　线性系统的控制受限奇异最优调节问题

1. 问题的提出

$$\begin{cases} \min J(\boldsymbol{u}(\cdot)) = \dfrac{1}{2}\displaystyle\int_{t_0}^{t_f} \boldsymbol{x}^{\mathrm{T}}(t)\boldsymbol{Q}(t)\boldsymbol{x}(t)\mathrm{d}t \\ \dot{\boldsymbol{x}} = \boldsymbol{A}(t)\boldsymbol{x} + \boldsymbol{B}(t)\boldsymbol{u},\ \boldsymbol{x}(t_0) = \boldsymbol{x}_0,\ t \in [t_0, t_f],\ |u_i(t)| \leqslant 1,\ i = 1, 2, \cdots, r \end{cases} \tag{7.48}$$

其中：$\boldsymbol{A}(t)$、$\boldsymbol{B}(t)$、$\dot{\boldsymbol{B}}(t)$的元素均为$[t_0, t_f]$上的连续函数，$\boldsymbol{x}(t) \in \mathbf{R}^n$，$\boldsymbol{u}(t) \in \mathbf{R}^r$，$\boldsymbol{Q}(t) \geqslant 0$，$t \in [t_0, t_f]$上的连续函数，$t_f$ 固定。

问题的处理思路：先不考虑控制约束时，此问题(7.48)为奇异最优控制问题，通过引进变换将奇异问题转化为规范的最优调节问题，利用已知结果获得其解，再返回原系统，然后考虑控制约束，将不满足约束的情况去掉。

2. 问题求解

定义变量

$$\dot{\boldsymbol{u}}_1 = \boldsymbol{u},\ \boldsymbol{x}_1 = \boldsymbol{x} - \boldsymbol{B}(t)\boldsymbol{u}_1$$

则由式(7.48)得

$$\begin{aligned} \dot{\boldsymbol{x}}_1 &= \boldsymbol{A}(t)\boldsymbol{x} + \boldsymbol{B}(t)\boldsymbol{u} - \boldsymbol{B}(t)\boldsymbol{u} - \dot{\boldsymbol{B}}(t)\boldsymbol{u}_1 \\ &= \boldsymbol{A}(t)[\boldsymbol{x}_1 + \boldsymbol{B}(t)\boldsymbol{u}_1] - \dot{\boldsymbol{B}}(t)\boldsymbol{u}_1 \\ &= \boldsymbol{A}(t)\boldsymbol{x}_1 + \boldsymbol{B}_1(t)\boldsymbol{u}_1 \end{aligned} \tag{7.49}$$

其中 $\boldsymbol{B}_1(t) = \boldsymbol{A}(t)\boldsymbol{B}(t) - \dot{\boldsymbol{B}}(t)$，性能指标可以表示为

$$\begin{aligned} J(\boldsymbol{u}(\cdot)) &= \frac{1}{2}\int_{t_0}^{t_f} \boldsymbol{x}^{\mathrm{T}}(t)\boldsymbol{Q}(t)\boldsymbol{x}(t)\mathrm{d}t \\ &= \frac{1}{2}\int_{t_0}^{t_f} [\boldsymbol{x}_1 + \boldsymbol{B}(t)\boldsymbol{u}_1]^{\mathrm{T}}\boldsymbol{Q}(t)[\boldsymbol{x}_1 + \boldsymbol{B}(t)\boldsymbol{u}_1]\mathrm{d}t \\ &= \frac{1}{2}\int_{t_0}^{t_f} \{\boldsymbol{x}_1^{\mathrm{T}}[\boldsymbol{Q}(t) - \boldsymbol{H}\boldsymbol{R}^{-1}\boldsymbol{H}^{\mathrm{T}}]\boldsymbol{x}_1 \\ &\quad + [\boldsymbol{u}_1 + \boldsymbol{R}^{-1}\boldsymbol{H}^{\mathrm{T}}\boldsymbol{x}_1]^{\mathrm{T}}\boldsymbol{R}(t)[\boldsymbol{u}_1 + \boldsymbol{R}^{-1}\boldsymbol{H}^{\mathrm{T}}\boldsymbol{x}_1]\}\mathrm{d}t \\ &= J(\boldsymbol{u}_1) \end{aligned} \tag{7.50}$$

其中 $\boldsymbol{H}(t) = \boldsymbol{Q}(t)\boldsymbol{B}(t)$，$\boldsymbol{R}(t) = \boldsymbol{B}^{\mathrm{T}}(t)\boldsymbol{Q}(t)\boldsymbol{B}(t)$。

假设$\forall t \in [t_0, t_f]$，$\boldsymbol{R}(t) > 0$，则 $\boldsymbol{R}^{-1}(t)$存在。记 $\boldsymbol{u}_2 = \boldsymbol{u}_1 + \boldsymbol{R}^{-1}(t)\boldsymbol{H}^{\mathrm{T}}(t)\boldsymbol{x}_1$，则有

$$\dot{\boldsymbol{x}}_1 = (\boldsymbol{A}(t) - \boldsymbol{B}_1(t)\boldsymbol{R}^{-1}(t)\boldsymbol{H}^{\mathrm{T}}(t))\boldsymbol{x}_1 + \boldsymbol{B}_1(t)\boldsymbol{u}_2$$

则由式(7.50)得

$$J(\boldsymbol{u}_1(\cdot)) = J(\boldsymbol{u}_2(\cdot)) = \frac{1}{2}\int_{t_0}^{t_f} \{\boldsymbol{x}_1^{\mathrm{T}}[\boldsymbol{Q}(t) - \boldsymbol{H}\boldsymbol{R}^{-1}\boldsymbol{H}^{\mathrm{T}}]\boldsymbol{x}_1 + \boldsymbol{u}_2^{\mathrm{T}}\boldsymbol{R}(t)\boldsymbol{u}_2\}\mathrm{d}t$$

因为

$$\boldsymbol{x}^{\mathrm{T}}\boldsymbol{Q}\boldsymbol{x} = \boldsymbol{x}_1^{\mathrm{T}}[\boldsymbol{Q}(t) - \boldsymbol{H}\boldsymbol{R}^{-1}\boldsymbol{H}^{\mathrm{T}}]\boldsymbol{x}_1 + [\boldsymbol{u}_1 + \boldsymbol{R}^{-1}\boldsymbol{H}^{\mathrm{T}}\boldsymbol{x}_1]^{\mathrm{T}}\boldsymbol{R}(t)[\boldsymbol{u}_1 + \boldsymbol{R}^{-1}\boldsymbol{H}^{\mathrm{T}}\boldsymbol{x}_1] \geqslant 0 \tag{7.51}$$

当 $\boldsymbol{u}_1 = -\boldsymbol{R}^{-1}(t)\boldsymbol{H}^{\mathrm{T}}(t)\boldsymbol{x}_1$ 时，式(7.51)变为

$$\boldsymbol{x}_1^{\mathrm{T}}[\boldsymbol{Q}(t) - \boldsymbol{H}\boldsymbol{R}^{-1}\boldsymbol{H}^{\mathrm{T}}]\boldsymbol{x}_1 \geqslant 0,\ \forall t \in [t_0,\ t_f],\ \forall x_1 \in \mathbf{R}^n$$

所以

$$\boldsymbol{Q}(t) - \boldsymbol{H}\boldsymbol{R}^{-1}\boldsymbol{H}^{\mathrm{T}} \geqslant 0,\ \forall t \in [t_0,\ t_f]$$

由于 $\boldsymbol{R}(t) > 0$ 且 $\boldsymbol{u}_2(t) \in \mathbf{R}^r$，由有限时间状态调节器理论得到

$$\boldsymbol{u}_2(t) = -\boldsymbol{R}^{-1}\boldsymbol{B}_1^{\mathrm{T}}(t)\boldsymbol{P}(t,\ \boldsymbol{0},\ t_f)\boldsymbol{x}_1(t)$$

最优性能指标为

$$J^* = J(\boldsymbol{u}_2^*(\cdot)) = \frac{1}{2}(\boldsymbol{x}_1^*(t_0))^{\mathrm{T}}\boldsymbol{P}(t_0,\ \boldsymbol{0},\ t_f)\boldsymbol{x}_1^*(t_0)$$

其中 $\boldsymbol{P}(t,\ \boldsymbol{0},\ t_f)$为如下 Riccati 方程唯一非负定解

$$\dot{\boldsymbol{P}} + \bar{\boldsymbol{A}}^{\mathrm{T}}\boldsymbol{P} + \boldsymbol{P}\bar{\boldsymbol{A}} - \boldsymbol{P}\boldsymbol{B}_1\boldsymbol{R}^{-1}\boldsymbol{B}_1^{\mathrm{T}}\boldsymbol{P} + \boldsymbol{Q}(t) - \boldsymbol{H}\boldsymbol{R}^{-1}\boldsymbol{H}^{\mathrm{T}} = 0,\ \boldsymbol{P}(t_f) = 0 \tag{7.52}$$

其中

$$\bar{\boldsymbol{A}}(t) = \boldsymbol{A}(t) - \boldsymbol{B}_1(t)\boldsymbol{R}^{-1}(t)\boldsymbol{H}^{\mathrm{T}}(t)$$

将 $\boldsymbol{u}_2(t)$结果带入 $\boldsymbol{u}_1(t)$得到

$$\boldsymbol{u}_1(t) = \boldsymbol{F}^{\mathrm{T}}(t)\boldsymbol{x}_1(t)$$

其中

$$\boldsymbol{F}^{\mathrm{T}}(t) = -\boldsymbol{R}^{-1}[\boldsymbol{H}^{\mathrm{T}} + \boldsymbol{B}_1^{\mathrm{T}}(t)\boldsymbol{P}(t,\ 0,\ t_f)]$$

由 Riccati 方程式(7.52)两端右乘 $B(t)$得到

$$\begin{aligned}\dot{\boldsymbol{P}}\boldsymbol{B} &= -\boldsymbol{P}(\boldsymbol{A} - \boldsymbol{B}_1\boldsymbol{R}^{-1}\boldsymbol{H}^{\mathrm{T}})\boldsymbol{B} - (\boldsymbol{A} - \boldsymbol{B}_1\boldsymbol{R}^{-1}\boldsymbol{H}^{\mathrm{T}})^{\mathrm{T}}\boldsymbol{P}\boldsymbol{B} - (\boldsymbol{Q} - \boldsymbol{H}\boldsymbol{R}^{-1}\boldsymbol{H}^{\mathrm{T}})\boldsymbol{B} \\ &\quad + \boldsymbol{P}\boldsymbol{B}_1\boldsymbol{R}^{-1}\boldsymbol{B}_1^{\mathrm{T}}\boldsymbol{P}\boldsymbol{B} \\ &= -\boldsymbol{P}\boldsymbol{A}\boldsymbol{B} + \boldsymbol{P}\boldsymbol{B}_1\boldsymbol{R}^{-1}\boldsymbol{H}^{\mathrm{T}}\boldsymbol{B} - \boldsymbol{A}^{\mathrm{T}}\boldsymbol{P}\boldsymbol{B} + \boldsymbol{H}\boldsymbol{R}^{-1}\boldsymbol{B}_1^{\mathrm{T}}\boldsymbol{P}\boldsymbol{B} - \boldsymbol{Q}\boldsymbol{B} + \boldsymbol{H}\boldsymbol{R}^{-1}\boldsymbol{H}^{\mathrm{T}}\boldsymbol{B} \\ &\quad + \boldsymbol{P}\boldsymbol{B}_1\boldsymbol{R}^{-1}\boldsymbol{B}_1^{\mathrm{T}}\boldsymbol{P}\boldsymbol{B}\end{aligned} \tag{7.53}$$

由 $\boldsymbol{H} = \boldsymbol{Q}\boldsymbol{B}$，$\boldsymbol{R} = \boldsymbol{B}^{\mathrm{T}}\boldsymbol{Q}\boldsymbol{B}$，$\boldsymbol{B}_1 = \boldsymbol{A}\boldsymbol{B} - \dot{\boldsymbol{B}}$ 得到

$$\boldsymbol{H}^{\mathrm{T}}\boldsymbol{B} = \boldsymbol{B}^{\mathrm{T}}\boldsymbol{Q}\boldsymbol{B} = \boldsymbol{R},\ \dot{\boldsymbol{B}} = \boldsymbol{A}\boldsymbol{B} - \boldsymbol{B}_1$$

由式(7.53)和上式得

$$\begin{gathered}\frac{\mathrm{d}}{\mathrm{d}t}(\boldsymbol{P}\boldsymbol{B}) = \dot{\boldsymbol{P}}\boldsymbol{B} + \boldsymbol{P}\dot{\boldsymbol{B}} = (-\boldsymbol{A}^{\mathrm{T}} + \boldsymbol{H}\boldsymbol{R}^{-1}\boldsymbol{B}_1^{\mathrm{T}} + \boldsymbol{P}\boldsymbol{B}_1\boldsymbol{R}^{-1}\boldsymbol{B}_1^{\mathrm{T}})\boldsymbol{P}\boldsymbol{B} \\ \boldsymbol{P}(t_f)\boldsymbol{B}(t_f) = 0\end{gathered} \tag{7.54}$$

式(7.54)是线性齐次微分方程，其唯一解是

$$\boldsymbol{P}(t)\boldsymbol{B}(t)=0,\ t\in[t_0,\ t_f] \tag{7.55}$$

由式(7.55)可得

$$\boldsymbol{F}^{\mathrm{T}}(t)\boldsymbol{B}(t)=-\boldsymbol{R}^{-1}[\boldsymbol{H}^{\mathrm{T}}+\boldsymbol{B}_1^{\mathrm{T}}(t)\boldsymbol{P}(t)]\boldsymbol{B}(t)=-\boldsymbol{R}^{-1}\boldsymbol{H}^{\mathrm{T}}\boldsymbol{B}-\boldsymbol{R}^{-1}\boldsymbol{B}_1^{\mathrm{T}}\boldsymbol{P}\boldsymbol{B}=-\boldsymbol{I}_n$$

即

$$\boldsymbol{F}^{\mathrm{T}}(t)\boldsymbol{B}(t)=-\boldsymbol{I}_n,\ t\in[t_0,\ t_f] \tag{7.56}$$

对式(7.56)两端求导得

$$\dot{\boldsymbol{F}}^{\mathrm{T}}\boldsymbol{B}+\boldsymbol{F}^{\mathrm{T}}\dot{\boldsymbol{B}}=0$$

又 $\boldsymbol{x}_1=\boldsymbol{x}-\boldsymbol{B}\boldsymbol{u}_1$，得到

$$\begin{aligned}J^*&=\frac{1}{2}\int_{t_0}^{t_f}\boldsymbol{x}_1^{\mathrm{T}}(t)\boldsymbol{Q}(t)\boldsymbol{x}_1(t)\mathrm{d}t\\&=\frac{1}{2}[\boldsymbol{x}(t_0)-\boldsymbol{B}(t_0)\boldsymbol{u}_1(t_0)]^{\mathrm{T}}\boldsymbol{P}(t_0)[\boldsymbol{x}(t_0)-\boldsymbol{B}(t_0)\boldsymbol{u}_1(t_0)]\\&=\frac{1}{2}\boldsymbol{x}_1^{\mathrm{T}}(t_0)\boldsymbol{P}(t_0)\boldsymbol{x}_1(t_0)\end{aligned}$$

因为 $\boldsymbol{x}_1=\boldsymbol{x}-\boldsymbol{B}\boldsymbol{u}_1=\boldsymbol{x}-\boldsymbol{B}\boldsymbol{F}^{\mathrm{T}}\boldsymbol{x}_1$，$\boldsymbol{F}^{\mathrm{T}}(t)\boldsymbol{B}(t)=-\boldsymbol{I}_n$，由此得到

$$\boldsymbol{F}^{\mathrm{T}}\boldsymbol{x}=\boldsymbol{F}^{\mathrm{T}}(\boldsymbol{I}_n+\boldsymbol{B}\boldsymbol{F}^{\mathrm{T}})\boldsymbol{x}_1=(\boldsymbol{F}^{\mathrm{T}}+\boldsymbol{F}^{\mathrm{T}}\boldsymbol{B}\boldsymbol{F}^{\mathrm{T}})\boldsymbol{x}_1=0,\ t\in[t_0,\ t_f]$$

综上得到

$$\begin{cases}\boldsymbol{P}\boldsymbol{B}=\boldsymbol{0}\\\boldsymbol{F}^{\mathrm{T}}\boldsymbol{B}=-\boldsymbol{I}_n\\\boldsymbol{F}^{\mathrm{T}}\boldsymbol{x}=\boldsymbol{0}\\J^*=\dfrac{1}{2}\boldsymbol{x}_1^{\mathrm{T}}(t_0)\boldsymbol{P}(t_0)\boldsymbol{x}_1(t_0)\end{cases}$$

因

$$\begin{aligned}\boldsymbol{u}=\dot{\boldsymbol{u}}_1&=(\boldsymbol{F}^{\mathrm{T}}\boldsymbol{x}_1)'=\dot{\boldsymbol{F}}^{\mathrm{T}}\boldsymbol{x}_1+\boldsymbol{F}^{\mathrm{T}}\dot{\boldsymbol{x}}_1\\&=\dot{\boldsymbol{F}}^{\mathrm{T}}(\boldsymbol{x}-\boldsymbol{B}\boldsymbol{u}_1)+\boldsymbol{F}^{\mathrm{T}}(\boldsymbol{A}(\boldsymbol{x}-\boldsymbol{B}\boldsymbol{u}_1)+(\boldsymbol{A}\boldsymbol{B}-\dot{\boldsymbol{B}})\boldsymbol{u}_1]\\&=(\dot{\boldsymbol{F}}^{\mathrm{T}}+\boldsymbol{F}^{\mathrm{T}}\boldsymbol{A})\boldsymbol{x}-(\dot{\boldsymbol{F}}^{\mathrm{T}}\boldsymbol{B}+\boldsymbol{F}^{\mathrm{T}}\dot{\boldsymbol{B}})\boldsymbol{u}_1=(\dot{\boldsymbol{F}}^{\mathrm{T}}+\boldsymbol{F}^{\mathrm{T}}\boldsymbol{A})\boldsymbol{x}\end{aligned}$$

所以 $\boldsymbol{u}^*=(\dot{\boldsymbol{F}}^{\mathrm{T}}+\boldsymbol{F}^{\mathrm{T}}\boldsymbol{A})\boldsymbol{x}$ 为最优控制，最优状态满足 $\boldsymbol{F}^{\mathrm{T}}\boldsymbol{x}=0$，并且

$$|[(\dot{\boldsymbol{F}}^{\mathrm{T}}+\boldsymbol{F}^{\mathrm{T}}\boldsymbol{A})\boldsymbol{x}]_i|\leqslant 1,\ i=1,\ 2,\ \cdots,\ r$$

若上面不等式成立时取 $u=\pm1$，此时 u 就不是最优控制。

将以上推理结果归纳为如下定理：

定理 7.10　给定 LTVS，

$$\dot{\boldsymbol{x}}=\boldsymbol{A}(t)\boldsymbol{x}+\boldsymbol{B}(t)\boldsymbol{u},\ \boldsymbol{x}(t_0)=\boldsymbol{x}_0$$

和性能指标

$$J(\boldsymbol{u}(\cdot))=\frac{1}{2}\int_{t_0}^{t_f}\boldsymbol{x}^{\mathrm{T}}\boldsymbol{Q}(t)\boldsymbol{x}\mathrm{d}t$$

其中 t_f 固定，$\boldsymbol{A}(t)$、$\boldsymbol{B}(t)$、$\dot{\boldsymbol{B}}(t)$、$\boldsymbol{Q}(t)$的元都是 t 的连续函数，且

$$\boldsymbol{Q}(t) \geqslant 0,\ \boldsymbol{B}^{\mathrm{T}}(t)\boldsymbol{Q}(t)\boldsymbol{B}(t) > 0,\ t \in [t_0,\ t_f]$$

则最优控制为

$$\boldsymbol{u}^*(t,\ \boldsymbol{x}) = (\dot{\boldsymbol{F}}^{\mathrm{T}}(t) + \boldsymbol{F}^{\mathrm{T}}(t)\boldsymbol{A}(t))\boldsymbol{x}$$

最优性能指标为

$$J^*(\boldsymbol{x}_0,\ t_0) = \frac{1}{2}\boldsymbol{x}^{\mathrm{T}}(t_0)\boldsymbol{P}(t_0)\boldsymbol{x}(t_0)$$

其中 $\boldsymbol{F}(t)$为

$$\boldsymbol{F}^{\mathrm{T}}(t) = -(\boldsymbol{B}^{\mathrm{T}}(t)\boldsymbol{Q}(t)\boldsymbol{B}(t))^{-1}[\boldsymbol{B}^{\mathrm{T}}(\boldsymbol{A}\boldsymbol{P}(t) + \boldsymbol{Q}) - \boldsymbol{B}\dot{\boldsymbol{P}}(t)]$$

而 $\boldsymbol{P}(t)$为 Riccati 方程

$$\dot{\boldsymbol{P}} + \boldsymbol{A}^{\mathrm{T}}\boldsymbol{P} + \boldsymbol{P}\boldsymbol{A} - \boldsymbol{F}\boldsymbol{B}\boldsymbol{R}^{-1}\boldsymbol{B}^{\mathrm{T}}\boldsymbol{F}^{\mathrm{T}} + \boldsymbol{Q} = 0,\ \boldsymbol{P}(t_f) = 0$$

的唯一非负定解。

7.9 线性时滞系统二次型最优控制

1. 问题描述

考虑如下线性时滞系统

$$\dot{\boldsymbol{x}}(t) = \boldsymbol{A}_0(t) + \boldsymbol{A}(t)\boldsymbol{x}(t) + \sum_{i=0}^{p}\boldsymbol{B}_i(t)\boldsymbol{u}(t-h_i) \tag{7.57}$$

其中 $\boldsymbol{x}(t)\in\mathbf{R}^n$，$\boldsymbol{u}(t)\in\mathbf{R}^m$ 分别是系统状态向量和控制向量，$h_i>0$，$i=1$，…，p 是正时滞量，$h_0=0$，$h=\max\{h_1,\ \cdots,\ h_p\}$是最大时滞量，$\boldsymbol{A}_0(t)$、$\boldsymbol{A}(t)$、$\boldsymbol{B}_i(t)$，$i=0$，…，$p$ 是适当维数的分段连续的矩阵函数。该系统(7.57)称为多输入时滞线性系统。

给定二次型性能指标泛函为

$$J = \frac{1}{2}[\boldsymbol{x}(T)]^{\mathrm{T}}\boldsymbol{\psi}[\boldsymbol{x}(T)] + \frac{1}{2}\int_{t_0}^{T}(\boldsymbol{u}^{\mathrm{T}}(s)\boldsymbol{R}(s)\boldsymbol{u}(s) + \boldsymbol{x}^{\mathrm{T}}(s)\boldsymbol{L}(s)\boldsymbol{x}(s))\mathrm{d}s \tag{7.58}$$

其中 $\boldsymbol{R}(s)$是正定的，$\boldsymbol{L}(s)$和 $\boldsymbol{\psi}$ 是非负定对称矩阵，T 是给定的末端时刻。

多输入时滞线性系统二次型最优控制问题就是寻找分段连续的允许控制$\boldsymbol{u}(t)$使得在系统方程(7.57)的条件下，性能指标泛函(7.58)达到最小。

2. 最优控制问题求解

记问题(7.57)至(7.58)的 Hamilton 函数为

$$H(\boldsymbol{x},\ \boldsymbol{u},\ \boldsymbol{q},\ t) = \frac{1}{2}(\boldsymbol{u}^{\mathrm{T}}\boldsymbol{R}(t)\boldsymbol{u} + \boldsymbol{x}^{\mathrm{T}}\boldsymbol{L}(t)\boldsymbol{x}) + \boldsymbol{q}^{\mathrm{T}}[\boldsymbol{A}_0(t) + \boldsymbol{A}(t)\boldsymbol{x} + \boldsymbol{u}_1(\boldsymbol{u})] \tag{7.59}$$

其中 $\boldsymbol{q}\in\mathbf{R}^n$ 为协状态向量。由极值控制条件得$\dfrac{\partial H}{\partial \boldsymbol{u}}=0$，即

$$\frac{\partial H}{\partial \boldsymbol{u}}=0\Rightarrow \boldsymbol{R}(t)\boldsymbol{u}(t)+\left(\frac{\partial \boldsymbol{u}_1(t)}{\partial \boldsymbol{u}}\right)^{\mathrm{T}}\boldsymbol{q}(t)=0 \tag{7.60}$$

记$\dfrac{\partial \boldsymbol{u}(t-h_i)}{\partial \boldsymbol{u}(t)}=\boldsymbol{M}_i(t)$，则有

$$\frac{\partial \boldsymbol{u}_1(u)}{\partial \boldsymbol{u}}=\sum_{i=0}^{p}\boldsymbol{B}_i(t)\boldsymbol{M}_i(t)$$

由式(7.60)得最优控制为

$$\boldsymbol{u}^*(t)=-\boldsymbol{R}^{-1}(t)\left[\sum_{i=0}^{p}\boldsymbol{M}_i^{\mathrm{T}}(t)\boldsymbol{B}_i^{\mathrm{T}}(t)\right]\boldsymbol{q}(t) \tag{7.61}$$

假设最优状态和协状态向量是如下线性关系

$$\boldsymbol{q}(t)=-\boldsymbol{Q}(t)\boldsymbol{x}(t) \tag{7.62}$$

由式(7.61)和式(7.62)得

$$\boldsymbol{u}^*(t)=\boldsymbol{R}^{-1}(t)\left[\sum_{i=0}^{p}\boldsymbol{M}_i^{\mathrm{T}}(t)\boldsymbol{B}_i^{\mathrm{T}}(t)\right]\boldsymbol{Q}(t)\boldsymbol{x}(t) \tag{7.63}$$

由极大值原理得协状态末值为

$$\boldsymbol{q}(T)=\frac{\partial J}{\partial \boldsymbol{x}(T)}=\boldsymbol{\psi}\boldsymbol{x}(T)$$

由式(7.62)和上式得

$$\boldsymbol{Q}(T)=-\boldsymbol{\psi} \tag{7.64}$$

协状态方程为$\dfrac{\mathrm{d}\boldsymbol{q}(t)}{\mathrm{d}t}=-\dfrac{\partial H}{\partial \boldsymbol{x}}$，则有

$$-\frac{\mathrm{d}\boldsymbol{q}(t)}{\mathrm{d}t}=\boldsymbol{L}(t)\boldsymbol{x}(t)+\boldsymbol{A}(t)\boldsymbol{q}(t)$$

由式(7.62)得

$$\dot{\boldsymbol{Q}}(t)\boldsymbol{x}(t)+\boldsymbol{Q}(t)\frac{\mathrm{d}(\boldsymbol{x}(t))}{\mathrm{d}t}=\boldsymbol{L}(t)\boldsymbol{x}(t)-\boldsymbol{A}(t)\boldsymbol{Q}(t)\boldsymbol{x}(t)$$

将状态方程代入上式得

$$\begin{aligned}\dot{\boldsymbol{Q}}(t)\boldsymbol{x}(t)+\boldsymbol{Q}(t)\boldsymbol{A}_0(t)+\boldsymbol{Q}(t)\boldsymbol{A}(t)\boldsymbol{x}(t)+\boldsymbol{Q}(t)\left[\sum_{i=0}^{p}\boldsymbol{B}_i(t)\boldsymbol{u}(t-h_i)\right]\\=\boldsymbol{L}(t)\boldsymbol{x}(t)-\boldsymbol{A}(t)\boldsymbol{Q}(t)\boldsymbol{x}(t)\end{aligned} \tag{7.65}$$

由式(7.63)得

$$\frac{\partial \boldsymbol{u}(t-h_i)}{\partial \boldsymbol{u}(t)}\frac{\partial \boldsymbol{u}(t)}{\partial \boldsymbol{x}(t)}=\boldsymbol{M}_i(t)\boldsymbol{R}^{-1}(t)\left[\sum_{i=0}^{p}\boldsymbol{M}_i^{\mathrm{T}}(t)\boldsymbol{B}_i^{\mathrm{T}}(t)\right]\boldsymbol{Q}(t) \tag{7.66}$$

对式(7.65)两端关于 $x(t)$求偏导，利用式(7.66)得

$$\dot{\boldsymbol{Q}}(t)=\boldsymbol{L}(t)-\boldsymbol{Q}(t)\boldsymbol{A}(t)-\boldsymbol{A}(t)\boldsymbol{Q}(t)-\boldsymbol{Q}(t)\Big[\sum_{i=0}^{p}\boldsymbol{B}_i(t)\boldsymbol{M}_i(t)\Big]\boldsymbol{R}^{-1}(t)$$

$$\cdot\Big[\sum_{i=0}^{p}\boldsymbol{M}_i^{\mathrm{T}}(t)\boldsymbol{B}_i^{\mathrm{T}}(t)\Big]\boldsymbol{Q}(t),\ \boldsymbol{Q}(T)=-\boldsymbol{\psi} \tag{7.67}$$

将式(7.63)代入式(7.57)，得

$$\dot{\boldsymbol{x}}(t)=\boldsymbol{A}_0(t)+\boldsymbol{A}(t)\boldsymbol{x}(t)+\sum_{i=0}^{p}\boldsymbol{B}_i(t)\boldsymbol{R}(t-h_i))^{-1}$$

$$\cdot\Big[\sum_{k=0}^{p}\boldsymbol{M}_k^{\mathrm{T}}(t-h_i)\boldsymbol{B}_k^{\mathrm{T}}(t-h_i)\Big]\boldsymbol{Q}(t-h_i)x(t-h_i) \tag{7.68}$$

设 $\boldsymbol{\Phi}(t,\tau)$为矩阵 $\boldsymbol{A}(t)$的状态转移矩阵，则由式(7.68)得

$$\boldsymbol{x}(t)=\boldsymbol{\Phi}(t,r)\boldsymbol{x}(r)+\int_r^t\boldsymbol{\Phi}(t,\tau)\boldsymbol{A}_0(\tau)\mathrm{d}\tau$$

$$+\int_r^t\boldsymbol{\Phi}(t,\tau)\sum_{i=0}^{p}\boldsymbol{B}_i(\tau)(\boldsymbol{R}(\tau-h_i))^{-1}\Big[\sum_{k=0}^{p}\boldsymbol{M}_k^{\mathrm{T}}(\tau-h_i)\boldsymbol{B}_k^{\mathrm{T}}(\tau-h_i)\Big]$$

$$\cdot\boldsymbol{Q}(\tau-h_i)\boldsymbol{x}(\tau-h_i)\mathrm{d}\tau \tag{7.69}$$

其中 $\boldsymbol{\Phi}(t,\tau)$满足如下条件

$$\frac{\mathrm{d}(\boldsymbol{\Phi}(t,\tau))}{\mathrm{d}t}=\boldsymbol{A}(t)\boldsymbol{\Phi}(t,\tau),\ \boldsymbol{\Phi}(t,t)=\boldsymbol{I}$$

由状态转移矩阵的定义易得

$$\boldsymbol{\Phi}(t-h_i,t)=\exp\Big(-\int_{t-h_i}^{t}\boldsymbol{A}(s)\mathrm{d}s\Big)$$

由于式(7.69)中的积分项不显含 $\boldsymbol{u}(t)$，有

$$\frac{\partial\boldsymbol{x}(t)}{\partial\boldsymbol{u}(t)}=\boldsymbol{\Phi}(t,r)\frac{\partial\boldsymbol{x}(r)}{\partial\boldsymbol{u}(t)}$$

反过来，有

$$\frac{\partial\boldsymbol{u}(t)}{\partial\boldsymbol{x}(t)}=\frac{\partial\boldsymbol{u}(t)}{\partial\boldsymbol{x}(r)}\boldsymbol{\Phi}(r,t)$$

因此，对于任意 t，$r\geqslant0$，有等式

$$\boldsymbol{Tu}(t)=\boldsymbol{K}_1\boldsymbol{\Phi}(t,r)\boldsymbol{K}_2\boldsymbol{x}(r)$$

成立，其中 $\boldsymbol{T}\in\mathbf{R}^{m\times m}$和 $\boldsymbol{K}_1$，$\boldsymbol{K}_2\in\mathbf{R}^{n\times n}$。

对于 $\boldsymbol{x}(t+h_i)$，$h_i>0$，有

$$\boldsymbol{Tu}(t+h_i)=\boldsymbol{K}_1\boldsymbol{\Phi}(t+h_i,r)\boldsymbol{K}_2\boldsymbol{x}(r)$$

进而有

$$\frac{\partial(\boldsymbol{Tu}(t))}{\partial(\boldsymbol{Tu}(t+h_i))}=\boldsymbol{\Phi}(t,r)(\boldsymbol{\Phi}(t+h_i,r))^{-1}=\boldsymbol{\Phi}(t,t+h_i)$$

所以得到

$$\frac{\partial(\boldsymbol{Tu}(t))}{\partial \boldsymbol{u}(t+h_i)} = \boldsymbol{\Phi}(t,\ t+h_i)\boldsymbol{T}$$

取 $\boldsymbol{T}=\boldsymbol{B}_i(t)$，利用 $t-h_i$ 代替 t，得对于任意 $t \geqslant t_0+h_i$，有

$$\boldsymbol{B}_i(t)\frac{\partial \boldsymbol{u}(t-h_i)}{\partial \boldsymbol{u}(t)} = \boldsymbol{B}_i(t)\boldsymbol{M}_i(t) = \boldsymbol{\Phi}(t-h_i,\ t)\boldsymbol{B}_i(t)$$

$$= \exp\left(\int_{t-h_i}^{t} \boldsymbol{A}(s)\mathrm{d}s\right)\boldsymbol{B}_i(t)$$

将 $\boldsymbol{B}_i(t)\boldsymbol{M}_i(t) = \exp\left(-\int_{t-h_i}^{t} \boldsymbol{A}(s)\mathrm{d}s\right)\boldsymbol{B}_i(t)$ 代入式(7.67)得

$$\begin{aligned}\dot{\boldsymbol{Q}}(t) &= -\boldsymbol{A}^{\mathrm{T}}(t)\boldsymbol{Q}(t) - \boldsymbol{Q}(t)\boldsymbol{A}(t) + \boldsymbol{L}(t) \\ &\quad - \boldsymbol{Q}(t)\left[\sum_{i=0}^{p}\exp\left(-\int_{t-h_i}^{t}\boldsymbol{A}(s)\mathrm{d}s\right)\boldsymbol{B}_i(t)\right]\boldsymbol{R}^{-1}(t) \\ &\quad \cdot \left[\sum_{i=0}^{p}\boldsymbol{B}_i^{\mathrm{T}}(t)\exp\left(-\int_{t-h_i}^{t}\boldsymbol{A}^{\mathrm{T}}(s)\mathrm{d}s\right)\right]\boldsymbol{Q}(t)\end{aligned} \tag{7.70}$$

注意到 $\frac{\partial(\boldsymbol{Tu}(t))}{\partial(\boldsymbol{Tu}(t+h_i))}=\frac{\partial \boldsymbol{x}(t)}{\partial \boldsymbol{x}(t+h_i)}=\boldsymbol{\Phi}(t,\ t+h_i)$，则有

$$\frac{\partial \boldsymbol{u}(t)}{\partial \boldsymbol{x}(t)} = \frac{\partial \boldsymbol{u}(t+h_i)}{\partial \boldsymbol{x}(t+h_i)}$$

和

$$\boldsymbol{R}^{-1}(t-h_i)\left[\sum_{k=0}^{p}\boldsymbol{M}_k^{\mathrm{T}}(t-h_i)\boldsymbol{B}_k^{\mathrm{T}}(t-h_i)\right]\boldsymbol{Q}(t-h_i)$$

$$= \boldsymbol{R}^{-1}(t)\left[\sum_{i=0}^{p}\boldsymbol{M}_i^{\mathrm{T}}(t)\boldsymbol{B}_i^{\mathrm{T}}(t)\right]\boldsymbol{Q}(t),\ t \geqslant t_0 + h_i$$

$$\begin{aligned}\sum_{i=0}^{p}\boldsymbol{B}_i(t)\boldsymbol{u}^*(t-h_i) &= \sum_{i=0}^{p}\boldsymbol{B}_i(t)(\boldsymbol{R}(t))^{-1}\left[\sum_{k=0}^{p}\boldsymbol{B}_k^{\mathrm{T}}(t)\exp\left(-\int_{t-h_k}^{t}\boldsymbol{A}^{\mathrm{T}}(s)\mathrm{d}s\right)\right] \\ &\quad \cdot \boldsymbol{Q}(t)\boldsymbol{x}(t-h_i)\end{aligned} \tag{7.71}$$

$$\begin{aligned}\dot{\boldsymbol{x}}(t) &= \boldsymbol{A}_0(t) + \boldsymbol{A}(t)\boldsymbol{x}(t) + \sum_{i=0}^{p}\boldsymbol{B}_i(t)(\boldsymbol{R}(t))^{-1}\left[\sum_{k=0}^{p}\boldsymbol{B}_k^{\mathrm{T}}(t)\right. \\ &\quad \left. \cdot \exp\left(-\int_{t-h_k}^{t}\boldsymbol{A}^{\mathrm{T}}(s)\mathrm{d}s\right)\right]\boldsymbol{Q}(t)\boldsymbol{x}(t-h_i) \quad \boldsymbol{x}(t_0) = \boldsymbol{x}_0\end{aligned} \tag{7.72}$$

3. 充分条件

考虑问题(7.57)和(7.58)，其 HJB 方程具有如下形式：

$$\frac{\partial V(\boldsymbol{x},\ t)}{\partial t} + \min_{u} H_1\left(\boldsymbol{x},\ \boldsymbol{u},\ \frac{\partial V(\boldsymbol{x},\ t)}{\partial x},\ t\right) = 0,$$

$$V(\boldsymbol{x},\ T) = \frac{1}{2}[\boldsymbol{x}(T)]^{\mathrm{T}}\boldsymbol{\psi}[\boldsymbol{x}(T)] \tag{7.73}$$

其中，

$$V(\boldsymbol{x}, t) = \min_{u}\left(\frac{1}{2}[\boldsymbol{x}(T)]^{\mathrm{T}}\boldsymbol{\psi}[\boldsymbol{x}(T)] + \frac{1}{2}\int_{t}^{T}(\boldsymbol{u}^{\mathrm{T}}(s)\boldsymbol{R}(s)\boldsymbol{u}(s)\right.$$
$$\left. + \boldsymbol{x}^{\mathrm{T}}(s)\boldsymbol{L}(s)\boldsymbol{x}(s))\mathrm{d}s\right) \tag{7.74}$$

是 Bellman 函数

$$H_1(\boldsymbol{x}, \boldsymbol{u}, \boldsymbol{q}, t) = \boldsymbol{q}^{\mathrm{T}}[\boldsymbol{A}_0(t) + \boldsymbol{A}(t)\boldsymbol{x} + \boldsymbol{u}_1(\boldsymbol{u})]$$

将式(7.74)代入式(7.73)，得

$$\min_{u}\left(-\frac{1}{2}(\boldsymbol{u}^{\mathrm{T}}(t)\boldsymbol{R}(t)\boldsymbol{u}(t) + \boldsymbol{x}^{\mathrm{T}}(t)\boldsymbol{L}(t)\boldsymbol{x}(t))\right.$$
$$\left. + \left(\frac{\partial V(\boldsymbol{x}, t)}{\partial \boldsymbol{x}}\right)^{\mathrm{T}}[\boldsymbol{A}_0(t) + \boldsymbol{A}(t)\boldsymbol{x} + \boldsymbol{u}_1(\boldsymbol{u})]\right)$$
$$= 0$$
$$V(\boldsymbol{x}, T) = \frac{1}{2}[\boldsymbol{x}(t)]^{\mathrm{T}}\boldsymbol{\psi}[\boldsymbol{x}(T)] \tag{7.75}$$

选择 Bellman 函数为

$$V(\boldsymbol{x}, t) = -\frac{1}{2}\boldsymbol{x}^{\mathrm{T}}(t)\boldsymbol{Q}(t)\boldsymbol{x}(t)$$

则式(7.75)的左端的最小化问题转化为在式(7.62)条件下，Hamilton 函数式(7.59)的最小化问题，它的解由式(7.63)和式(7.67)表示。式(7.67)的终端条件 $\boldsymbol{Q}(T) = -\boldsymbol{\psi}$ 刚好满足 HJB 方程式(7.73)的终端条件。

根据 $\frac{1}{2}(\boldsymbol{x}^*)^{\mathrm{T}}\dot{\boldsymbol{Q}}(t)\boldsymbol{x}^* - \frac{\partial}{\partial t}\left(\int \boldsymbol{q}^{*\mathrm{T}}\mathrm{d}\boldsymbol{x}^*\right) = 0$，则有

$$H(\boldsymbol{x}^*, \boldsymbol{u}^*, \boldsymbol{q}^*, t) = \frac{1}{2}\boldsymbol{u}^{*\mathrm{T}}\boldsymbol{R}(t)\boldsymbol{u}^* + \boldsymbol{x}^{*\mathrm{T}}\boldsymbol{L}(t)\boldsymbol{x}^* + \frac{\mathrm{d}(\boldsymbol{x}^{*\mathrm{T}}\boldsymbol{Q}(t)\boldsymbol{x}^*)}{\mathrm{d}t} = 0 \tag{7.76}$$

其中 $\boldsymbol{u}^*$ 是最优控制，$\boldsymbol{x}^*$、$\boldsymbol{q}^*$ 是相应的最优状态和最优协状态。

式(7.76)保证了式(7.75)成立。

对式(7.76)两端从 t 积分到 T，得到

$$-\max_{u}\left[\frac{1}{2}\int_{t}^{T}[\boldsymbol{u}^{\mathrm{T}}(s)\boldsymbol{R}(s)\boldsymbol{u}(s) + \boldsymbol{x}^{\mathrm{T}}(s)\boldsymbol{L}(s)\boldsymbol{x}(s)]\mathrm{d}s + \frac{1}{2}\boldsymbol{x}^{\mathrm{T}}(T)\boldsymbol{Q}(T)\boldsymbol{x}(T)\right]$$
$$= -\frac{1}{2}\boldsymbol{x}^{*\mathrm{T}}(t)\boldsymbol{Q}(t)\boldsymbol{x}^*(t) = V(\boldsymbol{x}^*, t)$$

这表明选择 Bellman 函数为

$$V(\boldsymbol{x}, t) = -\frac{1}{2}\boldsymbol{x}^{\mathrm{T}}(t)\boldsymbol{Q}(t)\boldsymbol{x}(t)$$

因此，控制率 $\boldsymbol{u}^*$(式(7.63))和相应的最优轨线满足 HJB 方程，所以式(7.63)的控制是最优控制。充分性证毕。

习　题

7－1　已知系统的状态方程为$\dot{x}(t)=u(t)$，$x(t_0)=x_0$，t_f 均已知，求反馈控制 $u^*(t)$使

$$J=\frac{1}{2}Fx^2(t_f)+\frac{1}{2}\int_{t_0}^{t_f}u^2(t)\mathrm{d}t$$

取极小。

7－2　已知系统的状态方程为$\dot{x}(t)=u(t)$，$x(t_0)=1$，$t_0=0$、$t_f=1$ 均已知，求反馈控制 $u^*(t)$使

$$J=\frac{1}{2}x^2(t_f)+\frac{1}{2}\int_{t_0}^{t_f}u^2(t)\mathrm{d}t$$

取极小。

7－3　已知系统的状态方程为

$$\begin{cases}\dot{x}(t)=u_1(t)+u_2(t)\\x(0)=1\end{cases}$$

求反馈控制 $u^*(t)=-kx(t)$使

$$J=\int_0^{\infty}[x^2(t)+u_1^2(t)+u_2^2(t)]\mathrm{d}t$$

取极小。

7－4　已知系统的状态方程为

$$\begin{cases}\dot{x}_1(t)=x_2(t)\\\dot{x}_2(t)=u(t)\end{cases}$$

性能指标为

$$J=\frac{1}{2}\int_0^{\infty}[x_1^2(t)+mx_2^2(t)+nu^2(t)]\mathrm{d}t,\ m\geqslant 0,\ n\geqslant 0$$

(1) 求反馈控制 $u^*(t)$，使 J 取极小。

(2) 求 m、n 使闭环系统的特征值(极点)为(－2，－2)。

7－5　已知系统的状态空间表达式为

$$\begin{cases}\dot{x}_1(t)=x_2(t)+u(t)\\\dot{x}_2(t)=\beta u(t)\end{cases}$$

$$y(t)=x_1(t)$$

性能指标为

$$J=\frac{1}{2}\int_0^{\infty}[y^2(t)+ru^2(t)]\mathrm{d}t$$

其中 $r>0$。

求最优输出控制 $u^*(t)$，使 J 取极小，并判断最优闭环系统的稳定性。

7-6　已知系统的状态空间表达式为

$$\dot{x}(t)=\begin{pmatrix}0 & 1\\ 0 & -2\end{pmatrix}x(t)+\begin{pmatrix}0\\ 20\end{pmatrix}u(t)$$

$$y(t)=[1\quad 0]x(t)$$

性能指标为

$$J=\int_0^{\infty}\{[y_r(t)-y(t)]^2+u^2(t)\}\mathrm{d}t$$

给定的预期输出 $y_r(t)=1(t\geqslant 0)$。试确定 J 为最小时的最优控制 $u^*(t)$。

7-7　离散系统状态方程为

$$\begin{cases}x(k+1)=x(k)+\alpha u(k)\\ x(0)=1\end{cases}$$

求反馈控制 $u^*(0)$，$u^*(1)$，…，$u^*(9)$，使

$$J=\frac{1}{2}\sum_{k=0}^{9}u^2(k)$$

取极小。

7-8　已知系统的状态空间表达式为

$$\dot{\boldsymbol{x}}(t)=\begin{pmatrix}0 & 1\\ 0 & -2\end{pmatrix}\boldsymbol{x}(t)+\begin{pmatrix}0\\ 2\end{pmatrix}u(t),\ \boldsymbol{x}(0)=\begin{bmatrix}0.5\\ 1\end{bmatrix}$$

性能指标为

$$J=\frac{1}{2}\int_0^3\{2x_1^2(t)+4x_2^2(t)+3x_1(t)x_2(t)+u^2(t)\}\mathrm{d}t$$

试确定 J 为最小时的最优控制 $u^*(t)$。

7-9　考虑线性时滞系统

$$\dot{x}(t)=x(t)+u(t)+u(t-0.1),\ x(0)=1$$

求允许控制 $u(t)$，$t\in[0,\ 0.25]$，使得如下性能指标达到最小

$$J=\frac{1}{2}\int_0^{0.25}[x^2(t)+u^2(t)]\mathrm{d}t$$

7-10　考虑线性时滞系统

$$\dot{x}(t)=10x(t-0.25)+u(t-0.15),\ x(s)=1,\ s\in[-0.25,\ 0]$$

求允许控制 $u(t)$，$t\in[0,\ 0.5]$，使得如下性能指标达到最小

$$J=\frac{1}{2}\int_0^{0.5}[x^2(t)+u^2(t)]\mathrm{d}t$$

7-11　已知二阶线性系统

$$\dot{\boldsymbol{x}}(t) = \begin{pmatrix} 0 & 1 \\ 0 & 0 \end{pmatrix} \boldsymbol{x}(t) + \begin{pmatrix} 1 \\ -1 \end{pmatrix} u(t), \quad \boldsymbol{x}(0) = \begin{pmatrix} 1 \\ -2 \end{pmatrix}$$

标量控制满足如下不等式约束

$$|u(t)| \leqslant 1$$

求使该系统由初始状态转移到坐标原点，且使得性能指标

$$J = \frac{1}{2} \int_0^{0.5} x_1^2(t) \mathrm{d}t$$

为极小的最优控制。

7-12　已知二阶线性时滞系统

$$\dot{\boldsymbol{x}}(t) = \begin{pmatrix} 0 & 1 \\ 0 & -2 \end{pmatrix} \boldsymbol{x}(t) + \begin{pmatrix} 0 \\ -1 \end{pmatrix} u(t) + \begin{pmatrix} 1 \\ -3 \end{pmatrix} u(t-0.1), \quad \boldsymbol{x}(0) = \begin{pmatrix} 1 \\ -2 \end{pmatrix}$$

求该系统，使得性能指标

$$J = \frac{1}{2} \int_0^1 [x_1^2(t) + 2x_1^2(t) + 0.5u^2(t)] \mathrm{d}t$$

为极小的最优控制。

第八章　非线性系统最优控制统一迭代算法

从前面几章中，我们给出了求解最优控制问题的变分法、极大值原理和动态规划法等，但是这些方法除了对一些特殊的问题如线性二次型问题，能给出有效求解方法以外，一般来说，均没有有效求解途径，在实际应用中，人们往往利用数值方法给出其数值解，特别是对非线性系统的最优控制问题，目前只有数值求解的方法。

实际上，对于实际问题，数值方法求得的解是能满足需要的，如在航空、航天等领域中，数值方法就得到了成功的应用。

目前所见到的迭代法有下列几种：

- 牛顿法(迭代变量为 u)；
- 拟线性化法(迭代变量为 x，u)；
- 扰动法(迭代变量为 u)；
- 关联预测法(迭代变量为 x，p)；
- 逐次逼近法(迭代变量为 x，u)；
- 状态相关 Riccati 迭代法(迭代变量为 x)；
- 并行分布式算法：Hopfield 法(无迭代变量)。

以上各种算法由于迭代变量不同、迭代格式不同，算法的收敛性也有较大区别，这就使得迭代算法数量繁杂，特性各异，算法收敛性证明也是五花八门，掌握起来有一定难度。本章介绍一种最优控制统一迭代算法，分别对非线性离散系统、连续系统、时滞系统和关联大系统的最优控制问题，从一般角度给出相应的统一迭代算法、基本假设和算法映射，给出统一迭代算法的收敛性和最优性条件，将现有迭代算法统一在一个框架之内。

8.1　非线性连续系统最优跟踪 DISOPE 算法

1. 问题的描述

研究下面非线性最优跟踪问题：

$$\min_{u(t)}\left\{\frac{1}{2}\|\boldsymbol{x}(t_f)\|_{\boldsymbol{\Phi}}^2+\int_{t_0}^{t_f}L^*(\boldsymbol{x}(t),\boldsymbol{x}_{\mathrm{d}}(t),\boldsymbol{u}(t),t)\mathrm{d}t\right\}$$
$$\text{s.t.}\quad \dot{\boldsymbol{x}}(t)=f^*(\boldsymbol{x}(t),\boldsymbol{u}(t),t),\ \boldsymbol{x}(t_0)=\boldsymbol{x}_0 \tag{8.1}$$

其中 $\boldsymbol{x}(t)\in\mathbf{R}^n$，$\boldsymbol{u}(t)\in\mathbf{R}^m$ $(t\in[t_0, t_f])$ 分别是连续状态向量和控制向量，$L^*(\cdot,\cdot,\cdot,\cdot)$：$\mathbf{R}^n\times\mathbf{R}^n\times\mathbf{R}^m\times\mathbf{R}\rightarrow\mathbf{R}$ 是实际性能指标，$\mathbf{R}^n\times\mathbf{R}^m\times\mathbf{R}\rightarrow\mathbf{R}^n$ 是实际动态，$\boldsymbol{x}_{\mathrm{d}}(t)$，$t\in[t_0, t_f]$ 是期望的状态轨线。由于 L^*、f^* 的复杂性，式(8.1)很难求解，因此考虑下面修正的基于模型优化控制问题(MMOP)：

$$\min\left\{\frac{1}{2}\|\boldsymbol{x}(t_f)-\boldsymbol{x}_{\mathrm{d}}(t_f)\|_{\boldsymbol{\Phi}}^2+\frac{1}{2}\int_{t_0}^{t_f}[\|\boldsymbol{u}(t)\|_{\mathbf{R}}^2+\|\boldsymbol{x}(t)-\boldsymbol{x}_{\mathrm{d}}(t)\|_{\boldsymbol{Q}}^2+2\gamma(t)]\mathrm{d}t\right\}$$
$$\text{s.t.}\begin{cases}\dot{\boldsymbol{x}}(t)=\boldsymbol{A}\boldsymbol{x}(t)+\boldsymbol{B}\boldsymbol{u}(t)+\boldsymbol{\alpha}(t)\\ \boldsymbol{x}(t_0)=\boldsymbol{x}_0\end{cases} \tag{8.2}$$

其中，$\boldsymbol{Q}$、$\boldsymbol{\Phi}$ 是半正定矩阵，$\boldsymbol{R}$ 是正定矩阵，$\boldsymbol{A}$、$\boldsymbol{B}$ 是适当维数矩阵。$\boldsymbol{\alpha}(t)\in\mathbf{R}^n$、$\gamma(t)\in\mathbf{R}$ 是参数变量，分别通过模型与实际状态方程和性能指标匹配来确定。为了确定参数 $\boldsymbol{\alpha}(t)$ 和 $\gamma(t)$，考虑下面与原问题(8.1)等价的扩展优化控制问题(EOP)：

$$\min\left\{\frac{1}{2}\|\boldsymbol{x}(t_f)-\boldsymbol{x}_{\mathrm{d}}(t)\|_{\boldsymbol{\Phi}}^2+\frac{1}{2}\int_{t_0}^{t_f}[\|\boldsymbol{u}(t)\|_{\mathbf{R}}^2+\|\boldsymbol{x}(t)-\boldsymbol{x}_{\mathrm{d}}(t)\|_{\boldsymbol{Q}}^2+2\gamma(t)\right.$$
$$\left.+r_1\|\boldsymbol{u}(t)-\boldsymbol{v}(t)\|^2+r_2\|\boldsymbol{x}(t)-\boldsymbol{z}(t)\|^2]\mathrm{d}t\right\}$$
$$\text{s.t.}\begin{cases}\dot{\boldsymbol{x}}(t)=\boldsymbol{A}\boldsymbol{x}(t)+\boldsymbol{B}\boldsymbol{u}(t)+\boldsymbol{\alpha}(t)\\ \boldsymbol{x}(t_0)=\boldsymbol{x}_0\\ f^*(\boldsymbol{z}(t),\boldsymbol{v}(t),t)=\boldsymbol{A}\boldsymbol{z}(t)+\boldsymbol{B}\boldsymbol{v}(t)+\boldsymbol{\alpha}(t)\\ L^*(\boldsymbol{z}(t),\boldsymbol{x}_{\mathrm{d}}(t),\boldsymbol{v}(t),t)=\frac{1}{2}(\|\boldsymbol{z}(t)-\boldsymbol{x}_{\mathrm{d}}(t)\|_{\boldsymbol{Q}}^2+\|\boldsymbol{v}(t)\|_{\mathbf{R}}^2+2\gamma(t))\\ \boldsymbol{u}(t)=\boldsymbol{v}(t)\\ \boldsymbol{x}(t)=\boldsymbol{z}(t)\end{cases}$$
$$\tag{8.3}$$

其中 r_1、r_2 的比例项是凸化项，$\boldsymbol{v}(t)$、$\boldsymbol{z}(t)$ 的引入是为了分离基于模型优化问题与参数估计问题。

由变分法得到 EOP 问题(8.1)的最优性必要条件

$$\left.\begin{aligned}&\dot{\boldsymbol{x}}(t)=\boldsymbol{A}\boldsymbol{x}(t)+\boldsymbol{B}\boldsymbol{u}(t)+\boldsymbol{\alpha}(t)\\ &\dot{\boldsymbol{p}}(t)=-\bar{\boldsymbol{Q}}(\boldsymbol{x}(t)-\boldsymbol{x}_{\mathrm{d}}(t))-\boldsymbol{A}^{\mathrm{T}}\boldsymbol{p}(t)+\boldsymbol{\beta}(t)+r_2\boldsymbol{z}(t)\\ &\boldsymbol{u}(t)=-\bar{\boldsymbol{R}}^{-1}(\boldsymbol{B}^{\mathrm{T}}\boldsymbol{p}(t)-\boldsymbol{\lambda}(t)-r_1\boldsymbol{v}(t))\\ &\boldsymbol{x}(t_0)=\boldsymbol{0},\ \boldsymbol{p}(t_f)=\boldsymbol{\Phi}(\boldsymbol{x}(t_f)-\boldsymbol{x}_{\mathrm{d}}(t_f))\end{aligned}\right\} \tag{8.4}$$

$$\boldsymbol{\alpha}(t) = f^*(\boldsymbol{z}(t), \boldsymbol{v}(t), t) - \boldsymbol{A}\boldsymbol{z}(t) - \boldsymbol{B}\boldsymbol{v}(t) \tag{8.5}$$

$$\left.\begin{aligned} \boldsymbol{\lambda}(t) &= \left[\boldsymbol{B} - \frac{\partial f^*}{\partial \boldsymbol{v}(t)}\right]^{\mathrm{T}} \widetilde{\boldsymbol{p}}(t) + \boldsymbol{R}\boldsymbol{v}(t) - \frac{\partial L^*}{\partial \boldsymbol{v}(t)} \\ \boldsymbol{\beta}(t) &= \left[\boldsymbol{A} - \frac{\partial f^*}{\partial \boldsymbol{z}(t)}\right]^{\mathrm{T}} \widetilde{\boldsymbol{p}}(t) + \boldsymbol{Q}(\boldsymbol{z}(t) - \boldsymbol{x}_{\mathrm{d}}(t)) - \frac{\partial L^*}{\partial \boldsymbol{z}(t)} \end{aligned}\right\} \tag{8.6}$$

$$\boldsymbol{v}(t) = \boldsymbol{u}(t),\ \boldsymbol{z}(t) = \boldsymbol{x}(t) \tag{8.7}$$

其中 $\bar{\boldsymbol{Q}} = \boldsymbol{Q} + r_2 \boldsymbol{I}_n$，$\bar{\boldsymbol{R}} = \mathbf{R} + r_1 \boldsymbol{I}_m$，$\boldsymbol{p}(t) \in \mathbf{R}^n$ 是协状态向量，$\boldsymbol{\lambda}(t) \in \mathbf{R}^m$，$\boldsymbol{\beta}(t) \in \mathbf{R}^n$ 是 Lagrange 乘子。

条件式(8.5)定义了“点”参数估计问题，条件式(8.6)是确定 Lagrange 乘子，条件式(8.7)既分离系统优化问题与参数估计问题，又代表着两个问题的交互作用。在参数 $\boldsymbol{\alpha}(t)$、$\gamma(t)$ 和修正因子 $\boldsymbol{\lambda}(t)$、$\boldsymbol{\beta}(t)$ 及 $\boldsymbol{z}(t)$、$\boldsymbol{v}(t)$ 给定的情况下，下面修正的基于模型优化的问题(MMOP)的最优化必要条件刚好满足条件(8.4)：

$$\begin{aligned} \min_{\boldsymbol{u}(t)} \Big\{ & \frac{1}{2} \| \boldsymbol{x}(t_f) - \boldsymbol{x}_{\mathrm{d}}(t_f) \|_{\boldsymbol{\Phi}}^2 + \int_{t_0}^{t_f} \frac{1}{2} [\| \boldsymbol{u}(t) \|_{\boldsymbol{R}}^2 + \| \boldsymbol{x}(t) - \boldsymbol{x}_{\mathrm{d}}(t) \|_{\boldsymbol{Q}}^2 + 2\gamma(t) \\ & + r_1 \| \boldsymbol{u}(t) - \boldsymbol{v}(t) \|^2 + r_2 \| \boldsymbol{x}(t) - \boldsymbol{z}(t) \|^2 - 2\boldsymbol{\lambda}^{\mathrm{T}}(t)\boldsymbol{u}(t) - 2\boldsymbol{\beta}^{\mathrm{T}}(t)\boldsymbol{x}(t)] \mathrm{d}t \Big\} \end{aligned}$$

$$\begin{aligned} \text{s. t.} \quad & \dot{\boldsymbol{x}}(t) = \boldsymbol{A}\boldsymbol{x}(t) + \boldsymbol{B}\boldsymbol{u}(t) + \boldsymbol{\alpha}(t) \\ & \boldsymbol{x}(t_0) = \boldsymbol{x}_0 \end{aligned} \tag{8.8}$$

令

$$\boldsymbol{p}(t) = \boldsymbol{G}(t)\boldsymbol{x}(t) + \boldsymbol{g}(t) \tag{8.9}$$

问题(8.4)的解可以由下面的 Riccati 方程组求得：

$$\begin{aligned} \dot{\boldsymbol{G}}(t) &= \boldsymbol{G}(t)\boldsymbol{B}(t)\bar{\boldsymbol{R}}^{-1}(t)\boldsymbol{B}^{\mathrm{T}}(t)\boldsymbol{G}(t) - \boldsymbol{A}^{\mathrm{T}}(t)\boldsymbol{G}(t) - \boldsymbol{G}(t)\boldsymbol{A}(t) - \bar{\boldsymbol{Q}}(t) \\ \dot{\boldsymbol{g}}(t) &= -\boldsymbol{A}^{\mathrm{T}}(t)\boldsymbol{g}(t) - \boldsymbol{G}^{\mathrm{T}}(t)\boldsymbol{\alpha}(t) + \boldsymbol{G}(t)\boldsymbol{B}(t)\bar{\boldsymbol{R}}^{-1}(t)\boldsymbol{B}^{\mathrm{T}}(t)\boldsymbol{g}(t) \\ &\quad - \boldsymbol{G}(t)\boldsymbol{B}(t)\bar{\boldsymbol{R}}^{-1}(t)\boldsymbol{\lambda}(t) + \boldsymbol{\beta}(t) + \bar{\boldsymbol{Q}}\boldsymbol{x}_{\mathrm{d}}(t) + r_2\boldsymbol{z}(t) \\ \boldsymbol{G}(t_f) &= \boldsymbol{\Phi},\ \boldsymbol{g}(t_f) = -\boldsymbol{\Phi}\boldsymbol{x}_{\mathrm{d}}(t_f) \end{aligned} \tag{8.10}$$

其中：$\boldsymbol{G}(t) \in \mathbf{R}^{n \times n}$，$\boldsymbol{g}(t) \in \mathbf{R}^n$。

2. DISOPE 算法

由以上分析得到下面 DISOPE 算法：

假设 $\boldsymbol{A}$，$\boldsymbol{B}$，$\boldsymbol{Q}$，$\boldsymbol{R}$ 已知且 L^*、f^* 及其导数可以计算。

(1) 求解标称解 $\boldsymbol{u}^0(t)$、$\boldsymbol{x}^0(t)$、$\boldsymbol{p}^0(t)$，令 $\boldsymbol{z}^0(t) = \boldsymbol{x}^0(t)$，$\boldsymbol{v}^0(t) = \boldsymbol{u}^0(t)$，$\widetilde{\boldsymbol{p}}^0(t) = \boldsymbol{p}^0(t)$ 且令 $i \neq 0$。

(2) 用式(8.5)计算 $\boldsymbol{\alpha}^i(t)$。

(3) 用式(8.6)计算 $\boldsymbol{\lambda}^i(t)$、$\boldsymbol{\beta}^i(t)$。

(4) 反向求解 Riccati 方程组(8.10)，得到 $\boldsymbol{G}(t)$、$\boldsymbol{g}^j(t)$。

(5) 由式(8.9)和式(8.4)求得新控制、新状态及新协态 $\hat{\boldsymbol{u}}^i(t)$、$\hat{\boldsymbol{x}}^i(t)$、$\hat{\boldsymbol{p}}^i(t)$。

(6) 由下面松弛公式更新 $\boldsymbol{v}^i(t)$、$\boldsymbol{z}^i(t)$及 $\boldsymbol{p}^i(t)$：

$$\begin{cases}\boldsymbol{v}^{i+1}(t)=\boldsymbol{v}^i(t)+k_v(\hat{\boldsymbol{u}}^i(t)-\boldsymbol{v}^i(t))\\ \boldsymbol{z}^{i+1}(t)=\boldsymbol{z}^i(t)+k_z(\hat{\boldsymbol{x}}^i(t)-\boldsymbol{z}^i(t))\\ \boldsymbol{p}^{i+1}(t)=\boldsymbol{p}^i(t)+k_p(\hat{\boldsymbol{p}}^i(t)-\boldsymbol{p}^i(t))\end{cases} \tag{8.11}$$

如果$\int_{t_0}^{t_f}\|\boldsymbol{v}^{i+1}(t)-\boldsymbol{v}^i(t)\|^2\mathrm{d}t\leqslant \mathrm{eps}$ (eps 为控制精度)，则停止迭代；否则令 $i=i+1$，返回(1)。

3. 基于线性模型的 DISOPE 算法及其收敛性分析

由上节分析可得到如下迭代求解非线性离散时间系统最优控制的算法：

假设 $\boldsymbol{A}$，$\boldsymbol{B}$，$\boldsymbol{Q}$，$\boldsymbol{R}$，$\boldsymbol{N}$，$\boldsymbol{x}_0$ 是已知的，$f^*(\cdot,\cdot,\cdot)$和 L^* 及其所有 Jacobi 矩阵可以计算。

(1) 先求一个标称解。在 $\boldsymbol{\alpha}(t)$、$\gamma(t)$、r_1、r_2 及 $\boldsymbol{\lambda}(t)$、$\boldsymbol{\beta}(t)$、$\boldsymbol{z}(t)$、$\boldsymbol{v}(t)$全为零的条件下，求解 MMOP(8.8)得到标称解 $\boldsymbol{u}^l(t)$、$\boldsymbol{x}^l(t)$、$\boldsymbol{p}^l(t)$，令 $\boldsymbol{v}^l(t)=\boldsymbol{u}^l(t)$，$\boldsymbol{z}^l(t)=\boldsymbol{x}^l(t)$，$\widetilde{\boldsymbol{p}}^l(t)=\boldsymbol{p}^l(t)$，且迭代指标 $l=0$。

(2) 利用式(8.5)计算参数 $\boldsymbol{\alpha}^l(t)$；由式(8.6)计算修正因子 $\boldsymbol{\lambda}^l(t)$、$\boldsymbol{\beta}^l(t)$。

(3) 利用式(8.4)和式(8.9)求解 MMOP(8.8)，得到最优解 $\boldsymbol{u}^{l+1}(t)$、$\boldsymbol{x}^{l+1}(t)$、$\boldsymbol{p}^{l+1}(t)$。

(4) 由下面松弛公式更新

$$\begin{cases}\boldsymbol{v}^{l+1}(t)=\boldsymbol{v}^l(t)+k_v(\boldsymbol{u}^{l+1}(t)-\boldsymbol{v}^l(t))\\ \boldsymbol{z}^{l+1}(t)=\boldsymbol{z}^l(t)+k_z(\boldsymbol{x}^{l+1}(t)-\boldsymbol{z}^l(t))\\ \widetilde{\boldsymbol{p}}^{l+1}(t)=\widetilde{\boldsymbol{p}}^l(t)+k_p(\boldsymbol{p}^{l+1}(t)-\widetilde{\boldsymbol{p}}^l(t))\end{cases} \tag{8.12}$$

判别$\int_{t_0}^{t_f}\|\boldsymbol{v}^{l+1}(t)-\boldsymbol{v}^l(t)\|^2\mathrm{d}t\leqslant \mathrm{eps}$ (eps 是足够小的正数)是否成立，若成立则停止迭代；否则令 $l=l+1$ 转到第(2)步。

下面的假设是研究原问题的基本前提。

假设 1　原问题(8.1)的最优解 $\boldsymbol{x}^*(t)$、$\boldsymbol{u}^*(t)$、$\boldsymbol{p}^*(t)$存在且唯一。

假设 2　$L^*(\cdots)$和 $f^*(\cdots)$的所有 Jacobi 矩阵在$[t_0,t_f]$上存在且连续。

定理 8.1(最优性)　在上述两个假设的条件下，如果上述算法收敛，则收敛解满足原问题(8.1)的最优性必要条件。

证明　由算法的推导过程和时滞系统最优性条件及假设 1 易于证明本结论。

在分析收敛性之前，先推导相继两次迭代变量之间的映射关系。该算法的第 l 次迭代量到第 $l+1$ 次迭代量之间的映射关系由下面一组差分方程和公式(8.12)确定。

$$\begin{bmatrix} \dot{\hat{\boldsymbol{x}}}^l(t) \\ \dot{\hat{\boldsymbol{p}}}^l(t) \end{bmatrix} = \begin{bmatrix} \boldsymbol{A}(t) & -\boldsymbol{B}(t)\boldsymbol{R}^{-1}(t)\boldsymbol{B}^{\mathrm{T}}(t) \\ -\boldsymbol{Q}(t) & -\boldsymbol{A}^{\mathrm{T}}(t) \end{bmatrix} \begin{bmatrix} \hat{\boldsymbol{x}}^l(t) \\ \hat{\boldsymbol{p}}^l(t) \end{bmatrix} + \boldsymbol{H}_1 \boldsymbol{y}^l(t) + \boldsymbol{g}(\boldsymbol{y}^l(t)) \tag{8.13}$$

这里 $\boldsymbol{y}^l(t) = [\boldsymbol{v}^l(t)^{\mathrm{T}}, \boldsymbol{z}^l(t)^{\mathrm{T}}, \boldsymbol{p}^l(t)^{\mathrm{T}}]^{\mathrm{T}}$，并且

$$\begin{cases} \boldsymbol{H}_1 = \begin{bmatrix} r_1 \boldsymbol{B}(t)\boldsymbol{R}^{-1}(t) & \boldsymbol{0} & \boldsymbol{0} \\ \boldsymbol{0} & r_2 \boldsymbol{I}_n & \boldsymbol{0} \end{bmatrix} \\ g(\boldsymbol{y}^l(t)) = \begin{bmatrix} g_1(\boldsymbol{y}^l(t)) \\ g_2(\boldsymbol{y}^l(t)) \end{bmatrix} \\ g_1(\boldsymbol{y}^l(t)) = \boldsymbol{B}(t)\boldsymbol{R}^{-1}(t)\boldsymbol{\lambda}^l(t) + \boldsymbol{\alpha}^l(t) \\ g_2(\boldsymbol{y}^l(t)) = \boldsymbol{\beta}^l(t) \end{cases} \tag{8.14}$$

这里的 $g(y^l(t))$代表模型与实际的差异，方程(8.13)的解为

$$\begin{cases} \begin{bmatrix} \hat{\boldsymbol{x}}^l(t) \\ \hat{\boldsymbol{p}}^l(t) \end{bmatrix} = \boldsymbol{\Phi}(t, t_0) \begin{bmatrix} \boldsymbol{x}(t_0) \\ \hat{\boldsymbol{p}}^l(t_0) \end{bmatrix} + \int_0^t \boldsymbol{\Phi}(t, \tau)(\boldsymbol{H}_1 \boldsymbol{y}^l(\tau) + g(\boldsymbol{y}^l(\tau)))\mathrm{d}\tau \\ \hat{\boldsymbol{p}}^l(t_f) = \boldsymbol{0} \end{cases} \tag{8.15}$$

其中 $\boldsymbol{\Phi}(t, t_0) = \begin{bmatrix} \boldsymbol{\Phi}_{11}(t, t_0) & \boldsymbol{\Phi}_{12}(t, t_0) \\ \boldsymbol{\Phi}_{21}(t, t_0) & \boldsymbol{\Phi}_{22}(t, t_0) \end{bmatrix} = \begin{bmatrix} \boldsymbol{\Phi}_1(t, t_0) \\ \boldsymbol{\Phi}_2(t, t_0) \end{bmatrix}$是向量$\begin{bmatrix} \hat{\boldsymbol{x}}^l(t) \\ \hat{\boldsymbol{p}}^l(t) \end{bmatrix}$的转移矩阵。运用横截条件，可以将式(8.15)写为

$$\begin{aligned} \begin{bmatrix} \hat{\boldsymbol{x}}^l(t) \\ \hat{\boldsymbol{p}}^l(t) \end{bmatrix} = & \begin{bmatrix} \boldsymbol{\mu}_x(t, t_f, t_0) \\ \boldsymbol{\mu}_p(t, t_f, t_0) \end{bmatrix} \boldsymbol{x}_0 - \begin{bmatrix} \boldsymbol{\Phi}_{12}(t, t_0) \\ \boldsymbol{\Phi}_{22}(t, t_0) \end{bmatrix} \boldsymbol{\Phi}_{22}(t_f, t_0)^{-1} \\ & \times \int_0^t \boldsymbol{\Phi}_2(t_f, \tau)(\boldsymbol{H}_1 \boldsymbol{y}^l(t) + g(\boldsymbol{y}^l(t)))\mathrm{d}\tau \\ & + \int_0^t \boldsymbol{\Phi}(t, \tau)(\boldsymbol{H}_1 \boldsymbol{y}^l(t) + g(\boldsymbol{y}^l(t)))\mathrm{d}\tau \end{aligned} \tag{8.16}$$

其中

$$\boldsymbol{\mu}_x(t, t_f, t_0) = \boldsymbol{\Phi}_{11}(t, t_0) - \boldsymbol{\Phi}_{12}(t, t_0)\boldsymbol{\Phi}_{22}^{-1}(t_f, t_0)\boldsymbol{\Phi}_{21}(t_f, t_0)$$

$$\boldsymbol{\mu}_p(t, t_f, t_0) = \boldsymbol{\Phi}_{21}(t, t_0) - \boldsymbol{\Phi}_{22}(t, t_0)\boldsymbol{\Phi}_{22}^{-1}(t_f, t_0)\boldsymbol{\Phi}_{21}(t_f, t_0)$$

从式(8.4)得到

$$\begin{aligned} \hat{\boldsymbol{u}}^l(t) = & \boldsymbol{\mu}_u(t, t_f, t_0)\boldsymbol{x}_0 + \boldsymbol{R}^{-1}(t)\boldsymbol{B}^{\mathrm{T}}(t)\boldsymbol{\Phi}_{22}^{-1}(t_f, t_0) \\ & \times \int_0^t \boldsymbol{\Phi}_2(t_f, \tau)(\boldsymbol{H}_1 \boldsymbol{y}^l(\tau) + \boldsymbol{g}(\boldsymbol{y}^l(\tau)))\mathrm{d}\tau \\ & - \boldsymbol{R}^{-1}(t)\boldsymbol{B}^{\mathrm{T}}(t)\int_0^t \boldsymbol{\Phi}_2(t, \tau)(\boldsymbol{H}_1 \boldsymbol{y}^l(\tau) + \boldsymbol{g}(\boldsymbol{y}^l(\tau)))\mathrm{d}\tau \end{aligned} \tag{8.17}$$

其中

$$\boldsymbol{\mu}_u(t, t_f, t_0) = \boldsymbol{R}^{-1}(t)\boldsymbol{B}^{\mathrm{T}}(t)\boldsymbol{\mu}_p(t, t_f, t_0)$$

联合式(8.16)和式(8.17)得到

$$\hat{\boldsymbol{y}}^{l}(t)=\boldsymbol{\mu}(t,\ t_f,\ t_0)\boldsymbol{x}_0-\int_0^t\boldsymbol{\Omega}(t,\ t_f,\ \tau,\ t_0)(\boldsymbol{H}_1\boldsymbol{y}^{l}(\tau)+\boldsymbol{g}(\boldsymbol{y}^{l}(\tau)))\mathrm{d}\tau \\ -\boldsymbol{H}_2\boldsymbol{y}^{l}(t)+d(\boldsymbol{y}^{l}(t)) \qquad (8.18)$$

这里

$$\boldsymbol{\mu}(t,\ t_f,\ t_0)=\begin{bmatrix}\boldsymbol{\mu}_u(t,\ t_f,\ t_0)\\ \boldsymbol{\mu}_x(t,\ t_f,\ t_0)\\ \boldsymbol{\mu}_p(t,\ t_f,\ t_0)\end{bmatrix}$$

$$\boldsymbol{\eta}(t,\ t_f,\ t_0)=\boldsymbol{\Phi}_{22}^{-1}(t_f,\ t_0)\boldsymbol{\Phi}_2(t_f,\ \tau)$$

$$\boldsymbol{\Omega}(t,\ t_f,\ \tau,\ t_0)=$$

$$\begin{cases}\begin{bmatrix}[-\boldsymbol{R}^{-1}(t)\boldsymbol{B}^{\mathrm{T}}(t)\boldsymbol{\Phi}_{22}(t,\ t_0)\boldsymbol{\eta}(t_f,\ t_0,\ \tau)+\boldsymbol{R}^{-1}(t)\boldsymbol{B}^{\mathrm{T}}(t)\boldsymbol{\Phi}_2(t,\ \tau)]\\ \boldsymbol{\Phi}_{12}(t,\ t_0)\boldsymbol{\eta}(t_f,\ t_0,\ \tau)-\boldsymbol{\Phi}_1(t,\ \tau)\\ \boldsymbol{\Phi}_{22}(t,\ t_0)\boldsymbol{\eta}(t_f,\ t_0,\ \tau)-\boldsymbol{\Phi}_2(t,\ \tau)\end{bmatrix}\\ \begin{bmatrix}-\boldsymbol{R}^{-1}(t)\boldsymbol{B}^{\mathrm{T}}(t)\boldsymbol{\Phi}_{22}(t,\ t_0)\boldsymbol{\eta}(t_f,\ t_0,\ \tau)\\ \boldsymbol{\Phi}_{12}(t,\ t_0)\boldsymbol{\eta}(t_f,\ t_0,\ \tau)\\ \boldsymbol{\Phi}_{22}(t,\ t_0)\boldsymbol{\eta}(t_f,\ t_0,\ \tau)\end{bmatrix}\end{cases}$$

$$\boldsymbol{H}_2=\begin{bmatrix}r_1\boldsymbol{R}^{-1}(t) & \boldsymbol{0} & \boldsymbol{0}\\ \boldsymbol{0} & \boldsymbol{0} & \boldsymbol{0}\\ \boldsymbol{0} & \boldsymbol{0} & \boldsymbol{0}\end{bmatrix},\ d(\boldsymbol{y}^{l}(t))=\begin{bmatrix}\boldsymbol{R}^{-1}(t)\boldsymbol{\lambda}^{l}(t)\\ \boldsymbol{0}\\ \boldsymbol{0}\end{bmatrix} \qquad (8.19)$$

由式(8.12)和式(8.18)得到算法映射为

$$\boldsymbol{y}^{l+1}(t)=\boldsymbol{K}\hat{\boldsymbol{y}}^{l}(t)+(\boldsymbol{I}_{2n+m}-\boldsymbol{K})\boldsymbol{y}^{l}(t) \\ =\boldsymbol{K}\boldsymbol{\mu}(t,\ t_f,\ t_0)\boldsymbol{x}_0-\boldsymbol{K}\int_0^t\boldsymbol{\Omega}(t,\ t_f,\ \tau,\ t_0)(\boldsymbol{H}_1\boldsymbol{y}^{l}(\tau)+g(\boldsymbol{y}^{l}(\tau)))\mathrm{d}\tau \\ +((\boldsymbol{K}\boldsymbol{H}_2)+\boldsymbol{I}_{2n+m}-\boldsymbol{K})\boldsymbol{y}^{l}(t)+\boldsymbol{K}d(\boldsymbol{y}^{l}(t)) \qquad (8.20)$$

这里

$$\boldsymbol{K}=\text{对角线块}\{k_v\boldsymbol{I}_m,\ k_z\boldsymbol{I}_n,\ k_p\boldsymbol{I}_n\} \qquad (8.21)$$

为了证明算法的收敛性，增加下面一个假设。

假设 3　函数 $g(\boldsymbol{y}(t))$，$d(\boldsymbol{y}(t))$是由式(8.14)和式(8.19)来定义的，对于所有的 $\boldsymbol{y}(t)$，它们是利普希兹连续的，利普希兹常数分别是 h_1、h_2，即有

$$\begin{cases}\|g(\boldsymbol{y}^{l}(t))-g(\boldsymbol{y}^{l-1}(t))\|\leqslant h_1\|\boldsymbol{y}^{l}(t)-\boldsymbol{y}^{l-1}(t)\|\\ \|d(\boldsymbol{y}^{l}(t))-d(\boldsymbol{y}^{l-1}(t))\|\leqslant h_2\|\boldsymbol{y}^{l}(t)-\boldsymbol{y}^{l-1}(t)\|\end{cases} \qquad (8.22)$$

这里

$$\|\boldsymbol{y}(t)\|=\sup_{t\in[t_0,\ t_f]}\|\boldsymbol{y}(t)\|_2$$

$$\|\boldsymbol{y}(t)\|_2=\sqrt{\boldsymbol{y}(t)^{\mathrm{T}}\boldsymbol{y}(t)}$$

定理 8.2 算法影射式(8.20)收敛性的一个充分条件是

$$(\omega_1(t_f, t_0)+h_1\omega_2(t_f, t_0))(t_f-t_0)+k_v h_2+\|\boldsymbol{K}\boldsymbol{H}_2+\boldsymbol{I}-\boldsymbol{K}\|=\sigma<1 \tag{8.23}$$

这里的 h_1 和 h_2 是由式(8.22)定义的，K 和 H_2 是由式(8.21)和式(8.19)定义的。

$$\begin{cases}\omega_1(t_f, t_0)=\sup\limits_{t\in[t_0, t_f]}\sup\limits_{\tau\in[t_0, t_f]}\|\boldsymbol{K\Omega}(t, t_f, \tau, t_0)\boldsymbol{H}_1\| \\ \omega_2(t_f, t_0)=\sup\limits_{t\in[t_0, t_f]}\sup\limits_{\tau\in[t_0, t_f]}\|\boldsymbol{K\Omega}(t, t_f, \tau, t_0)\|\end{cases} \tag{8.24}$$

证明 从式(8.20)得到

$$\begin{aligned}\boldsymbol{y}^{l+1}(t)-\boldsymbol{y}^{l}(t)=&\int_0^t\boldsymbol{K\Omega}(t, t_f, \tau, t_0)(\boldsymbol{H}_1\boldsymbol{y}^{l}(\tau)-\boldsymbol{y}^{l-1}(\tau)+g(\boldsymbol{y}^{l}(\tau))\\&-g(\boldsymbol{y}^{l-1}(\tau)))\mathrm{d}\tau+((\boldsymbol{K}\boldsymbol{H}_2)+\boldsymbol{I}_{2n+m}-\boldsymbol{K})(\boldsymbol{y}^{l}(t)\\&-\boldsymbol{y}^{l-1}(t))+\boldsymbol{K}(d(\boldsymbol{y}^{l}(t))-d(\boldsymbol{y}^{l-1}(t)))\end{aligned} \tag{8.25}$$

取式(8.25)的范数并利用范数的性质可以得到

$$\begin{aligned}\|\boldsymbol{y}^{l+1}(t)-\boldsymbol{y}^{l}(t)\|\leqslant&\left\|\int_0^t\boldsymbol{K\Omega}(t, t_f, \tau, t_0)\boldsymbol{H}_1(\boldsymbol{y}^{l}(\tau)-\boldsymbol{y}^{l-1}(\tau))\mathrm{d}\tau\right\|\\&+\left\|\int_0^t\boldsymbol{K\Omega}(g(\boldsymbol{y}^{l}(\tau))-g(\boldsymbol{y}^{l-1}(\tau)))\mathrm{d}\tau\right\|\\&+\|((\boldsymbol{K}\boldsymbol{H}_2)+\boldsymbol{I}_{2n+m}-\boldsymbol{K})(\boldsymbol{y}^{l}(t)-\boldsymbol{y}^{l-1}(t))\|\\&+\|\boldsymbol{K}(d(\boldsymbol{y}^{l}(t))-d(\boldsymbol{y}^{l-1}(t)))\|\end{aligned} \tag{8.26}$$

从式(8.26)、式(8.19)、式(8.22)和式(8.24)得到

$$\begin{aligned}\|\boldsymbol{y}^{l+1}(t)-\boldsymbol{y}^{l}(t)\|\leqslant&\{(\omega_1(t_f, t_0)+h_1\omega_2(t_f, t_0))(t_f-t_0)+k_v h_2\\&+\|\boldsymbol{K}\boldsymbol{H}_2+\boldsymbol{I}-\boldsymbol{K}\|\}\|\boldsymbol{y}^{l}(t)-\boldsymbol{y}^{l-1}(t)\|\end{aligned} \tag{8.27}$$

因此如果式(8.23)收敛性条件得到满足，由式(8.27)可知，式(8.20)的映射算法是压缩的，并且$\{\boldsymbol{y}^{l}(t)\}$是一致收敛的。

4. 仿真结果

例 8.1 考虑下面连续时间机械手的最优跟踪问题：

$$\min_{\boldsymbol{u}(t)}\frac{1}{2}\int_0^1(\|\boldsymbol{x}(t)-\boldsymbol{r}(t)\|_{\boldsymbol{Q}}^2+\|\boldsymbol{u}(t)\|_{\boldsymbol{R}}^2)\mathrm{d}t$$

$$\text{s.t.}\quad\dot{\boldsymbol{x}}(t)=\begin{bmatrix}0 & 1\\ 0 & \dfrac{f}{ml^2+Izz}\end{bmatrix}\boldsymbol{x}(t)+\begin{bmatrix}0\\ \dfrac{1}{ml^2+Izz}\end{bmatrix}\boldsymbol{u}(t)+\begin{bmatrix}0\\ -\dfrac{mgl\sin x_1(t)}{ml^2+Izz}\end{bmatrix}$$

$$\boldsymbol{x}(0)=[0\quad 0]^{\mathrm{T}}$$

目标轨线为

$$\boldsymbol{r}(t)=\begin{bmatrix}0.5\pi(t-t^2)\sin\left(\dfrac{2\pi t}{10}\right)\\ 0.5\pi(1-2t)\sin\left(\dfrac{2\pi t}{10}\right)+0.1\pi^2(t-t^2)\cos\left(\dfrac{2\pi t}{10}\right)\end{bmatrix}, 0\leqslant t\leqslant 1$$

选择基于模型的最优跟踪问题为

$$\min_{u(t)} \frac{1}{2}\int_0^1 (\|\boldsymbol{x}(t)-\boldsymbol{r}(t)\|_{\boldsymbol{Q}}^2+\|\boldsymbol{u}(t)\|_{\boldsymbol{R}}^2)\mathrm{d}t$$

$$\text{s.t.}\quad \dot{\boldsymbol{x}}(t)=\begin{bmatrix}0 & 1\\ -10 & 0\end{bmatrix}\boldsymbol{x}(t)+\begin{bmatrix}0\\1\end{bmatrix}\boldsymbol{u}(t)+\boldsymbol{\alpha}(t)$$

$$\boldsymbol{x}(0)=[0\quad 0]^{\mathrm{T}}$$

选择 $\boldsymbol{Q}=\boldsymbol{I}$，$\boldsymbol{R}=0.002$，eps$=0.05$，$k_v=0.8$，$k_p=k_z=1$，$h=0.01$，迭代 12 次收敛，跟踪情况见图 8.1。

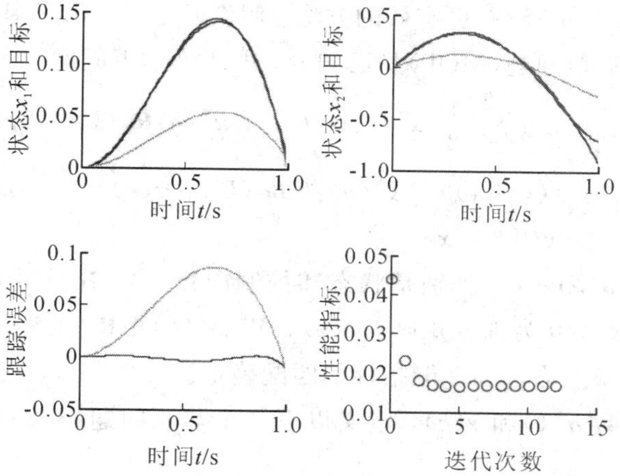

图 8.1　随迭代变化的状态、跟踪误差曲线和性能指标

8.2　基于线性模型的非线性离散系统 DISOPE 算法

本节研究非线性离散时间系统的最优控制，提出一种基于线性模型和二次型性能指标问题的新迭代算法，在模型与实际存在差异的情况下，该算法通过迭代求解修正线性二次型最优控制问题和参数估计问题，获得原问题的最优解。给出了该算法收敛于实际最优解的充分条件。仿真例子表明该算法的有效性和实用性。

1. 问题的描述和假设

考虑离散时间的非线性动态系统最优控制问题

$$J=\min_{\boldsymbol{u}(\cdot)}\sum_{k=0}^{N-1}L^*(\boldsymbol{x}(k),\boldsymbol{u}(k),k)$$

$$\text{s.t.}\begin{cases}\boldsymbol{x}(k+1)=f(\boldsymbol{x}(k),\ \boldsymbol{u}(k),\ k)\\ k=0,\ 1,\ \cdots N-1\\ \boldsymbol{x}(0)=\boldsymbol{x}_0\end{cases} \tag{8.28}$$

其中 $f(\cdots)$、$L^*(\cdots)$分别是实际系统的动态和实际性能指标，N 是阶段数，x_0 是系统的初始条件。

利用极大值原理求解问题(8.28)需要解非线性两点混合边值问题，很困难。若用动态规划法求解则存在求解一系列非线性规划和维数灾等的困难，特别是实际系统的动态性和实际性能指标为复杂非线性函数时，这些问题变得更为突出。所以求解问题(8.28)还没有更有效的方法。假设问题(8.28)的基于线性模型和二次型性能指标的近似问题(MOP)是已知的，即考虑如下问题

$$\begin{cases}J_M=\min\limits_{\boldsymbol{u}(\cdot)}\sum\limits_{k=0}^{N-1}\dfrac{1}{2}[\boldsymbol{x}^{\mathrm{T}}(k)\boldsymbol{Q}\boldsymbol{x}(k)+\boldsymbol{u}^{\mathrm{T}}(k)\boldsymbol{R}\boldsymbol{u}(k)+2\gamma(k)]\\ \text{s.t.}\quad \boldsymbol{x}(k+1)=\boldsymbol{A}\boldsymbol{x}(k)+\boldsymbol{B}\boldsymbol{u}(k)+\boldsymbol{\alpha}(k)\\ \qquad\ \ \boldsymbol{x}(0)=\boldsymbol{x}_0\end{cases} \tag{8.29}$$

其中 $\boldsymbol{x}(k)\in\mathbf{R}^n$、$\boldsymbol{u}(k)\in\mathbf{R}^m$ 分别是状态和控制向量，$\boldsymbol{A}$、$\boldsymbol{B}$ 是适当维数常数矩阵，$\boldsymbol{Q}=\boldsymbol{Q}^{\mathrm{T}}>0$、$\boldsymbol{R}=\boldsymbol{R}^{\mathrm{T}}>0$ 为加权矩阵。$\boldsymbol{\alpha}(k)\in\mathbf{R}^n$、$\gamma(k)\in\mathbf{R}^1$ 是参数向量，它们分别由模型与实际的状态方程和性能指标的匹配确定。

为了确定参数 $\boldsymbol{\alpha}(k)$和 $\gamma(k)$，定义以下一个与原问题(8.28)等价的扩展优化控制问题(EOP)

$$\begin{aligned}J_E=\min_{\boldsymbol{u}(\cdot)}\sum_{k=0}^{N-1}\ &\frac{1}{2}[\boldsymbol{x}^{\mathrm{T}}(k)\boldsymbol{Q}\boldsymbol{x}(k)+\boldsymbol{u}^{\mathrm{T}}(k)\boldsymbol{R}\boldsymbol{u}(k)+2\gamma(k)+r_1(\boldsymbol{v}(k)-\boldsymbol{u}(k))^2\\ &+r_2(\boldsymbol{z}(k)-\boldsymbol{x}(k))^2]\end{aligned}$$

$$\text{s.t.}\begin{cases}\boldsymbol{x}(k+1)=\boldsymbol{A}\boldsymbol{x}(k)+\boldsymbol{B}\boldsymbol{u}(k)+\boldsymbol{\alpha}(k)\\ \boldsymbol{x}(0)=\boldsymbol{x}_0\\ \boldsymbol{A}\boldsymbol{z}(k)+\boldsymbol{B}\boldsymbol{v}(k)+\boldsymbol{\alpha}(k)=f^*(\boldsymbol{z}(k),\ \boldsymbol{v}(k),\ k)\\ \dfrac{1}{2}[\boldsymbol{z}^{\mathrm{T}}(k)\boldsymbol{Q}\boldsymbol{z}(k)+\boldsymbol{v}^{\mathrm{T}}(k)\boldsymbol{R}\boldsymbol{v}(k)+2\gamma(k)]=L^*(\boldsymbol{z}(k),\ \boldsymbol{v}(k),\ k)\\ \boldsymbol{z}(k)=\boldsymbol{x}(k)\\ \boldsymbol{v}(k)=\boldsymbol{u}(k)\end{cases} \tag{8.30}$$

其中 $\boldsymbol{z}(k)$和 $\boldsymbol{v}(k)$的引入是为了分离参数估计问题和基于模型最优控制问题。$r_1\geqslant0$、$r_2\geqslant0$ 及与 r_1、r_2 有关的项是为了增强收敛性而引入的凸化项，在满足约束的条件下，它们不改变性能指标。

由极大值原理得(8.30)的最优性必要条件为

$$\begin{cases} \boldsymbol{p}(k) = \widetilde{\boldsymbol{Q}}\boldsymbol{x}(k) + \boldsymbol{A}^{\mathrm{T}}\boldsymbol{p}(k+1) - \boldsymbol{\beta}(k) - r_2\boldsymbol{z}(k),\ \boldsymbol{p}(N) = \boldsymbol{0} \\ \boldsymbol{u}(k) = -\widetilde{\boldsymbol{R}}^{-1}(\boldsymbol{B}^{\mathrm{T}}\boldsymbol{p}(k+1) - \boldsymbol{\lambda}(k) - r_1\boldsymbol{v}(k)) \\ \boldsymbol{x}(k+1) = \boldsymbol{A}x(k) + \boldsymbol{B}u(k) + \boldsymbol{\alpha}(k),\ \boldsymbol{x}(0) = \boldsymbol{x}_0 \end{cases} \tag{8.31}$$

$$\begin{cases} \boldsymbol{\alpha}(k) = f^*(\boldsymbol{z}(k) \\ \boldsymbol{v}(k),\ k) - \boldsymbol{A}\boldsymbol{z}(k) - \boldsymbol{B}\boldsymbol{v}(k) \end{cases} \tag{8.32}$$

$$\begin{cases} \boldsymbol{\lambda}(k) = \left(\boldsymbol{B} - \dfrac{\partial f^*}{\partial \boldsymbol{v}(k)}\right)^{\mathrm{T}}\widetilde{\boldsymbol{p}}(k+1) + \boldsymbol{R}\boldsymbol{v}(k) - \dfrac{\partial L^*}{\partial \boldsymbol{v}(k)} \\ \boldsymbol{\beta}(k) = \left(\boldsymbol{A} - \dfrac{\partial f^*}{\partial \boldsymbol{z}(k)}\right)^{\mathrm{T}}\widetilde{\boldsymbol{p}}(k+1) + \boldsymbol{Q}\boldsymbol{z}(k) - \dfrac{\partial L^*}{\partial \boldsymbol{z}(k)} \end{cases} \tag{8.33}$$

其中式(8.32)定义了参数估计问题，式(8.33)用于计算修正因子。$\boldsymbol{p}(k+1)$是增广问题(8.30)的协状态向量，$\widetilde{\boldsymbol{Q}}=\boldsymbol{Q}+r_2\boldsymbol{I}$、$\widetilde{\boldsymbol{R}}=\boldsymbol{R}+r_1\boldsymbol{I}_m$、$\boldsymbol{\lambda}(k)\in\mathbf{R}^m$、$\boldsymbol{\beta}(k)\in\mathbf{R}^n$ 是修正因子。$\widetilde{\boldsymbol{p}}(k)$的引入是为了分离修正因子计算问题和基于模型最优控制问题。

在给定 $\boldsymbol{\alpha}(k)$、$\gamma(k)$、$\boldsymbol{\lambda}(k)$、$\boldsymbol{\beta}(k)$和 $\boldsymbol{z}(k)$、$\boldsymbol{v}(k)$的情况下，以下修正的基于模型的最优控制问题 MMOP 的解满足条件(8.31)：

$$J_{\mathrm{MM}} = \min_{\boldsymbol{u}(\cdot)}\sum_{k=0}^{N-1}\frac{1}{2}[\boldsymbol{x}^{\mathrm{T}}(k)\boldsymbol{Q}\boldsymbol{x}(k) + \boldsymbol{u}^{\mathrm{T}}(k)\boldsymbol{R}\boldsymbol{u}(k) + 2\gamma(k) + r_1(\boldsymbol{v}(k) - \boldsymbol{u}(k))^2$$
$$+ (\boldsymbol{z}(k) - \boldsymbol{x}(k))^2 - 2\boldsymbol{\lambda}^{\mathrm{T}}(k)\boldsymbol{u}(k) - 2\boldsymbol{\beta}^{\mathrm{T}}(k)\boldsymbol{x}(k)]$$

$$\text{s. t.}\begin{cases} \boldsymbol{x}(k+1) = \boldsymbol{A}\boldsymbol{x}(k) + \boldsymbol{B}\boldsymbol{u}(k) + \boldsymbol{\alpha}(k) \\ \boldsymbol{x}(0) = \boldsymbol{x}_0 \end{cases} \tag{8.34}$$

MMOP(8.34)的解可以用 Riccati 方程方法来求解。令

$$\boldsymbol{p}(k) = \boldsymbol{G}(k)\boldsymbol{x}(k) + \boldsymbol{g}(k) \tag{8.35}$$

由条件(8.35)和条件(8.31)得如下 Riccati 方程组：

$$\begin{cases} \boldsymbol{G}(k) = \widetilde{\boldsymbol{Q}} + \boldsymbol{A}^{\mathrm{T}}\boldsymbol{G}(k+1)\boldsymbol{A} - \boldsymbol{A}^{\mathrm{T}}\boldsymbol{G}(k+1)\boldsymbol{B}(\boldsymbol{B}^{\mathrm{T}}\boldsymbol{G}(k+1)\boldsymbol{B} + \widetilde{\boldsymbol{R}})^{-1}\boldsymbol{B}^{\mathrm{T}}\boldsymbol{G}(k+1)\boldsymbol{A} \\ \boldsymbol{G}(N) = \boldsymbol{0} \end{cases} \tag{8.36}$$

$$\begin{cases} \boldsymbol{g}(k) = \boldsymbol{A}^{\mathrm{T}}(\boldsymbol{I} - \boldsymbol{G}(k+1)\boldsymbol{B}(\boldsymbol{B}^{\mathrm{T}}\boldsymbol{G}(k+1)\boldsymbol{B} + \widetilde{\boldsymbol{R}})^{-1}\boldsymbol{B}^{\mathrm{T}})\boldsymbol{g}(k+1) \\ \qquad + \boldsymbol{A}^{\mathrm{T}}(\boldsymbol{I} - \boldsymbol{G}(k+1)\boldsymbol{B}(\boldsymbol{B}^{\mathrm{T}}\boldsymbol{G}(k+1)\boldsymbol{B} + \widetilde{\boldsymbol{R}})^{-1}\boldsymbol{B}^{\mathrm{T}})\boldsymbol{G}(k+1)\boldsymbol{\alpha}(k) \\ \qquad + \boldsymbol{A}^{\mathrm{T}}\boldsymbol{G}(k+1)\boldsymbol{B}(\boldsymbol{B}^{\mathrm{T}}\boldsymbol{G}(k+1)\boldsymbol{B} + \widetilde{\boldsymbol{R}})^{-1}(\boldsymbol{\lambda}(k) + r_1\boldsymbol{v}(k)) \\ \qquad - \boldsymbol{\beta}(k) - \widetilde{\boldsymbol{Q}}\boldsymbol{z}(k) \\ \boldsymbol{g}(N) = \boldsymbol{0} \end{cases} \tag{8.37}$$

2. 基于线性模型的 DISOPE 算法及其收敛性分析

由上节分析可得到如下迭代求解非线性离散时间系统最优控制的算法。

假设 $\boldsymbol{A}$、$\boldsymbol{B}$、$\boldsymbol{Q}$、$\boldsymbol{R}$、$\boldsymbol{N}$、$\boldsymbol{x}_0$ 是已知的，$f^*(\cdot,\cdot,\cdot)$和 L^* 及其所有 Jacobi 矩阵可以计算。

(1) 先求一个标称解。在 $\boldsymbol{\alpha}(k)$、$\gamma(k)$、r_1、r_2 及 $\boldsymbol{\lambda}(k)$、$\boldsymbol{\beta}(k)$、$\boldsymbol{z}(k)$、$\boldsymbol{v}(k)$全为零的条件下，求解 MMOP 问题(8.34)，得到标称解 $\boldsymbol{u}^l(k)$，$\boldsymbol{x}^l(k)$，$\boldsymbol{p}^l(k)$，令 $\boldsymbol{v}^l(k)=\boldsymbol{u}^l(k)$，$\boldsymbol{z}^l(k)=\boldsymbol{x}^l(k)$，$\widetilde{\boldsymbol{p}}^l(k)=\boldsymbol{p}^l(k)$，且迭代指标 $l=0$。

(2) 利用式(8.32)计算参数 $\boldsymbol{\alpha}^l(k)$，由式(8.33)计算修正因子 $\boldsymbol{\lambda}^l(k)$和 $\boldsymbol{\beta}^l(k)$。

(3) 利用式(8.35)至(8.37)求解 MMOP 问题(8.34)，得到最优解 $\boldsymbol{u}^{l+1}(k)$、$\boldsymbol{x}^{l+1}(k)$、$\boldsymbol{p}^{l+1}(k)$。

(4) 由下面松弛公式更新

$$\begin{cases}\boldsymbol{v}^{l+1}(k)=\boldsymbol{v}^l(k)+k_v(\boldsymbol{u}^{l+1}(k)-\boldsymbol{v}^l(k))\\ \boldsymbol{z}^{l+1}(k)=\boldsymbol{z}^l(k)+k_z(\boldsymbol{x}^{l+1}(k)-\boldsymbol{z}^l(k))\\ \widetilde{\boldsymbol{p}}^{l+1}(k)=\widetilde{\boldsymbol{p}}^l(k)+k_p(\boldsymbol{p}^{l+1}(k)-\widetilde{\boldsymbol{p}}^l(k))\end{cases} \tag{8.38}$$

判别 $\sum\limits_{k=0}^{N-1}\|\boldsymbol{v}^{l+1}(k)-\boldsymbol{v}^l(k)\|^2\leqslant \text{eps}$ (eps 是足够小的正数)是否成立，若成立则停止迭代；否则令 $l=l+1$，转到第(2)步。

注：上述算法无需计算参数 $\gamma(k)$。

下面的假设是研究原问题的基本前提。

假设 4　原问题(8.28)的最优解 $\boldsymbol{x}^*(k)$、$\boldsymbol{u}^*(k)$、$\boldsymbol{p}^*(k)$存在且唯一。

假设 5　$L^*(\cdots)$和 $f^*(\cdots)$的所有 Jacobi 矩阵在$[0,N-1]$上存在且连续。

定理 8.3(最优性)　在假设 3 和 4 的条件下，如果上述算法收敛，则收敛解满足原问题(8.28)的最优性必要条件。

证明　由算法的推导过程和时滞系统最优性条件及假设 3 易于证明本结论。

在分析收敛性之前，先推导相继两次迭代变量之间的映射关系。在算法迭代过程中，矩阵 $\boldsymbol{G}(k)$与迭代无关，该算法的第 l 次迭代量到第 $l+1$ 次迭代量之间的映射关系由下面一组差分方程和方程(8.38)确定。

$$\begin{aligned}\boldsymbol{x}^{l+1}(k)=&(\boldsymbol{I}+\boldsymbol{B}\widetilde{\boldsymbol{R}}^{-1}\boldsymbol{B}^{\mathrm{T}}\boldsymbol{G}(k))^{-1}(\boldsymbol{A}\boldsymbol{x}^{l+1}(k-1)-\boldsymbol{B}\widetilde{\boldsymbol{R}}^{-1}\boldsymbol{B}^{\mathrm{T}}\boldsymbol{g}^l(k)\\&+\boldsymbol{B}\widetilde{\boldsymbol{R}}^{-1}\boldsymbol{\lambda}^l(k-1)+r_1\boldsymbol{B}\widetilde{\boldsymbol{R}}^{-1}\boldsymbol{v}^l(k-1)+\boldsymbol{\alpha}^l(k-1)\\ \boldsymbol{x}^{l+1}(0)=&\boldsymbol{x}_0\end{aligned} \tag{8.39}$$

$$\begin{cases}\boldsymbol{P}^{l+1}(k+1)=\boldsymbol{G}(k+1)\boldsymbol{x}^{l+1}(k+1)+\boldsymbol{g}^l(k+1)\\ \boldsymbol{u}^{l+1}(k)=-\widetilde{\boldsymbol{R}}^{-1}(\boldsymbol{B}^{\mathrm{T}}\boldsymbol{G}(k+1)\boldsymbol{x}^{l+1}(k+1)+\boldsymbol{g}^l(k+1)-\boldsymbol{\lambda}^l(k))\end{cases} \tag{8.40}$$

$$\begin{cases} \boldsymbol{g}^l(k) = \boldsymbol{A}^{\mathrm{T}}(\boldsymbol{I} - \boldsymbol{G}(k+1)\boldsymbol{B}(\boldsymbol{B}^{\mathrm{T}}\boldsymbol{G}(k+1)\boldsymbol{B} + \widetilde{\boldsymbol{R}})^{-1}\boldsymbol{B}^{\mathrm{T}})\boldsymbol{g}^l(k+1) \\ \qquad + \boldsymbol{A}^{\mathrm{T}}(\boldsymbol{I} - \boldsymbol{G}(k+1)\boldsymbol{B}(\boldsymbol{B}^{\mathrm{T}}\boldsymbol{G}(k+1)\boldsymbol{B} + \widetilde{\boldsymbol{R}})^{-1}\boldsymbol{B}^{\mathrm{T}})\boldsymbol{G}(k+1)\alpha^l(k) \\ \qquad + \boldsymbol{A}^{\mathrm{T}}\boldsymbol{G}(k+1)\boldsymbol{B}(\boldsymbol{B}^{\mathrm{T}}\boldsymbol{G}(k+1)\boldsymbol{B} + \widetilde{\boldsymbol{R}})^{-1}(\boldsymbol{\lambda}^l(k) + r_1\boldsymbol{v}^l(k)) - \boldsymbol{\beta}^l(k) \\ \qquad - \widetilde{\boldsymbol{Q}}\boldsymbol{z}^l(k) \\ \boldsymbol{g}^l(N) = \boldsymbol{0} \end{cases} \tag{8.41}$$

其中

$$\boldsymbol{\alpha}^l(k) = f^*(\boldsymbol{z}^l(k), \boldsymbol{v}^l(k), k) - \boldsymbol{A}\boldsymbol{z}^l(k) - \boldsymbol{B}\boldsymbol{v}^l(k) \tag{8.42}$$

$$\begin{cases} \boldsymbol{\lambda}^l(k) = \left(\boldsymbol{B} - \dfrac{\partial f^*}{\partial \boldsymbol{v}(k)}\right)^{\mathrm{T}} \widetilde{\boldsymbol{p}}^l(k+1) + \boldsymbol{R}\boldsymbol{v}^l(k) - \nabla_{\boldsymbol{v}(k)} L^* \\ \boldsymbol{\beta}^l(k) = \left(\boldsymbol{A} - \dfrac{\partial f^*}{\partial \boldsymbol{z}(k)}\right)^{\mathrm{T}} \widetilde{\boldsymbol{p}}^l(k+1) + \widetilde{\boldsymbol{Q}}\boldsymbol{z}^l(k) - \nabla_{\boldsymbol{z}(k)} L^* \end{cases} \tag{8.43}$$

由式(8.39)得

$$\begin{aligned} \boldsymbol{x}^{l+1}(k) &= \boldsymbol{\Phi}(k, 0)\boldsymbol{x}_0 + \sum_{j=0}^{k-1}[-\boldsymbol{\Phi}_1(k, j)\boldsymbol{g}^l(j+1) + \boldsymbol{\Phi}_0(k, j)h_1(\boldsymbol{y}^l(j))] \\ &= \boldsymbol{\eta}_x(k)\boldsymbol{x}_0 + \sum_{j=0}^{k-1}[-\boldsymbol{\Phi}_1(k, j)\boldsymbol{g}^l(j+1) + \boldsymbol{\Phi}_0(k, j)h_1(\boldsymbol{y}^l(j))] \end{aligned} \tag{8.44}$$

其中 $\boldsymbol{\Phi}(k, j)(j=0, \cdots, k-1)$是式(8.39)的状态转移矩阵,

$$\boldsymbol{\Phi}_0(k-1, j) = \boldsymbol{\Phi}(k-1, j)(\boldsymbol{I} + \boldsymbol{B}\widetilde{\boldsymbol{R}}^{-1}\boldsymbol{B}^{\mathrm{T}}\boldsymbol{G}(j))^{-1}$$

$$\boldsymbol{\Phi}_1(k-1, j) = \boldsymbol{\Phi}_0(k-1, j)\boldsymbol{B}\widetilde{\boldsymbol{R}}^{-1}\boldsymbol{B}^{\mathrm{T}}$$

$$h_1(\boldsymbol{y}^l(k)) = \boldsymbol{B}\widetilde{\boldsymbol{R}}^{-1}\boldsymbol{\lambda}^l(k) + r_1\boldsymbol{B}\widetilde{\boldsymbol{R}}^{-1}\boldsymbol{v}^l(k) + \boldsymbol{\alpha}^l(k)$$

$$\boldsymbol{y}^l(k) = [\boldsymbol{v}^l(k)^{\mathrm{T}}, \boldsymbol{z}^l(k)^{\mathrm{T}}, \widetilde{\boldsymbol{p}}^l(k+1)^{\mathrm{T}}]^{\mathrm{T}}$$

$$\boldsymbol{\eta}_x(k) = \boldsymbol{\Phi}(k, 0)$$

由式(8.40)和式(8.44)得

$$\begin{aligned} \boldsymbol{p}^{l+1}(k+1) = \boldsymbol{\eta}_p(k)\boldsymbol{x}_0 + \boldsymbol{g}^l(k+1) + \boldsymbol{G}(k+1)\sum_{j=0}^{1}[-\boldsymbol{\Phi}_1(k, j)\boldsymbol{g}^l(j+1) \\ + \boldsymbol{\Phi}_0(k, j)h_1(\boldsymbol{y}^l(j))] \end{aligned} \tag{8.45}$$

$$\begin{aligned} \boldsymbol{u}^{l+1}(k) = \boldsymbol{\eta}_u(k)\boldsymbol{x}_0 + \sum_{j=0}^{k}[\overline{\boldsymbol{\Phi}}_1(k, j)\boldsymbol{g}^l(j+1) - \overline{\boldsymbol{\Phi}}_0(k, j)h_1(\boldsymbol{y}^l(j))] \\ - \widetilde{\boldsymbol{R}}^{-1}\boldsymbol{B}^{\mathrm{T}}\boldsymbol{g}^l(k+1) + \widetilde{\boldsymbol{R}}^{-1}(\boldsymbol{\lambda}^l(k) + r_1\boldsymbol{v}^l(k)) \end{aligned} \tag{8.46}$$

其中:

$$\boldsymbol{\eta}_p(k) = \boldsymbol{G}(k+1)\boldsymbol{\eta}_x(k+1)$$

$$\boldsymbol{\eta}_u(k) = -\widetilde{\boldsymbol{R}}^{-1}\boldsymbol{B}^{\mathrm{T}}\boldsymbol{\eta}_p(k)$$

$$\overline{\boldsymbol{\Phi}}_1(k, j) = \widetilde{\boldsymbol{R}}^{-1}\boldsymbol{B}^{\mathrm{T}}\boldsymbol{G}(k+1)\boldsymbol{\Phi}_1(k, j)$$

$$\overline{\boldsymbol{\Phi}}_0(k, j) = \widetilde{\boldsymbol{R}}^{-1}\boldsymbol{B}^{\mathrm{T}}\boldsymbol{G}(k+1)\boldsymbol{\Phi}_0(k, j)$$

由式(8.41)得

$$[\boldsymbol{g}^l(k)] = \boldsymbol{E}(k+1)[\boldsymbol{g}^l(k+1)] + h_2(\boldsymbol{y}^l(k)) \tag{8.47}$$

其中 $E(k+1)$ 是式(8.41)的相应系数矩阵，$h_2(\boldsymbol{y}^l(k))$ 是式(8.41)的非齐次项。

由式(8.47)和式(8.41)的边界条件得

$$[\boldsymbol{g}^l(k)] = \sum_{j_1=N}^{k+1} \boldsymbol{\Psi}(k+1, j_1) h_2(\boldsymbol{y}^l(j_1)) \tag{8.48}$$

这里 $\boldsymbol{\Psi}(k, j_1)$ 是式(8.47)的反向状态转移矩阵。

由式(8.44)至式(8.46)和式(8.38)得算法映射为

$$\begin{aligned}\boldsymbol{y}^{l+1}(k) = &(\boldsymbol{I}_{(2\theta+1)n+m} - \boldsymbol{K})\boldsymbol{y}^l(k) + \boldsymbol{K}\boldsymbol{\eta}(k)\boldsymbol{x}_0 \\ &+ \boldsymbol{K}\sum_{j=0}^{k}\Big[\boldsymbol{\Theta}_1(k, j)\sum_{j_1=N}^{j+2}\boldsymbol{\Psi}(j+2, j_1)h_2(\boldsymbol{y}^l(j_1)) \\ &+ \boldsymbol{\Theta}_0(k, j)h_1(\boldsymbol{y}^l(j))\Big] + \boldsymbol{K}h_3(\boldsymbol{y}^l(k)) \\ &+ \boldsymbol{K\Omega}\sum_{j_1=N}^{k+2}\boldsymbol{\Psi}(k+2, j_1)h_2(\boldsymbol{y}^l(j_1))\end{aligned} \tag{8.49}$$

其中：

$$\boldsymbol{\eta}(k) = \begin{bmatrix}\boldsymbol{\eta}_u(k) \\ \boldsymbol{\eta}_x(k) \\ \boldsymbol{\eta}_p(k)\end{bmatrix}, \boldsymbol{\Theta}_1(k, j) = \begin{bmatrix}\bar{\boldsymbol{\Phi}}_1(k, j) \\ -\boldsymbol{\Phi}_1(k-1, j) \\ -\boldsymbol{G}(k+1)\boldsymbol{\Phi}_1(k, j)\end{bmatrix},$$

$$\boldsymbol{\Theta}_0(k, j) = \begin{bmatrix}-\bar{\boldsymbol{\Phi}}_0(k, j) \\ \boldsymbol{\Phi}_0(k-1, j) \\ \boldsymbol{G}(k+1)\boldsymbol{\Phi}_0(k, j)\end{bmatrix},$$

$$\begin{cases}\boldsymbol{K} = \text{Blockdiag}\{k_v\boldsymbol{I}_m, k_z\boldsymbol{I}_{(\theta+1)n}, k_p\boldsymbol{I}_{(\theta+1)n}\} \\ \boldsymbol{\Omega} = [(-\widetilde{\boldsymbol{R}}^{-1}\boldsymbol{B}^{\mathrm{T}})^{\mathrm{T}} \quad \boldsymbol{0}_{(\theta+1)n}^{\mathrm{T}} \quad \boldsymbol{I}_{(\theta+1)n}]^{\mathrm{T}} \\ h_3(\boldsymbol{y}^l(k)) = [(\widetilde{\boldsymbol{R}}^{-1}(\boldsymbol{\lambda}^l(k) + r_1\boldsymbol{v}^l(k)))^{\mathrm{T}} \quad \boldsymbol{0}_{(\theta+1)n}^{\mathrm{T}} \quad \boldsymbol{0}_{(\theta+1)n}^{\mathrm{T}}]^{\mathrm{T}}\end{cases} \tag{8.50}$$

为了证明本算法映射为压缩的，附加一个假设条件：

假设 6 函数 $h_1(\boldsymbol{y}(k))$、$h_2(\boldsymbol{y}(k))$、$h_3(\boldsymbol{y}(k))$ 对所有 $\boldsymbol{y}(k)$ 是利普希兹连续的，即存在利普希兹常数 σ_1、σ_2、σ_3，使下式成立：

$$\begin{cases}\| h_1(\boldsymbol{y}^l(k)) - h_1(\boldsymbol{y}^{l-1}(k)) \| \leqslant \sigma_1 \| \boldsymbol{y}^l(k) - \boldsymbol{y}^{l-1}(k) \| \\ \| h_2(\boldsymbol{y}^l(k)) - h_2(\boldsymbol{y}^{l-1}(k)) \| \leqslant \sigma_2 \| \boldsymbol{y}^l(k) - \boldsymbol{y}^{l-1}(k) \| \\ \| h_3(\boldsymbol{y}^l(k)) - h_3(\boldsymbol{y}^{l-1}(k)) \| \leqslant \sigma_3 \| \boldsymbol{y}^l(k) - \boldsymbol{y}^{l-1}(k) \|\end{cases} \tag{8.51}$$

定理 8.4(收敛性) 本节迭代算法收敛的一个充分条件为

$$\sigma = \| \boldsymbol{I} - \boldsymbol{K} \| + \sigma_3 k_v + (\varepsilon_1(N)\sigma_1 + (\varepsilon_2(N)N + \varepsilon_3(N))\sigma_2)N < 1 \tag{8.52}$$

其中：

$$\begin{cases}\varepsilon_1(N)=\sup\limits_{k\in[0,N-1]}\sup\limits_{j\in[0,N-1]}\|\boldsymbol{K\Theta}_0(k,j)\|\\ \varepsilon_2(N)=\sup\limits_{k\in[0,N-1]}\sup\limits_{j\in[0,N-1]}\sup\limits_{j_1\in[0,N-1]}\|\boldsymbol{K\Theta}_1(k,j)\|\ \|\boldsymbol{\Psi}(j+2,j_1)\|\\ \varepsilon_3(N)=\sup\limits_{k\in[0,N-1]}\sup\limits_{j\in[0,N-1]}\|\boldsymbol{K\Omega\Psi}(k+2,j)\|\end{cases}$$

证明　由算法映射式(8.49)，相继两次迭代变量的差可以表示为

$$\begin{aligned}\boldsymbol{y}^{l+1}(k)-\boldsymbol{y}^{l}(k)=&(\boldsymbol{I}_{2n+m}-\boldsymbol{K})(\boldsymbol{y}^{l}(k)-\boldsymbol{y}^{l-1}(k))\\&+\boldsymbol{K}(h_3(\boldsymbol{y}^{l}(k))-h_3(\boldsymbol{y}^{l-1}(k)))\\&+\boldsymbol{K}\sum_{j=0}^{k}\boldsymbol{\Theta}_0(k,j)(h_1(\boldsymbol{y}^{l}(j))-h_1(\boldsymbol{y}^{l-1}(j)))\\&+\boldsymbol{K}\sum_{j=0}^{k}\boldsymbol{\Theta}_1(k,j)\sum_{j_1=N}^{j+2}\boldsymbol{\Psi}(j+2,j_1)(h_2(\boldsymbol{y}^{l}(j_1))-h_2(\boldsymbol{y}^{l-1}(j_1)))\\&+\boldsymbol{K}\Omega\sum_{j_1=N}^{k+2}\boldsymbol{\Psi}(k+2,j_1)(h_2(\boldsymbol{y}^{l}(j_1))\\&-h_2(\boldsymbol{y}^{l-1}(j_1)))\end{aligned}\tag{8.53}$$

对上式两端取范数并利用式(8.50)和式(8.51)得充分条件(8.52)。

3. 仿真结果

例 8.2　考虑下面非线性最优跟踪问题，这是一个单关节机械手最优跟踪问题。

$$\min_{u(k)}\left\{\sum_{k=0}^{100}\frac{1}{2}[(\boldsymbol{x}(k)-\boldsymbol{x}_{\mathrm{d}}(k))^{\mathrm{T}}\boldsymbol{Q}(\boldsymbol{x}(k)-\boldsymbol{x}_{\mathrm{d}}(k))+\boldsymbol{u}(k)^{\mathrm{T}}\boldsymbol{Ru}(k)\right\}$$

$$\text{s. t.}\quad \boldsymbol{x}(k+1)=\begin{bmatrix}x_2(k)\\ \left(2-\dfrac{vh}{ml^2}\right)x_2(k)+\left(\dfrac{vh}{ml^2}-1\right)x_1(k)-\dfrac{gh^2}{l}\cos(x_1(k))\end{bmatrix}+\begin{bmatrix}0\\ \dfrac{h^2}{ml^2}\end{bmatrix}u(k)$$

$$\boldsymbol{x}(0)=[0\quad 0]^{\mathrm{T}}$$

其中：$m=2.0$ kg，$v=1.0$ kgm²/s，$l=1$ m，$h=0.01$。

目标轨迹为

$$\boldsymbol{x}_{\mathrm{d}}(k)=\begin{bmatrix}10^{-6}(k-1)^3(4-0.03(k-1))\\ 10^{-6}k^3(4-0.03k)\end{bmatrix},\ k=0,1,\cdots,100$$

基于模型的最优跟踪问题选择为

$$\min_{u(k)}\left\{\sum_{k=0}^{100}\frac{1}{2}\left[(\boldsymbol{x}(k)-\boldsymbol{x}_{\mathrm{d}}(k))^{\mathrm{T}}\boldsymbol{Q}(\boldsymbol{x}(k)-\boldsymbol{x}_{\mathrm{d}}(k))+\boldsymbol{u}(k)^{\mathrm{T}}\boldsymbol{R}\boldsymbol{u}(k)\right]\right\}$$

$$\text{s. t. }\boldsymbol{x}(k+1)=\begin{bmatrix}x_2(k)\\ \left(2-\dfrac{\tilde{v}h}{\tilde{m}\tilde{l}^2}\right)x_2(k)+\left(\dfrac{\tilde{v}h}{\tilde{m}\tilde{l}^2}-1\right)x_1(k)\end{bmatrix}+\begin{bmatrix}0\\ \dfrac{h^2}{\tilde{m}\tilde{l}^2}\end{bmatrix}u(k)+\boldsymbol{\alpha}(k)$$

$$\boldsymbol{x}(0)=[0\quad 0]^{\mathrm{T}}$$

其中物理参数为 $\tilde{l}=0.8$ m，$\tilde{m}=1.5$ kg，$\tilde{v}=0.8$ kgm^2/s，这里模型与实际的物理参数有较大差异。用本节算法求解，加权矩阵选为 $\boldsymbol{Q}=10\boldsymbol{I}$，$\boldsymbol{\Phi}=10\boldsymbol{I}$，$R=0.001$，在第 5 次迭代后就得到了比较满意的跟踪效果，跟踪情况与控制曲线的变化和误差的下降曲线见图 8.2，算法的收敛性与松弛因子之间的关系见表 8.1。

表 8.1　收敛性与松弛因子之间的关系

松弛因子	收敛性		
(K_v)	精度误差	迭代次数	初始误差
1	0.0001	20	18.7641
0.8	0.0001	26	15.0112
0.5	0.0001	43	8.3820
0.2	0.0001	105	3.7528

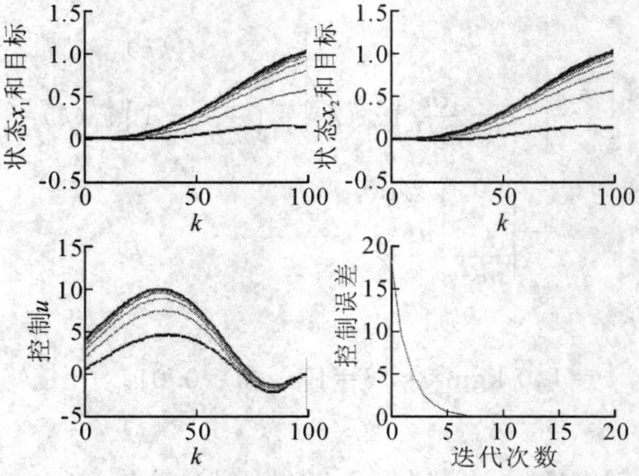

图 8.2　随迭代变化的状态、控制轨线和跟踪误差曲线

8.3　基于线性时滞模型的非线性时滞离散系统 DISOPE 算法

1. 引言

实际许多工业设备具有固有时滞，例如轧钢厂、工业生产过程、水资源系统、热交换系统、水质管理系统、交通管理系统和化学反应器等都属于时滞系统。对时滞系统的最优控制和综合就成为非常实际和重要的问题。由于时滞的存在，即使是线性定常时滞系统的最优控制问题，也很难得到精确的解析解，对非线性时滞系统最优控制问题则更难求解。

Tamura 对离散时滞线性系统在有状态和控制约束的情况下给出了对偶系统分解算法，有效地解决了分布时滞的最优控制问题，在没有增加状态变量维数的情况下，避免了求解既有超前项又有滞后项的两点边值问题的困难。对于非线性分布时滞系统，由于对偶间隙问题的存在，Tamura 方法只能保证给出原问题最优解的一个下界。Jamshidi 利用 Hassan 和 Singh 的协状态预测法研究出离散时滞非线性系统的次优递阶控制算法，该算法仅利用线性模型来求解迭代解，迭代次数较多，并且没有得出算法收敛的条件。本节对非线性分布时滞系统的最优控制，提出一种基于线性分布时滞模型和二次型性能指标问题的迭代算法，在模型与实际存在差异的情况下，该算法通过迭代求解分布时滞线性最优控制问题和参数估计问题，获得原问题的最优解，给出了该算法收敛于实际最优解的充分条件。同时对具有不等约束的非线性时滞系统最优控制问题给出了实现算法，仿真例子表明了该算法的有效性和实用性。

2. 问题的提出

考虑离散分布时滞的非线性动态系统最优控制问题：

$$J = \min_{\boldsymbol{u}(\cdot)} \sum_{k=0}^{N-1} L^{*}(\boldsymbol{x}(k), \boldsymbol{u}(k), k)$$

$$\text{s.t.}\begin{cases} \boldsymbol{x}(k+1) = f_0^{*}(\boldsymbol{x}(k), \boldsymbol{u}(k), k) + f_1^{*}(\boldsymbol{x}(k-1), \boldsymbol{u}(k-1), k-1) + \cdots \\ \qquad\qquad + f_\theta^{*}(\boldsymbol{x}(k-\theta), \boldsymbol{u}(k-\theta), k-\theta),\ k = 0, 1, \cdots, N-1 \\ \boldsymbol{x}(k) = \boldsymbol{x}_k,\ k = -\theta, \cdots, -1, 0 \\ \boldsymbol{u}(k) = \boldsymbol{u}_k,\ k = -\theta, \cdots, -1 \end{cases} \tag{8.54}$$

其中 $f_j^{*}(\cdots)(j=0, 1, \cdots, \theta)$，$L^{*}(\cdots)$分别是实际分布时滞的动态和实际性能指

标，N 是阶段数，$\boldsymbol{u}_k(k=-\theta, \cdots, -1)$，$\boldsymbol{x}_k(k=-\theta, \cdots, -1, 0)$是时滞系统的初始条件。

利用极大值原理求解问题(8.54)需要解既有超前项又有滞后项的非线性两点边值问题，很困难。若用 Tamura 的对偶分解方法，则可能得到原问题(8.54)解的下界。所以求解问题(8.54)还没有更有效的方法。假设问题(8.54)的基于时滞线性模型和二次型性能指标的近似问题(MOP)是已知的，即考虑如下问题

$$J_M = \min_{u(\cdot)} \sum_{k=0}^{N-1} \frac{1}{2}[\boldsymbol{x}^{\mathrm{T}}(k)\boldsymbol{Q}\boldsymbol{x}(k) + \boldsymbol{u}^{\mathrm{T}}(k)\boldsymbol{R}\boldsymbol{u}(k) + 2\gamma(k)]$$

$$\text{s. t. } \boldsymbol{x}(k+1) = \sum_{j=0}^{\theta}(\boldsymbol{A}_j\boldsymbol{x}(k-j) + \boldsymbol{B}_j\boldsymbol{u}(k-j)) + \boldsymbol{\alpha}(k) \tag{8.55}$$

$$\boldsymbol{x}(k) = \boldsymbol{x}_k,\ k = -\theta, -\theta+1, \cdots, 0,\ \boldsymbol{u}(k) = \boldsymbol{u}_k$$

$$k = -\theta, -\theta+1, \cdots, -1$$

其中 $\boldsymbol{x}(k)\in\mathbf{R}^n$，$\boldsymbol{u}(k)\in\mathbf{R}^m$ 分别是状态和控制向量，θ 是最大时滞量，$\boldsymbol{A}_j$、$\boldsymbol{B}_j(j=0, 1, \cdots, \theta)$是适当维数常数矩阵，$\boldsymbol{Q}=\boldsymbol{Q}^{\mathrm{T}}>0$，$\boldsymbol{R}=\boldsymbol{R}^{\mathrm{T}}>0$，$\boldsymbol{Q}$、$\boldsymbol{R}$ 为加权矩阵。$\boldsymbol{\alpha}(k)\in\mathbf{R}^n$，$\gamma(k)\in\mathbf{R}^1$ 是参数向量，它们分别由模型与实际的状态方程和性能指标的匹配确定。

求解问题(8.55)需要解复杂的既有超前项又有滞后项的线性两点边值问题，为了避免这个困难，首先将原问题(8.54)和基于模型的问题(8.55)转化为满足马尔可夫性质的问题。引入记号

$$\boldsymbol{X}(k) \triangleq [\boldsymbol{x}^{\mathrm{T}}(k), \boldsymbol{x}^{\mathrm{T}}(k-1), \cdots, \boldsymbol{x}^{\mathrm{T}}(k-\theta), \boldsymbol{u}^{\mathrm{T}}(k-1), \cdots, \boldsymbol{u}^{\mathrm{T}}(k-\theta)]^{\mathrm{T}}$$

则原问题(8.54)可改写为增广形式：

$$\begin{cases} J = \min\limits_{u(\cdot)} \sum\limits_{k=0}^{N-1} \widetilde{L}^*(\boldsymbol{X}(k), \boldsymbol{u}(k), k) \\ \text{s. t. } \boldsymbol{X}(k+1) = F^*(\boldsymbol{X}(k), \boldsymbol{u}(k), k) \\ \qquad \boldsymbol{X}(0) = [\boldsymbol{x}^{\mathrm{T}}(0), \boldsymbol{x}^{\mathrm{T}}(-1), \cdots, \boldsymbol{x}^{\mathrm{T}}(-\theta), \boldsymbol{u}^{\mathrm{T}}(-1), \cdots, \boldsymbol{u}^{\mathrm{T}}(-\theta)]^{\mathrm{T}} \triangleq \boldsymbol{X}_0 \end{cases} \tag{8.56}$$

其中：

$$\widetilde{L}^*(\boldsymbol{X}(k), \boldsymbol{u}(k), k) = L^*(\boldsymbol{x}(k), \boldsymbol{u}(k), k)$$

$$F^*(\boldsymbol{X}(k), \boldsymbol{u}(k), k) = \Big[\Big(\sum_{j=0}^{\theta} f_j^*(\boldsymbol{x}(k-j), \boldsymbol{u}(k-j), k-j)\Big)^{\mathrm{T}}, \boldsymbol{x}^{\mathrm{T}}(k), \cdots,$$
$$\boldsymbol{x}(k-1-\theta)^{\mathrm{T}}, \boldsymbol{u}(k)^{\mathrm{T}}, \cdots, \boldsymbol{u}(k-1-\theta)^{\mathrm{T}}\Big]^{\mathrm{T}}$$

MOP(8.56)可改写为如下增广形式：

$$\begin{cases} J_M = \sum_{k=0}^{N-1} \frac{1}{2}(\boldsymbol{X}^{\mathrm{T}}(k)\boldsymbol{Q}^*\boldsymbol{X}(k) + \boldsymbol{u}^{\mathrm{T}}(k)\boldsymbol{R}\boldsymbol{u}(k) + 2\gamma(k)) \\ \text{s.t. } \boldsymbol{X}(k+1) = \boldsymbol{A}\boldsymbol{X}(k) + \boldsymbol{B}\boldsymbol{u}(k) + \boldsymbol{\alpha}(k),\ \boldsymbol{X}(0) = \boldsymbol{X}_0 \end{cases} \tag{8.57}$$

其中：$\boldsymbol{Q}^* = \begin{bmatrix} \boldsymbol{Q} & \boldsymbol{0} \\ \boldsymbol{0} & \boldsymbol{0} \end{bmatrix}$，$\boldsymbol{A} = \begin{bmatrix} \boldsymbol{A}_0 & \boldsymbol{A}_1 & \cdots & & \boldsymbol{A}_\theta & \boldsymbol{B}_1 \cdots & \boldsymbol{B}_\theta \\ \boldsymbol{I} & & & & & \boldsymbol{0} & \boldsymbol{0} \\ & \ddots & & & & \vdots & \vdots \\ & & \boldsymbol{0} & & & \boldsymbol{0} & \boldsymbol{0} \\ & & & \ddots & & \vdots & \vdots \\ & & & & \boldsymbol{I} & \boldsymbol{0} & \boldsymbol{0} \end{bmatrix}$，$\boldsymbol{B} = \begin{bmatrix} \boldsymbol{B}_0 \\ \boldsymbol{0} \\ \vdots \\ \boldsymbol{I}_m \\ \vdots \\ \boldsymbol{0} \end{bmatrix}$。

为了确定参数 $\boldsymbol{\alpha}(k)$和 $\gamma(k)$，定义以下一个与原问题(8.54)(即问题(8.56))等价的扩展优化控制问题(EOP)：

$$\begin{gathered} J_E = \min_{\boldsymbol{u}(\cdot)} \sum_{k=0}^{N-1} \frac{1}{2}[\boldsymbol{X}^{\mathrm{T}}(k)\boldsymbol{Q}^*\boldsymbol{X}(k) + \boldsymbol{u}^{\mathrm{T}}(k)\boldsymbol{R}\boldsymbol{u}(k) + 2\gamma(k) \\ + r_1\|\boldsymbol{v}(k) - \boldsymbol{u}(k)\|^2 + \|\boldsymbol{Z}(k) - \boldsymbol{X}(k)\|_{Q'}^2] \\ \text{s.t.} \begin{cases} \boldsymbol{X}(k+1) = \boldsymbol{A}\boldsymbol{X}(k) + \boldsymbol{B}\boldsymbol{u}(k) + \boldsymbol{\alpha}(k) \\ \boldsymbol{X}(0) = \boldsymbol{X}_0 \\ \boldsymbol{A}\boldsymbol{Z}(k) + \boldsymbol{B}\boldsymbol{v}(k) + \boldsymbol{\alpha}(k) = F^*(\boldsymbol{Z}(k), \boldsymbol{v}(k), k) \\ \frac{1}{2}[\boldsymbol{Z}^{\mathrm{T}}(k)\boldsymbol{Q}^*\boldsymbol{Z}(k) + \boldsymbol{v}^{\mathrm{T}}(k)\boldsymbol{R}\boldsymbol{v}(k) + 2\gamma(k)] = \widetilde{L}^*(\boldsymbol{Z}(k), \boldsymbol{v}(k), k) \\ \boldsymbol{Z}(k) = \boldsymbol{X}(k) \\ \boldsymbol{v}(k) = \boldsymbol{u}(k) \end{cases} \end{gathered} \tag{8.58}$$

其中 $\boldsymbol{Z}(k)$和 $\boldsymbol{v}(k)$的引入是为了分离参数估计问题和基于模型最优控制问题；$\boldsymbol{Q}' = \begin{bmatrix} r_2\boldsymbol{I}_n & \boldsymbol{0} \\ \boldsymbol{0} & \boldsymbol{0} \end{bmatrix}$，$r_1 \geqslant 0$，$r_2 \geqslant 0$，与 r_1、r_2 有关的项是为了增强收敛性而引入的凸化项。

由极大值原理得问题(8.58)的最优性必要条件为：

$$\begin{cases} \boldsymbol{P}(k) = \widetilde{\boldsymbol{Q}}^*\boldsymbol{X}(k) + \boldsymbol{A}^{\mathrm{T}}\boldsymbol{P}(k+1) - \boldsymbol{\beta}(k) - \boldsymbol{Q}'\boldsymbol{Z}(k),\ \boldsymbol{P}(N) = \boldsymbol{0} \\ \boldsymbol{u}(k) = -\widetilde{\boldsymbol{R}}^{-1}(\boldsymbol{B}^{\mathrm{T}}\boldsymbol{P}(k+1) - \boldsymbol{\lambda}(k) - r_1\boldsymbol{v}(k)) \end{cases} \tag{8.59}$$

$$\begin{cases} \boldsymbol{X}(k+1) = \boldsymbol{A}\boldsymbol{X}(k) + \boldsymbol{B}\boldsymbol{u}(k) + \boldsymbol{\alpha}(k),\ \boldsymbol{X}(0) = \boldsymbol{X}_0 \\ \boldsymbol{\alpha}(k) = F^*(\boldsymbol{Z}(k), \boldsymbol{v}(k), k) - \boldsymbol{A}\boldsymbol{Z}(k) - \boldsymbol{B}\boldsymbol{v}(k) \end{cases} \tag{8.60}$$

$$\begin{cases}\boldsymbol{\lambda}(k)=\left(\boldsymbol{B}-\dfrac{\partial F^*}{\partial \boldsymbol{v}(k)}\right)^{\mathrm{T}}\widetilde{\boldsymbol{P}}(k+1)+\boldsymbol{R}\boldsymbol{v}(k)-\nabla_{\boldsymbol{v}(k)}\widetilde{L}^*\\ \boldsymbol{\beta}(k)=\left(\boldsymbol{A}-\dfrac{\partial F^*}{\partial \boldsymbol{Z}(k)}\right)^{\mathrm{T}}\widetilde{\boldsymbol{P}}(k+1)+\boldsymbol{Q}^*\boldsymbol{Z}(k)-\nabla_{\boldsymbol{Z}(k)}\widetilde{L}^*\end{cases}\tag{8.61}$$

其中式(8.60)定义了参数估计问题，式(8.61)用于计算修正因子。$\boldsymbol{P}(k+1)$是增广问题(8.28)的协状态向量，$\widetilde{\boldsymbol{Q}}^*=\boldsymbol{Q}^*+\boldsymbol{Q}'$，$\widetilde{\boldsymbol{R}}=\boldsymbol{R}+r_1\boldsymbol{I}_m$。$\boldsymbol{\lambda}(k)\in\boldsymbol{R}^m$、$\boldsymbol{\beta}(k)\in\boldsymbol{R}^n$是修正因子。$\widetilde{\boldsymbol{P}}(k)$的引入是为了分离修正因子计算问题和基于模型最优控制问题。

在给定$\boldsymbol{\alpha}(k)$、$\gamma(k)$、$\boldsymbol{\lambda}(k)$、$\boldsymbol{\beta}(k)$和$\boldsymbol{z}(k)$、$\boldsymbol{v}(k)$的情况下，以下修正的基于模型的最优控制问题 MMOP 的解满足条件(8.59)：

$$\begin{aligned}J_{MM}=\min_{u(\cdot)}\sum_{k=0}^{N-1}\frac{1}{2}[&\boldsymbol{X}^{\mathrm{T}}(k)\boldsymbol{Q}\boldsymbol{X}(k)+\boldsymbol{u}^{\mathrm{T}}(k)\boldsymbol{R}\boldsymbol{u}(k)+2\gamma(k)+r_1\|\boldsymbol{v}(k)-\boldsymbol{u}(k)\|^2\\&+\|\boldsymbol{Z}(k)-\boldsymbol{X}(k)\|^2_{Q'}-2\boldsymbol{\lambda}^{\mathrm{T}}(k)\boldsymbol{u}(k)-2\boldsymbol{\beta}^{\mathrm{T}}(k)\boldsymbol{X}(k)]\end{aligned}$$

$$\text{s. t.}\begin{cases}\boldsymbol{X}(k+1)=\boldsymbol{A}\boldsymbol{X}(k)+\boldsymbol{B}\boldsymbol{u}(k)+\boldsymbol{\alpha}(k)\\ \boldsymbol{X}(0)=\boldsymbol{X}_0\end{cases}\tag{8.62}$$

MMOP(8.62)的解可以用 Riccati 方程方法来求解。令

$$\boldsymbol{P}(k)=\boldsymbol{G}(k)\boldsymbol{X}(k)+\boldsymbol{g}(k)\tag{8.63}$$

由式(8.59)和式(8.63)得如下 Riccati 方程组：

$$\begin{cases}\boldsymbol{G}(k)=\boldsymbol{Q}+\boldsymbol{A}^{\mathrm{T}}\boldsymbol{G}(k+1)\boldsymbol{A}-\boldsymbol{A}^{\mathrm{T}}\boldsymbol{G}(k+1)\boldsymbol{B}(\boldsymbol{B}^{\mathrm{T}}\boldsymbol{G}(k+1)\boldsymbol{B}+\widetilde{\boldsymbol{R}})^{-1}\boldsymbol{B}^{\mathrm{T}}\boldsymbol{G}(k+1)\boldsymbol{A}\\ \boldsymbol{G}(N)=\boldsymbol{0}\end{cases}\tag{8.64}$$

$$\begin{cases}\boldsymbol{g}(k)=\boldsymbol{A}^{\mathrm{T}}(\boldsymbol{I}-\boldsymbol{G}(k+1)\boldsymbol{B}(\boldsymbol{B}^{\mathrm{T}}\boldsymbol{G}(k+1)\boldsymbol{B}+\widetilde{\boldsymbol{R}})^{-1}\boldsymbol{B}^{\mathrm{T}})\boldsymbol{g}(k+1)\\ \qquad +\boldsymbol{A}^{\mathrm{T}}(\boldsymbol{I}-\boldsymbol{G}(k+1)\boldsymbol{B}(\boldsymbol{B}^{\mathrm{T}}\boldsymbol{G}(k+1)\boldsymbol{B}+\widetilde{\boldsymbol{R}})^{-1}\boldsymbol{B}^{\mathrm{T}})\boldsymbol{G}(k+1)\boldsymbol{\alpha}(k)\\ \qquad +\boldsymbol{A}^{\mathrm{T}}\boldsymbol{G}(k+1)\boldsymbol{B}(\boldsymbol{B}^{\mathrm{T}}\boldsymbol{G}(k+1)\boldsymbol{B}+\widetilde{\boldsymbol{R}})^{-1}(\boldsymbol{\lambda}(k)+r_1\boldsymbol{v}(k))-\boldsymbol{\beta}(k)-\boldsymbol{Q}'\boldsymbol{Z}(k)\\ \boldsymbol{g}(N)=\boldsymbol{0}\end{cases}\tag{8.65}$$

3. 基于线性时滞模型的 DISOPE 算法及其收敛性分析

由上节分析可得到如下迭代求解非线性离散时滞系统最优控制的算法。

假设$\boldsymbol{A}_j$、$\boldsymbol{B}_j(j=0, 1, \cdots, \theta)$及$\boldsymbol{Q}$、$\boldsymbol{R}$、$N$、$\boldsymbol{x}_k(k=-\theta, \cdots, -1, 0)$、$\boldsymbol{u}_k(k=-\theta, \cdots, -1)$是已知的，$f_j^*(\cdot, \cdot, \cdot)(j=0, 1, \cdots, \theta)$和$L^*$及其所有 Jacobi 矩阵可以计算。

(1) 先求一个标称解。在$\boldsymbol{\alpha}(k)$、$\gamma(k)$、r_1、r_2及$\boldsymbol{\lambda}(k)$、$\boldsymbol{\beta}(k)$、$\boldsymbol{Z}(k)$、$\boldsymbol{v}(k)$全为零的条件下，求解 MMOP 问题(8.62)得到标称解$\boldsymbol{u}^l(k)$、$\boldsymbol{X}^l(k)$、$\boldsymbol{P}^l(k)$，令

$$\boldsymbol{v}^l(k)=\boldsymbol{u}^l(k),\ \boldsymbol{Z}^l(k)=\boldsymbol{X}^l(k),\ \widetilde{\boldsymbol{P}}^l(k)=\boldsymbol{P}^l(k)$$

且令迭代指标 $l=0$。

(2) 利用式(8.60)计算参数 $\boldsymbol{\alpha}^l(k)$，由式(8.61)计算修正因子 $\boldsymbol{\lambda}^l(k)$、$\boldsymbol{\beta}^l(k)$。

(3) 利用式(8.63)～(8.65)和式(8.59)求解 MMOP 问题(8.62)，得到最优解 $\boldsymbol{u}^{l+1}(k)$、$\boldsymbol{X}^{l+1}(k)$、$\boldsymbol{P}^{l+1}(k)$。

(4) 由下面松弛公式更新

$$\begin{cases}\boldsymbol{v}^{l+1}(k)=\boldsymbol{v}^l(k)+k_v(\boldsymbol{u}^{l+1}(k)-\boldsymbol{v}^l(k))\\ \boldsymbol{Z}^{l+1}(k)=\boldsymbol{Z}^l(k)+k_z(\boldsymbol{X}^{l+1}(k)-\boldsymbol{Z}^l(k))\\ \widetilde{\boldsymbol{P}}^{l+1}(k)=\widetilde{\boldsymbol{P}}^l(k)+k_p(\boldsymbol{P}^{l+1}(k)-\widetilde{\boldsymbol{P}}^l(k))\end{cases}\tag{8.66}$$

判别 $\sum_{k=0}^{N-1}\|\boldsymbol{v}^{l+1}(k)-\boldsymbol{v}^l(k)\|^2\leqslant \text{eps}$ (eps 是足够小的正数)是否成立，若成立则停止迭代；否则令 $l=l+1$，转到第(2)步。

注：上述算法无需计算参数 $\gamma(k)$。

下面的假设是研究原问题的基本前提：

假设 7　原问题(8.54)的最优解 $\boldsymbol{x}^*(k)$、$\boldsymbol{u}^*(k)$、$\boldsymbol{p}^*(k)$存在且唯一。

假设 8　$L^*(\cdots)$和 $f_j^*(\cdots)(j=0, 1, \cdots, \theta)$的所有 Jacobi 矩阵在$[0, N-1]$上存在且连续。

定理 8.5(最优性)　在假设 7 和假设 8 的条件下，如果上述算法收敛，则收敛解满足原问题(8.54)的最优性必要条件。

证明　由算法的推导过程和时滞系统最优性条件及假设 7 易于证明本结论。

收敛性结论类似于定理 8.4，为了避免重复，这里省略，读者可自行给出收敛性定理并证明。

4. 数值仿真实例

例 8.3　考虑以下非线性离散时滞系统最优控制问题：

$$\min J=\frac{1}{2}\sum_{k=0}^{20}(0.1x_1^2(k)+0.2x_2^2(k)+0.2u_1^2(k)+0.1u_2^2(k))$$

$$\text{s.t.}\begin{cases}x_1(k+1)=0.9x_1(k)+0.1x_2(k)-0.3x_1(k-1)+0.1u_1(k)\\ x_2(k+1)=-0.5x_1(k)-0.3x_2(k)-0.8x_1(k)x_2(k)+0.1u_2(k)\end{cases}$$

$$\boldsymbol{x}(\tau)=[-0.05\ -0.5]^{\mathrm{T}},\ -1\leqslant\tau\leqslant 0$$

基于模型的优化控制问题选为

$$\min J=\frac{1}{2}\sum_{k=0}^{20}(0.1x_1^2(k)+0.2x_2^2(k)+0.2u_1^2(k)+0.1u_2^2(k))$$

$$\text{s.t.}\begin{cases}x_1(k+1)=0.9x_1(k)+0.1x_2(k)-0.3x_1(k-1)+0.1u_1(k)+\alpha_1(k)\\ x_2(k+1)=-0.5x_1(k)-0.3x_2(k)+0.1u_2(k)+\alpha_2(k)\end{cases}$$

$x(\tau)=[-0.05\ -0.5]^{T}$，$-1\leqslant\tau\leqslant 0$

选择 $k_v=0.8$，$k_z=k_p=1$，利用本文算法求解，迭代 5 次后，算法误差降到 3.8967×10^{-6}，得到最优状态曲线和控制曲线，误差下降曲线及性能指标变化情况见图 8.3。算法比较见表 8.2。

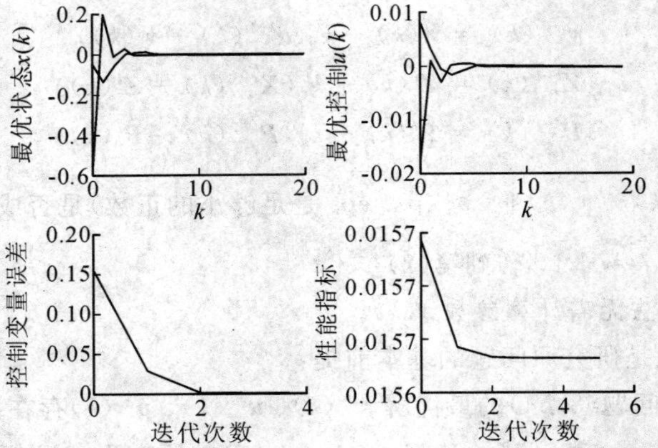

图 8.3　最优状态曲线和控制曲线、误差下降曲线及性能指标变化情况

表 8.2　本节算法与 Jamshidi 算法的比较

算　法	松驰因子 k_v	CPU 时间/s	迭代次数	误差精度	最优指标
本章算法	1	1.92	5	10^{-4}	0.0157
递阶协状态预测法	1	2.52	32	10^{-4}	0.0157
集中协状态预测法	1	2.47	27	10^{-4}	0.0157

例 8.4　考虑下面四阶系统最优控制问题：

$$J=\frac{1}{2}\boldsymbol{x}^{T}(k)\boldsymbol{\Phi x}(k)+\frac{1}{2}\sum_{k=0}^{14}[\boldsymbol{x}^{T}(k)\boldsymbol{Qx}(k)+\boldsymbol{u}^{T}(k)\boldsymbol{Ru}(k)]$$

$$\text{s. t.}\begin{cases}x_1(k+1)=0.6x_1(k)+0.1u_1(k)+0.2x_2(k)-0.3x_1(k-1)\\x_2(k+1)=-0.5x_1(k)+0.1u_2(k)-x_2(k-1)x_1(k)+0.4x_2(k)\\x_3(k+1)=0.9x_3(k)+0.1u_3(k)+0.2x_4(k)-0.3x_3(k-1)\\x_4(k+1)=-0.3x_4(k)+0.1u_4(k)-0.5x_3(k)+x_3(k)x_4(k-1)\end{cases}$$

$\boldsymbol{x}(t)=[0.3\quad -0.8\quad 0.5\quad 0.6]^{T}$，$-1\leqslant t\leqslant 0$

其中：$\boldsymbol{\Phi}=$blockdiag{0, 1, 0, 1}，$\boldsymbol{Q}=$blockdiag{0, 0.5, 0, 0.5}，$\boldsymbol{R}=$bolckdiag{0.1, 0.1, 0.05, 0.05}。

选择基于模型优化控制问题为

$$J=\frac{1}{2}\boldsymbol{x}^{\mathrm{T}}(k)\boldsymbol{\Phi x}(k)+\frac{1}{2}\sum_{k=0}^{14}[\boldsymbol{x}^{\mathrm{T}}(k)\boldsymbol{Qx}(k)+\boldsymbol{u}^{\mathrm{T}}(k)\boldsymbol{Ru}(k)]$$

$$\text{s.t.}\begin{cases}x_1(k+1)=0.5x_1(k)+0.2u_1(k)+0.2x_2(k)-0.1x_1(k-1)\\x_2(k+1)=-0.3x_1(k)+0.2u_2(k)+0.4x_2(k)+\alpha_2(k)\\x_3(k+1)=0.7x_3(k)+0.2u_3(k)+0.2x_4(k)-0.1x_3(k-1)\\x_4(k+1)=-0.2x_4(k)+0.2u_4(k)-0.5x_3(k)+\alpha_4(k)\end{cases}$$

$$\boldsymbol{x}(t)=[0.3\quad -0.8\quad 0.5\quad 0.6]^{\mathrm{T}},\qquad -1\leqslant t\leqslant 0$$

尽管模型与实际有差异，本节算法在 7 次迭代后收敛，而 Jamshidi 的方法需要 40 次迭代。最优状态曲线和控制曲线、误差下降曲线及性能指标变化情况见图 8.4。

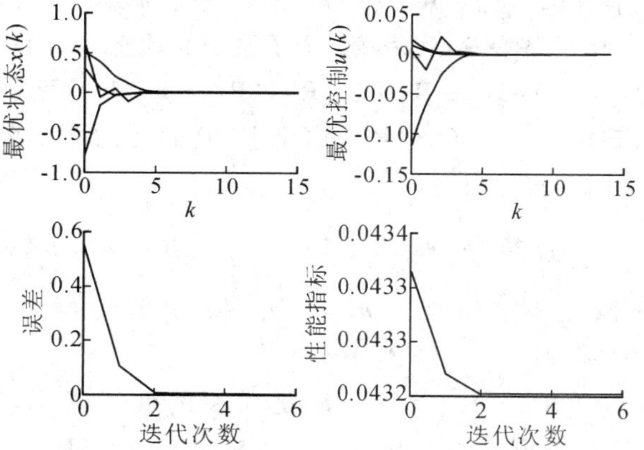

图 8.4　最优状态曲线和控制曲线、误差下降曲线及性能指标变化情况

8.4　非线性离散动态大系统 DISOPE 递阶算法

前面各节针对集中系统研究了各种 DISOPE 算法，这一节我们将要把 DISOPE 思想推广和扩充到关联动态大系统中。众所周知，传统的动态大系统递阶控制方法分为关联预测法和关联平衡法两大类，关联平衡法由于存在对偶间隙问题限制了它的使用，Hassan 和 Singh 的新预测法是关联预测法的发展，它是目前求解非线性最优控制问题的比较有效的递阶方法之一。

本节对于子系统互联的非线性动态大系统，在实际系统与它的模型存在一定差异的情况下，将关联预测法与 DISOPE 法相结合，提出一种基于模型最优控制问题来求解实际非线性大系统最优控制的递阶算法。不管模型与实际的差异，通过上级的关联预测和参数估计与下级的修正的基于模型优化子问题的迭代求解，总可以获得实际非线性大系统最优控制，这是该算法与以往算法的主要不同。本节证明了该算法的最优性，给出了该算法收敛的充分条件。最后给出的仿真例子表明了这些算法的特色。

1. 基于关联预测的非线性大系统 DISOPE 算法

考虑实际子系统互联的非线性大系统最优控制问题(ROP)：

$$\begin{cases}\min\limits_{\boldsymbol{u}(\cdot)} J = \min\limits_{\boldsymbol{u}(\cdot)} \sum\limits_{i=1}^{M} J_i = \sum\limits_{i=1}^{M} \left\{ \phi_i(\boldsymbol{x}_i(N)) + \sum\limits_{k=0}^{N-1} L_i^*(\boldsymbol{x}_i(k), \boldsymbol{u}_i(k), k) \right\} \\ \text{s. t.} \quad \boldsymbol{x}_i(k+1) = f_i^*(\boldsymbol{x}_i(k), \boldsymbol{u}_i(k), k) + c_i \boldsymbol{w}_i(k) \\ \qquad \boldsymbol{x}_i(0) = \boldsymbol{x}_{i0}, \ \boldsymbol{w}_i(k) = \sum\limits_{j=1}^{M} \boldsymbol{L}_{ij} \boldsymbol{x}_i(k), \ i = 1, 2, \cdots, M \end{cases} \tag{8.67}$$

其中 M 是子系统个数，$\boldsymbol{x}_i(k) \in \mathbf{R}^{n_i}$，$\boldsymbol{u}_i(k) \in \mathbf{R}^{m_i}$ 分别是第 i 个子系统的状态和控制向量，$f_i^*: \mathbf{R}^{n_i} \times \mathbf{R}^{m_i} \times \mathbf{R} \to \mathbf{R}^{n_i}$ 代表第 i 个子系统的动态，$\boldsymbol{x}_i(0)$ 是它的初始状态，$\boldsymbol{w}_i(k)$ 是关联向量，$\phi(\cdot): \mathbf{R}^{n_i} \to \mathbf{R}$，$L_i^*: \mathbf{R}^{n_i} \times \mathbf{R}^{m_i} \times \mathbf{R} \to \mathbf{R}$ 分别是终端状态函数和性能指标函数，$\boldsymbol{c}_i \in \mathbf{R}^{n_i \times s_i}$，$\boldsymbol{L}_{ij} \in \mathbf{R}^{s_i \times n_j}$。由于 ROP 的复杂性，考虑下面基于模型的大系统最优控制问题：

$$\begin{aligned} &\min\limits_{\boldsymbol{u}(\cdot)} J = \min\limits_{\boldsymbol{u}(\cdot)} \sum\limits_{i=1}^{M} J_i = \sum\limits_{i=1}^{M} \left\{ \phi_i(\boldsymbol{x}_i(N)) + \sum\limits_{k=0}^{N-1} L_i(\boldsymbol{x}_i(k), \boldsymbol{u}_i(k), \gamma(k)) \right\} \\ &\text{s. t.} \quad \boldsymbol{x}_i(k+1) = f_i(\boldsymbol{x}_i(k), \boldsymbol{u}_i(k), \boldsymbol{\alpha}_i(k)) \\ &\qquad \boldsymbol{x}_i(0) = \boldsymbol{x}_{i0}, \ i = 1, 2, \cdots, M \end{aligned} \tag{8.68}$$

其中 $L_i(\cdot, \cdot, \cdot): \mathbf{R}^{n_i} \times \mathbf{R}^{m_i} \times \mathbf{R} \to \mathbf{R}$ 是模型的性能指标，$f_i(\cdot, \cdot, \cdot)$：$\mathbf{R}^{n_i} \times \mathbf{R}^{m_i} \times \mathbf{R}^{r_i} \to \mathbf{R}^{n_i}$ 代表模型的动态，$\boldsymbol{\alpha}_i(k) \in \mathbf{R}^{r_i}$，$\gamma_i(k) \in \mathbf{R}$ 是参数，且 $\boldsymbol{\alpha}_i(k)$ 不仅包含模型与实际在数值上的差异，而且还包括子系统的关联作用。以下定义一个与 ROP 问题(8.67)等价的扩展大系统优化控制问题(EOP)：

$$\min\limits_{\boldsymbol{u}_i(k)} J_e = \sum\limits_{i=1}^{M} \left\{ f_i(\boldsymbol{x}_i(N)) + \sum\limits_{k=0}^{N-1} [L_i(\boldsymbol{x}_i(k), \boldsymbol{u}_i(k), \gamma_i(k))] \right\}$$

$$\text{s. t.} \begin{cases} \boldsymbol{x}_i(k+1) = f_i(\boldsymbol{x}_i(k), \boldsymbol{u}_i(k), \boldsymbol{\alpha}_i(k)), \ \boldsymbol{x}_i(0) = \boldsymbol{x}_{i0} \\ f_i^*(\boldsymbol{z}_i(k), \boldsymbol{v}_i(k), k) + c_i \boldsymbol{w}_i(k) = f_i(\boldsymbol{z}_i(k), \boldsymbol{v}_i(k), \boldsymbol{\alpha}_i(k)) \\ L_i^*(\boldsymbol{z}_i(k), \boldsymbol{v}_i(k), k) = L_i(\boldsymbol{z}_i(k), \boldsymbol{v}_i(k), \gamma_i(k)) \\ \boldsymbol{u}_i(k) = \boldsymbol{v}_i(k) \\ \boldsymbol{x}_i(k) = \boldsymbol{z}_i(k) \\ \boldsymbol{w}_i(k) = \sum\limits_{j=1}^{M} \boldsymbol{L}_{ij} \boldsymbol{x}_j(k) \end{cases} \tag{8.69}$$

EOP(8.69)的 Lagrange 函数为

$$
\begin{aligned}
\bar{L} = \sum_{i=1}^{M}\Big\{ & \phi_i(\boldsymbol{x}_i(N)) + \sum_{k=0}^{N-1} L_i(\boldsymbol{x}_i(k), \boldsymbol{u}_i(k), \gamma_i(k)) \\
& + \sum_{k=0}^{N-1}\Big[\boldsymbol{p}_i^{\mathrm{T}}(k+1)(f_i(\boldsymbol{x}_i(k), \boldsymbol{u}_i(k), \boldsymbol{\alpha}_i(k)) - \boldsymbol{x}_i(k+1)) \\
& - \boldsymbol{\lambda}_i^{\mathrm{T}}(k)(\boldsymbol{u}_i(k) - \boldsymbol{v}_i(k)) - \boldsymbol{\beta}_i^{\mathrm{T}}(k)(\boldsymbol{x}_i(k) - \boldsymbol{z}_i(k)) \\
& - \boldsymbol{\xi}_i^{\mathrm{T}}(k)(f_i^*(\boldsymbol{z}_i(k), \boldsymbol{v}_i(k), k) + c_i\boldsymbol{w}_i(k) - f_i(\boldsymbol{z}_i(k), \boldsymbol{v}_i(k), \boldsymbol{\alpha}_i(k))) \\
& + \boldsymbol{\sigma}_i^{\mathrm{T}}(k)\Big(\boldsymbol{w}_i(k) - \sum_{j=1}^{M}\boldsymbol{L}_{ij}\boldsymbol{x}_j(k)\Big) - \boldsymbol{\eta}_i(k)(L_i^*(\boldsymbol{z}_i(k), \boldsymbol{v}_i(k), k) \\
& - L_i(\boldsymbol{z}_i(k), \boldsymbol{v}_i(k), \gamma_i(k)))\Big]\Big\}
\end{aligned}
$$

其中$\boldsymbol{\lambda}_i(k)$、$\boldsymbol{\beta}_i(k)$是修正因子，$\boldsymbol{p}_i(k)$是协状态向量，$\boldsymbol{\sigma}_i(k)$、$\boldsymbol{\xi}_i(k)$、$\eta_i(k)$是Lagrange乘子，$\boldsymbol{z}_i(k)$、$\boldsymbol{v}_i(k)$的引入是为了分离参数估计和模型优化问题。

由变分法得到如下最优性必要条件：

$$
\begin{cases}
f_i(\boldsymbol{z}_i(k), \boldsymbol{v}_i(k), \boldsymbol{\alpha}_i(k)) = f_i^*(\boldsymbol{z}_i(k), \boldsymbol{v}_i(k), k) + c_i\boldsymbol{w}_i(k) \\
L_i(\boldsymbol{z}_i(k), \boldsymbol{v}_i(k), \gamma_i(k)) = L_i^*(\boldsymbol{z}_i(k), \boldsymbol{v}_i(k), k)
\end{cases}
\tag{8.70}
$$

$$
\begin{aligned}
\boldsymbol{\lambda}_i(k) &= \left[\frac{\partial f_i}{\partial \boldsymbol{v}_i(k)} - \frac{\partial f_i^*}{\partial \boldsymbol{v}_i(k)}\right]^{\mathrm{T}}\tilde{\boldsymbol{p}}_i(k+1) + \frac{\partial L_i}{\partial \boldsymbol{v}_i(k)} - \frac{\partial L_i^*}{\partial \boldsymbol{v}_i(k)} \\
\boldsymbol{\beta}_i(k) &= \left[\frac{\partial f_i}{\partial \boldsymbol{z}_i(k)} - \frac{\partial f_i^*}{\partial \boldsymbol{z}_i(k)}\right]^{\mathrm{T}}\tilde{\boldsymbol{p}}_i(k+1) + \frac{\partial L_i}{\partial \boldsymbol{z}_i(k)} - \frac{\partial L_i^*}{\partial \boldsymbol{z}_i(k)}
\end{aligned}
\tag{8.71}
$$

$$
\begin{cases}
\left(\dfrac{\partial L_i}{\partial \boldsymbol{u}_i}\right)^{\mathrm{T}} - \boldsymbol{\lambda}_i(k) + \left(\dfrac{\partial f_i}{\partial \boldsymbol{u}_i}\right)^{\mathrm{T}}\boldsymbol{p}_i(k+1) = \boldsymbol{0} \\
\left(\dfrac{\partial L_i}{\partial \boldsymbol{x}_i}\right)^{\mathrm{T}} - \boldsymbol{\beta}_i(k) - \displaystyle\sum_{j=1}^{M}\boldsymbol{L}_{ji}^{\mathrm{T}}\boldsymbol{\sigma}_j(k) + \left(\dfrac{\partial f_i}{\partial \boldsymbol{x}_i}\right)^{\mathrm{T}}\boldsymbol{p}_i(k+1) - \boldsymbol{p}_i(k) = \boldsymbol{0} \\
\boldsymbol{x}_i(k+1) = f_i(\boldsymbol{x}_i(k), \boldsymbol{u}_i(k), \boldsymbol{\alpha}_i(k)) \\
\boldsymbol{x}_i(0) = \boldsymbol{x}_{i0} \\
\boldsymbol{p}_i(N) = \dfrac{\partial \phi_i(x_i(N))}{\partial \boldsymbol{x}_i(N)},\ i = 1, \cdots, M
\end{cases}
\tag{8.72}
$$

$$
\begin{cases}
\boldsymbol{\sigma}_i(k) = \boldsymbol{c}_i^{\mathrm{T}}\boldsymbol{\xi}_i(k) \\
\eta_i(k) = -1 \\
\boldsymbol{\xi}_i(k) = -\tilde{\boldsymbol{p}}_i(k+1)
\end{cases}
\tag{8.73}
$$

$$
\begin{cases}
\boldsymbol{z}_i(k) = \boldsymbol{x}_i(k) \\
\boldsymbol{v}_i(k) = \boldsymbol{u}_i(k) \\
\tilde{\boldsymbol{p}}_i(k) = \boldsymbol{p}_i(k) \\
\boldsymbol{w}_i(k) = \displaystyle\sum_{j=1}^{M}\boldsymbol{L}_{ij}\boldsymbol{x}_j(k)
\end{cases}
\tag{8.74}
$$

其中 $\widetilde{\boldsymbol{p}}_i(k)$的引入是为了分离模型优化问题和修正因子及其计算问题。

在给定 $\boldsymbol{\alpha}_i(k)$、$\gamma_i(k)$、$\boldsymbol{\lambda}_i(k)$、$\boldsymbol{\beta}_i(k)$、$\boldsymbol{\sigma}_i(k)$的情况下，下面修正的基于模型的最优控制问题的解满足条件(8.72)。

$$\min_{\boldsymbol{u}_i(k)} \sum_{i=1}^{M}\left\{\phi_i(\boldsymbol{x}_i(N)) + \sum_{k=0}^{N-1}\left[L_i(\boldsymbol{x}_i(k),\ \boldsymbol{u}_i(k),\ \gamma_i(k))\right.\right.$$

$$\left.\left. - \boldsymbol{\lambda}_i^{\mathrm{T}}(k)\boldsymbol{u}_i(k) - \boldsymbol{\beta}_i^{\mathrm{T}}(k)\boldsymbol{x}_i(k) - \sum_{j=1}^{M}\boldsymbol{\sigma}_j^{\mathrm{T}}(k)\boldsymbol{L}_{ji}\boldsymbol{x}_j(k)\right]\right\} \tag{8.75}$$

$$\text{s. t.} \begin{cases} \boldsymbol{x}_i(k+1) = f_i(\boldsymbol{x}_i(k),\ \boldsymbol{u}_i(k),\ \boldsymbol{a}_i(k)) \\ \boldsymbol{x}_i(0) = \boldsymbol{x}_{i0},\ i = 1,\ \cdots,\ M \end{cases}$$

由以上分析得到如下求解非线性大系统最优控制的递阶算法。

假设 f_i、L_i、ϕ_i 及 N 是已知的，f_i^*、L_i^* 及其偏导数可以计算。

(1) 在第一阶令 $\boldsymbol{\alpha}_i(k)$、$\gamma_i(k)$、$\boldsymbol{\lambda}_i(k)$、$\boldsymbol{\beta}_i(k)$、$\boldsymbol{\sigma}_i(k)$全为零时求解 MMOP 得到标称解 $\boldsymbol{x}_i^0(k)$、$\boldsymbol{p}_i^0(k)$、$\boldsymbol{u}_i^0(k)$，令迭代指标 $l=0$，$\boldsymbol{v}_i^l(k)=\boldsymbol{u}_i^l(k)$，$\boldsymbol{z}_i^l(k)=\boldsymbol{x}_i^l(k)$，$\widetilde{\boldsymbol{p}}_i^l(k)=\boldsymbol{p}_i^l(k)$。

(2) 在第二级由式(8.70)、式(8.71)、式(8.73)和式(8.74)计算$\boldsymbol{\sigma}_j^l(k)$、$\boldsymbol{w}_j^l(k)$ $(j=1,\ \cdots,\ M)$和 $\boldsymbol{\lambda}_i^l(k)$、$\boldsymbol{\beta}_i^l(k)$、$\boldsymbol{\alpha}_i^l(k)$、$\gamma_i^l(k)(i=1,\ \cdots,\ M)$。

(3) 第一级独立求解 M 个 MMOP(8.75)子问题，得到 $\boldsymbol{u}_i^{l+1}(k)$、$\boldsymbol{x}_i^{l+1}(k)$、$\boldsymbol{p}_i^{l+1}(k)$。

(4) 在第二级用下面松驰公式更新 $\boldsymbol{v}_i^l(k)$、$\boldsymbol{z}_i^l(k)$、$\widetilde{\boldsymbol{p}}_i^l(k)$：

$$\begin{cases} \boldsymbol{v}_i^{l+1}(k) = \boldsymbol{v}_i^l(k) + k_v(\boldsymbol{u}_i^{l+1}(k) - \boldsymbol{v}_i^l(k)) \\ \boldsymbol{z}_i^{l+1}(k) = \boldsymbol{z}_i^l(k) + k_z(\boldsymbol{x}_i^{l+1}(k) - \boldsymbol{z}_i^l(k)) \\ \widetilde{\boldsymbol{p}}_i^{l+1}(k) = \widetilde{\boldsymbol{p}}_i^l(k) + k_p(\boldsymbol{p}_i^{l+1}(k) - \widetilde{\boldsymbol{p}}_i^l(k)) \end{cases} \tag{8.76}$$

判断

$$\sum_{i=1}^{M}\sum_{k=0}^{N-1}\| \boldsymbol{v}_i^{l+1}(k) - \boldsymbol{v}_i^l(k) \| < \text{eps1}$$

并且

$$\sum_{i=1}^{M}\sum_{k=0}^{N-1}\left\| \boldsymbol{w}_i^l(k) - \sum_{j=1}^{M}\boldsymbol{L}_{ij}\boldsymbol{x}_i^{l+1}(k)\right\| < \text{eps2}$$

(其中 eps1、eps2 均是事先给定的足够小的正数)是否成立，若成立，则停止迭代，得到 ROP 问题最优解，否则令 $l=l+1$，转(2)。

2. 基于 LQ 问题的 DISOPE 递阶算法及其收敛性

为便于计算，选择基于模型的最优控制问题为线性二次型问题，参数$\boldsymbol{\alpha}_i(k)$、$\gamma_i(k)$选为漂移参数。令

$$f_i(\boldsymbol{x}_i(k),\ \boldsymbol{u}_i(k),\ \boldsymbol{\alpha}_i(k)) = \boldsymbol{A}_i\boldsymbol{x}_i(k) + \boldsymbol{B}_i\boldsymbol{u}_i(k) + \boldsymbol{\alpha}_i(k)$$

$$\phi_i(\boldsymbol{x}_i(N)) = \frac{1}{2}\boldsymbol{x}_i^{\mathrm{T}}(N)\boldsymbol{\Phi}_i\boldsymbol{x}_i(N)$$

$$L_i(\boldsymbol{x}_i(k), \boldsymbol{u}_i(k), \gamma_i(k)) = \frac{1}{2}[\boldsymbol{x}_i^{\mathrm{T}}(k)\boldsymbol{Q}_i\boldsymbol{x}_i(k) + \boldsymbol{u}_i^{\mathrm{T}}(k)\boldsymbol{R}_i\boldsymbol{u}_i(k)] + \gamma_i(k)$$

则修正的基于模型的最优控制为

$$\begin{aligned}
&\min \frac{1}{2}\sum_{i=1}^{M}\Big\{\boldsymbol{x}_i^{\mathrm{T}}(N)\boldsymbol{\Phi}_i\boldsymbol{x}_i(N) + \sum_{k=0}^{N-1}\Big[\boldsymbol{u}_i^{\mathrm{T}}(k)\boldsymbol{R}_i\boldsymbol{u}_i(k) + \boldsymbol{x}_i^{\mathrm{T}}(k)\boldsymbol{Q}_i\boldsymbol{x}_i(k)\\
&+ 2\gamma_i(k) + r_1\|\boldsymbol{u}_i(k) - \boldsymbol{v}_i(k)\|^2 + r_2\|\boldsymbol{x}_i(k) - \boldsymbol{z}_i(k)\|^2 - 2\boldsymbol{\beta}_i^{\mathrm{T}}(k)\boldsymbol{x}_i(k)\\
&- 2\boldsymbol{\lambda}_i^{\mathrm{T}}(k)\boldsymbol{u}_i(k) - 2\sum_{j=1}^{M}\boldsymbol{\sigma}_j^{\mathrm{T}}(k)\boldsymbol{L}_{ji}\boldsymbol{x}_i(k)\Big]\Big\}\\
&\text{s.t.}\quad \boldsymbol{x}_i(k+1) = \boldsymbol{A}_i\boldsymbol{x}(k) + \boldsymbol{B}_i\boldsymbol{u}_i(k) + \boldsymbol{\alpha}_i(k)\\
&\qquad\ \ \boldsymbol{x}_i(0) = \boldsymbol{x}_{i0}
\end{aligned} \tag{8.77}$$

在式(8.77)性能指标中增加 r_1 和 r_2 的比例项是为了保证收敛性，这一点在收敛性证明中将可以看出。

式(8.77)的最优解必要条件为

$$\begin{cases}
\boldsymbol{p}_i(k) = (\boldsymbol{Q}_i + r_2\boldsymbol{I}_{n_i})\boldsymbol{x}_i(k) + \boldsymbol{A}_i^{\mathrm{T}}\boldsymbol{p}_i(k+1) - \boldsymbol{\beta}_i(k) - r_2\boldsymbol{z}_i(k) - \sum_{j=1}^{M}\boldsymbol{L}_{ji}^{\mathrm{T}}\boldsymbol{\sigma}_j(k)\\
\boldsymbol{u}_i(k) = -(\boldsymbol{R}_i + r_1\boldsymbol{I}_{m_i})^{-1}(\boldsymbol{B}_i^{\mathrm{T}}\boldsymbol{p}_i(k+1) - \boldsymbol{\lambda}_i(k) - r_1\boldsymbol{v}(k))\\
\boldsymbol{x}_i(k+1) = \boldsymbol{A}_i(k)\boldsymbol{x}_i(k) + \boldsymbol{B}_i\boldsymbol{u}_i(k) + \boldsymbol{\alpha}_i(k)\\
\boldsymbol{x}_i(0) = \boldsymbol{x}_{i0},\ \boldsymbol{p}_i(N) = \boldsymbol{\Phi}_i\boldsymbol{x}_i(N)_i
\end{cases} \tag{8.78}$$

令

$$\boldsymbol{p}_i(k) = \boldsymbol{G}_i(k)\boldsymbol{x}_i(k) + \boldsymbol{h}_i(k) \tag{8.79}$$

得如下 Riccati 方程和伴随方程：

$$\begin{cases}
\boldsymbol{G}_i(k) = \bar{\boldsymbol{Q}}_i + \boldsymbol{A}_i^{\mathrm{T}}\boldsymbol{G}_i(k+1)(\boldsymbol{I}_{n_i} + \boldsymbol{B}_i\bar{\boldsymbol{R}}_i^{-1}\boldsymbol{B}_i^{\mathrm{T}}\boldsymbol{G}_i(k+1))^{-1}\boldsymbol{A}_i,\ \boldsymbol{G}_i(N) = \boldsymbol{\Phi}_i\\
\boldsymbol{h}_i(k) = \boldsymbol{A}_i\boldsymbol{h}_i(k+1) - \bar{\boldsymbol{\beta}}_i(k) + \boldsymbol{A}_i^{\mathrm{T}}\boldsymbol{G}_i(k+1)(\boldsymbol{I}_{n_i} + \boldsymbol{B}_i\bar{\boldsymbol{R}}_i^{-1}\boldsymbol{B}_i^{\mathrm{T}}\boldsymbol{G}_i(k+1))^{-1}\\
\cdot(\boldsymbol{B}_i\bar{\boldsymbol{R}}_i^{-1}\bar{\boldsymbol{\lambda}}_i(k) - \boldsymbol{B}_i\bar{\boldsymbol{R}}_i^{-1}\boldsymbol{B}_i^{\mathrm{T}}\boldsymbol{h}_i(k+1) + \boldsymbol{\alpha}_i(k)) - \sum_{j=1}^{M}\boldsymbol{L}_{ji}^{\mathrm{T}}\boldsymbol{\sigma}_j(k),\ \boldsymbol{h}(N) = \boldsymbol{0}
\end{cases} \tag{8.80}$$

其中

$$\bar{\boldsymbol{Q}}_i = \boldsymbol{Q}_i + r_2\boldsymbol{I}_{n_i}$$
$$\bar{\boldsymbol{R}}_i = \boldsymbol{R}_i + r_1\boldsymbol{I}_{m_i}$$
$$\bar{\boldsymbol{\lambda}}_i(k) = \boldsymbol{\lambda}_i(k) + r_1\boldsymbol{v}_i(k)$$
$$\bar{\boldsymbol{\beta}}_i(k) = \boldsymbol{\beta}_i(k) + r_2\boldsymbol{z}_i(k)$$

式(8.77)的最优状态、最优协状态和最优控制由式(8.78)至式(8.80)给出。

修正因子(8.71)式变为

$$\begin{cases} \boldsymbol{\lambda}_i(k) = \left[\boldsymbol{B}_i - \dfrac{\partial f_i^*}{\partial \boldsymbol{v}_i(k)}\right]^{\mathrm{T}} \widetilde{\boldsymbol{p}}_i(k+1) + \boldsymbol{R}_i\boldsymbol{v}_i(k) - \dfrac{\partial L_i^*}{\partial \boldsymbol{v}_i(k)} \\ \boldsymbol{\beta}_i(k) = \left[\boldsymbol{A}_i - \dfrac{\partial f_i^*}{\partial \boldsymbol{z}_i(k)}\right]^{\mathrm{T}} \widetilde{\boldsymbol{p}}_i(k+1) + \boldsymbol{Q}_i\boldsymbol{z}_i(k) - \dfrac{\partial L_i^*}{\partial \boldsymbol{z}_i(k)} \end{cases}, \quad \begin{array}{l} k = 0,1,\cdots,N-1 \\ i = 1,\cdots,M \end{array} \tag{8.81}$$

参数的计算变为

$$\boldsymbol{\alpha}_i(k) = f_i^*(\boldsymbol{z}_i(k), \boldsymbol{v}_i(k), k) + c_i\boldsymbol{w}_i(k) - \boldsymbol{A}_i\boldsymbol{z}_i(k) - \boldsymbol{B}_i\boldsymbol{v}_i(k)$$
$$k = 0,\cdots,N-1;\ i = 1,\cdots,M \tag{8.82}$$

由以上分析得到基于线性模型和二次型性能指标的 DISOPE 递阶算法如下：

假设 $\boldsymbol{A}_i$, $\boldsymbol{B}_i$, $\boldsymbol{\Phi}_i$, $\boldsymbol{Q}_i$, $\boldsymbol{R}_i$, $\boldsymbol{x}_{i0}$, $\boldsymbol{c}_i$, $\boldsymbol{L}_{ij}(j=1,\cdots,M)$, $i=1,\cdots,M$, N, r_1, r_2, k_v, k_p, k_z 是已知的，并且 f_i^*、L_i^* 和它们的所有 Jacobi 矩阵是可以计算的。则有

(1) 在 $\boldsymbol{\alpha}_i(k)$、$\gamma_i(k)$、$\boldsymbol{\lambda}_i(k)$、$\boldsymbol{\beta}_i(k)$、$\boldsymbol{\sigma}_i(k)$全为零的条件下，在第一级求解 M 个独立的子问题 MMOP(8.77)，得一个标称解 $\boldsymbol{x}_i^0(k)$、$\boldsymbol{p}_i^0(k)$、$\boldsymbol{u}_i^0(k)$，令迭代指标 $l=0$，且

$$\boldsymbol{v}_i^l(k) = \boldsymbol{u}_i^l(k),\ \boldsymbol{z}_i^l(k) = \boldsymbol{x}_i^l(k),\ \widetilde{\boldsymbol{p}}_i^l(k) = \boldsymbol{p}_i^l(k)$$

(2) 在第二级由式(8.73)和式(8.74)计算 $\boldsymbol{\sigma}_j^l(k)$、$\boldsymbol{w}_j^l(k)(j=1,\cdots,M)$；由式(8.81)计算修正因子 $\boldsymbol{\lambda}_i^l(k)$、$\boldsymbol{\beta}_i^l(k)$，$(i=1,\cdots,M)$，由式(8.82)计算参数 $\boldsymbol{\alpha}_i^l(k)$ $(i=1,\cdots,M)$。

(3) 第一级求解 M 个独立的 MMOP(8.77)，得到$\boldsymbol{u}_i^{l+1}(k)$，$\boldsymbol{x}_i^{l+1}(k)$，$\boldsymbol{p}_i^{l+1}(k)$。

(4) 利用式(8.76)更新 $\boldsymbol{v}_i^l(k)$、$\boldsymbol{z}_i^l(k)$、$\widetilde{\boldsymbol{p}}_i^l(k)$，判断

$$\sum_{i=1}^{M}\sum_{k=0}^{N-1} \| \boldsymbol{v}_i^{l+1}(k) - \boldsymbol{v}_i^l(k) \| < \text{eps1}$$

并且

$$\sum_{i=1}^{M}\sum_{k=0}^{N-1} \left\| \boldsymbol{w}_i^l(k) - \sum_{j=1}^{M} \boldsymbol{L}_{ij}\boldsymbol{x}_i^{l+1}(k) \right\| < \text{eps2}$$

(其中 eps1、eps2 均是足够小的正数)是否成立，若成立，则停止迭代，得到 ROP 问题最优解，否则令 $l=l+1$，转(2)。

注① 参数 $\gamma_i(k)$不需要计算。

注② 类似地也可以得到基于双线性二次型问题的 DISOPE 递阶算法。

注③ 图 8.5 给出了 DISOPE 递阶算法的结构和信息交换方式。

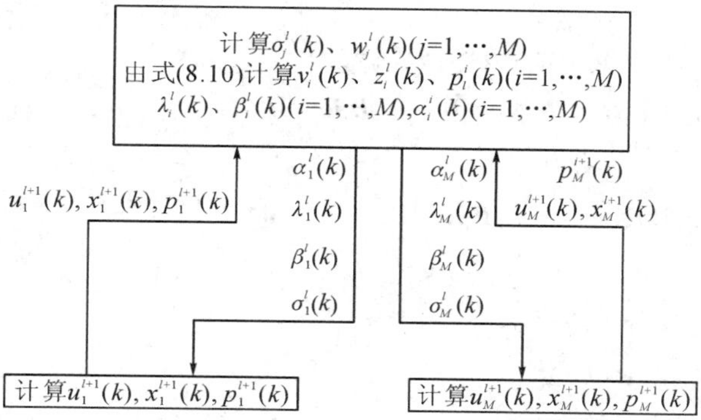

图 8.5　DISOPE 递阶算法的结构和信息交换方式

3. 算法的收敛性和最优性分析

首先作如下假设：

假设 9　ROP(8.67)的最优解 $\boldsymbol{u}_i^*(k)$、$\boldsymbol{x}_i^*(k)$、$\boldsymbol{p}_i^*(k)$存在且唯一。

假设 10　$f_i^*(\boldsymbol{x}_i, \boldsymbol{u}_i, k)$、$L_i^*(\boldsymbol{x}_i, \boldsymbol{u}_i, k)$的所有 Jacobi 矩阵在 $k\in[0, N-1]$上存在且连续。

根据基于线性二次型问题的递阶 DISOPE 算法的推导得到如下最优性结论：

定理 8.6(最优性)　在假设 9 和 10 的条件下，如果基于线性模型和二次型性能指标的递阶 DISOPE 算法，则它的收敛解满足 ROP(8.67)(即实际最优控制问题)的最优性必要条件。

证明　由算法的推导过程不难得到此结论。

不失一般性，考虑 $\boldsymbol{\Phi}_i=\boldsymbol{0}$，$i=1, 2, \cdots, M$，则基于线性模型和二次型性能指标的递阶 DISOPE 算法从第 l 次迭代到第 $l+1$ 次迭代之间的关系可以用式(8.76)、式(8.78)～式(8.82)的差分方程组表示。

由式(8.71)和式(8.74)得：

$$\begin{cases}\boldsymbol{\sigma}_j^l(k)=-\boldsymbol{c}_j^{\mathrm{T}}\widetilde{\boldsymbol{p}}_j^l(k+1)\\ \boldsymbol{w}_i^l(k)=\sum_{j=1}^{M}\boldsymbol{L}_{ij}\boldsymbol{z}_j^l(k)\end{cases}\tag{8.83}$$

由式(8.78)和式(8.83)得：

$$\begin{bmatrix}\boldsymbol{x}_i^{l+1}(k+1)\\ \boldsymbol{p}_i^{l+1}(k+1)\end{bmatrix}=\boldsymbol{E}_i\begin{bmatrix}\boldsymbol{x}_i^{l+1}(k)\\ \boldsymbol{p}_i^{l+1}(k)\end{bmatrix}+\boldsymbol{H}_{i1}\boldsymbol{y}_i^l(k)+g_{i1}(\boldsymbol{y}_i^l(k))+\sum_{j=1}^{M}\boldsymbol{S}_{ij}\boldsymbol{y}_i^l(k)$$

(8.84)

其中：

$$\boldsymbol{y}_i^l(k)=[\boldsymbol{v}_i^l(k)^{\mathrm{T}},\ \boldsymbol{z}_i^l(k)^{\mathrm{T}},\ \widetilde{\boldsymbol{p}}_i^l(k+1)^{\mathrm{T}}]^{\mathrm{T}}$$

$$\boldsymbol{E}_i=\begin{bmatrix}\boldsymbol{A}_i+\boldsymbol{B}_i\overline{\boldsymbol{R}}_i^{-1}\boldsymbol{B}_i^{\mathrm{T}}\boldsymbol{A}_i^{-\mathrm{T}}\overline{\boldsymbol{Q}}_i & -\boldsymbol{B}_i\overline{\boldsymbol{R}}_i^{-1}\boldsymbol{B}_i^{\mathrm{T}}\boldsymbol{A}_i^{-\mathrm{T}}\\ -\boldsymbol{A}_i^{-\mathrm{T}}\overline{\boldsymbol{Q}}_i & \boldsymbol{A}_i^{-\mathrm{T}}\end{bmatrix}$$

$$\boldsymbol{H}_{i1}=\begin{bmatrix}r_1\boldsymbol{B}_i\overline{\boldsymbol{R}}_i^{-1} & -r_2\boldsymbol{B}_i\overline{\boldsymbol{R}}_i^{-1}\boldsymbol{B}_i^{\mathrm{T}}\boldsymbol{A}_i^{-\mathrm{T}} & \boldsymbol{0}\\ \boldsymbol{0} & r_2\boldsymbol{A}_i^{-\mathrm{T}} & \boldsymbol{0}\end{bmatrix}$$

$$g_{i1}=\begin{bmatrix}g_{i11}(\boldsymbol{y}_i^l(k))\\ g_{i21}(\boldsymbol{y}_i^l(k))\end{bmatrix}$$

$$\begin{aligned}g_{i11}(\boldsymbol{y}_i^l(k))=&\boldsymbol{B}_i\overline{\boldsymbol{R}}_i^{-1}\boldsymbol{\lambda}_i^l(k)-\boldsymbol{B}_i\overline{\boldsymbol{R}}_i^{-1}\boldsymbol{B}_i^{\mathrm{T}}\boldsymbol{A}_i^{-\mathrm{T}}\boldsymbol{\beta}_i^l(k)+f_i^*(\boldsymbol{z}_i^l,\ \boldsymbol{v}_i^l,\ k)\\&-\boldsymbol{A}_i\boldsymbol{z}_i^l(k)-\boldsymbol{B}_i\boldsymbol{v}_i^l(k)\end{aligned}$$

$$g_{i21}(\boldsymbol{y}_i^l(k))=\boldsymbol{A}_i^{-\mathrm{T}}\boldsymbol{\beta}_i^l(k)$$

$$\boldsymbol{S}_{ij}=\begin{bmatrix}\boldsymbol{0} & \boldsymbol{c}_i\boldsymbol{L}_{ij} & -\boldsymbol{B}_i\overline{\boldsymbol{R}}_i^{-1}\boldsymbol{B}_i^{\mathrm{T}}\boldsymbol{A}_i^{-\mathrm{T}}\boldsymbol{L}_{ji}^{\mathrm{T}}\boldsymbol{c}_j^{\mathrm{T}}\\ \boldsymbol{0} & \boldsymbol{0} & \boldsymbol{A}_i^{-\mathrm{T}}\boldsymbol{L}_{ji}^{\mathrm{T}}\boldsymbol{c}_j^{\mathrm{T}}\end{bmatrix}$$

$\boldsymbol{E}_i$ 是第 i 个子系统的转移矩阵，$g_{i1}(\boldsymbol{y}_i^l(k))$代表着第 i 个孤立子系统与模型的差异，$\boldsymbol{S}_{ij}$ 与关联项有关。

由式(8.84)得：

$$\begin{bmatrix}\boldsymbol{x}_i^{l+1}(k)\\ \boldsymbol{p}_i^{l+1}(k)\end{bmatrix}=\boldsymbol{E}_i^k\begin{bmatrix}\boldsymbol{x}_{i0}\\ \boldsymbol{p}_i^{l+1}(0)\end{bmatrix}+\sum_{n=0}^{k-1}\boldsymbol{E}_i^n\Big[\boldsymbol{H}_{i1}\boldsymbol{y}_i^l(k-1-n)+g_{i1}(\boldsymbol{y}_i^l(k-1-n)$$
$$+\sum_{j=1}^{M}\boldsymbol{S}_{ij}\boldsymbol{y}_i^l(k-1-n)\Big]$$
$$\boldsymbol{p}_i^{l+1}(N)=0 \tag{8.85}$$

由式(8.85)得：

$$\begin{aligned}\boldsymbol{p}_i^{l+1}(0)=&-\boldsymbol{\psi}_{i22}(N)^{-1}\boldsymbol{\psi}_{i21}(N)\boldsymbol{x}_{i0}\\&-\boldsymbol{\psi}_{i22}(N)^{-1}\sum_{n=0}^{N-1}\boldsymbol{\psi}_{i2}(j)\Big[\boldsymbol{H}_{i1}\boldsymbol{y}_i^l(N-1-n)\\&+g_{i1}(\boldsymbol{y}_i^l(N-1-n))+\sum_{j=1}^{M}\boldsymbol{S}_{ij}\boldsymbol{y}_i^l(N-1-n)\Big]\end{aligned}$$

其中：

$$\boldsymbol{\psi}_i(k)=\boldsymbol{E}_i^k=\begin{bmatrix}\boldsymbol{\psi}_{i11}(k) & \boldsymbol{\psi}_{i12}(k)\\ \boldsymbol{\psi}_{i21}(k) & \boldsymbol{\psi}_{i22}(k)\end{bmatrix}$$
$$=\begin{bmatrix}\boldsymbol{\psi}_{i1}(k)\\ \boldsymbol{\psi}_{i2}(k)\end{bmatrix}$$

式(8.85)变为

$$\begin{bmatrix} \boldsymbol{x}_i^{l+1}(k) \\ \boldsymbol{p}_i^{l+1}(k) \end{bmatrix} = \begin{bmatrix} \boldsymbol{\mu}_{iz}(N, k) \\ \boldsymbol{\mu}_{ip}(N, k) \end{bmatrix} \boldsymbol{x}_{i0} - \begin{bmatrix} \boldsymbol{\psi}_{i12}(k) \\ \boldsymbol{\psi}_{i22}(k) \end{bmatrix} \boldsymbol{\psi}_{i22}^{-1}(N) \sum_{n=0}^{N-1} \boldsymbol{\psi}_{i2}(n)(\boldsymbol{H}_{i1}\boldsymbol{y}_j^l(N-1-n)$$
$$+ g_{i1}(\boldsymbol{y}_j^l(N-1-n))) + \sum_{j=1}^{M} \boldsymbol{S}_{ij}\boldsymbol{y}_j^l(N-1-n)$$
$$+ \sum_{n=0}^{k-1} \boldsymbol{\psi}_i(n)(\boldsymbol{H}_{i1}\boldsymbol{y}_j^l(N-1-n) + g_{i1}(\boldsymbol{y}_j^l(N-1-n)))$$
$$+ \sum_{j=1}^{M} \boldsymbol{S}_{ij}\boldsymbol{y}_j^l(N-1-n) \tag{8.86}$$

其中：

$$\boldsymbol{\mu}_{iz}(N, k) = \boldsymbol{\psi}_{i11}(k) - \boldsymbol{\psi}_{i12}(k)\boldsymbol{\psi}_{i22}(N)^{-1}\boldsymbol{\psi}_{i21}(N)$$
$$\boldsymbol{\mu}_{ip}(N, k) = \boldsymbol{\psi}_{i21}(k) - \boldsymbol{\psi}_{i22}(k)\boldsymbol{\psi}_{i22}(N)^{-1}\boldsymbol{\psi}_{i21}(N)$$

由式(8.78)和式(8.86)得：

$$\boldsymbol{u}_i^{l+1}(k+1) = \boldsymbol{\mu}_{iv}(N, k)\boldsymbol{x}_{i0} - \bar{\boldsymbol{R}}_i^{-1}\boldsymbol{B}_i^{\mathrm{T}}\boldsymbol{A}_i^{-\mathrm{T}}(\bar{\boldsymbol{Q}}_i\boldsymbol{\psi}_{i12}(k) - \boldsymbol{\psi}_{i22}(k))\boldsymbol{\psi}_{i22}^{-1}(N)\sum_{n=0}^{N-1}\boldsymbol{\psi}_{i2}(n)$$
$$\cdot \left[\boldsymbol{H}_{i1}\boldsymbol{y}_i^l(N-1-n) + g_{i1}(\boldsymbol{y}_i^l(N-1-n)) + \sum_{j=1}^{M}\boldsymbol{S}_{ij}\boldsymbol{y}_i^l(N-1-n)\right]$$
$$+ r_1\bar{\boldsymbol{R}}_i^{-1}\boldsymbol{v}_i^l(k) - r_2\bar{\boldsymbol{R}}_i^{-1}\boldsymbol{B}_i^{\mathrm{T}}\boldsymbol{A}_i^{-\mathrm{T}}\boldsymbol{z}_i^l(k) + \bar{\boldsymbol{R}}_i^{-1}\boldsymbol{\lambda}_i^l(k) - \bar{\boldsymbol{R}}_i^{-1}\boldsymbol{B}_i^{\mathrm{T}}\boldsymbol{A}_i^{-\mathrm{T}}\boldsymbol{\beta}_i^l(k)$$
$$+ \bar{\boldsymbol{R}}_i^{-1}\boldsymbol{B}_i^{\mathrm{T}}\boldsymbol{A}_i^{-\mathrm{T}}\sum_{j=1}^{M}\boldsymbol{L}_{ji}^{\mathrm{T}}\boldsymbol{c}_j^{\mathrm{T}}\widetilde{\boldsymbol{p}}_j^l(k) \tag{8.87}$$

其中 $\boldsymbol{\mu}_{iv}(N, k) = \bar{\boldsymbol{R}}_i^{-1}\boldsymbol{B}_i^{\mathrm{T}}\boldsymbol{A}_i^{-\mathrm{T}}(\bar{\boldsymbol{Q}}_i\boldsymbol{\mu}_{iz}(N, k) - \boldsymbol{\mu}_{ip}(N, k))$

结合式(8.78)、式(8.86)和式(8.87)得：

$$[\boldsymbol{u}_i^{l+1}(k)^{\mathrm{T}}, \boldsymbol{x}_i^{l+1}(k)^{\mathrm{T}}, \boldsymbol{p}_i^{l+1}(k+1)^{\mathrm{T}}]^{\mathrm{T}} = \boldsymbol{\mu}_i(N, k)\boldsymbol{x}_{i0} - \boldsymbol{\eta}_i(k)\boldsymbol{\psi}_{i22}^{-1}(N)\sum_{n=0}^{N-1}\boldsymbol{\psi}_{i2}(n)$$
$$\cdot \left[\boldsymbol{H}_{i1}\boldsymbol{y}_i^l(N-1-n) + g_{i1}(\boldsymbol{y}_i^l(N-1-n)) + \sum_{j=1}^{M}\boldsymbol{S}_{ij}\boldsymbol{y}_j^l(N-1-n)\right]\sum_{n=0}^{k-1}\boldsymbol{\Psi}_i(n)$$
$$\cdot \left[\boldsymbol{H}_{i1}\boldsymbol{y}_i^l(k-1-n) + g_{i1}(\boldsymbol{y}_i^l(N-1-n)) + \sum_{j=1}^{M}\boldsymbol{S}_{ij}\boldsymbol{y}_j^l(N-1-n)\right] + \bar{\boldsymbol{H}}_{i2}\boldsymbol{y}_i^l(k)$$
$$+ \bar{g}_{i2}(\boldsymbol{y}_i^l(k)) + \sum_{j=1}^{M}\bar{\boldsymbol{S}}_{ij}\boldsymbol{y}_j^l(k) \tag{8.88}$$

其中：

$$\boldsymbol{\mu}_i(N, k) = \begin{bmatrix} \boldsymbol{\mu}_{iv}(N, k) \\ \boldsymbol{\mu}_{iz}(N, k) \\ \boldsymbol{A}_i^{-\mathrm{T}}(\boldsymbol{\mu}_{ip}(N, k) - \bar{\boldsymbol{Q}}_i\boldsymbol{\mu}_{iz}(N, k)) \end{bmatrix}$$

$$\boldsymbol{\eta}_i(k)=\begin{bmatrix}\bar{\boldsymbol{R}}_i^{-1}\boldsymbol{B}_i^{\mathrm{T}}\boldsymbol{A}_i^{-\mathrm{T}}(\bar{\boldsymbol{Q}}_i\boldsymbol{\psi}_{i12}(k)-\boldsymbol{\psi}_{i22}(k))\\ \boldsymbol{\psi}_{i12}(k)\\ -\boldsymbol{A}_i^{-\mathrm{T}}(\bar{\boldsymbol{Q}}_i\boldsymbol{\psi}_{i12}(k)-\boldsymbol{\psi}_{i22}(k))\end{bmatrix}$$

$$\boldsymbol{\Psi}_i(n)=\begin{bmatrix}\bar{\boldsymbol{R}}_i^{-1}\boldsymbol{B}_i^{\mathrm{T}}\boldsymbol{A}_i^{-\mathrm{T}}(\bar{\boldsymbol{Q}}_i\boldsymbol{\psi}_{i1}(n)-\boldsymbol{\psi}_{i2}(n))\\ \boldsymbol{\psi}_{i1}(n)\\ -\boldsymbol{A}_i^{-\mathrm{T}}(\bar{\boldsymbol{Q}}_i\boldsymbol{\psi}_{i1}(n)-\boldsymbol{\psi}_{i2}(n))\end{bmatrix}$$

$$\bar{\boldsymbol{H}}_{i2}=\begin{bmatrix}r_1\bar{\boldsymbol{R}}_i^{-1} & -r_2\bar{\boldsymbol{R}}_i^{-1}\boldsymbol{B}_i^{\mathrm{T}}\boldsymbol{A}_i^{-\mathrm{T}} & \boldsymbol{0}\\ \boldsymbol{0} & \boldsymbol{0} & \boldsymbol{0}\\ \boldsymbol{0} & r_2\boldsymbol{A}_i^{-\mathrm{T}} & \boldsymbol{0}\end{bmatrix}$$

$$\bar{g}_{i2}(\boldsymbol{y}_i^l(k)=\begin{bmatrix}\bar{\boldsymbol{R}}_i^{-1}\boldsymbol{\lambda}_i^l(k)-\bar{\boldsymbol{R}}_i^{-1}\boldsymbol{B}_i^{\mathrm{T}}\boldsymbol{A}_i^{-\mathrm{T}}\boldsymbol{\beta}_i^l(k)\\ \boldsymbol{0}\\ \boldsymbol{A}_i^{-\mathrm{T}}\boldsymbol{\beta}_i^l(k)\end{bmatrix}$$

$$\bar{\boldsymbol{S}}_{ij}=\begin{bmatrix}\boldsymbol{0} & \boldsymbol{0} & \bar{\boldsymbol{R}}_i^{-1}\boldsymbol{B}_i^{\mathrm{T}}\boldsymbol{A}_i^{-\mathrm{T}}\boldsymbol{L}_{ji}^{\mathrm{T}}\boldsymbol{c}_j^{\mathrm{T}}\\ \boldsymbol{0} & \boldsymbol{0} & \boldsymbol{0}\\ \boldsymbol{0} & \boldsymbol{0} & \boldsymbol{A}_i^{-\mathrm{T}}\boldsymbol{L}_{ji}^{\mathrm{T}}\boldsymbol{c}_j^{\mathrm{T}}\end{bmatrix}$$

将式(8.88)代入式(8.76)，得算法映射如下：

$$\begin{aligned}\boldsymbol{y}_i^{l+1}(k)=&\boldsymbol{K}_i\boldsymbol{\mu}_i(N,k)\boldsymbol{x}_{i0}-\boldsymbol{K}_i\sum_{n=0}^{N-1}\boldsymbol{\Theta}_i(N,k,n)\Big[\boldsymbol{H}_{i1}\boldsymbol{y}_i^l(n)+g_{i1}(\boldsymbol{y}_i^l(n))\\&+\sum_{j=1}^{M}\boldsymbol{S}_{ij}\boldsymbol{y}_j^l(n)\Big]+(\boldsymbol{K}_i\bar{\boldsymbol{H}}_{i2}+\boldsymbol{I}-\boldsymbol{K}_i)\boldsymbol{y}_i^l(k)+\boldsymbol{K}_i\bar{g}_{i2}(\boldsymbol{y}_i^l(k))\\&+\boldsymbol{K}_i\sum_{j=1}^{M}\bar{\boldsymbol{S}}_{ij}\boldsymbol{y}_j^l(k)\end{aligned}\tag{8.89}$$

其中

$$\boldsymbol{\Theta}_i(N,k,n)=\begin{cases}\boldsymbol{\Psi}_i(k-1-n)-\boldsymbol{\eta}_i(k)\boldsymbol{\psi}_{i22}^{-1}(N)\boldsymbol{\psi}_{i2}(N-1-n), & n\in[0,k-1]\\ -\boldsymbol{\eta}_i(k)\boldsymbol{\psi}_{i22}^{-1}(N)\boldsymbol{\psi}_{i2}(N-1-n), & n\in[k,N-1]\end{cases}$$

由式(8.89)可以看出第 i 个子系统第 $l+1$ 次的迭代变量不仅与它的第 l 次迭代变量有关，而且还与其它子系统第 l 次迭代变量有关。所以将所有 $l+1$ 次迭代变量合起来即可构成如下映射关系

$$\begin{aligned}\boldsymbol{y}^{l+1}(k)=&\boldsymbol{K}\boldsymbol{\mu}(N,k)\boldsymbol{x}_0-\boldsymbol{K}\sum_{n=0}^{N-1}\boldsymbol{\Theta}(N,k,n)[\boldsymbol{H}_1\boldsymbol{y}^l(n)+g_1(\boldsymbol{y}^l(n))+\boldsymbol{T}\boldsymbol{y}^l(n)]\\&+(\boldsymbol{K}\bar{\boldsymbol{H}}_2+\boldsymbol{I}-\boldsymbol{K})\boldsymbol{y}^l(k)+\boldsymbol{K}\bar{g}_2(\boldsymbol{y}^l(k))+\boldsymbol{K}\bar{\boldsymbol{T}}\boldsymbol{y}^l(k)\end{aligned}\tag{8.90}$$

其中：

$$\boldsymbol{K}=\underset{1\leqslant i\leqslant M}{\text{blockdiag}}\{\boldsymbol{K}_i\},\ \boldsymbol{\mu}(N,k)=\underset{1\leqslant i\leqslant M}{\text{blockdiag}}\{\boldsymbol{\mu}_i(N,k)\},\ \boldsymbol{H}_1=\underset{1\leqslant i\leqslant M}{\text{blockdiag}}\{\boldsymbol{H}_{i1}\}$$

$$\overline{\boldsymbol{H}}_2=\underset{1\leqslant i\leqslant M}{\text{blockdiag}}\{\overline{\boldsymbol{H}}_{i2}\},\ \overline{g}_2(\boldsymbol{y}^l(k))=[\overline{g}_{12}(\boldsymbol{y}_1^l(k))^{\mathrm{T}},\cdots,\overline{g}_{M2}(\boldsymbol{y}_M^l(k))^{\mathrm{T}}]^{\mathrm{T}}$$

$$\boldsymbol{\Theta}(N,k,n)=\underset{1\leqslant i\leqslant M}{\text{blockdiag}}\{\boldsymbol{\Theta}_i(N,k,n)\}$$

$$g_1(\boldsymbol{y}^l(k))=[g_{11}(\boldsymbol{y}_1^l(k))^{\mathrm{T}},\cdots,g_{M1}(\boldsymbol{y}_M^l(k))^{\mathrm{T}}]^{\mathrm{T}}$$

$$\boldsymbol{T}=\begin{bmatrix}\boldsymbol{0} & \boldsymbol{S}_{12} & \cdots & \boldsymbol{S}_{1M}\\ \boldsymbol{S}_{21} & \boldsymbol{0} & \cdots & \boldsymbol{S}_{2M}\\ \vdots & \vdots & & \vdots\\ \boldsymbol{S}_{M1} & \boldsymbol{S}_{M2} & \cdots & \boldsymbol{0}\end{bmatrix},\ \overline{\boldsymbol{T}}=\begin{bmatrix}\boldsymbol{0} & \overline{\boldsymbol{S}}_{12} & \cdots & \overline{\boldsymbol{S}}_{1M}\\ \overline{\boldsymbol{S}}_{21} & \boldsymbol{0} & \cdots & \overline{\boldsymbol{S}}_{2M}\\ \vdots & \vdots & & \vdots\\ \overline{\boldsymbol{S}}_{M1} & \overline{\boldsymbol{S}}_{M2} & \cdots & \boldsymbol{0}\end{bmatrix}$$

利用压缩映射证明本算法的收敛性即要证明

$$\|\boldsymbol{y}^{l+1}(k)-\boldsymbol{y}^l(k)\|\leqslant\sigma\|\boldsymbol{y}^l(k)-\boldsymbol{y}^{l-1}(k)\|,\ 0<\sigma<1$$

这里 $\|\boldsymbol{y}(k)\|=\sup\limits_{k\in[0,N-1]}\|\boldsymbol{y}(k)\|_2$。为此附加一个假设：

假设 11 函数 $g_{i1}(\boldsymbol{y}_i(k))$、$\overline{g}_{i2}(\boldsymbol{y}_i(k))$ 是利普希兹连续的，即对所有 $\boldsymbol{y}_i(k)$，$k\in[0,N-1]$，$i=1,\cdots,M$，存在利普希兹常数 h_{i1} 和 h_{i2}，使得下式成立

$$\begin{cases}\|g_{i1}(\boldsymbol{y}_i^l(k))-g_{i1}(\boldsymbol{y}_i^{l-1}(k))\|\leqslant h_{i1}\|\boldsymbol{y}_i^l(k)-\boldsymbol{y}_i^{l-1}(k)\|\\ \|\overline{g}_{i2}(\boldsymbol{y}_i^l(k))-\overline{g}_{i2}(\boldsymbol{y}_i^{l-1}(k))\|\leqslant h_{i2}\|\boldsymbol{y}_i^l(k)-\boldsymbol{y}_i^{l-1}(k)\|\end{cases}\tag{8.91}$$

定理 8.7(收敛性) 算法映射(8.90)是压缩映射的充分条件为

$$(\sigma_1(N)+\sqrt{M}h_1\sigma_2(N))N+\|\boldsymbol{K}\boldsymbol{H}+\boldsymbol{I}-\boldsymbol{K}+\boldsymbol{K}\boldsymbol{T}\|+\sqrt{M}h_3h_2<1\tag{8.92}$$

其中：$h_1=\max\limits_{1\leqslant i\leqslant M}h_{i1}$，$h_2=\max\limits_{1\leqslant i\leqslant M}h_{i2}$，$h_3=\max\limits_{1\leqslant i\leqslant M}\|\boldsymbol{K}_i\|$，$\sigma_2(N)=\max\limits_{1\leqslant i\leqslant M}\sigma_{i2}(N)$，$\sigma_{i2}=\sup\limits_{k\in[0,N-1]}\sup\limits_{n\in[0,N-1]}\|\boldsymbol{K}_i\boldsymbol{\Theta}_i(N,k,n)\|$。

证明 由式(8.90)得

$$\begin{aligned}\boldsymbol{y}^{l+1}(k)-\boldsymbol{y}^l(k)=&-\boldsymbol{K}\sum_{n=0}^{N-1}\boldsymbol{\Theta}(N,k,n)[(\boldsymbol{H}_1+\boldsymbol{T})(\boldsymbol{y}^l(n)-\boldsymbol{y}^{l-1}(n))\\&+g_1(\boldsymbol{y}^l(n))-g_1(\boldsymbol{y}^{l-1}(n))]+(\boldsymbol{K}\overline{\boldsymbol{H}}_2+\boldsymbol{I}+\overline{\boldsymbol{T}}-\boldsymbol{K})(\boldsymbol{y}^l(k)\\&-\boldsymbol{y}^{l-1}(k))+\boldsymbol{K}(\overline{g}_2(\boldsymbol{y}^l(k))-\overline{g}_2(\boldsymbol{y}^l(k)))\end{aligned}$$

上式两端取范数并由三角不等式得本结论。

注：对连续时间非线性动态大系统的基于 IPM 的 DISOPE 递阶算法也可以得到相应收敛性条件，限于篇幅在此省略。

4. 仿真结果

例 8.5 考虑下面关联非线性动态大系统最优控制问题：

$$\min_{u_1(\cdot),\,u_2(\cdot)} J=\sum_{i=1}^{2}\frac{1}{2}\sum_{k=1}^{10}[\boldsymbol{x}_i^{\mathrm{T}}(k)\boldsymbol{Q}_i\boldsymbol{x}_i(k)+\boldsymbol{u}_i^{\mathrm{T}}(k-1)\boldsymbol{R}_i\boldsymbol{u}_i(k-1)]$$

$$\text{s.t.}\begin{bmatrix}x_{11}(k+1)\\x_{12}(k+1)\\x_{21}(k+1)\end{bmatrix}=\begin{bmatrix}-0.1&0.05&0.05\\0&-0.2&0\\0.2&-0.1&-3\end{bmatrix}\begin{bmatrix}x_{11}(k)\\x_{12}(k)\\x_{21}(k)\end{bmatrix}+\begin{bmatrix}0.25&0\\0&0\\0&0.05\end{bmatrix}\begin{bmatrix}u_1(k)\\u_2(k)\end{bmatrix}+\begin{bmatrix}x_{11}(k)x_{12}(k)\\0\\0\end{bmatrix}$$

$x_{11}(0)=2$，$x_{12}(0)=-3$，$x_{21}(0)=4$，$\boldsymbol{Q}_1=\begin{bmatrix}2&0\\0&2\end{bmatrix}$，$Q_2=2$，$R_1=0.5$，$R_2=0.5$

选择基于模型的最优控制问题为

$$\min_{u_1(\cdot),\,u_2(\cdot)} J=\sum_{i=1}^{2}\frac{1}{2}\sum_{k=1}^{10}[\boldsymbol{x}_i^{\mathrm{T}}(k)\boldsymbol{Q}_i\boldsymbol{x}_i(k)+\boldsymbol{u}_i^{\mathrm{T}}(k-1)\boldsymbol{R}_i\boldsymbol{u}_i(k-1)]$$

$$\text{s.t.}\begin{bmatrix}x_{11}(k+1)\\x_{12}(k+1)\\x_{21}(k+1)\end{bmatrix}=\begin{bmatrix}-0.075&0.05&0.05\\0&-0.1&0\\0.2&-0.1&-2.5\end{bmatrix}\begin{bmatrix}x_{11}(k)\\x_{12}(k)\\x_{21}(k)\end{bmatrix}+\begin{bmatrix}0.2&0\\0&0\\0&0.04\end{bmatrix}\begin{bmatrix}u_1(k)\\u_2(k)\end{bmatrix}+\boldsymbol{\alpha}(k)$$

$$x_{11}(0)=2,\ x_{12}(0)=-3,\ x_{21}(0)=4$$

$$\boldsymbol{Q}_1=\begin{bmatrix}2&0\\0&2\end{bmatrix},\ Q_2=2,\ R_1=0.4,\ R_2=0.4$$

注意到模型与实际线性和非线性部分的较大差异，利用本文算法求解，选择 $k_v=0.5$，$k_p=k_z=1$，$\text{eps}=10^{-3}$，迭代 18 次收敛，最优状态曲线分别如图 8.6 和图 8.7 所示，最优控制曲线见图 8.8。

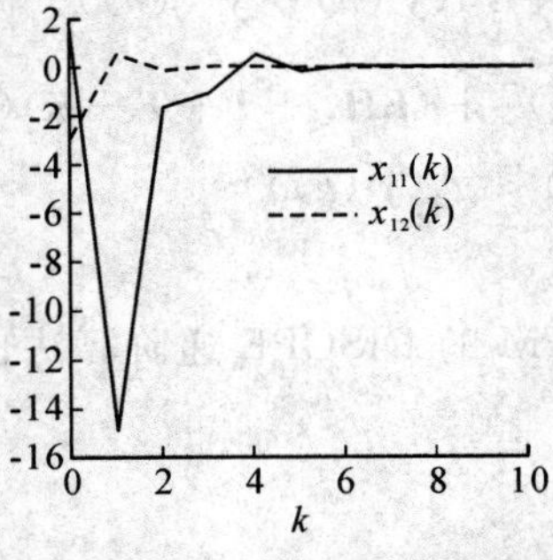

图 8.6　子系统 1 最优状态

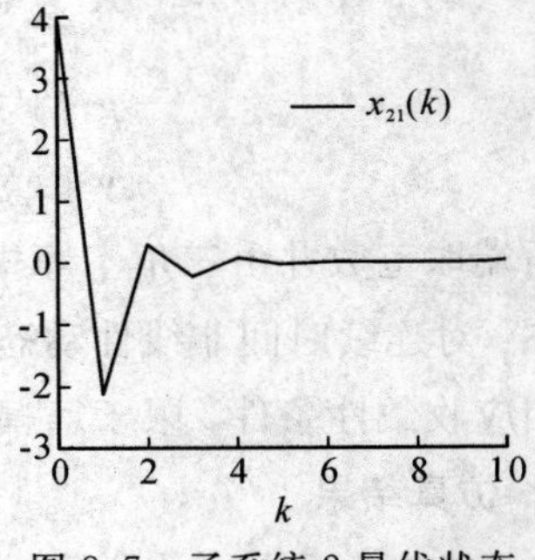

图 8.7　子系统 2 最优状态

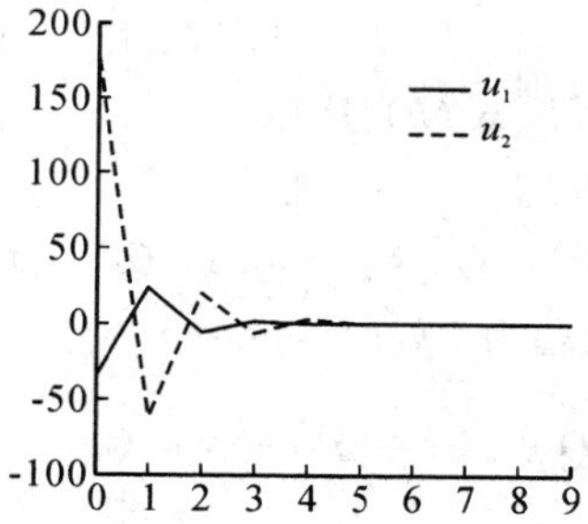

图 8.8　最优控制曲线

例 8.6　考虑下面非线性最优控制问题

$$\min_{u(k)} \frac{\Delta T}{2}\sum_{i=1}^{3}\sum_{k=0}^{[1/\Delta T]}\left[\boldsymbol{x}_i^{\mathrm{T}}(k)\boldsymbol{Q}_i\boldsymbol{x}_i(k)+\boldsymbol{u}_i^{\mathrm{T}}(k)\boldsymbol{R}_i\boldsymbol{u}_i(k)\right]$$

$$\text{s. t.}\begin{cases}\boldsymbol{x}_1(k+1)=\boldsymbol{A}_1\boldsymbol{x}_1(k)+\boldsymbol{B}_1\boldsymbol{u}_1(k)+\boldsymbol{w}_1(k)+\begin{bmatrix}\Delta T x_{11}(k)x_{12}(k)\\ \Delta T x_{11}(k)^3\end{bmatrix}\\ \boldsymbol{x}_2(k+1)=\boldsymbol{A}_2\boldsymbol{x}_2(k)+\boldsymbol{B}_2\boldsymbol{u}_2(k)+\boldsymbol{w}_2(k)+\begin{bmatrix}\Delta T(x_{11}(k)^2+x_{12}(k)^2)\\ 0\end{bmatrix}\\ \boldsymbol{x}_3(k+1)=\boldsymbol{A}_3\boldsymbol{x}_3(k)+\boldsymbol{B}_3\boldsymbol{u}_3(k)+\boldsymbol{w}_3(k)+\begin{bmatrix}\Delta T x_{31}(k)x_{32}(k)\\ 0\\ 0\end{bmatrix}\end{cases}$$

$$\boldsymbol{x}_1(0)=[1.0\quad 0.8]^{\mathrm{T}},\ \boldsymbol{x}_2(0)=[0.5\quad 0.6]^{\mathrm{T}},\ \boldsymbol{x}_3(0)=[1.5\quad 1.0\quad 1.2]^{\mathrm{T}}$$

其中：

$\Delta T=0.02$ 是采样周期，

$$\boldsymbol{A}_1=\begin{bmatrix}1-5\Delta T & 0.2\Delta T\\ 0 & 1-2\Delta T\end{bmatrix},\ \boldsymbol{B}_1=\begin{bmatrix}0.1\Delta T\\ 0.1\Delta T\end{bmatrix},$$

$$\boldsymbol{w}_1=\begin{bmatrix}0.5\Delta T & 0\\ 0 & 0.5\Delta T\end{bmatrix}\boldsymbol{x}_2(k)+\begin{bmatrix}0.1\Delta T & 0.5\Delta T & 0\\ -0.5\Delta T & 0.2\Delta T & -0.1\Delta T\end{bmatrix}\boldsymbol{x}_3(k)$$

$$\boldsymbol{A}_2=\begin{bmatrix}1-1.5\Delta T & 0\\ -0.5\Delta T & 1-\Delta T\end{bmatrix},\ \boldsymbol{B}_2=\begin{bmatrix}0.2\Delta T\\ 0.2\Delta T\end{bmatrix},$$

$$\boldsymbol{w}_2=\begin{bmatrix}0 & 0.1\Delta T\\ 0 & 0.2\Delta T\end{bmatrix}\boldsymbol{x}_1(k)+\begin{bmatrix}0.5\Delta T & 0.1\Delta T & 0\\ 0.2\Delta T & 0 & 0\end{bmatrix}\boldsymbol{x}_3(k)$$

$$\boldsymbol{A}_3=\begin{bmatrix}1-\Delta T & 0 & \Delta T\\ 0 & 1-0.5\Delta T & 0\\ -0.5\Delta T & 0 & 1-\Delta T\end{bmatrix},\ \boldsymbol{B}_3=\begin{bmatrix}0\\ 0\\ 0.1\end{bmatrix}$$

$$w_3 = \begin{bmatrix} 0.2\Delta T & 0 \\ 0.1\Delta T & -0.2\Delta T \\ 0.4\Delta T & 0.1\Delta T \end{bmatrix} \boldsymbol{x}_1(k) + \begin{bmatrix} 0.17\Delta T & 0 \\ 0 & -\Delta T \\ -\Delta T & 0 \end{bmatrix} \boldsymbol{x}_2(k)$$

$$\boldsymbol{Q}_1 = \boldsymbol{I}_2,\ \boldsymbol{R}_1 = 0.1,\ \boldsymbol{Q}_2 = \boldsymbol{I}_2,\ \boldsymbol{R}_2 = 0.1,\ \boldsymbol{Q}_3 = \boldsymbol{I}_3,\ \boldsymbol{R}_3 = 0.1$$

选择基于模型的优化控制问题为

$$\min_{u(k)} \frac{\Delta T}{2} \sum_{i=1}^{3} \sum_{k=0}^{[1/\Delta T]} [\boldsymbol{x}_i^{\mathrm{T}}(k)\boldsymbol{Q}_i\boldsymbol{x}_i(k) + \boldsymbol{u}_i^{\mathrm{T}}(k)\boldsymbol{R}_i\boldsymbol{u}_i(k)]$$

$$\text{s. t.} \begin{cases} \boldsymbol{x}_1(k+1) = \boldsymbol{A}_1\boldsymbol{x}_1(k) + \boldsymbol{B}_1\boldsymbol{u}_1(k) + w_1(k) + \boldsymbol{\alpha}_1(k) \\ \boldsymbol{x}_2(k+1) = \boldsymbol{A}_2\boldsymbol{x}_2(k) + \boldsymbol{B}_2\boldsymbol{u}_2(k) + w_2(k) + \boldsymbol{\alpha}_2(k) \\ \boldsymbol{x}_3(k+1) = \boldsymbol{A}_3\boldsymbol{x}_3(k) + \boldsymbol{B}_3\boldsymbol{u}_3(k) + w_3(k) + \boldsymbol{\alpha}_3(k) \end{cases}$$

$$\boldsymbol{x}_1(0) = [1.0 \quad 0.8]^{\mathrm{T}},\ \boldsymbol{x}_2(0) = [0.5 \quad 0.6]^{\mathrm{T}},\ \boldsymbol{x}_3(0) = [1.5 \quad 1.0 \quad 1.2]^{\mathrm{T}}$$

利用本节的递阶 DISOPE 算法求解，选择精度 eps=0.01，$k_v = k_p = k_z = 1$，算法在 6 次迭代后收敛。与集中 DISOPE 算法相比较的结果见表 8.2，系统的最优状态轨线和最优控制曲线见图 8.9，性能指标下降曲线见图 8.10。

表 8.3　两种算法的性能比较

算法	误差精度	迭代次数	性能指标	CPU 时间
递阶 DISOPE	0.01	6	2.2705	4.95
集中 DISOPE	0.01	5	2.2695	5.22

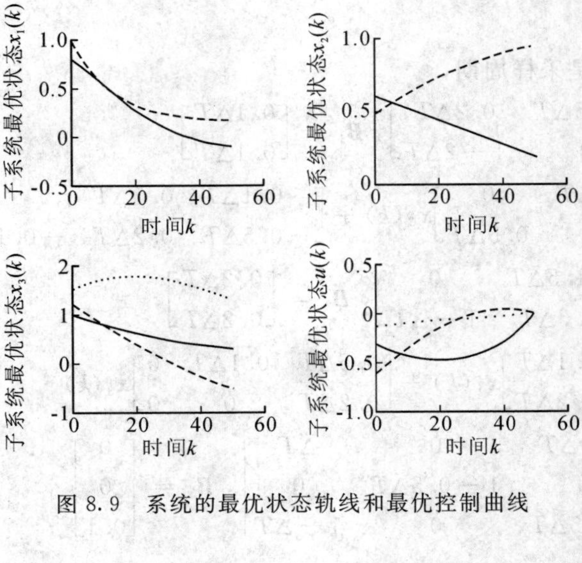

图 8.9　系统的最优状态轨线和最优控制曲线

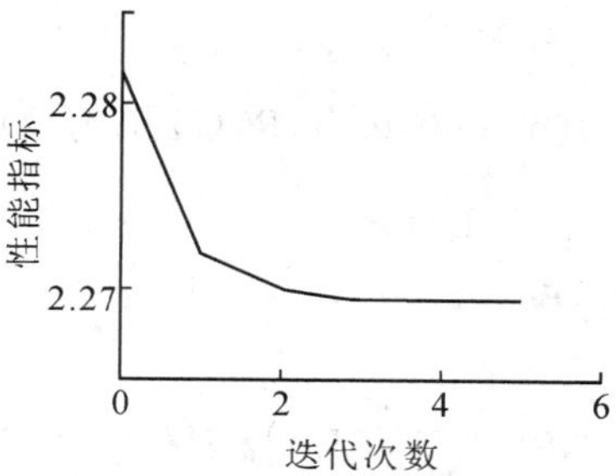

图 8.10　性能指标下降曲线

8.5　基于线性模型的非线性连续时滞系统 DISOPE 算法

1. 问题的提出

考虑连续时间的非线性时滞动态系统最优控制问题：

$$
\begin{aligned}
&J = \min_{u(\cdot)}\int_{t_0}^{t_f} L(\boldsymbol{x}(t),\ \boldsymbol{u}(t),\ t)\mathrm{d}t \\
&\text{s. t.}\begin{cases}\dot{\boldsymbol{x}}(t) = f(\boldsymbol{x}(t),\ \boldsymbol{x}(t-d),\ \boldsymbol{u}(t),\ t) \\ \boldsymbol{x}(s) = \boldsymbol{\phi}(s),\ -d \leqslant s \leqslant 0\end{cases}
\end{aligned}
\tag{8.93}
$$

其中 $f(\cdots)$、$L(\cdots)$分别是实际系统的动态和实际性能指标，$t_0 \geqslant 0$ 是初始时刻，t_f 是末端时刻，$\phi(\cdot)$、$\varphi(\cdot)$是系统的初始条件。

利用极大值原理求解式(8.93)需要解非线性两点混合边值问题，这一点很困难。若用动态规划法则存在求解一系列非线性规划和维数灾等问题同样很困难，特别是实际系统的动态性和实际性能指标为复杂非线性函数时，这些问题变得更为突出。所以求解式(8.93)目前还没有更有效的方法。假设式(8.93)的基于线性模型和二次型性能指标的近似问题(MOP)是已知的，即考虑如下问题

$$
\begin{cases}
J_M = \min\limits_{u(\cdot)}\displaystyle\int_{t_0}^{t_f} \frac{1}{2}[\boldsymbol{x}^{\mathrm{T}}(t)\boldsymbol{Q}\boldsymbol{x}(t) + \boldsymbol{u}^{\mathrm{T}}(t)\boldsymbol{R}\boldsymbol{u}(t) + 2\gamma(t)]\mathrm{d}t \\
\text{s. t.}\begin{cases}\dot{\boldsymbol{x}}(t) = \boldsymbol{A}\boldsymbol{x}(t) + \boldsymbol{B}\boldsymbol{u}(t) + \boldsymbol{\alpha}(t) \\ \boldsymbol{x}(s) = \boldsymbol{\phi}(s),\ -d \leqslant s \leqslant 0\end{cases}
\end{cases}
\tag{8.94}
$$

其中 $\boldsymbol{x}(t) \in \mathbf{R}^n$，$\boldsymbol{u}(t) \in \mathbf{R}^m$ 分别是状态向量和控制向量，$\boldsymbol{A}$、$\boldsymbol{B}$ 是适当维数常数矩阵，$\boldsymbol{Q}=\boldsymbol{Q}^{\mathrm{T}}>0$，$\boldsymbol{R}=\boldsymbol{R}^{\mathrm{T}}>0$ 为加权矩阵。$\boldsymbol{\alpha}(t) \in \mathbf{R}^n$，$\gamma(t) \in \mathbf{R}^1$ 是参数向量，它们分别由模型与实际的状态方程和性能指标的匹配情况确定。

为了确定参数 $\alpha(t)$和 $\gamma(t)$，定义以下一个与原问题(8.93)等价的扩展优化控

制问题(EOP)

$$J_E = \min_{\boldsymbol{u}(\cdot)} \int_{t_0}^{t_f} \frac{1}{2}[\boldsymbol{x}^{\mathrm{T}}(t)\boldsymbol{Q}\boldsymbol{x}(t) + \boldsymbol{u}^{\mathrm{T}}(t)\boldsymbol{R}\boldsymbol{u}(t) + 2\gamma(t) + r_1(\boldsymbol{v}(t) - \boldsymbol{u}(t))^2 + r_2(\boldsymbol{z}(t) - \boldsymbol{x}(t))^2]\mathrm{d}t \tag{8.95}$$

$$\text{s. t.} \begin{cases} \dot{\boldsymbol{x}}(t) = \boldsymbol{A}\boldsymbol{x}(t) + \boldsymbol{B}\boldsymbol{u}(t) + \boldsymbol{\alpha}(t) \\ \boldsymbol{x}(0) = \boldsymbol{x}_0 \\ \boldsymbol{A}\boldsymbol{z}(t) + \boldsymbol{B}\boldsymbol{v}(t) + \boldsymbol{\alpha}(t) = f(\boldsymbol{z}(t), \boldsymbol{z}(t-d), \boldsymbol{v}(t), t) \\ \frac{1}{2}[\boldsymbol{z}^{\mathrm{T}}(t)\boldsymbol{Q}\boldsymbol{z}(t) + \boldsymbol{v}^{\mathrm{T}}(t)\boldsymbol{R}\boldsymbol{v}(t) + 2\gamma(t)] = L(\boldsymbol{z}(t), \boldsymbol{v}(t), t) \\ \boldsymbol{z}(t) = \boldsymbol{x}(t) \\ \boldsymbol{v}(t) = \boldsymbol{u}(t) \end{cases}$$

其中 $\boldsymbol{z}(t)$和 $\boldsymbol{v}(t)$的引入是为了分离参数估计问题和基于模型最优控制问题。$r_1 \geqslant 0$，$r_2 \geqslant 0$，与 r_1、r_2 有关的项是为了增强收敛性而引入的凸化项。

定义(8.95)的 Hamilton 函数为

$$\begin{aligned} H = {} & \frac{1}{2}[\boldsymbol{x}^{\mathrm{T}}(t)\boldsymbol{Q}\boldsymbol{x}(t) + \boldsymbol{u}^{\mathrm{T}}(t)\boldsymbol{R}\boldsymbol{u}(t) + 2\gamma(t) + r_1(\boldsymbol{v}(t) - \boldsymbol{u}(t))^2 \\ & + r_2(\boldsymbol{z}(t) - \boldsymbol{x}(t))^2] + \boldsymbol{p}^{\mathrm{T}}(t)[\boldsymbol{A}\boldsymbol{x}(t) + \boldsymbol{B}\boldsymbol{u}(t) + \boldsymbol{\alpha}(t)] \\ & + \boldsymbol{\xi}^{\mathrm{T}}(t)[\boldsymbol{A}\boldsymbol{z}(t) + \boldsymbol{B}\boldsymbol{v}(t) + \boldsymbol{\alpha}(t) - f(\boldsymbol{z}(t), \boldsymbol{z}(t-d), \boldsymbol{v}(t), t)] \\ & + \boldsymbol{\eta}(t)\left\{\frac{1}{2}[\boldsymbol{z}^{\mathrm{T}}(t)\boldsymbol{Q}\boldsymbol{z}(t) + \boldsymbol{v}^{\mathrm{T}}(t)\boldsymbol{R}\boldsymbol{v}(t) + 2\gamma(t)] - L(\boldsymbol{z}(t), \boldsymbol{v}(t), t)\right\} \\ & + \boldsymbol{\beta}^{\mathrm{T}}(t)(\boldsymbol{z}(t) - \boldsymbol{x}(t)) + \boldsymbol{\lambda}(t)^{\mathrm{T}}(\boldsymbol{v}(t) - \boldsymbol{u}(t)) \end{aligned}$$

由极大值原理得增广问题(8.95)的最优性必要条件为

$$\begin{cases} \dot{\boldsymbol{p}}(t) = -\widetilde{\boldsymbol{Q}}\boldsymbol{x}(t) - \boldsymbol{A}^{\mathrm{T}}\boldsymbol{p}(t) + \boldsymbol{\beta}(t) + r_2\boldsymbol{z}(t), \ \boldsymbol{p}(t_f) = 0 \\ \boldsymbol{u}(t) = -\widetilde{\boldsymbol{R}}^{-1}(\boldsymbol{B}^{\mathrm{T}}\boldsymbol{p}(t) - \boldsymbol{\lambda}(t) - r_1\boldsymbol{v}(t)) \\ \dot{\boldsymbol{x}}(t) = \boldsymbol{A}\boldsymbol{x}(t) + \boldsymbol{B}\boldsymbol{u}(t) + \boldsymbol{\alpha}(t), \ \boldsymbol{x}(0) = \boldsymbol{x}_0 \end{cases} \tag{8.96}$$

$$\boldsymbol{\alpha}(t) = f(\boldsymbol{z}(t), \boldsymbol{z}(t-d), \boldsymbol{v}(t), t) - \boldsymbol{A}\boldsymbol{z}(t) - \boldsymbol{B}\boldsymbol{v}(t) \tag{8.97}$$

$$\begin{cases} \boldsymbol{\lambda}(t) = \left(\boldsymbol{B} - \dfrac{\partial f}{\partial \boldsymbol{v}(t)}\right)^{\mathrm{T}} \widetilde{\boldsymbol{p}}(t) + \boldsymbol{R}\boldsymbol{v}(t) - \nabla_{\boldsymbol{v}(t)} L \\ \boldsymbol{\beta}(t) = \left(\boldsymbol{A} - \dfrac{\partial f}{\partial \boldsymbol{z}(t)}\right)^{\mathrm{T}} \widetilde{\boldsymbol{p}}(t) - \dfrac{\partial f^{\mathrm{T}}(\boldsymbol{z}(t+d), \boldsymbol{z}(t), \boldsymbol{v}(t+d), t+d)}{\partial \boldsymbol{z}(t)} \widetilde{\boldsymbol{p}}(t+d) \\ \qquad + \boldsymbol{Q}\boldsymbol{z}(t) - \nabla_{\boldsymbol{z}(t)} L \end{cases} \tag{8.98}$$

其中式(8.97)定义了参数估计问题，式(8.98)用于计算修正因子。$\boldsymbol{p}(t)$是增广问题(8.95)的协状态向量，$\widetilde{\boldsymbol{Q}} = \boldsymbol{Q} + r_2\boldsymbol{I}$，$\widetilde{\boldsymbol{R}} = \boldsymbol{R} + r_1\boldsymbol{I}_m$，$\boldsymbol{\lambda}(t) \in \mathbf{R}^m$，$\boldsymbol{\beta}(t) \in \mathbf{R}^n$ 是修正因子。$\widetilde{\boldsymbol{p}}(t)$的引入是为了分离修正因子计算问题和基于模型最优控制问题。

在给定 $\boldsymbol{\alpha}(t)$、$\gamma(t)$、$\boldsymbol{\lambda}(t)$、$\boldsymbol{\beta}(t)$和 $\boldsymbol{z}(t)$、$\boldsymbol{v}(t)$的情况下，以下修正的基于模型的最优控制问题 MMOP 的解满足条件(8.96)。

$$J_{\mathrm{MM}} = \min_{\boldsymbol{u}(\cdot)}\int_{t_0}^{t_f} \frac{1}{2}[\boldsymbol{x}^{\mathrm{T}}(t)\boldsymbol{Q}\boldsymbol{x}(t) + \boldsymbol{u}^{\mathrm{T}}(t)\boldsymbol{R}\boldsymbol{u}(t) + 2\gamma(t) + r_1(\boldsymbol{v}(t) - \boldsymbol{u}(t))^2 + r_2(\boldsymbol{z}(t) - \boldsymbol{x}(t))^2 - 2\boldsymbol{\lambda}^{\mathrm{T}}(t)\boldsymbol{u}(t) - 2\boldsymbol{\beta}^{\mathrm{T}}(t)\boldsymbol{x}(t)]$$

$$\text{s. t.}\begin{cases}\dot{\boldsymbol{x}}(t) = \boldsymbol{A}\boldsymbol{x}(t) + \boldsymbol{B}\boldsymbol{u}(t) + \boldsymbol{\alpha}(t)\\ \boldsymbol{x}(t_0) = \boldsymbol{x}_0\end{cases} \tag{8.99}$$

MMOP 问题(8.99)的解可以用 Riccati 方程方法来求解。令

$$\boldsymbol{p}(t) = \boldsymbol{G}(t)\boldsymbol{x}(t) + \boldsymbol{g}(t) \tag{8.100}$$

由方程(8.100)和式(8.96)得如下 Riccati 方程组：

$$\begin{cases}\dot{\boldsymbol{G}}(t) = \widetilde{\boldsymbol{Q}} + \boldsymbol{A}^{\mathrm{T}}\boldsymbol{G}(t)\boldsymbol{A} - \boldsymbol{A}^{\mathrm{T}}\boldsymbol{G}(t)\boldsymbol{B}(\boldsymbol{B}^{\mathrm{T}}\boldsymbol{G}(t)\boldsymbol{B} + \widetilde{\boldsymbol{R}})^{-1}\boldsymbol{B}^{\mathrm{T}}\boldsymbol{G}(t)\boldsymbol{A}\\ \boldsymbol{G}(t_f) = \boldsymbol{0}\end{cases} \tag{8.101}$$

$$\begin{cases}\boldsymbol{g}(t) = \boldsymbol{A}^{\mathrm{T}}(\boldsymbol{I} - \boldsymbol{G}(t)\boldsymbol{B}(\boldsymbol{B}^{\mathrm{T}}\boldsymbol{G}(t)\boldsymbol{B} + \widetilde{\boldsymbol{R}})^{-1}\boldsymbol{B}^{\mathrm{T}})\boldsymbol{g}(t)\\ \qquad + \boldsymbol{A}^{\mathrm{T}}(\boldsymbol{I} - \boldsymbol{G}(t)\boldsymbol{B}(\boldsymbol{B}^{\mathrm{T}}\boldsymbol{G}(t)\boldsymbol{B} + \widetilde{\boldsymbol{R}})^{-1}\boldsymbol{B}^{\mathrm{T}})\boldsymbol{G}(t)\boldsymbol{\alpha}(t)\\ \qquad + \boldsymbol{A}^{\mathrm{T}}\boldsymbol{G}(t)\boldsymbol{B}(\boldsymbol{B}^{\mathrm{T}}\boldsymbol{G}(t)\boldsymbol{B} + \widetilde{\boldsymbol{R}})^{-1}(\boldsymbol{\lambda}(t) + r_1\boldsymbol{v}(t)) - \boldsymbol{\beta}(t) - \widetilde{\boldsymbol{Q}}\boldsymbol{z}(t)\\ \boldsymbol{g}(t_f) = \boldsymbol{0}\end{cases} \tag{8.102}$$

2. 基于线性模型的 DISOPE 算法及其收敛性分析

由上节分析可得到如下迭代求解非线性离散时间系统最优控制的算法。

假设 $\boldsymbol{A}$、$\boldsymbol{B}$、$\boldsymbol{Q}$、$\boldsymbol{R}$、N、$\boldsymbol{x}_0$ 是已知的，$f^*(\cdot,\cdot,\cdot)$和 L^* 及其所有 Jacobi 矩阵可以计算。

(1) 先求一个标称解。在 $\boldsymbol{\alpha}(t)$、$\gamma(t)$、r_1、r_2 及 $\boldsymbol{\lambda}(t)$、$\boldsymbol{\beta}(t)$、$\boldsymbol{z}(t)$、$\boldsymbol{v}(t)$全为零的条件下，求解 MMOP 问题(8.99)得到标称解 $\boldsymbol{u}^l(t)$、$\boldsymbol{x}^l(t)$、$\boldsymbol{p}^l(t)$，令 $\boldsymbol{v}^l(t) = \boldsymbol{u}^l(t)$，$\boldsymbol{z}^l(t) = \boldsymbol{x}^l(t)$，$\widetilde{\boldsymbol{p}}^l(t) = \boldsymbol{p}^l(t)$，且迭代指标 $l=0$。

(2) 利用式(8.97)计算参数 $\boldsymbol{\alpha}^l(t)$；由式(8.98)计算修正因子 $\boldsymbol{\lambda}^l(t)$、$\boldsymbol{\beta}^l(t)$。

(3) 利用式(8.100)～式(8.102)求解 MMOP 问题(8.99)，得到最优解 $\boldsymbol{u}^{l+1}(t)$、$\boldsymbol{x}^{l+1}(t)$、$\boldsymbol{p}^{l+1}(t)$。

(4) 由下面松驰公式更新

$$\begin{cases}\boldsymbol{v}^{l+1}(t) = \boldsymbol{v}^l(t) + k_v(\boldsymbol{u}^{l+1}(t) - \boldsymbol{v}^l(t))\\ \boldsymbol{z}^{l+1}(t) = \boldsymbol{z}^l(t) + k_z(\boldsymbol{x}^{l+1}(t) - \boldsymbol{z}^l(t))\\ \widetilde{\boldsymbol{p}}^{l+1}(t) = \widetilde{\boldsymbol{p}}^l(t) + k_p(\boldsymbol{p}^{l+1}(t) - \widetilde{\boldsymbol{p}}^l(t))\end{cases} \tag{8.103}$$

判别 $\int_{t_0}^{t_f}\|\boldsymbol{v}^{l+1}(t) - \boldsymbol{v}^l(t)\|^2 \leqslant \mathrm{eps}$ (eps 是足够小的正数)是否成立，若成立则停止迭代；否则令 $l=l+1$，转到第(2)步。

下面的假设是研究原问题的基本前提。

假设 12 原问题(8.93)的最优解 $\boldsymbol{x}^*(t)$、$\boldsymbol{u}^*(t)$、$\boldsymbol{p}^*(t)$存在且唯一。

假设 13 $L^*(\cdots)$和 $f^*(\cdots)$的所有 Jacobi 矩阵在$[t_0, t_f]$上存在且连续。

定理 8.8(最优性) 在假设 12 和 13 的条件下，如果上述算法收敛，则收敛解满足原问题(8.93)的最优性必要条件。

证明 由算法的推导过程和时滞系统最优性条件及假设 12 易于证明本结论。

在分析收敛性之前，先推导相继两次迭代变量之间的映射关系。该算法的第 l 次迭代量到第 $l+1$ 次迭代量之间的映射关系由下面一组差分方程和式(8.93)确定。

$$\begin{bmatrix} \dot{\hat{\boldsymbol{x}}}^l(t) \\ \dot{\hat{\boldsymbol{p}}}^l(t) \end{bmatrix} = \begin{bmatrix} \boldsymbol{A}(t) & -\boldsymbol{B}(t)\boldsymbol{R}^{-1}(t)\boldsymbol{B}^{\mathrm{T}}(t) \\ -\boldsymbol{Q}(t) & -\boldsymbol{A}^{\mathrm{T}}(t) \end{bmatrix} \begin{bmatrix} \hat{\boldsymbol{x}}^l(t) \\ \hat{\boldsymbol{p}}^l(t) \end{bmatrix} + \boldsymbol{H}_1 \boldsymbol{y}^l(t) + g(\boldsymbol{y}^l(t)) \tag{8.104}$$

这里

$$\boldsymbol{y}^l(t) = [\boldsymbol{v}^l(t)^{\mathrm{T}}, \boldsymbol{z}^l(t)^{\mathrm{T}}, \boldsymbol{p}^l(t)^{\mathrm{T}}]^{\mathrm{T}}$$

并且

$$\boldsymbol{H}_1 = \begin{bmatrix} r_1 \boldsymbol{B}(t)\boldsymbol{R}^{-1}(t) & \boldsymbol{0} & \boldsymbol{0} \\ & r_2 \boldsymbol{I}_n & \boldsymbol{0} \end{bmatrix}$$

$$g(\boldsymbol{y}^l(t)) = \begin{bmatrix} g_1(\boldsymbol{y}^l(t)) \\ g_2(\boldsymbol{y}^l(t)) \end{bmatrix}$$

$$g_1(\boldsymbol{y}^l(t)) = \boldsymbol{B}(t)\boldsymbol{R}^{-1}(t)\boldsymbol{\lambda}^l(t) + \boldsymbol{\alpha}^l(t),\ g_2(\boldsymbol{y}^l(t)) = \boldsymbol{\beta}^l(t) \tag{8.105}$$

这里的 $g(y^l(t))$代表模型与实际的差异，方程(8.104)的解为

$$\begin{bmatrix} \hat{\boldsymbol{x}}^l(t) \\ \hat{\boldsymbol{p}}^l(t) \end{bmatrix} = \boldsymbol{\Phi}(t, t_0) \begin{bmatrix} \boldsymbol{x}(t_0) \\ \hat{\boldsymbol{p}}^l(t_0) \end{bmatrix} + \int_0^t \boldsymbol{\Phi}(t, \tau)(\boldsymbol{H}_1 \boldsymbol{y}^l(\tau) + g(\boldsymbol{y}^l(\tau)))\mathrm{d}\tau \tag{8.106}$$

$$\hat{\boldsymbol{p}}^l(t_f) = \boldsymbol{0}$$

其中 $\boldsymbol{\Phi}(t, t_0) = \begin{bmatrix} \boldsymbol{\Phi}_{11}(t, t_0) & \boldsymbol{\Phi}_{12}(t, t_0) \\ \boldsymbol{\Phi}_{21}(t, t_0) & \boldsymbol{\Phi}_{22}(t, t_0) \end{bmatrix} = \begin{bmatrix} \boldsymbol{\Phi}_1(t, t_0) \\ \boldsymbol{\Phi}_2(t, t_0) \end{bmatrix}$是向量$\begin{bmatrix} \hat{\boldsymbol{x}}^l(t) \\ \hat{\boldsymbol{p}}^l(t) \end{bmatrix}$的转移矩阵。运用横截条件，可以将式(8.106)写为

$$\begin{aligned} \begin{bmatrix} \hat{\boldsymbol{x}}^l(t) \\ \hat{\boldsymbol{p}}^l(t) \end{bmatrix} = & \begin{bmatrix} \boldsymbol{\mu}_x(t, t_f, t_0) \\ \boldsymbol{\mu}_p(t, t_f, t_0) \end{bmatrix} \boldsymbol{x}_0 \\ & - \begin{bmatrix} \boldsymbol{\Phi}_{12}(t, t_0) \\ \boldsymbol{\Phi}_{22}(t, t_0) \end{bmatrix} \boldsymbol{\Phi}_{22}(t_f, t_0)^{-1} \int_0^t \boldsymbol{\Phi}_2(t_f, \tau)(\boldsymbol{H}_1 \boldsymbol{y}^l(t) + g(\boldsymbol{y}^l(t)))\mathrm{d}\tau \\ & + \int_0^t \boldsymbol{\Phi}(t, \tau)(\boldsymbol{H}_1 \boldsymbol{y}^l(t) + g(\boldsymbol{y}^l(t)))\mathrm{d}\tau \end{aligned} \tag{8.107}$$

其中：

$$\boldsymbol{\mu}_x(t, t_f, t_0) = \boldsymbol{\Phi}_{11}(t, t_0) - \boldsymbol{\Phi}_{12}(t, t_0)\boldsymbol{\Phi}_{22}^{-1}(t_f, t_0)\boldsymbol{\Phi}_{21}(t_f, t_0)$$

$$\boldsymbol{\mu}_p(t, t_f, t_0) = \boldsymbol{\Phi}_{21}(t, t_0) - \boldsymbol{\Phi}_{22}(t, t_0)\boldsymbol{\Phi}_{22}^{-1}(t_f, t_0)\boldsymbol{\Phi}_{21}(t_f, t_0)$$

从式(8.96)得到

$$\hat{\boldsymbol{u}}^l(t) = \boldsymbol{\mu}_u(t, t_f, t_0)\boldsymbol{x}_0 + \boldsymbol{R}^{-1}(t)\boldsymbol{B}^{\mathrm{T}}(t)\boldsymbol{\Phi}_{22}^{-1}(t_f, t_0)\int_0^t \boldsymbol{\Phi}_2(t_f, \tau)(\boldsymbol{H}_1\boldsymbol{y}^l(\tau) + g(\boldsymbol{y}^l(\tau)))\mathrm{d}\tau - \boldsymbol{R}^{-1}(t)\boldsymbol{B}^{\mathrm{T}}(t)\int_0^t \boldsymbol{\Phi}_2(t, \tau)(\boldsymbol{H}_1\boldsymbol{y}^l(\tau) + g(\boldsymbol{y}^l(\tau)))\mathrm{d}\tau \tag{8.108}$$

其中，$\boldsymbol{\mu}_u(t, t_f, t_0)=\boldsymbol{R}^{-1}(t)\boldsymbol{B}^{\mathrm{T}}(t)\boldsymbol{\mu}_p(t, t_f, t_0)$。

联合式(8.107)和式(8.108)得到

$$\hat{\boldsymbol{y}}^l(t) = \boldsymbol{\mu}(t, t_f, t_0)\boldsymbol{x}_0 - \int_0^t \boldsymbol{\Omega}(t, t_f, \tau, t_0)(\boldsymbol{H}_1\boldsymbol{y}^l(\tau) + g(\boldsymbol{y}^l(\tau)))\mathrm{d}\tau - H_2\boldsymbol{y}^l(t) + d(\boldsymbol{y}^l(t)) \tag{8.109}$$

这里

$$\boldsymbol{\mu}(t, t_f, t_0) = \begin{bmatrix} \boldsymbol{\mu}_u(t, t_f, t_0) \\ \boldsymbol{\mu}_x(t, t_f, t_0) \\ \boldsymbol{\mu}_p(t, t_f, t_0) \end{bmatrix}, \quad \boldsymbol{\eta}(t, t_f, t_0) = \boldsymbol{\Phi}_{22}^{-1}(t_f, t_0)\boldsymbol{\Phi}_2(t_f, \tau)$$

$\boldsymbol{\Omega}(t, t_f, \tau, t_0)=$

$$\begin{cases} \begin{bmatrix} [-\boldsymbol{R}^{-1}(t)\boldsymbol{B}^{\mathrm{T}}(t)\boldsymbol{\Phi}_{22}(t, t_0)\boldsymbol{\eta}(t_f, t_0, \tau) + \boldsymbol{R}^{-1}(t)\boldsymbol{B}^{\mathrm{T}}(t)\boldsymbol{\Phi}_2(t, \tau)] \\ \boldsymbol{\Phi}_{12}(t, t_0)\boldsymbol{\eta}(t_f, t_0, \tau) - \boldsymbol{\Phi}_1(t, \tau) \\ \boldsymbol{\Phi}_{22}(t, t_0)\boldsymbol{\eta}(t_f, t_0, \tau) - \boldsymbol{\Phi}_2(t, \tau) \end{bmatrix} \\ \begin{bmatrix} -\boldsymbol{R}^{-1}(t)\boldsymbol{B}^{\mathrm{T}}(t)\boldsymbol{\Phi}_{22}(t, t_0)\boldsymbol{\eta}(t_f, t_0, \tau) \\ \boldsymbol{\Phi}_{12}(t, t_0)\boldsymbol{\eta}(t_f, t_0, \tau) \\ \boldsymbol{\Phi}_{22}(t, t_0)\boldsymbol{\eta}(t_f, t_0, \tau) \end{bmatrix} \end{cases}$$

$$\boldsymbol{H}_2 = \begin{bmatrix} r_1\boldsymbol{R}^{-1}(t) & \boldsymbol{0} & \boldsymbol{0} \\ \boldsymbol{0} & \boldsymbol{0} & \boldsymbol{0} \\ \boldsymbol{0} & \boldsymbol{0} & \boldsymbol{0} \end{bmatrix}, \quad d(\boldsymbol{y}^l(t)) = \begin{bmatrix} \boldsymbol{R}^{-1}(t)\boldsymbol{\lambda}^l(t) \\ \boldsymbol{0} \\ \boldsymbol{0} \end{bmatrix} \tag{8.110}$$

由式(8.103)和式(8.109)得到算法映射为

$$\begin{aligned} \boldsymbol{y}^{l+1}(t) &= \boldsymbol{K}\hat{\boldsymbol{y}}^l(t) + (\boldsymbol{I}_{2n+m} - \boldsymbol{K})\boldsymbol{y}^l(t) \\ &= \boldsymbol{K}\boldsymbol{\mu}(t, t_f, t_0)\boldsymbol{x}_0 - \boldsymbol{K}\int_0^t \boldsymbol{\Omega}(t, t_f, \tau, t_0)(\boldsymbol{H}_1\boldsymbol{y}^l(\tau) + g(\boldsymbol{y}^l(\tau)))\mathrm{d}\tau \\ &\quad + ((\boldsymbol{K}\boldsymbol{H}_2) + \boldsymbol{I}_{2n+m} - \boldsymbol{K})\boldsymbol{y}^l(t) + Kd(\boldsymbol{y}^l(t)) \end{aligned} \tag{8.111}$$

这里

$$K = \text{对角线块}\{k_v I_m,\ k_z I_n,\ k_p I_n\} \tag{8.112}$$

为了证明算法的收敛性，增加下面一个假设：

假设 14 函数 $g(\boldsymbol{y}(t))$、$d(\boldsymbol{y}(t))$是由式(8.105)和式(8.110)来定义的，对于所有的 $\boldsymbol{y}(t)$，是利普希兹连续的，利普希兹常数分别是 h_1、h_2，即有

$$\begin{cases} \| g(\boldsymbol{y}^l(t)) - g(\boldsymbol{y}^{l-1}(t)) \| \leqslant h_1 \| \boldsymbol{y}^l(t) - \boldsymbol{y}^{l-1}(t) \| \\ \| d(\boldsymbol{y}^l(t)) - d(\boldsymbol{y}^{l-1}(t)) \| \leqslant h_2 \| \boldsymbol{y}^l(t) - \boldsymbol{y}^{l-1}(t) \| \end{cases} \tag{8.113}$$

这里 $\| \boldsymbol{y}(t) \| = \sup\limits_{t\in[t_0,\,t_f]} \| \boldsymbol{y}(t) \|_2$，$\| \boldsymbol{y}(t) \|_2 = \sqrt{\boldsymbol{y}(t)^{\mathrm{T}} \boldsymbol{y}(t)}$。

定理 8.9 算法映射(8.111)收敛性的一个充分条件是

$$(\omega_1(t_f,\, t_0) + h_1 \omega_2(t_f,\, t_0))(t_f - t_0) + k_v h_2 + \| \boldsymbol{K}\boldsymbol{H}_2 + \boldsymbol{I} - \boldsymbol{K} \| = \sigma < 1 \tag{8.114}$$

这里的 h_1 和 h_2 是由式(8.113)定义的，$\boldsymbol{K}$ 和 $\boldsymbol{H}_2$ 是由式(8.112)和式(8.110)定义的，且

$$\begin{cases} \omega_1(t_f,\, t_0) = \sup\limits_{t\in[t_0,\,t_f]} \sup\limits_{\tau\in[t_0,\,t_f]} \| \boldsymbol{K\Omega}(t,\, t_f,\, \tau,\, t_0) \boldsymbol{H}_1 \| \\ \omega_2(t_f,\, t_0) = \sup\limits_{t\in[t_0,\,t_f]} \sup\limits_{\tau\in[t_0,\,t_f]} \| \boldsymbol{K\Omega}(t,\, t_f,\, \tau,\, t_0) \| \end{cases} \tag{8.115}$$

证明 从式(8.111)得到

$$\begin{aligned} \boldsymbol{y}^{l+1}(t) - \boldsymbol{y}^l(t) = & \int_0^t \boldsymbol{K\Omega}(t,\, t_f,\, \tau,\, t_0)(\boldsymbol{H}_1 \boldsymbol{y}^l(\tau) - \boldsymbol{y}^{l-1}(\tau) + g(\boldsymbol{y}^l(\tau)) \\ & - g(\boldsymbol{y}^{l-1}(\tau)))\mathrm{d}\tau + ((\boldsymbol{K}\boldsymbol{H}_2) + \boldsymbol{I}_{2n+m} - \boldsymbol{K})(\boldsymbol{y}^l(t) \\ & - \boldsymbol{y}^{l-1}(t)) + \boldsymbol{K}(d(\boldsymbol{y}^l(t)) - d(\boldsymbol{y}^{l-1}(t))) \end{aligned} \tag{8.116}$$

取式(8.116)的范数，利用范数的性质可以得到：

$$\begin{aligned} \| \boldsymbol{y}^{l+1}(t) - \boldsymbol{y}^l(t) \| \leqslant & \left\| \int_0^t \boldsymbol{K\Omega}(t,\, t_f,\, \tau,\, t_0) \boldsymbol{H}_1 (\boldsymbol{y}^l(\tau) - \boldsymbol{y}^{l-1}(\tau)) \mathrm{d}\tau \right\| \\ & + \left\| \int_0^t \boldsymbol{K\Omega}(g(\boldsymbol{y}^l(\tau)) - g(\boldsymbol{y}^{l-1}(\tau)))\mathrm{d}\tau \right\| \\ & + \| ((\boldsymbol{K}\boldsymbol{H}_2) + \boldsymbol{I}_{2n+m} - \boldsymbol{K})(\boldsymbol{y}^l(t) - \boldsymbol{y}^{l-1}(t)) \| \\ & + \| \boldsymbol{K}(d(\boldsymbol{y}^l(t)) - d(\boldsymbol{y}^{l-1}(t))) \| \end{aligned} \tag{8.117}$$

从式(8.117)、式(8.110)、式(8.113)和式(8.115)得到

$$\begin{aligned} \| \boldsymbol{y}^{l+1}(t) - \boldsymbol{y}^l(t) \| \leqslant & \{ (\omega_1(t_f,\, t_0) + h_1 \omega_2(t_f,\, t_0))(t_f - t_0) + k_v h_2 \\ & + \| \boldsymbol{K}\boldsymbol{H}_2 + \boldsymbol{I} - \boldsymbol{K} \| \} \times \| \boldsymbol{y}^l(t) - \boldsymbol{y}^{l-1}(t) \| \end{aligned} \tag{8.118}$$

因此如果式(8.114)收敛性条件得到满足，由式(8.118)可知，式(8.111)的映射算法是压缩的，并且$\{y^l(t)\}$是一致收敛的。

习　　题

8-1　求下面非线性时变系统最优跟踪问题：

$$\begin{cases}\min\limits_{u(k)}\left\{\sum\limits_{k=0}^{100}\frac{1}{2}[(\boldsymbol{x}(k)-\boldsymbol{x}_{\rm d}(k))^{\rm T}\boldsymbol{Q}(\boldsymbol{x}(k)-\boldsymbol{x}_{\rm d}(k))+\boldsymbol{u}(k)^{\rm T}\boldsymbol{R}\boldsymbol{u}(k)]\right\}\\ \text{s. t.}\quad \boldsymbol{x}(k+1)=\begin{bmatrix}0 & 1\\ -0.5-0.01k & -0.5-0.01k\end{bmatrix}\boldsymbol{x}^3(k)+\begin{bmatrix}0\\1\end{bmatrix}\boldsymbol{u}(k)\\ \qquad \boldsymbol{x}(0)=[0\quad 0]^{\rm T}\end{cases}$$

目标状态轨迹为

$$\boldsymbol{x}_{\rm d}(k)=\begin{bmatrix}10^{-6}(k-1)^3(4-0.03(k-1))\\ 10^{-6}k^3(4-0.03k)\end{bmatrix},\ k=0,\ 1,\ \cdots,\ 100$$

8-2　求下面时变线性最优跟踪问题：

$$\begin{cases}\frac{1}{2}\int_0^1(\|\boldsymbol{x}(t)-\boldsymbol{r}(t)\|_Q^2+\|\boldsymbol{u}(t)\|_Q^2)\mathrm{d}t\\ \text{s. t.}\ \dot{\boldsymbol{x}}(t)=\begin{bmatrix}0 & 1\\ -2-5t & -3-2t\end{bmatrix}\boldsymbol{x}^2(t)+\begin{bmatrix}0\\1\end{bmatrix}\boldsymbol{u}(t)\\ \qquad \boldsymbol{x}(0)=[0\quad 0]^{\rm T}\end{cases}$$

目标轨迹为 $\boldsymbol{r}(t)=\begin{bmatrix}4t^3-3t^4\\ 12t^2(1-t)\end{bmatrix}$，$0\leqslant t\leqslant 1$。

8-3　给出 8.2 节中迭代算法的收敛性定理，并证明之。

8-4　给出 8.5 节中迭代算法的收敛性定理和最优性定理，并证明它们。

参 考 文 献

[1] 王朝珠，秦华淑. 最优控制理论. 北京：科学出版社，2006.

[2] Tomas L, Vincent, Walter J. Grantham, Nonlinear and Optimal Control Systems. New York: John Wiley & Sons, Inc., 1997.

[3] Lewis F L. Optimal Control. Wiley: Intersciance Publication, 1986.

[4] 解学书. 最优控制理论与应用. 北京：清华大学出版社，1986.

[5] 雍炯敏，楼红卫. 最优控制理论简明教程. 北京：高等教育出版社，2006.

[6] Roberts PD, Becerra, VM. Optimal control of a class of discrete-continuous non-linear systems-decomposition and hierarchical structure. Automatica, 2001, 37(11): 1757 - 1769.

[7] Roberts PD. Two-dimensional analysis of an iterative nonlinear optimal control algorithm. IEEE Transactions on Circuits and Systems I-Fundamental Theory and Applications, 2002, 49(6): 872 - 878.

[8] Michael Basina, Jesus Rodriguez-Gonzaleza, Rodolfo Martinez-Zuniga. Optimal control for linear systems with time delay in control input. Journal of the Franklin Institute, 2004, 341: 267 - 278.

[9] A. E. Bryson, Jr and Yu-chi Ho. Applied Optimal Control. New York: John-wiley & Sons, 1975.

[10] B. D. O Anderson and J. B. Moore. Linear Optimal Control. New Jersey: Prentice - Hall, Inc., 1971.

[11] Michael Basin and Jesus Rodriguez-Gonzalez. Optimal Control for Linear Systems With Multiple Time Delays in Control Input. IEEE Trans. Autom. Control, 2006, Vol. 51, No. 1: 91 - 97.

[12] M. Basin. New Trends in Optimal Filtering. Berlin Herlin Springer-Verlag Heidelberg, 2008: 131 - 173.

[13] Michael Basin, Jesus Rodriguez-Gonzalez, Leonid Fridman. Optimal and robust control for linear state-delay systems. Journal of the ranklin Institute, 2007, 344: 830 - 845.

[14] Michael Basin, Leonid Fridman, Jesús Rodriguez-González, Pedro Acos-

ta. Optimal and robust sliding mode control for linear systems with multiple time delays in control input. Asian Journal of Control, December 2003, Vol. 5, No. 4: 557-567.

[15] M. Basin, J. Rodfiguez-Gonzalez. A closed-form optimal control for linear systems with equal state and input delays. Automatica, 2005, 41(5): 915-920.

[16] Michael Basin, Dario Calderon-Alvarez. Sliding mode regulator as solution to optimal control problem for non-linear polynomial systems. Journal of the Franklin Institute, 2010, 347: 910-922.

[17] 张学铭，李训经. 最优控制系统的微分方程理论. 上海：上海科技出版社，1998.

[18] 李俊民，孙云平，刘赟，王元亮. 离散双线性系统最优控制的迭代算法. 高校计算数学学报，2007，29(3)：216-225.

[19] 马浩，李俊民. 离散时间非线性动态系统最优控制迭代算法的二维分析. 西安电子科技大学学报，2004，3(2)：286-290.

[20] Li Junmin, Sun Qun and Ma Jiaqing. An algorithm of optimal control based on bilinear model for nonlinear continuous-time dynamic systems. Proceedings of WCICA'02, 2002, June: 2909-2912.

[21] Li Junmin, Wan Baiwu. Convergence of an algorithm for optimal control of nonlinear systems with model-reality differences. Control Theory and Applications, 1999, No. 3: 368-372.

[22] 李俊民，万百五. 连续时间非线性时滞系统最优控制的新预测算法. 西安电子科技大学学报，2000，Vol. 27，No. 6：798-803.

[23] 李俊民，万百五. 连续时间非齐次双线性二次型问题的最优控制迭代算法. 西安电子科技大学学报，2000，Vol. 27，No. 5：630-635.

[24] 李俊民，万百五. 基于双线性模型连续非线性动态系统最优控制的 DISOPE 算法. 控制与决策，2000，Vol. 15，No. 4：461-464.

[25] 李俊民，万百五. 离散时间的非线性时滞系统最优控制的 DISOPE 算法. 控制理论与应用，2000，Vol. 17，No. 4：579-582.

[26] 李俊民，万百五. 模型与实际有差异的非线性大工业过程逆阶优化控制算法. 系统工程理论与实践，1999，Vol. 15，No. 2：8-15.

[27] 李俊民，万百五，邢科义. 在模型和实际存在差异时的非线性离散时滞系统最优控制. 应用数学，1999，Vol. 12，No. 4：5-10.

[28] 李俊民，孙群，万百五. 具有模型和实际差异的非线性离散时滞系统最优

控制. 系统工程与电子技术，1999，21(10)：58-60.

[29] 李俊民，万百五，邢科义. 基于时变线性模型的非线性连续时间动态系统最优控制 DISOPE 算法. 应用数学，1999，Vol. 12(1)：91-96.

[30] 李俊民，万百五. 基于双线性模型的非线性动态系统优化与参数估计集成算法. 控制与决策，1998，Vol. 13(5)：532-539.

[31] 李俊民，万百五. 动态系统优化与参数估计集成的神经网络算法. 信息与控制，1997，Vol. 26(6)：462-465.

[32] Uchida K，Shimemura E，Kubo T，Abe N. The linear-quadratic optimal control approach to feedback control design for systems with delay. Automatica，24，1988：773-780.

[33] Zhang H，Duan G，Xie L. Linear quadratic regulation for linear time-varying systems with multiple input delays. Automatica，2006，42：1465-1476.

[34] Zhang H，Lu X，Cheng D. Optimal estimation for continuous-time systems with delayed measurements. IEEE Trans. Automat. Contr，2006，51：823-827.

[35] Delfour M C. The linear quadratic control problem with delays in space and control variables：a state space approach. SIAM J. Contr. Optim，1986，24：835-883.

[36] 朱经浩. 最优控制中的数学方法. 北京：科学出版社，2011.

[37] 朱尚伟. 最优控制理论与应用中的若干问题. 北京：科学出版社，2007.